U0805527

鄂尔多斯盆地碳酸盐岩沉积地质与油气勘探新领域

杨　华　付金华　陈洪德 等　著

科 学 出 版 社
北　京

内 容 简 介

本书系统总结了鄂尔多斯盆地动力背景以及早古生代构造—沉积演化过程，从整体、动态角度系统论述了盆地碳酸盐岩层序地层划分及对比、沉积体系及模式、层序岩相古地理、储层和烃源岩发育特征以及主控因素，并以构造—沉积分异作用控制生储盖组合为指导思想，分区块深入探讨了天然气聚集带成藏地质条件，提出了碳酸盐岩油气勘探的重点区块和层位，指出了今后勘探的新领域。研究成果与认识对鄂尔多斯盆地及其他类似盆地碳酸盐岩储层勘探与研究有着重要意义。

本书可供从事油气地质勘探、储层研究的科研人员与高等院校相关专业的教育工作者参考。

图书在版编目（CIP）数据

鄂尔多斯盆地碳酸盐岩沉积地质与油气勘探新领域/杨华等著. —北京：科学出版社，2021.11

ISBN 978-7-03-060316-6

Ⅰ.①鄂… Ⅱ.①杨… Ⅲ.①鄂尔多斯盆地—碳酸盐岩—石油天然气地质—研究②鄂尔多斯盆地—碳酸盐岩—油气勘探—研究 Ⅳ.①P618.130.208

中国版本图书馆CIP数据核字（2018）第298850号

责任编辑：焦 健 韩 鹏 李亚佩 / 责任校对：王 瑞

责任印制：吴兆东 / 封面设计：无极书装

科学出版社 出版

北京东黄城根北街16号

邮政编码：100717

http：//www.sciencep.com

涿州市般润文化传播有限公司印刷

科学出版社发行 各地新华书店经销

*

2021年11月第 一 版 开本：787×1092 1/16

2025年 3 月第二次印刷 印张：19 1/4

字数：456 000

定价：258.00元

（如有印装质量问题，我社负责调换）

本书主要作者

杨　华　付金华　陈洪德

赵俊兴　包洪平　苏中堂

张成弓　周进高　付斯一

前 言

鄂尔多斯盆地是我国中部在古生代克拉通盆地基础上，于中、新生代发育形成的大型内陆拗陷沉积盆地。它发育于中朝准地台（北部和东部）与秦岭–祁连加里东地槽褶皱系（西部和西南部）及其过渡带之上，横跨陕西、甘肃、宁夏、内蒙古、山西五省（自治区），总面积37万km^2。鄂尔多斯盆地是在基于两种不同性质的构造单元上形成的，因而盆地构造特征既有盆地内部地台基底稳定性的一面，又有盆地边缘过渡带基底活动性的一面。盆地构造演化可分为以下几个阶段：中—新元古代陆缘裂谷发育阶段、早寒武世华北古陆发育阶段、中寒武世华北古陆调整裂解阶段、晚寒武世克拉通边缘隆起阶段、早奥陶世古隆起发育鼎盛阶段、中—晚奥陶世喀斯特隆起发育阶段。盆地构造单元可分伊盟隆起、伊陕斜坡、天环拗陷、晋西挠褶带、渭北隆起、西缘冲断带。

20世纪80年代末勘探鄂尔多斯盆地古生界碳酸盐岩的天然气，在盆地中部靖边地区的奥陶系顶部风化壳中发现了碳酸盐岩型古地貌圈闭气藏，随后很快探明并投入开发了当时我国最大的整装海相碳酸盐岩气田——靖边气田。至1999年，共探明靖边地区的奥陶系风化壳中天然气地质储量2000多亿m^3，并开始向北京、天津等大中城市供气，展示出盆地下古生界碳酸盐岩领域具有良好的天然气成藏潜力与勘探前景。

进入21世纪以来，为满足京津冀地区及周边城市日益增长的天然气需求，更好地履行长期稳定供气的社会政治责任，亟须深化对鄂尔多斯盆地碳酸盐岩的天然气成藏地质研究，以推动鄂尔多斯盆地碳酸盐岩气藏的规模勘探与开发利用。对鄂尔多斯盆地碳酸盐岩的天然气成藏地质条件研究工作也正是在这一需求的推动下不断得到加强，认识也不断深入。尤其是随着四川盆地、塔里木盆地等在碳酸盐岩领域的油气勘探不断取得新的发现，在国家层面上先后启动了碳酸盐岩专项研究项目（国家重大科技专项），中国地质调查局也开展了“中国西部主要大型盆地碳酸盐岩油气资源调查评价”项目，旨在依托横向联合、开放共享的研究平台，通过产、学、研、用结合，突出基础性、战略性和前瞻性，对大型碳酸盐岩盆地的油气地质开展新一轮的调查及战略性选区、选带评价工作，以对三大盆地碳酸盐岩油气成藏形成新的系统性、整体性的认识，为未来碳酸盐岩领域的能源勘探战略选区提供理论与技术支持。正是在这一平台下，长庆油田与成都理工大学及相关单位联合持续开展了鄂尔多斯盆地碳酸盐岩沉积地质和油气成藏地质条件研究，取得了突破性的研究与勘探成果，对鄂尔多斯盆地碳酸盐岩领域的天然气勘探部署决策发挥了重要作用。至2018年，鄂尔多斯盆地下古生界的天然气探明地质储量迅速攀升至7000多亿m^3，并新增控制储量2000多亿m^3，形成了万亿立方米大气区，已建成年生产能力70亿m^3，累计生产天然气1000多亿m^3，对中国海相碳酸盐岩领域的油气勘探开发做出了重要贡献。

本书正是在多年研究工作的基础上，综合前人对鄂尔多斯盆地碳酸盐岩研究成果的认识，立足大的成藏区带，对鄂尔多斯盆地碳酸盐岩的沉积作用、层序地层、岩相古地理和天然气成藏地质特征进行了系统分析总结，从宏观战略角度对盆地碳酸盐岩领域的天然气勘探部署提供新的理论指导和决策支持。

参加本书编写研究的主要人员有杨华、付金华、陈洪德、赵俊兴、包洪平、苏中堂、张成弓、周进高、付斯一。本书编写过程中得到了马永生院士和中国地质调查局油气资源调查中心领导与有关专家的大力支持，谨在此表示衷心感谢！

目　录

第 1 章　盆地地球动力背景与构造演化

中国古大陆及华北克拉通（鄂尔多斯盆地）的形成、分布与全球性的构造古地理演化具有显著的同步效应。从板块构造和地球动力的角度分析鄂尔多斯盆地早古生代海 – 陆重组、古地理、古环境具有重要意义。

1.1　盆地地球动力背景

1.1.1　全球陆块群与中国古大陆构造域的组成

中元古代晚期—新元古代早期（1.3 ~ 1.0 Ga），格林威尔造山形成了全球“一陆一洋”的格局。这个超大陆（1000 ~ 750 Ma）以劳伦古陆为中心，将西伯利亚、东冈瓦纳、波罗的、南美等大陆拼贴在其周缘，被称为罗迪尼亚超大陆（Powell and Pisarevsky，2002；Hoffman，1991；Moores，1991）。澳大利亚学者 Li 综合大量资料，重新恢复了罗迪尼亚超大陆的聚合与裂解过程（图 1-1）。

构造热事件和古地磁资料显示罗迪尼亚超大陆裂解时间为 825Ma，巨大的地幔柱上涌被认为是裂解的动力机制，并以澳大利亚东南部的基性岩墙群（827 ± 6）Ma 和（824 ± 4）Ma 为标志（Li et al.，1995）。由于罗迪尼亚超大陆裂解作用，在劳伦与东冈瓦纳大陆间形成原太平洋，在劳伦与波罗的之间裂解形成原大西洋，这些都标志着超大陆的解体（720 Ma）。解体过程中非造山运动造成东冈瓦纳和西冈瓦纳的汇聚，形成冈瓦纳大陆（600 ~ 530 Ma）。

显生宙的全球构造格局表现为横贯东西方向的巨型特提斯构造域分隔着北部的劳亚大陆和南部的冈瓦纳大陆。但帕米尔以东的构造，习惯上称为东特提斯构造域，其间由多个陆块形成独立群体，分隔南北两大陆块，这个群体被称为“泛华夏陆块群”。因此，显生宙以前全球古构造可简单概括为：中—新元古代前，全球为一个超级大陆（泛大陆），南华系开始大陆解体，至显生宙全球大地构造为劳亚大陆群、冈瓦纳大陆群、泛华夏陆块群这三大陆块群，以及古亚洲洋、古大西洋、特提斯洋三大洋。

中国古大陆拼合后的构造 – 古地理格局主体隶属泛华夏陆块群中的北方陆块群和泛扬子陆块群，北部包括古亚洲洋体系中的岛陆及褶皱带，南部包括冈瓦纳大陆的北缘、印支陆块北缘的越南陆块的北部，这些陆块与洋壳俯冲缝合带、碰撞带，以及特提斯洋演化形

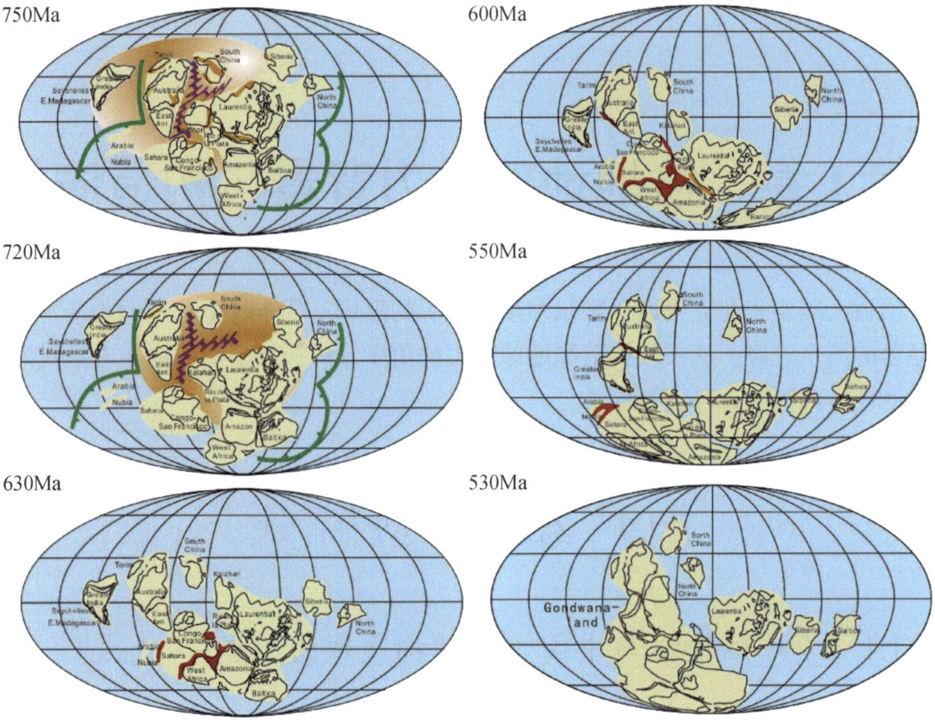

图 1-1 罗迪尼亚超大陆的聚合、裂解及冈瓦纳大陆的形成

成的造山带，由北向南呈有序的组构。

1.1.2 特提斯构造域和古亚洲构造域构造演化

中国古大陆的聚合涉及三大陆块群和特提斯洋体系、古亚洲洋体系的演化。新元古代罗迪尼亚超大陆裂解为北方大陆（劳亚）和南方大陆（冈瓦纳）后，古亚洲洋和特提斯洋的空间位置、二者间及与相邻大陆的关系对于研究区域构造与地质找矿就显得尤为重要。

1. 古亚洲构造域及古亚洲洋的构造演化

古亚洲构造域主要形成于古生代，经历兴凯、加里东、海西 3 个旋回的发展，并以海西造山为主旋回（黄汲清和陈炳蔚，1987）。任纪舜等（1999）认为古亚洲构造域是在古亚洲洋动力体系作用和影响下形成的一个构造区，包括古亚洲造山区及南北两侧西伯利亚克拉通南部边缘和冈瓦纳北部边缘，认为中国古生代发展主体在古亚洲洋和古太平洋两大构造域起主导作用，海西构造运动使中国大陆南北拼合，成为特提斯演化的开始。何国琦（1994）认为古亚洲洋构造域是指西伯利亚与东冈瓦纳大陆间广阔的古生代造山区，在古生代古亚洲洋闭合过程中，西伯利亚南缘为主动边缘，处于挤压背景，冈瓦纳北缘为被动边缘，处于拉张环境，中国的中朝、扬子、塔里木等小克拉通，均属古亚洲构造域。许效松等（2004）认为，古亚洲洋和古亚洲构造域北以额尔齐斯—斋桑—新疆阿尔泰—内蒙古图尔根—额尔古纳结合带为界，该界以北为西伯利亚陆块；该界以南为北山（向西接天山构造带，向东至内蒙古狼山—阴山以北的温都尔庙—围场—桦甸至朝鲜的清津），为新元古代末至早古生代古亚洲洋向华北板块的碰撞结合带。南北两个带分别代表古亚洲洋构造域在中国境内泛华夏大陆群与西伯利亚陆块的拼合。古亚洲洋构造域向西，经南天山可能与乌拉尔褶皱带相连，则为石炭纪—二叠纪拼合。

中元古代中—晚期，由于罗迪尼亚超大陆的裂解，受强烈隆升和大规模裂陷作用的影响，华北板块和西伯利亚板块裂解。此后，华北板块北缘的演化主要受古亚洲洋形成演化的制约。现今西伯利亚板块和华北板块之间是一个广阔的多块体长期相互作用的复杂俯冲碰撞造山带，包括阴山山脉及其以北、西伯利亚板块以南即我国内蒙古的中东部广大区域，该造山带的演化记录了西伯利亚板块和华北板块间复杂的碰撞造山过程、时间和方式。前人研究表明，内蒙古造山带是华北板块与西伯利亚板块之间的古亚洲洋（兴蒙洋板块）在先期构造基础上，自早古生代末到晚古生代末板块俯冲、碰撞、逐渐封闭造山的地区，包括早古生代加里东造山带和晚古生代海西造山带。胡骁（1990）提出了温都尔庙—白乃庙俯冲海沟—岛弧及弧后盆地体系，认为在中志留世—晚志留世初的晚加里东造山运动在华北板块北侧的白乃庙—白云鄂博一线，由于古亚洲洋板块向南俯冲，岛弧与大陆边缘碰撞发生褶皱和强烈隆升，形成了华北北缘东西向的加里东期陆缘增生带。任纪舜（1990）认为蒙古—兴安构造带的演化经历了中新元古代—早古生代—晚古生代三个旋回洋盆的形成、发展和闭合，是多旋回的发展。王瑜（1996）认为两大板块之间的古亚洲洋壳消失是对称的向南北两侧俯冲，最后在中部消失。板块的俯冲—碰撞机制是活动大陆边缘与活动大陆边缘之间由北至南为陆—弧—弧—陆的碰撞，两岛弧间的碰撞始于早二叠世末—晚二叠世初，强烈作用期在晚二叠世—中三叠世。

据聂凤军等（2007）、邵积东（1998）研究，从赤峰—固阳一线向北至林西—索伦山主缝合带，依次发育古元古代地块、新元古代褶皱带、晚加里东褶皱带、海西褶皱带。华北板块和西伯利亚板块及它们之间产出的一系列前寒武纪地块被认为在中元古代同属于一个稳定的古大陆块体。寒武纪末，大地构造从南向北依次为：华北板块活动陆缘带、古蒙古洋盆、古洋壳与火山岩地体的俯冲带、前寒武纪中间地块群和西伯利亚板块。早古生代末的构造格局为华北板块北缘白乃庙—温都尔庙活动陆缘带、古蒙古洋盆和西伯利亚板块南缘查干敖包—奥尤特—朝不楞活动陆缘带（图 1-2）。

2. 特提斯构造域及秦祁昆洋的构造演化

1885 年，德国学者 M. 诺伊迈尔提出在中生代存在一个东西向赤道海洋的设想，称为中央地中海。1893 年，奥地利学者 E. 修斯认为中央地中海为一广阔的深海区，改称特提斯。板块构造学说提出后，这一海区被称为特提斯洋，系指冈瓦纳大陆与欧亚大陆间的一个宽阔的中生代海洋。此后，特提斯成为一个热门的研究对象，但学者对特提斯构造的范围和期次的认识略显混乱。伊朗北部 Alborz 山脉北坡以北的海洋称为古特提斯，

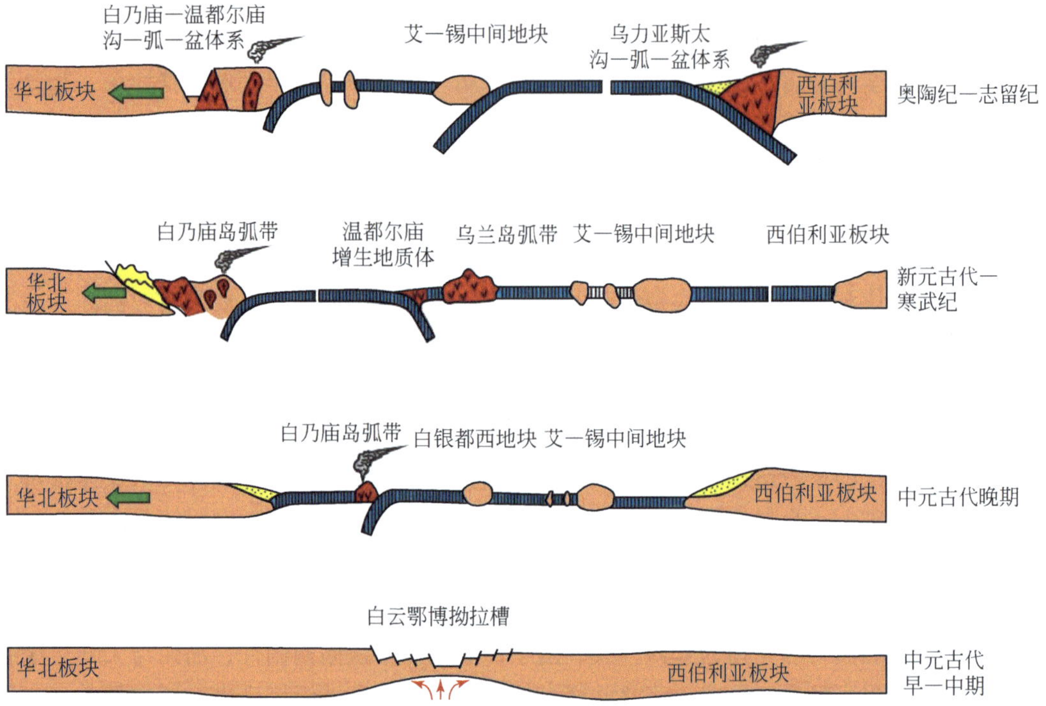

图 1-2　古亚洲洋元古代—志留纪构造演化略图

将晚三叠世沿伊朗南部的 Zagros 一线裂开的大洋称为新特提斯。von Huene 等（1980）将特提斯总结为：特提斯是海西造山运动后，古生代末期联合古陆由西太平洋开始呈剪状张开而形成的一个大洋。因此可以分出两个特提斯：一是“永久特提斯”，属古生代太平洋，从古生代到中生代均为大洋相，无不整合；二是“再生特提斯”，是一个在联合古陆上打开的大西洋型的大洋。Sengor（1990，1987，1984）认为，特提斯造山带是一个超级造山带，它位于欧亚大陆南侧，由古特提斯洋和新特提斯洋闭合产生的基梅里造山带和阿尔卑斯造山带组成。Ulmishek 和 Klemme（1991）又提出早古生代冈瓦纳大陆与劳亚大陆间存在一个原特提斯洋。随后，Metcalfe（1996）根据对地质构造的研究，提出三分特提斯，即将特提斯分为古特提斯、中特提斯、新特提斯，古、中、新分别代表着古生代、中生代、新生代。甘克文（2000）认为古近纪分离欧亚大陆与冈瓦纳大陆为特提斯洋：早古生代时，在冈瓦纳大陆体系与劳亚大陆体系之间的大洋体系称为原始特提斯；晚古生代，原始特提斯关闭碰撞，形成劳亚大陆南缘增生的海西褶皱带，同时在增生边缘与冈瓦纳之间裂开成为古特提斯洋，直到石炭纪—二叠纪时，两个大陆才拼合成为晚联合大陆，此时的古特提斯洋只剩下了一个向东呈喇叭状张开的海湾；晚二叠世—三叠纪，晚联合大陆逐步解体，欧亚大陆与冈瓦纳大陆分离，与此同时，从原始冈瓦纳大陆的北缘分离出若干碎块，近乎有序地向北漂移，呈接力式与欧亚大陆拼合，这时产生的海槽或洋盆称为新特提斯。

现今，普遍接受的特提斯的概念是在欧亚大陆和冈瓦纳大陆之间长期存在的、向东呈喇叭状张开的低纬度多岛屿洋，具有多期特提斯的特征，即罗迪尼亚超大陆裂解后，在劳亚大陆与冈瓦纳大陆间，早古生代裂开的东西向海域称原特提斯洋（甘克文，2000），晚古生代裂开的海域称古特提斯洋，中生代裂开的海域称新特提斯洋，分别对应于加里东构造旋回、海西构造旋回和燕山—喜马拉雅构造旋回。早古生代鄂尔多斯盆地南缘为原特提斯洋的分支洋盆——秦祁昆洋（许效松等，2004）。

华北板块南缘的构造演化史与北缘一样极其复杂，主要受原特提斯洋分支即秦祁昆洋的制约（周鼎武等，2002；潘桂棠等，1997；崔智林和孙勇，1995；李春昱等，1978；肖序常等，1978；王荃和刘雪亚，1976）。新太古代末，华北板块基底已经构成了具相当规模的统一古老克拉通地块，并已逐步刚性化。古元古代，该克拉通地块开始裂解，并在板块内部产生北东向裂陷带，南部则发育古秦岭初始裂谷系（图1-3）。古元古代末经吕梁—中岳两期构造—热事件，裂解的克拉通地块焊结为华北统一的结晶基底陆块，结束了强烈的基底活动期，进入相对稳定的沉积盖层发育期。长城期的沉积-火山岩建造和蓟县期、青白口期的沉积建造，反映了中元古代鄂尔多斯盆地西南缘由裂

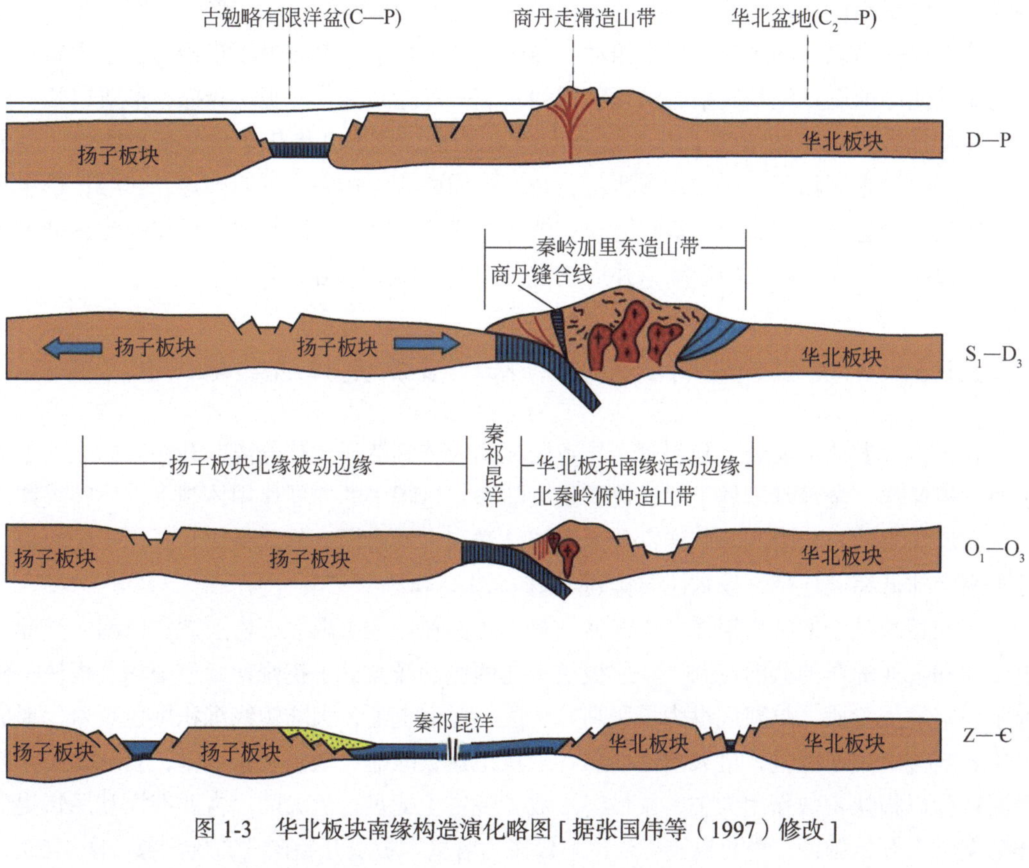

图1-3　华北板块南缘构造演化略图［据张国伟等（1997）修改］

谷环境向被动陆缘海转化，秦祁昆洋具有洋—陆间杂的基本特征，其间的微陆块分别具有北临华北板块、南近川中地块的特征，并于晋宁期经历复杂的过程而闭合（周鼎武和刘良，1996；陈能松等，1991；李曙光和张国伟，1991；张寿广，1991；张宗清和袁忠信，1991；张国伟，1988；李钦仲，1985）。

新元古代—早古生代是秦岭再生洋盆发生、发展、消亡的重要时期。新元古代，华北板块西南缘由于伸展裂陷作用，形成了再生秦祁昆洋和贺兰拗拉槽（赵重远，1990）。洛南—栾川断裂北侧的陶湾群为新太古代与该初始裂陷有关的滑塌堆积，同位素年龄为 700 ~ 570 Ma（张宗清和袁忠信，1991），与罗迪尼亚超大陆的裂解时间大致相当。因此可以认为秦祁昆洋是新元古代罗迪尼亚超大陆裂解形成的原特提斯洋的分支洋盆。

早古生代，随着秦岭裂陷扩张向洋盆发展及自南向北大范围的海侵作用，开始了华北板块早古生代的陆表海和南缘陆缘海的海相沉积史。北秦岭带南侧的带状基性—中性岩浆杂岩带和广泛分布于北秦岭的中酸性岩浆杂岩带代表了岛弧岩浆杂岩带，说明秦岭—商丹一线是秦祁昆洋壳板块的俯冲消减带。其岩浆岩及其围岩的同位素年龄（500 ~ 411 Ma）反映了俯冲作用始于早古生代中晚期，主体于奥陶纪构成沟—弧—盆体系，即华北板块南部转化为活动大陆边缘（张国伟，2001；卢欣祥，2000；周鼎武和刘良，1996；周鼎武等，1994）。中奥陶世，商丹断裂一线的秦祁昆洋壳向北俯冲消减加剧，促使二郎坪弧后盆地向秦岭基底—岛弧系和华北板块下俯冲，导致华北板块于中奥陶世逐步抬升，于志留纪—早泥盆世使由前震旦纪基底杂岩活化而成的基底—岛弧系和华北板块碰撞，形成以弧—陆碰撞为特征的加里东造山带（图 1-4），使北秦岭造山隆升并增生于华北板块南缘（周鼎武等，2002；张国伟等，1997；李晋僧，1994；周鼎武，1994；王鸿祯等，1982；李春昱等，1978）。总之，寒武纪，秦祁昆洋主体为扩张洋盆，至奥陶纪华北板块南缘逐渐由被动大陆边缘演化为主动大陆边缘，并形成沟—弧—盆体系（图 1-5）。

1.1.3 早古生代原特提斯洋海陆配置及克拉通盆地演化

新元古代罗迪尼亚超大陆裂解，导致冈瓦纳大陆和劳亚大陆分离，并在它们之间形成了原特提斯洋。全球基本处于罗迪尼亚超大陆裂解过程中的伸展作用体制下。原特提斯洋海域在泛华夏陆块群中的分支洋盆分为秦祁昆洋和古华南洋，华北板块和泛扬子陆块群均位于南半球低纬度地带，呈东西向排列（图 1-4）。

华北板块处于原特提斯洋分支洋盆商丹洋（秦祁昆洋）以北，古亚洲洋以南，受原特提斯洋和古亚洲洋的共同控制。华北板块南北两侧的洋盆处于扩张期，整个华北板块一样处于稳定发展阶段。早寒武世为扩张高峰阶段，洋流上涌，大陆边缘沉积黑色页岩，形成碎屑岩陆棚。中寒武世，最大海泛面后各陆块组建碳酸盐台地。晚寒武世，全球动力体系逐渐转为以板块聚敛作用为主，并最终形成了晚古生代盘古泛大陆。古亚洲洋和原特提斯洋分支洋壳开始俯冲，华北板块、柴达木板块、塔里木板块开始向北右旋漂移（图 1-5）。

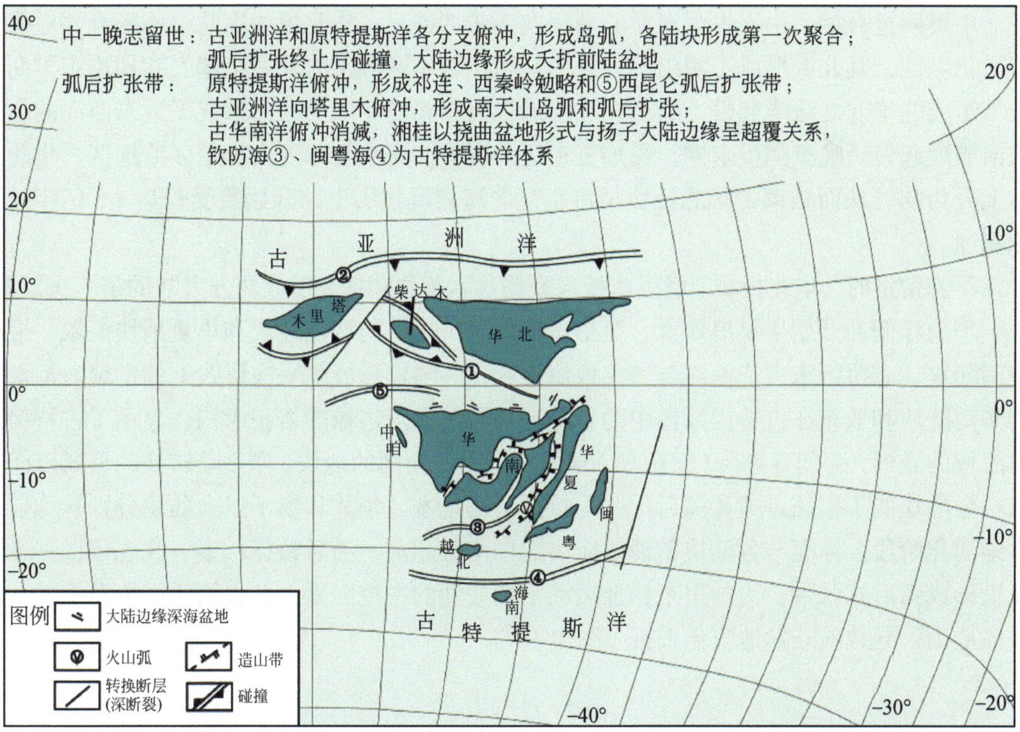

图 1-4　中—晚志留世中国古大陆各陆块及邻区构造－古地理复原图（许效松等，2004）

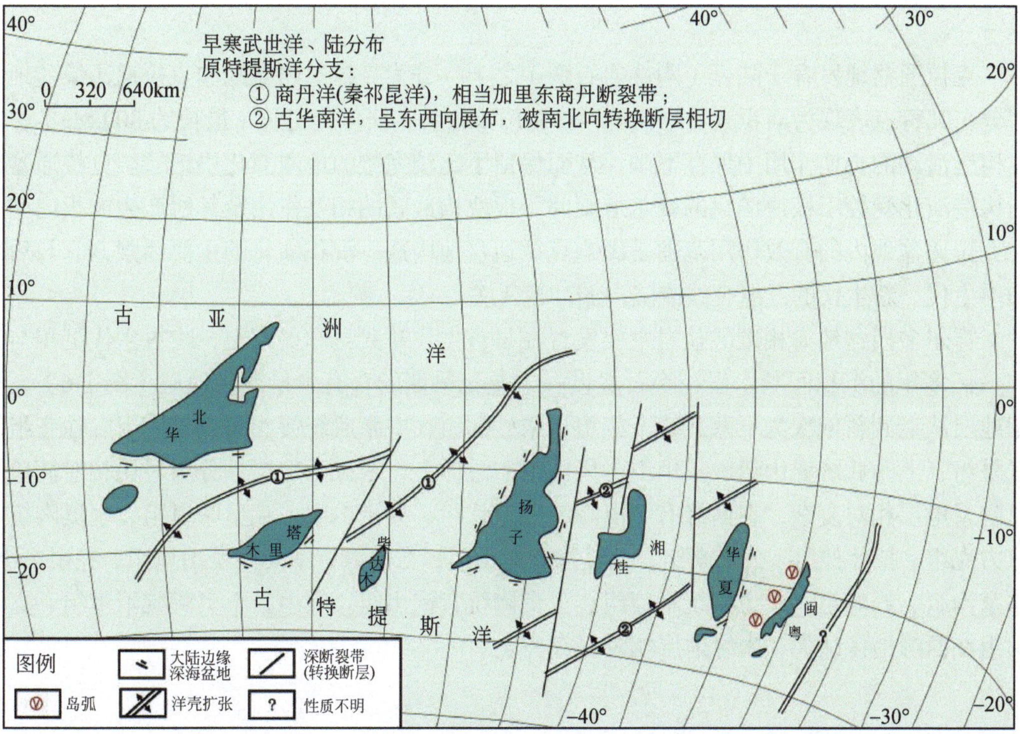

图 1-5　早寒武世中国古大陆各陆块及邻区构造－古地理复原图（许效松等，2004）

中奥陶世开始，由于古亚洲洋的南支向南俯冲消减，华北板块因此整体隆升并遭受长期风化剥蚀，其北缘形成了阴山—大青山、阿拉善地区等由前寒武纪基底和加里东早期造山带组成的华北北缘隆起带。随后，在南缘也因秦祁昆洋的消减而形成了近东西向的加里东褶皱隆起带。晚奥陶世末期，受加里东运动影响，海水全部退出鄂尔多斯地区，华北整体上升为陆，从而结束了华北板块早古生代的海相沉积历史，开始遭受长达1.5亿年的风化剥蚀。

早志留世时，华北板块、塔里木板块及柴达木板块碰撞，形成北方大陆的第一次汇聚。

华南洋俯冲开始于早奥陶世，至早志留世扬子地块与湘桂地块和华夏地块汇聚，形成华南陆块。志留纪末古华南洋与华北板块聚合，各陆块形成第一次形式上的汇聚。汇聚后的华南陆块和散布在古特提斯洋中的其他地块及其大陆边缘的岩相组构，显示了古特提斯洋海域的雏形，南侧有粤海（海南岛）地块和海南岛南部的地块。洋—陆转换的形式以洋—弧—微陆块的不彻底碰撞和弧后扩张为特征，塔里木、华北和扬子三大陆块分别转为前陆盆地演化阶段。洋壳与各陆块俯冲效应由北向南具超前—滞后特征，中—晚志留世—早泥盆世形成弧后扩张带，为加里东构造运动不彻底性的主控因素，各大陆边缘未发生弧—陆碰撞造山，导致前陆盆地演化夭折（图1-4）。

1.2 盆地构造演化

克拉通盆地发育于陆壳（刚性岩石圈）之上，分为克拉通内盆地和克拉通边缘盆地两部分，其特点表现为面积大（$1\times10^5\sim1\times10^6 km^2$）、演化历史长（最长约800 Ma），能在构造活动的长期作用中保存下来，从而保留了比较完整的地质演化史记录。克拉通盆地的构造演化受控于板块演化的威尔逊旋回，板块构造间的相互作用及其所产生的板内应力在克拉通盆地内的有效作用范围是影响克拉通盆地构造—沉积演化的主要因素，它与后期如中生代、新生代的巨缝合线或陆内俯冲带无关。

鄂尔多斯盆地海相碳酸盐岩主要发育在早古生代寒武纪和奥陶纪，晚古生代沉积与其有一亿多年的沉积间断，仅在晚石炭世—二叠纪早期发育有少量海相地层（图1-6）。海相地层从老到新依次为下寒武统辛集组、朱砂洞组，中寒武统馒头组、毛庄组、徐庄组、张夏组，上寒武统崮山组、长山组、凤山组，总体上，寒武系地层划分与对比相对简单。奥陶系地层相对复杂，在西缘有下奥陶统三道坎组、桌子山组、克里摩里组，中奥陶统乌拉力克组、拉什仲组、公乌素组，上奥陶统蛇山组；在南缘有下奥陶统冶里组、亮甲山组、马家沟组、峰峰组，中奥陶统平凉组，上奥陶统背锅山组。其中，下奥陶统冶里组、亮甲山组在西缘地区缺失，南缘地层相对保存齐全。

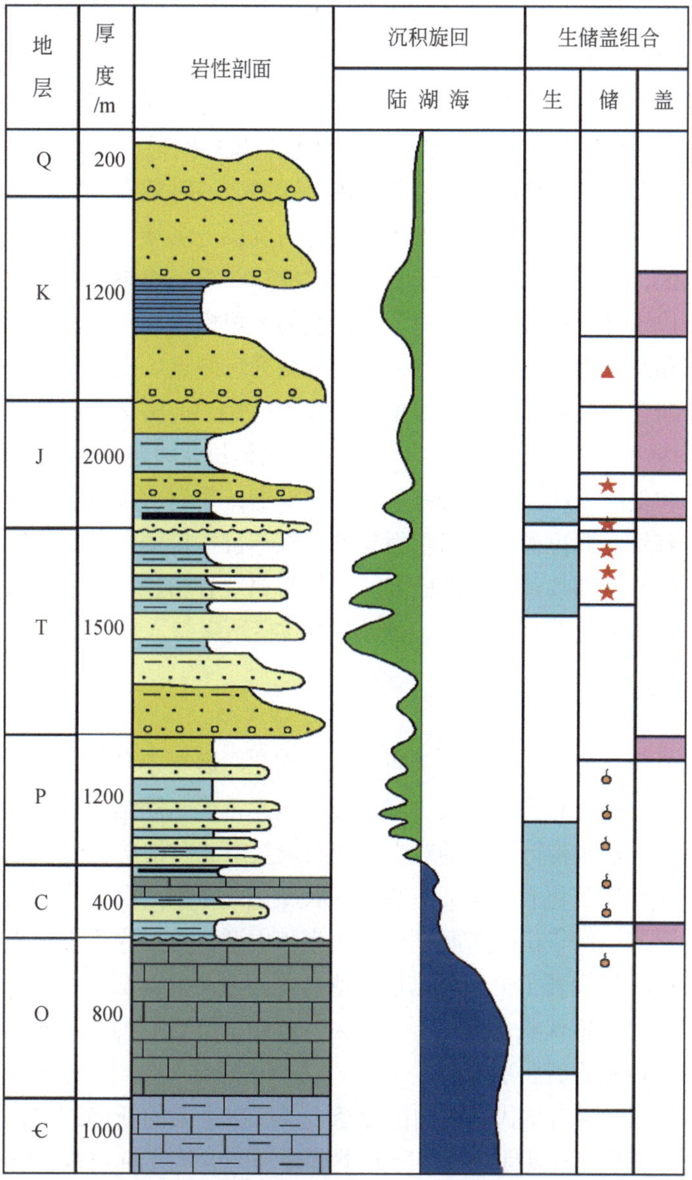

图 1-6　鄂尔多斯盆地沉积结构剖面与生储盖分布

1.2.1　中—新元古代陆缘裂谷发育阶段

该时期克拉通盆地的产生与裂谷作用有关，沉降带发育在大陆内部裂谷之上，是一种最典型的克拉通盆地（Dickinson et al.，1988）。华北克拉通盆地主要产生在中—新元古代，该时期华北盆地范围局限，古元古代末期的吕梁运动使华北板块普遍上升为陆，经历了长期的风化剥蚀。长城纪开始，首先在冀鲁断块和太行断块东缘接受沉积，大致沿着两个方向的基底断裂形成了类似于偏斜的“丁”字形的断陷盆地。蓟县纪末期的芹峪运动使华北北方板块稳定区整体抬升，古陆进一步扩大，南方稳定的褶皱带基本上形成，但中间活动区和南部活动区的轮廓基本上变化不大。青白口纪早期，燕山和豫西重新下降，接受新的海侵，华北古陆东部形成胶辽徐淮拗陷沉积区；青白口纪末期，蓟县运动使华北北方板块进一步隆升，从早震旦世开始，华北板块进入了地台发展阶段。

中—新元古代是地球历史上一个裂谷作用活跃期，该时期由大陆内部裂谷引起的拗陷总体上沉降缓慢，沉积水体为一种局限的陆表海。沉积与沉降中心较为稳定，分布于裂陷活动最强烈的地区，其沉降机制为大陆岩石圈的冷却收缩。控制其发展的构造体制为固结稳定的古陆块及边缘受上地幔浅层热对流系控制的大规模张裂体系。华北板块的南、北两侧分别形成秦祁和兴蒙两个大洋裂谷，并产生一系列三联点（三岔裂谷），其支裂谷楔入华北板块内并在演化中夭折，形成拗拉槽（杨俊杰，2002；田在艺和张庆春，1996；中国煤田地质总局，1996；程裕淇，1994）。其中，华北板块北缘包括燕山—太行山（马杏垣，1985）、渣尔泰和狼山（周立发，1995）三个拗拉槽，它们与兴蒙裂谷相连；华北板块南缘自西向东发育有贺兰拗拉槽、晋豫陕拗拉槽、皖苏鲁拗拉槽，它们均呈北东向或北北东向展布，且向克拉通内部收敛，向外敞开，并与秦祁裂谷相连。鄂尔多斯盆地南北濒临秦祁海和兴蒙海，东西则被贺兰拗拉槽、晋豫陕拗拉槽所夹持。

1. 贺兰拗拉槽

贺兰拗拉槽是秦祁贺三叉裂谷的夭折谷，近南北向展布于乌海—银川—宁卫地区，在鄂尔多斯盆地演化史上具有重要意义，它劈开了古元古代未固结的结晶基底，为后来的阿拉善地块与鄂尔多斯地块构造演化的对立发展及贺兰南北向构造带的形成奠定了基础。

从沉积充填和构造演化看，中元古界下部长城系（黄旗口群）主要沿裂陷带内分布，在北祁连东部的海原、南华山一带相同层位（南华山群）主要为基性火山岩、白云岩和石英片岩组合，这些沉积代表了早期裂陷期充填。中元古界上部蓟县系（王全口群）以碳酸盐岩为主，有明显的上超现象，盆地范围扩大，可能是裂后期的拗陷充填，其间的不整合代表从裂陷向拗陷转化的裂后不整合。

新元古代震旦纪—早古生代贺兰拗拉槽经历了三次主要的断陷过程，可以进一步划分为六个阶段（图 1-7）：①震旦纪—早寒武世近岸裂陷盆地充填阶段；②中寒武世近海碳酸盐岩拗陷盆地—斜坡充填阶段；③晚寒武世—早奥陶世滨浅海碳酸盐岩拗陷盆地充填阶段；④中奥陶世强烈沉陷期的深水盆地充填阶段；⑤晚奥陶世晚期—晚志留世滨浅海碳酸盐岩和碎屑岩充填阶段；⑥中—晚泥盆世抬起隆升山前内陆盆地充填阶段（林畅松，1995）。

2. 晋豫陕拗拉槽

晋豫陕拗拉槽由山西安泽向西南逐渐张开，东界洛阳、许昌，西界运城、永济。该拗拉槽为继承性较强的陆内裂谷。统一的新太古代华北克拉通于五台期先形成三叉裂谷系，后经五台运动又关闭固结；至古元古代晚期再次复活发展，形成陆内裂谷。再经中条运动变质变形又一次与华北地块结成统一基底。新元古界下部为陆源碎屑岩—火山岩建造，中上部为碎

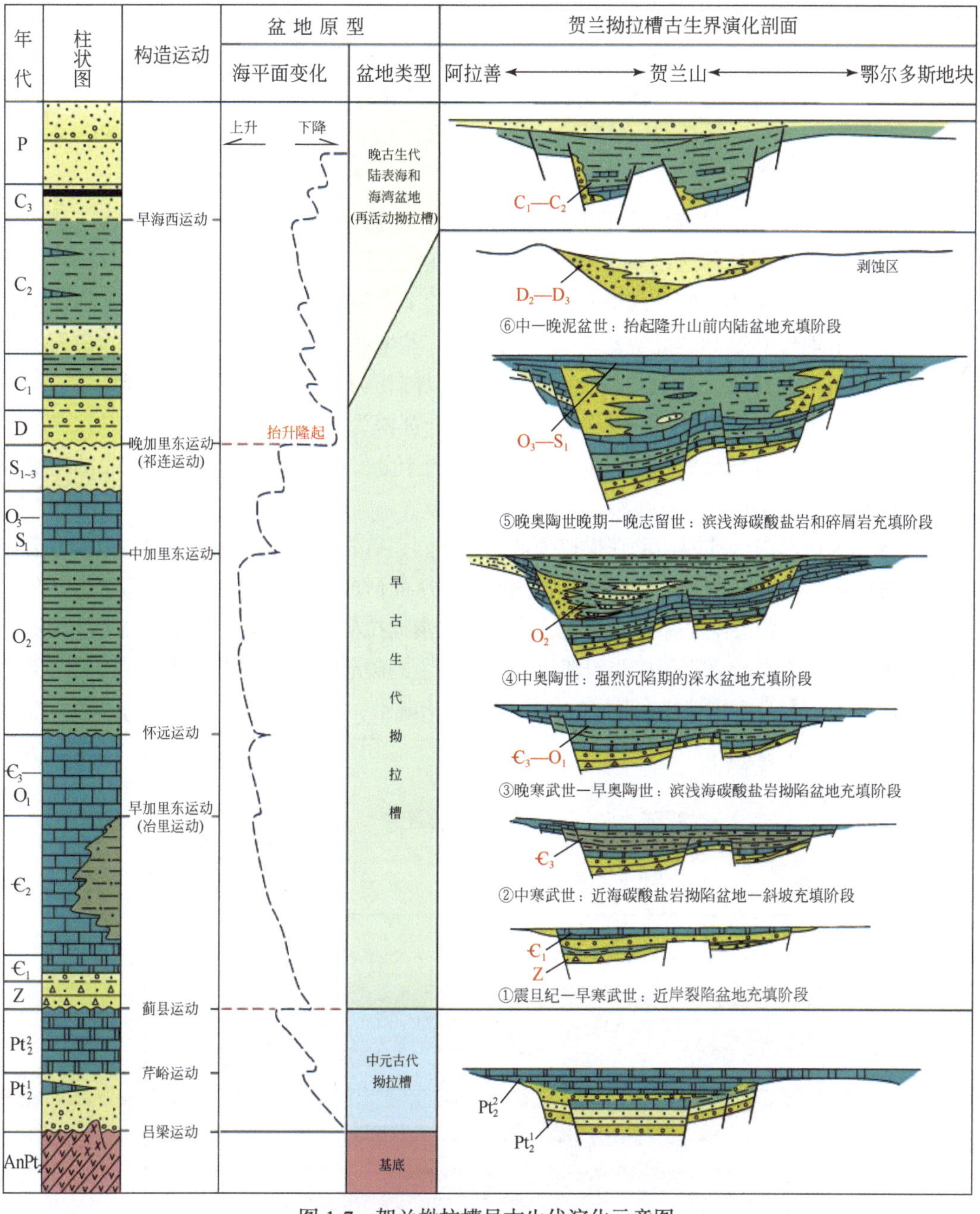

图 1-7　贺兰拗拉槽早古生代演化示意图

据林畅松（1995）修改

屑岩—碳酸盐岩建造，沉积巨厚、地层完整，向南部越靠近秦岭造山带变质程度越深。

介于贺兰拗拉槽、晋陕拗拉槽、晋豫陕拗拉槽之间的榆林—环县和铜川—太原两地区则为隆起部位，接受了厚度不大的似盖层沉积，岩性和沉积类型与贺兰拗拉槽和晋陕拗拉槽类似，其厚度多为 0 ~ 300 m（中国煤田地质总局，1996）。华北地台南缘的秦祁昆洋裂谷中形成了一套巨厚的复理石夹碳酸盐岩建造，并广泛出现基性火山岩，在牛首山和南华山一带厚达5 km左右，向东在北秦岭地区则厚达万米以上。它们经历了长城纪裂谷期、蓟县纪拗陷期和青白口纪萎缩聚敛期这样一个构造演化过程。

3. 白云鄂博拗拉槽

白云鄂博、扎尔泰拗拉槽位于华北克拉通盆地北缘西段白云鄂博、四子王旗、达尔罕茂明安联合旗（以下简称达茂旗）一带，属于中亚陆间区巨大拗拉槽的南延部分，它是在前中元古代华北克拉通基底北缘断裂、扩张的基础上发展起来的。中元古代色尔腾山运动之后，随着上地幔隆起和华北克拉通北部的拉张，盆地北部发育两个近于平行的白云鄂博拗拉槽与扎尔泰拗拉槽。在拗拉槽内首先沉积了以陆相为主的粗碎屑岩，随着拗拉槽不断扩张、深陷，沉积了滨岸—潮坪碳酸盐岩。以白云鄂博为代表的北支属于边缘拗拉槽，伴随着滨海沉积，并有频繁的火山活动，基性岩浆岩十分发育；以扎尔泰群为代表的南支属于陆内拗拉槽。

长城纪末期，白云鄂博运动在拗拉槽区表现强烈，首先，在扎尔泰拗拉槽产生韧性剪切带，继而使扎尔泰群和白云鄂博群一起强烈褶皱，从而形成独特的克拉通边缘褶皱带并分布于华北板块北缘。蓟县纪（那什干期），南支扎尔泰拗拉槽夭折、消亡；北支白云鄂博拗拉槽则逐步向大陆边缘转移，仍接受以浅海—滨海为主的碳酸盐岩类沉积，之后，因其北部的岛弧与该区大陆边缘碰撞造山，形成加里东岩浆—褶皱带，拗拉槽的演化宣告终止（图1-8）。

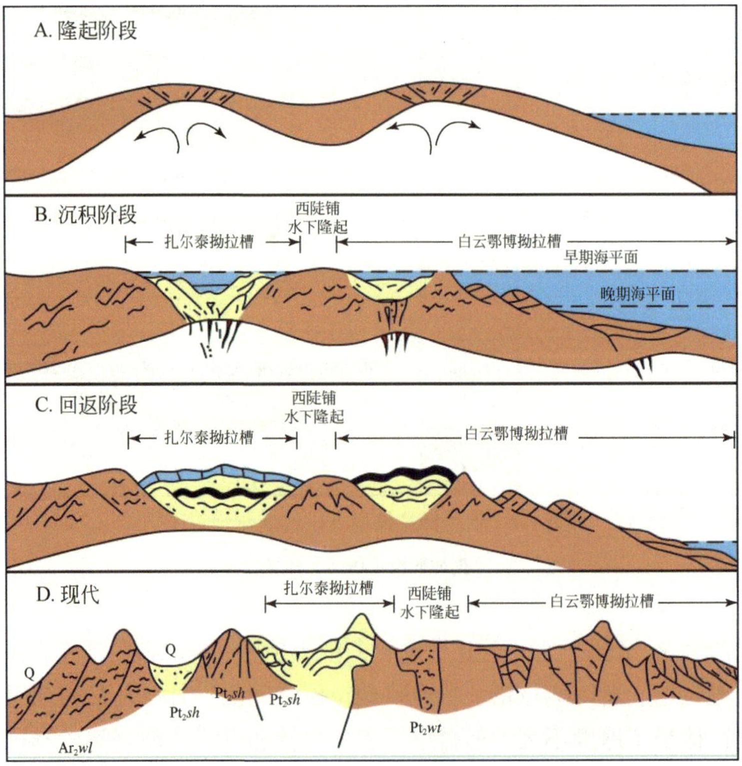

图1-8 白云鄂博、扎尔泰中—新元古代拗拉槽演化示意图（王辑和李双庆，1987）

1.2.2　早寒武世华北古陆发育阶段

克拉通盆地的形成与盆地边缘被动大陆边缘的发育有关，以海平面上升造成的海岸上超，以及碳酸盐岩缓坡向台地的转化为特征。其沉积环境是一种开阔海，底部为具有陆源碎屑的碎屑岩和碳酸盐岩，顶部为不含陆源碎屑的碳酸盐岩。沉积和沉降中心在盆地的边缘。盆地沉降的动力机制是岩石圈机械伸展减薄。

早寒武世，处于罗迪尼亚超大陆裂解所形成的拉张背景，为震旦纪大冰期后的低海平面延续期，华北板块南北受秦祁昆洋及古亚洲洋的影响。区域上整体都处于岩石圈伸展的构造动力学条件，不论是华北板块南缘、西缘，还是扬子板块北缘均属于被动大陆边缘的构造背景。位于盆地北侧的古亚洲洋，是在中元古代窄洋的基础上发展起来的，自新元古代至早古生代早期，均为拉张的应力机制；西南缘由于贺兰裂谷系和秦岭裂谷扩张，主体也为伸展拉张背景；在鄂尔多斯地块西缘，根据早古生代沉积建造特征与构造格架的演化等分析，秦祁贺三叉裂谷又重新活动，贺兰裂谷系依然为拗拉槽（汤锡元和李道燧，1990；汤锡元等，1988；孙国凡和刘景平，1983），或称为再生性拗拉槽。贺兰拗拉槽内下古生界除苏峪口以南的中奥陶统有类复理石建造外，其他地层都是华北地台型沉积，厚度可达 3900 m，其厚度虽比海槽区小得多，但要比地台内大三倍左右。

随着陆壳的拉伸、减薄，华北板块南北两侧均表现为洋底扩张。在此构造背景下，由于岩石圈地幔的均衡作用，华北板块成为广阔的陆表海。即当两侧洋盆扩张时，华北古板块的岩石圈地幔物质向南北两侧洋盆的扩张脊方向运动，在弥补洋盆因岩石圈拉张造成质量亏损的同时，其本身也出现了质量亏损。在这种情况下，华北古板块开始下沉，从边缘开始接受海侵，利用水体和沉积物的质量去补偿因岩石圈地幔物质向两侧洋盆运移之后造成的质量亏损，从而导致了华北陆表海的形成。其中，早寒武世辛集期，华北盆地开始了波澜壮阔的海侵事件，在华北盆地南部渑池—登封以南地区的碎屑岩中普遍含火山凝灰质，推测与其南部北祁连—北秦岭深海区内海底扩张引起的火山喷发活动有关。在秦岭洋盆的继续扩展过程中，在洋盆两侧分别发育华北板块南部、西部被动大陆边缘和扬子板块北部被动大陆边缘。

1.2.3　中寒武世华北古陆调整裂解阶段

中寒武世，依然处于罗迪尼亚超大陆裂解所形成的拉张背景，早期由于大范围的古陆暴露风化的陆源物质进入陆表海，形成浑水碳酸盐台地，随着持续的快速海侵，隆起暴露区的减小，广泛的华北陆表海成形，独立出来的伊盟隆起、庆阳隆起、吕梁隆起呈三隆鼎立之势。

中寒武世张夏期，古秦岭洋海域扩展，盆地持续海侵，华北克拉通海侵范围达到高潮，克拉通四周均为开阔海，且与相邻的深海海槽相接。根据地层展布、沉积相分析，该时期地层具有典型的被动大陆边缘层序特征和演化序列，板块的裂离作用已演化到被动大陆边缘阶段，张夏期为被动大陆边缘发育的鼎盛时期，并开始向主动大陆边缘转化。该时期，鄂尔多斯盆地北部为阿拉善古陆—内蒙古古陆，西部为陇西古陆，东部与华北海相连通，南部与秦岭海相连通。

1.2.4 晚寒武世克拉通边缘隆起阶段

晚寒武世开始，华北板块北侧依然受兴蒙洋的俯冲聚敛作用，南侧则处于被动大陆边缘向主动大陆边缘的转换阶段，开始有了秦祁昆洋壳俯冲的证据（左国朝和刘寄陈，1987），表明构造应力开始由拉张向挤压转化，但尚未形成典型的沟—弧—盆体系。在三山子期—亮甲山期的转换过程中，由于俯冲应力仍然较弱，华北板块内部的隆拗格局不明显，华北盆地西缘、南缘开始出现克拉通边缘隆起，即盆地内庆阳隆起继续向北延伸构成相对独立的中央古隆起，轮廓清晰。盆地中部自西向东依次为：贺兰拗陷、中央古隆起、东南斜坡。

1.2.5 早奥陶世古隆起发育鼎盛阶段

奥陶纪初，受早加里东运动（冶里运动）的影响，华北板块南缘由被动大陆边缘向奥陶纪具有沟—弧—盆体系的活动大陆边缘转化，该时期是寒武纪的缓坡型陆缘结构向奥陶纪分异型陆缘结构转化的过渡时期，由于区域上的挤压抬升作用，大规模海退导致鄂尔多斯盆地再次大范围暴露，仅在周缘地区发育含硅质的碳酸盐岩缓坡体系。亮甲山期末，最终完成了南部被动大陆边缘向活动大陆边缘转化，怀远抬升导致华北板块的短暂暴露，造成了亮甲山组与马家沟组的平行不整合接触。

马家沟期，北秦祁昆洋壳开始沿武山—商丹带向秦祁古岛弧之下俯冲，形成了具有典型的沟—弧—盆体系的活动大陆边缘，西华山古陆开始显现，但隆起幅度较低，没有给盆地提供物质来源；同时也铸成了鄂尔多斯地块西南部奥陶纪分异型裂谷陆缘结构，构造—沉积格局转化为坡—肩—拗（陈刚，1994）。同时由于奥陶纪的快速海侵，海水浸没了鄂尔多斯大部分地区，“L”形古隆起外侧以发育陆棚—盆地沉积体系为特征，“L”形古隆起内侧以发育潮坪、开阔台地、局限台地、膏盐湖为特征。大量的膏盐沉积与寒武系广泛的鲕粒滩沉积形成鲜明的对比，表明整个华北地台转化为相对局限的陆表海盆地。

1.2.6 中—晚奥陶世喀斯特隆起发育阶段

中—晚奥陶世开始，华北两侧的大洋板块相向向华北板块之下俯冲，使其转换为具沟—弧—盆体系的活动大陆边缘。北侧的俯冲作用从寒武纪末期即已开始，早古生代中期该区从以拉张为主转为挤压应力体制，相应的构造环境则由被动大陆边缘转化为活动大陆边缘，发育了较为完整的沟—弧—盆体系。中亚—蒙古大洋板块南侧由北向南，于中—晚奥陶世在温都尔庙—达茂旗一线发生俯冲（胡骁，1990）。中志留世的短期拉张在白乃庙一带形成了一套复理石沉积，但在中志留世晚期末的加里东运动影响下，通过弧—陆碰撞（马文璞，1992），与寒武系、奥陶系等一起产生强烈的褶皱变形，并有岩浆活动和变质作用等发生，从而形成了横亘华北陆台北缘的所谓温都尔庙—翁牛特期加里东褶皱带或称为内蒙古加里东褶皱带（马文璞，1992）。而南侧的俯冲作用开始于中奥陶世。被动大陆边缘向主动大陆边缘的转换过程及时期具渐进性和穿时性。明显具有沟—弧—盆体系主动大陆边缘时期应为中奥陶世，以二郎坪群为代表的岛弧系的出现意味着向汇聚边缘的转化，但其孕育形成的初始时期甚至可追溯到晚寒武世。中奥陶世—中志留世，祁连洋盆发生向南与向北的双向俯冲，在南北两侧分别形成中祁连岛弧、北祁连沟弧体系。据肖序常（1988）研究，北祁连海槽于晚志留世褶皱上升为陆，并与华北陆台西南部的阿拉善地块和鄂尔多斯地块拼接，其上被以雪山群和老君山群为代表的泥盆系磨拉石沉积呈不整合接触关系所覆盖。

峰峰期（马六段），由于祁连和秦岭地区商丹洋的向北俯冲，介于商丹断裂与洛南断裂之间的祁连—北秦岭开始由寒武纪—早奥陶世的被动大陆边缘转变成活动大陆边缘环境中的北祁连弧盆系，洛南断裂以北的鄂尔多斯西缘和南缘也随之由早期的被动大陆边缘的陆棚—陆架环境转变成为弧后的边缘海环境。在盐池—陇县一线以西和青铜峡—固原断裂以东，发育了西缘以碳酸盐斜坡为主的沉积物，在青铜峡—固原断裂和西南华山断裂之间的河西走廊地区主要发育碎屑岩斜坡—盆地浊积岩，鄂尔多斯南缘岐山—富平一带处于弧后边缘海环境。

平凉期—背锅山期：随着古秦岭洋、古祁连洋俯冲消减的持续进行，包括鄂尔多斯盆地在内的华北盆地大幅度抬升，成为被剥蚀的古隆起，海水退出全区，仅在鄂尔多斯盆地的西、南缘形成了具有沟—弧—盆体系的主动大陆边缘弧后裂陷盆地，中央古隆起为弧后前陆隆起。

大陆边缘形成的大量低位期的斜坡重力流沉积和凝灰岩夹层，以及华北板块南北两侧的火成岩和蛇绿岩套表明在早古生代末秦岭地区已存在明显的俯冲作用。与此同时，受全球生物辐射作用的影响，处于赤道附近的鄂尔多斯南缘有利于生物繁盛，具有良好的成礁环境，形成了镶边碳酸盐台地。

1.3　盆地构造—沉积分异与中央古隆起形成演化

1.3.1　构造—沉积分异作用

分异作用是自然界常见的一种地质作用过程，如岩浆分异、沉积分异、地域分异等。分异作用最终导致地质要素在空间分布上呈现规律性变化。而构造—沉积分异作用是指在碳酸盐岩沉积作用过程中，由基底和同沉积构造活动造成的沉积分异作用。这种现象普遍存在于不同尺度的地质体中，对油气成藏有着重要的影响。越来越多的研究表明，克拉通盆地构造稳定是相对的，适度的构造分异对海相克拉通盆地优质成藏要素的形成与分布影响很大，因而要从原型盆地恢复、古构造格局重建入手，按照动态演化观点综合分析成藏要素形成与分布的主控因素。通过对四川、塔里木、鄂尔多斯等盆地深层构造的研究，将构造—沉积分异作用分为三个大类：拉张构造背景下的基底构造控制的构造—沉积分异作用，拉张构造背景下的同沉积断裂控制的构造—沉积分异作用，以及挤压构造背景下的古隆起控制的构造—沉积分异作用。

构造—沉积分异作用类型：①基底构造控制的构造—沉积分异作用，主要有两类，基底隆升与沉降作用和基底深大断裂活动作用，如四川盆地震旦纪—寒武纪绵阳—长宁拉张槽。②同沉积断裂控制的构造—沉积分异作用可以细分为两类，同沉积期生长断裂活动作用和深大断裂同沉积期活动作用。深大断裂是克拉通盆地常见的构造形迹，通常表现为高角度断裂发育带，可见花状构造。断裂经历了多期构造运动和多期活动，现今的断裂形态是多期活动的结果。如上扬子南缘泥盆系台盆—盆间台地沉积模式、上扬子北缘二叠系—三叠系台缘沉积模式和塔里木盆地奥陶系良里塔格组沉积模式。这些断裂多期活动对沉积、储层有影响，尤其对碳酸盐岩油气成藏与富集具有重要影响，应予以高度重视。③古隆起控制的构造—沉积分异作用，受区域挤压作用影响，克拉通盆地构造—沉积分异以古隆起为特征，存在三种成因的古隆起，即差异剥蚀型古隆起、同沉积型古隆起、褶皱型古隆起。对于海相碳酸盐岩层系而言，区分和识别不同类型的古隆起具有重要意义，如鄂尔多斯盆地中央古隆起、四川盆地乐山—龙女寺古隆起和四川盆地桐湾期古隆起等。

1.3.2　早古生代构造—沉积分异格局及类型

鄂尔多斯盆地早古生代沉积演化受华北板块与兴蒙洋、秦祁昆洋演化关系影响，可分为两大构造背景、三种构造—沉积分异作用类型（表 1-1）。

表 1-1　鄂尔多斯盆地早古生代构造—沉积分异作用类型

构造背景	构造事件/盆地性质	构造—沉积分异作用类型	时代
被动大陆边缘	基底裂陷	继承性裂陷分异	中—新元古代
	基底断裂继承性活动		早—中寒武世
	被动—活动转换（挤压）	隆—拗分异	晚寒武世—中奥陶世
活动大陆边缘	克里摩里转换	同沉积裂陷分异	晚奥陶世（平凉期、背锅山期）
	弧后前陆盆地		

1. 中—新元古代构造—沉积分异作用（基底构造控制）

中—新元古代沉积格局受基底断裂控制，基底断裂对后期盖层演化具控制作用（图 1-9）。

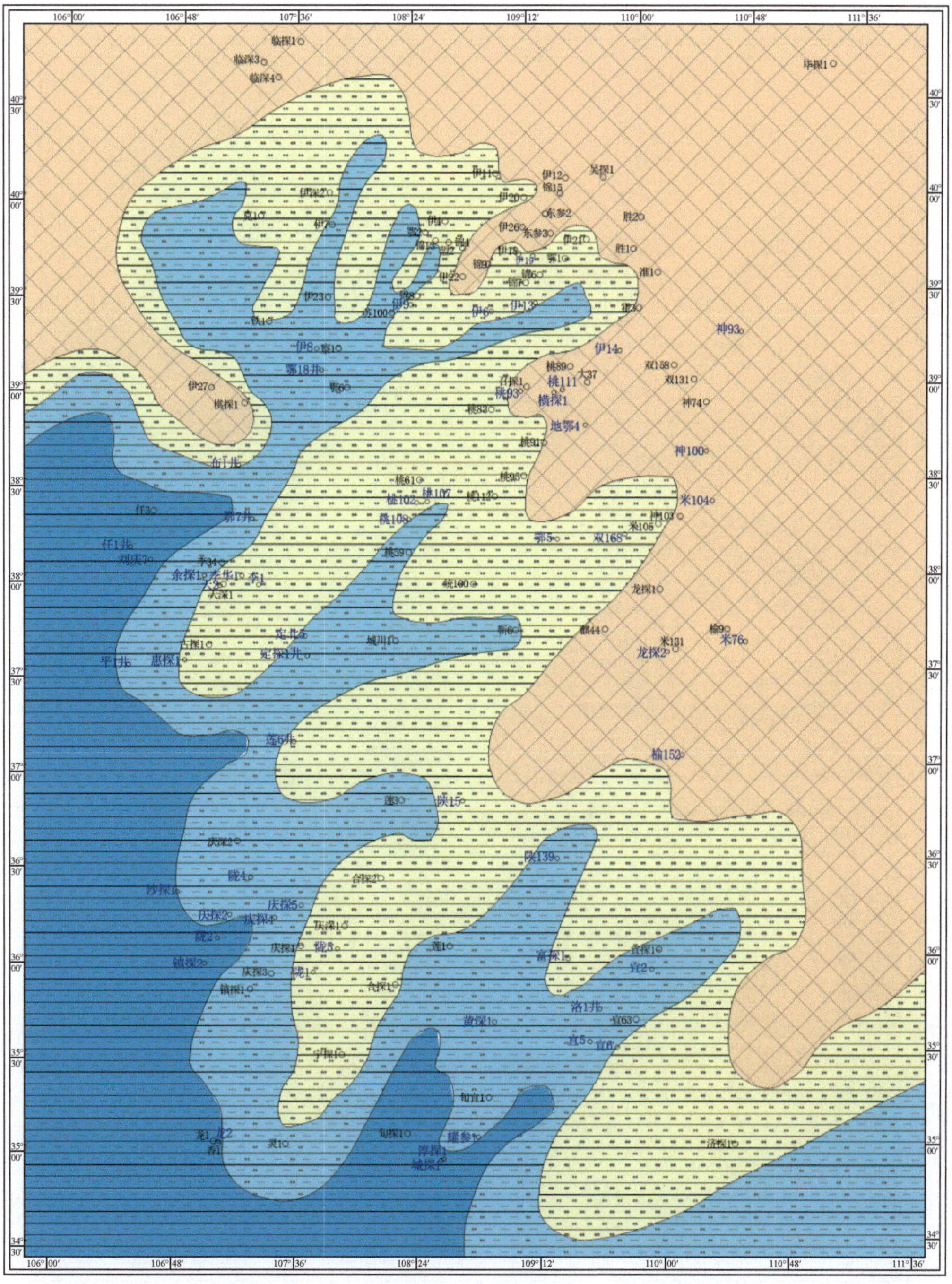

图 1-9　鄂尔多斯盆地中—新元古代构造—沉积分异图

2. 早—中寒武世构造—沉积分异作用（拉张背景）

早—中寒武世基底断裂活化，西缘、南缘继承性分异形成台—盆相间格局（拉张背景）（图 1-10）。

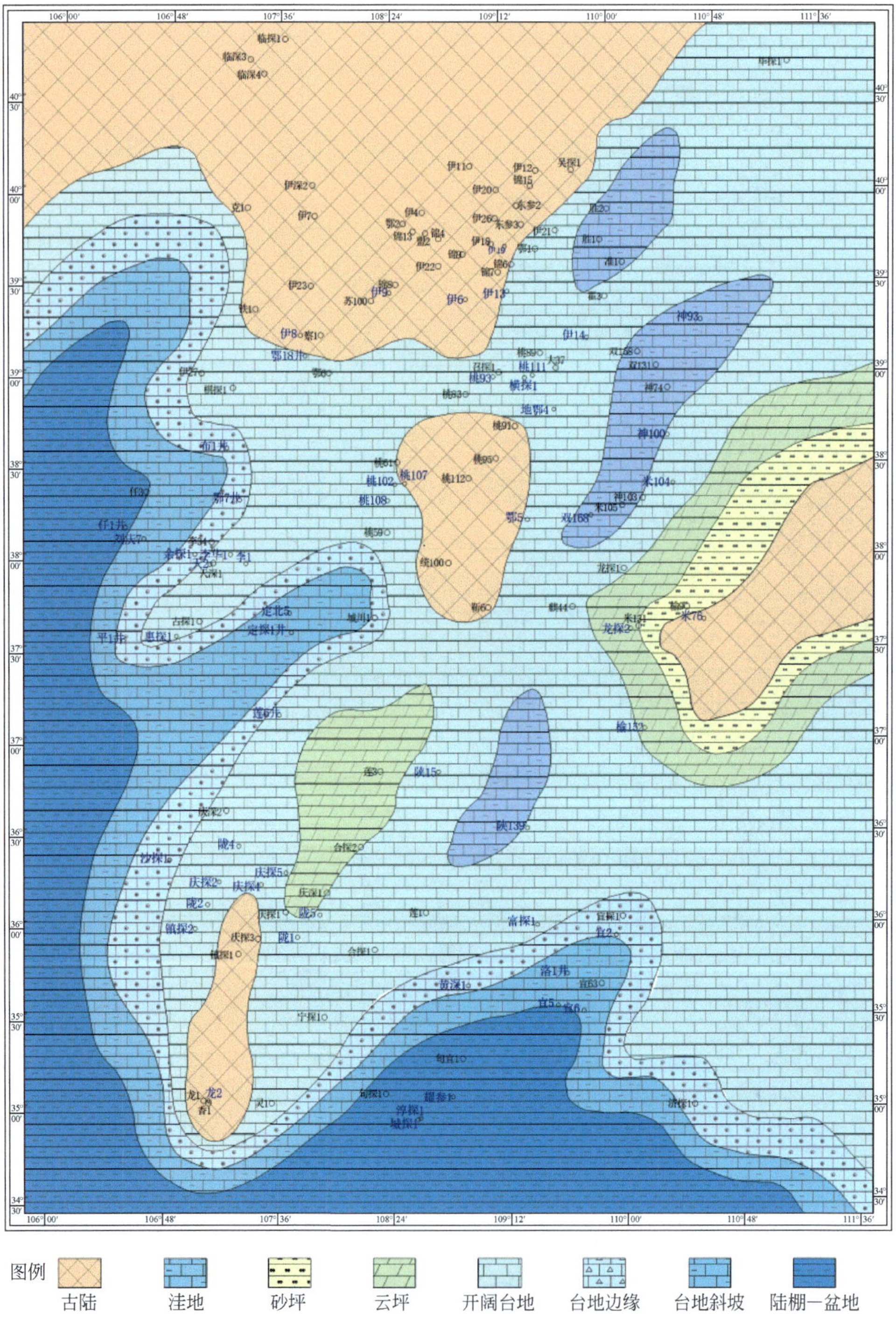

图 1-10 鄂尔多斯盆地早—中寒武世构造—沉积分异古地理格局图

1）早—中寒武世盆地西缘存在台—盆相间格局

地震资料及地层对比表明，盆地西缘在棋探 1 井一边存在小型拗拉槽，盆地西缘并非铁板一块，早—中寒武世西缘存在台—盆相间格局（图 1-10、图 1-11）。

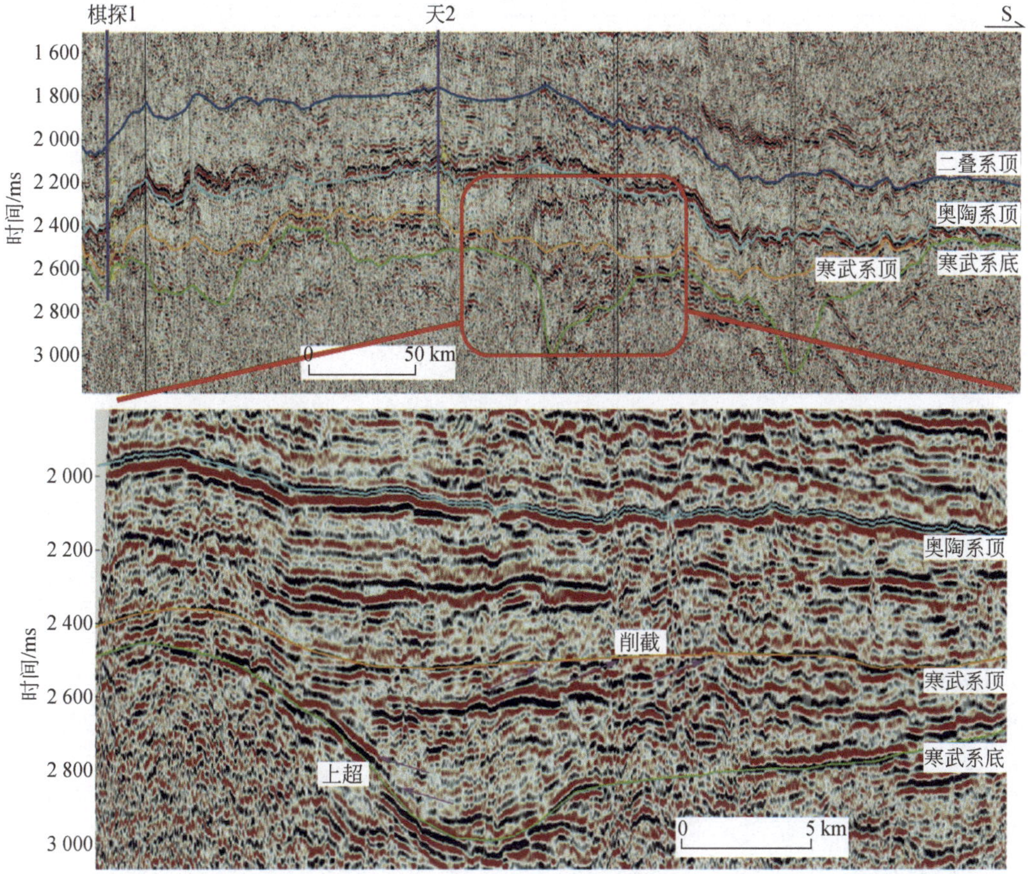

图 1-11　鄂尔多斯盆地西缘定边—固原拗拉槽地震剖面解释（张春林等，2017）

2）早—中寒武世盆地南缘台—盆相间格局（拉张背景）

同样，地震资料及地层对比表明，盆地南缘中寒武世在宜君—富县存在拉张环境深水区沉积（以徐庄组为代表），南缘中寒武世在该地区存在构造—沉积分异区，导致了该地区出现深水区。盆地南缘三山子组、马家沟组岩性显示应为陆棚环境。可见早—中寒武世基底断裂活化，西缘、南缘继承性分异形成台—盆相间格局，其在盆地的发育特征如图 1-10 所示。

晚寒武世中央古隆起开始形成，基底断裂对盆内控制减弱，开始形成“三隆两拗”分异格局。

3. 中—晚奥陶世构造—沉积分异作用（挤压背景）

克里摩里期构造转换，盆地周缘构造环境完全转变。

中奥陶世晚期（马六期），南部处于被动大陆边缘向活动大陆边缘的构造转换时期，由平缓的陆棚区转变为弧后盆地拉张断陷环境，海底地形变化迅速，有利于形成适合礁滩相发育的陡变带；南缘基底断裂再次活化，形成同沉积裂陷分异（图 1-12）。

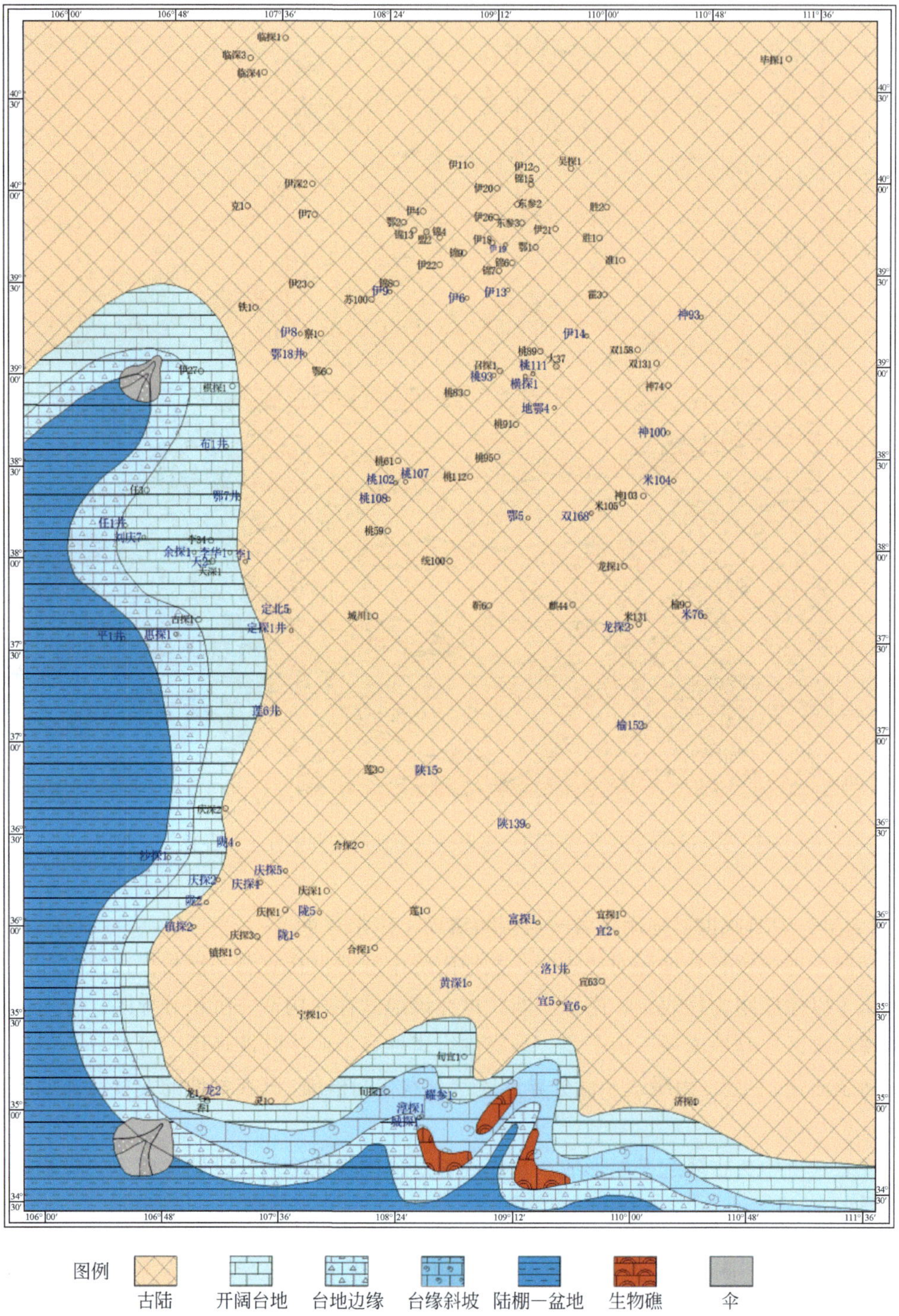

图 1-12　鄂尔多斯盆地平凉期构造沉积分异与沉积格局

中—晚奥陶世盆地南缘为同沉积裂陷分异。中—晚奥陶世，由于构造活动，盆地南缘发生差异升降，有的地方隆起，有的地方凹陷。隆起处水浅，光照好，适合生物生长、繁殖，其上发育生物礁，但由于隆起处地形也有差异，因此各地主要造礁生物也不相同；凹陷处水体较深，沉积有薄层泥晶灰岩和粒屑灰岩，靠近断裂处有碎屑流沉积。

总体来看，因不同时期构造事件、海平面变化差异，下古生界沉积时期，在盆地的西缘、南缘与内部发生构造—沉积分异，呈现出不同的沉积样式，也进一步为盆地海相碳酸盐岩油气勘探提供了新思路。

1.3.3　中央古隆起形成演化与盆地隆—坳分异

1. 古隆起形态特征

以往的研究成果表明，鄂尔多斯盆地中央古隆起主要发育在定边—环县—庆阳—黄陵一带；主轴走向近南北向，南端于宁县一带向东转向黄陵方向；平面上呈“L”形展布，面积约 9000 km^2（图 1-13）。在空间上，呈西陡东缓、南陡北缓的古构造特征，构造高点

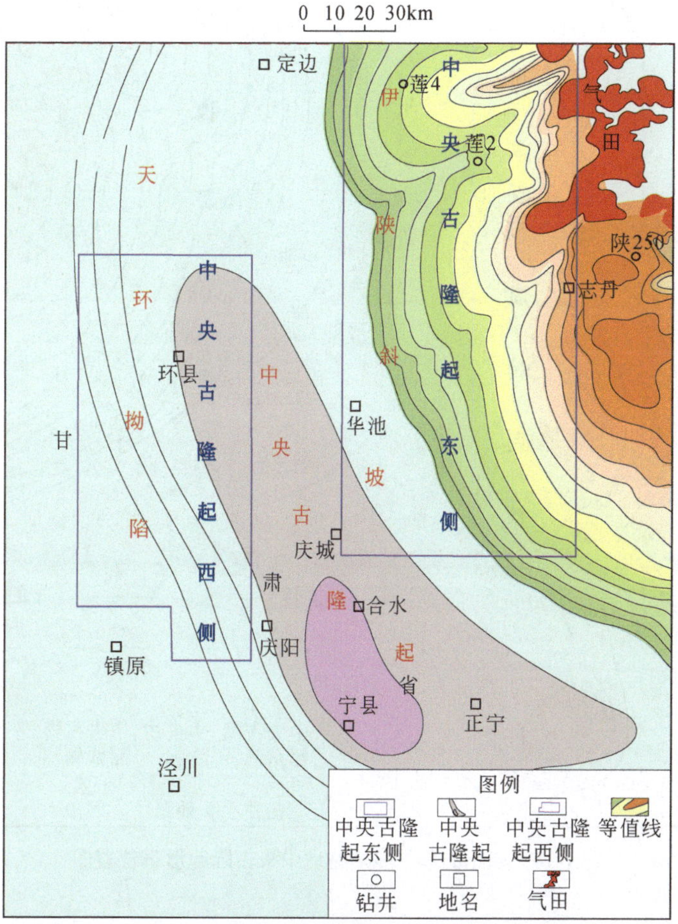

图 1-13　鄂尔多斯盆地中央古隆起形态位置图

位于宁探1井一带，顶部出露地层为寒武系张夏组。

近年来，在镇探1井、镇探2井、灵1井钻探后，古隆起的形态及高点位置发生了重大变化。经过重新修正的中央古隆起形态图表明（图1-14），中央古隆起的形态在原先“L”形展布的基础上，向南部延伸至龙2井、灵台一带，并在环县、龙门至宁县一带形成一个寒武系、奥陶系缺失的“三角形”隆起区，其面积约11000 km^2；古隆起的构造高点较以前明显向西北偏移，由宁县（宁探1井）一带偏移至镇原以北地区。古隆起西侧和南侧边界均与基底断裂有关，斜坡带也较窄陡。而东北部，由古隆起向子洲—宜川拗陷平缓过渡，依次出露寒武系与奥陶系不同层段地层。由此可以看出，随着勘探程度的不断提高，中央古隆起的形态特征将被更加真实地复原。

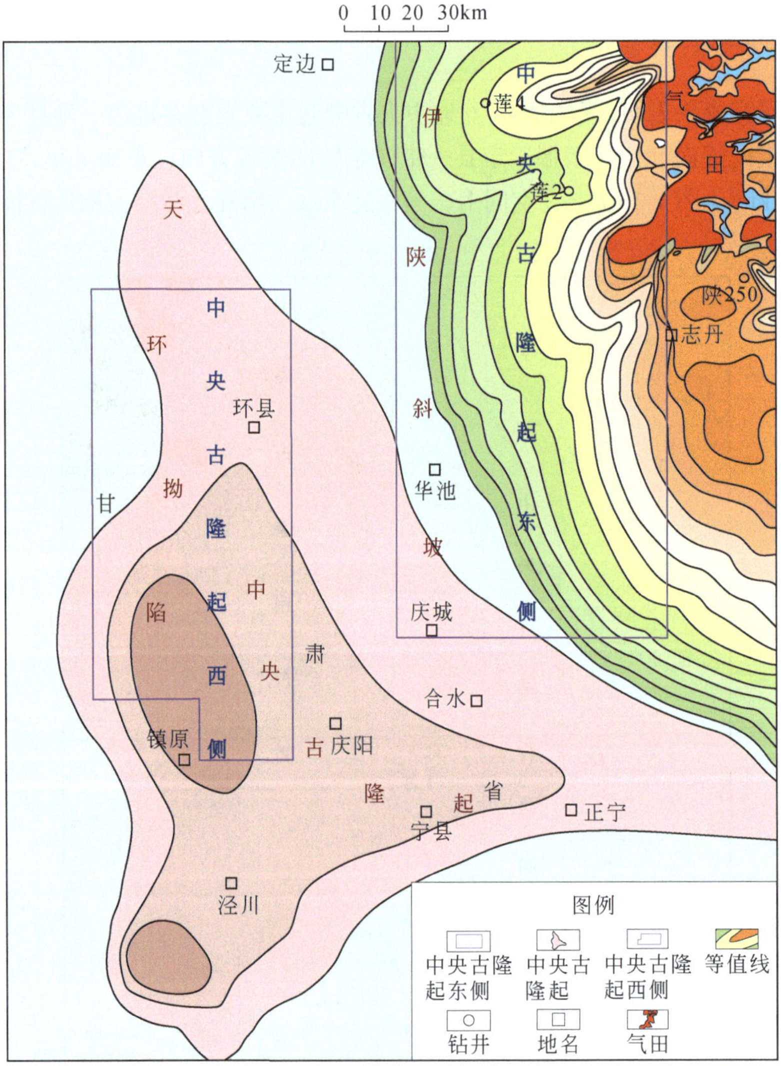

图1-14 修正的鄂尔多斯盆地中央古隆起形态位置图

地震资料反映出中央古隆起的顶部在镇探1井一带（图1-15），该区不仅缺失奥陶系、寒武系，甚至可能缺失部分元古宇。结合钻井资料研究，镇探 1 井、龙 2 井，均缺失下古生界寒武系、奥陶系，震旦系罗圈组冰碛砾岩直接与二叠系不整合接触。但是，地层的缺失不等于古隆起的存在，地层缺失仅表示地质历史时期的隆起，并不代表现今的隆起。在拉平的石炭系底面构造剖面图上存在一个削顶的隆起构造，隆起核部在镇探 1 井—龙 2 井一带，核部隆起幅度高于邻区，说明鄂尔多斯盆地的确存在中央古隆起，该隆起形成于寒武纪早期，即在兴凯运动末期就已形成，并且在加里东运动阶段持续隆起为陆，在早古生代一直暴露于地表，经历了长期的沉积间断，直至晚古生代二叠纪山西期才接受沉积。赵重远（1992）研究认为，中央古隆起具沉积隆起和剥蚀隆起两种性质，沉积隆起在地震剖面上表现的是超覆或退覆尖灭，剥蚀隆起表现的是削截尖灭。古隆起两翼地层展布东翼平缓、西翼较陡，古隆起周围地层大多向隆起核部表现出层层超覆。

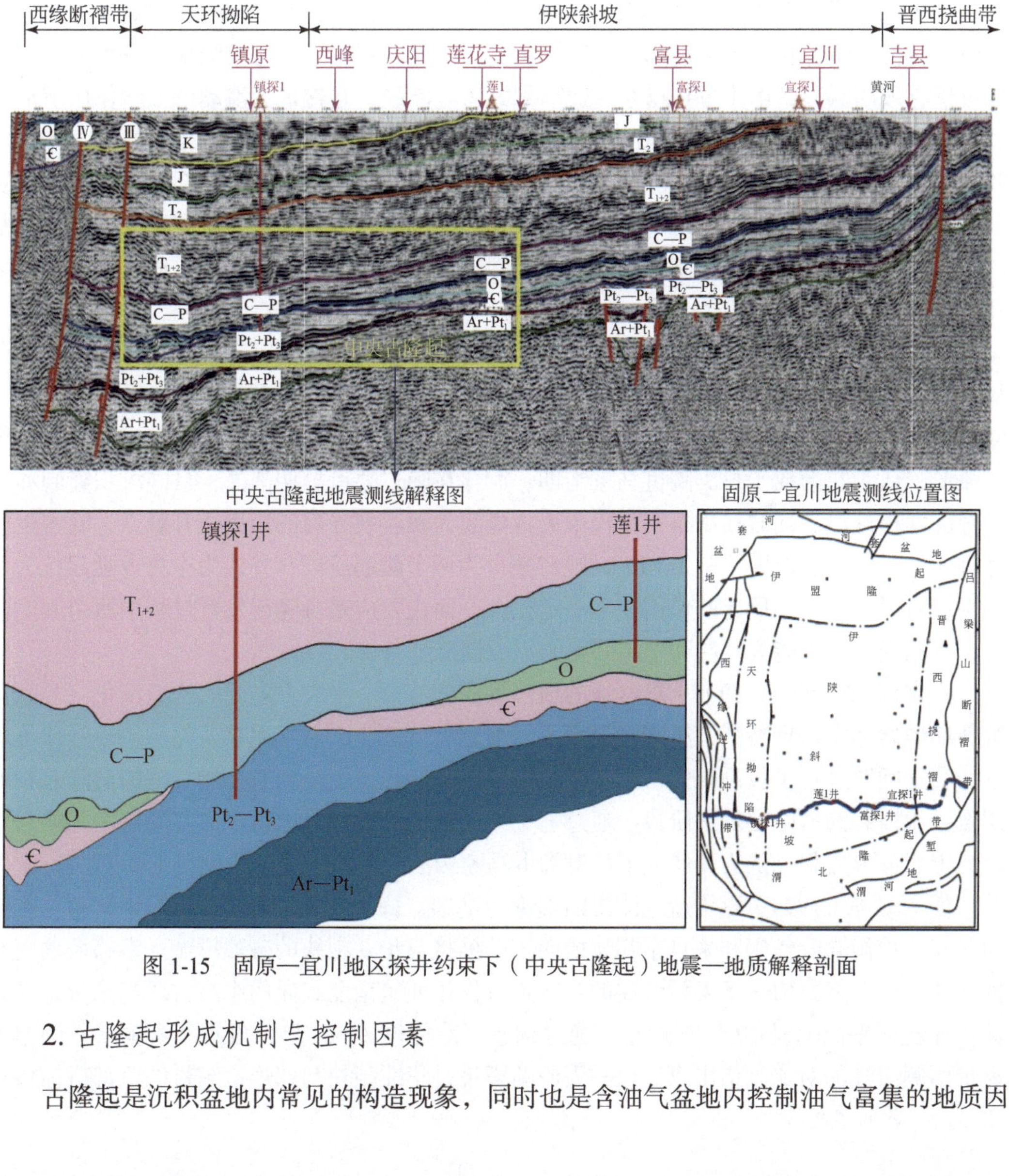

图 1-15　固原—宜川地区探井约束下（中央古隆起）地震—地质解释剖面

2. 古隆起形成机制与控制因素

古隆起是沉积盆地内常见的构造现象，同时也是含油气盆地内控制油气富集的地质因素之一。目前，全球范围的古隆起区都有了比较大的发现，如俄罗斯的西西伯利亚和东西伯利亚，北美的二叠盆地，北非的伊利兹、锡尔特，阿尔及利亚的哈西迈萨乌德大油区以及澳大利亚的库珀盆地和坎宁盆地（翟光明和何文渊，2005）。我国主要含油气盆地内一些规模较大的古隆起，均发现有大油气田。从古隆起发育时代与地层考虑，含油气盆地存在两类古隆起，一类是与海相层系有关的古隆起，通常发育在克拉通盆地，如鄂尔多斯盆地的中央古隆起、四川盆地的乐山—龙女寺古隆起、开江—泸州古隆起，塔里木盆地塔中、塔北、塔东南、塔东古隆起等；另一类是陆相含油气盆地的古隆起，如渤海湾盆地凹陷内的中央隆起带，松辽盆地的大庆长垣，准噶尔盆地的三个泉隆起和中央隆起带，四川盆地川西拗陷内的新场、大兴西、江油等隆起，鄂尔多斯盆地的渭北隆起等（汪泽成和赵文智，2006；何登发和谢晓安，1997）。

对于鄂尔多斯盆地中央古隆起的提出，可以追溯到 1983 年，孙国凡、刘景平等认为庆阳、洪德一带存在一个“肩部隆起”，它是从中元古代到早古生代继承性发育的。它与拗拉槽有成因联系，由于拗拉槽东侧边沿犁式组合断裂，是在重力滑动或掀斜作用下形成的翘倾断块的高耸部位发展起来的隆起，称为“西部隆起”。冯增昭等（1991）、张吉森和杨奕华（1995）认为中央古隆起属于“水下隆起”。近些年来，石油部门、科研机构及大专院校先后对鄂尔多斯盆地中央古隆起及其形成和演化进行了深入研究，从中央古隆起的形态、发育时间、形成机制对油气地质条件的控制等方面分析，其主要成果体现在以下几个方面。

赵重远等（1992）根据大量的地震勘探资料、钻井资料、人工合成地震资料、测井资料首次专题性地研究了中央古隆起的形成与演化，通过对不同地震射层的等厚图、不同时期的古沉积地质图分析，结合地层超覆和削蚀点的分布，明确了中央古隆起为一向西突出的弧形，认为它形成于早奥陶世马家沟期，大体在晚二叠世早期消失，具同沉积隆起和剥蚀隆起两种性质。同时提出早古生代中央古隆起为贺兰裂谷肩的均衡翘升观点，晚古生代为碰撞裂谷间隆起成因（图 1-16），晚三叠世为调节隆起阶段；并认为中央古隆起作为一种构造对天然气聚集所起的作用并不一定很大，而主要应是古隆起发育过程中所引起的岩性、岩相变化，可能为储层和地层圈闭的形成创造了条件。

张吉森和杨奕华（1995）对盆地的地热场演化特征、中央古隆起的构造演化、马家沟组各期的岩相古地理特征、奥陶系顶面古岩溶地貌特征及天然气赋存条件与展布规律等理论与实践问题进行了较系统的研究，指出中央古隆起经历了早期贺兰拗拉槽的肩隆起和晚期贺兰碰撞谷的肩隆起发展阶段。通过七个不同时期的叠加，求得中央古隆起为一略向西南突出的弧形隆起，认为其形成于早奥陶世马家沟期，消失于晚二叠世石千峰期。

任文军等（1999）以构造地体拼贴理论为基础，认为中央古隆起的成因来自贺兰裂谷间隆起的均衡翘升作用和来自秦祁海槽向东的推挤与华北板块的碰撞拼贴。秦祁海槽向北推挤和草碧—老龙山—圣人桥断裂的左行走滑作用使呈南北走向的中央古隆起东折，导致该古隆起在平面上呈“U”形展布。通过构造“冷侵位辉绿岩”的发现及青铜峡—固原断裂带两侧岩性的对比，指出青铜峡—固原断裂带是华北板块与祁连褶皱带的西部碰撞拼贴

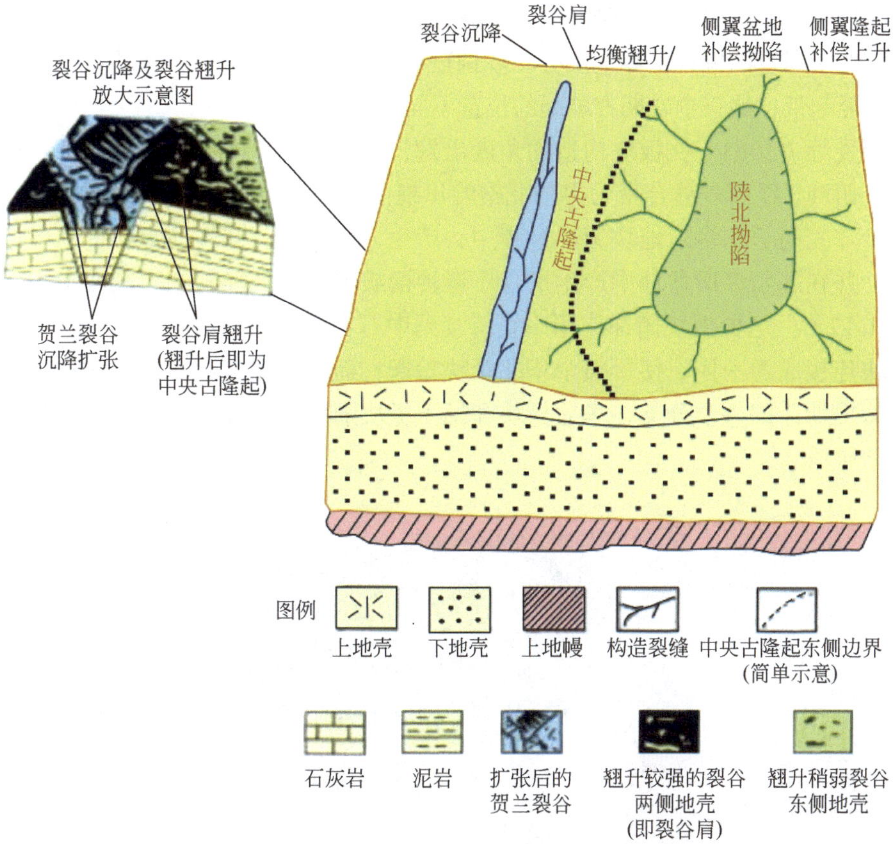

图 1-16　裂谷发育过程中裂谷肩的均衡翘升示意图

带，渭北隆起构造带北界的草碧—老龙山—圣人桥断裂则是南部的拼贴带。应用断层相关褶皱理论，通过观察和解释地震剖面提出了在中央古隆起侧翼下古生界中广泛发育着断层相关褶皱，并认为它们是油气聚集的场所；通过地面地质调查，重新探讨了奥陶系风化壳溶洞、裂缝的发育特点，提出X型共轭节理对古潜台、古潜沟展布格局具有明显的控制作用，并指出古潜台的节理密集带和古潜沟侧翼是寻找天然气高产区的首选部位。

党犇（2003）通过对盆地原型及演变、奥陶系产气层古构造格局及其演化、断裂系统、构造应力场及其转换、构造应力场转换与天然气运聚关系五个方面进行研究。将鄂尔多斯盆地盖层划分为七个构造层序和22个亚构造层序。针对中央古隆起编制了六个不同时期、东西向和南北向的奥陶系顶面和马五段顶面的古构造图，对古隆起的构造演化进行了精细刻画，并指出中部拗陷带控制着残余生烃凹陷及中部气田的分布，构造应力场转换决定着天然气的运聚与成藏。

李振宏等（2005）通过对鄂尔多斯盆地主要构造界面及区域大剖面特征、地层剥蚀厚度恢复及盆地各期古构造特征、主要构造界面的演化特征、构造界面演化与油气成藏关系的研究，进一步分析了中央古隆起的分布范围、构造演化、与龙门构造之间的关系及构造界面演化对油气成藏的控制作用。

屈先锋（2005）对中央古隆起地区地震资料重新处理和解释，进一步查明和刻画了中央古隆起的形态及两侧古生界地层分布和构造格局；并提出自中—新元古代至奥陶纪都存在一个古隆起带，这三个时期古隆起的位置不同。

解国爱等（2003）从板块构造的角度出发，认为从中奥陶世开始，扬子板块向华北板块之下俯冲，以商丹缝合带为界的北秦岭出现活动大陆边缘，南秦岭为被动大陆边缘。在北秦岭洋壳向鄂尔多斯地块俯冲过程中，产生了北秦岭前陆逆冲带和鄂尔多斯南缘前陆盆地，并在鄂尔多斯盆地中产生平行于秦岭褶皱带的前陆隆起，即东西向的中央古隆起（图 1-17）。这种板块俯冲作用一直持续到中石炭世，在商丹缝合带扬子古板块与华北古板块连接成为一体，使得整个华北板块抬起；而后从泥盆纪开始，勉略洋盆打开，成为古特提斯洋的一个分支，华北板块和扬子板块随后进入晚古生代和中生代、新生代板块活动阶段。

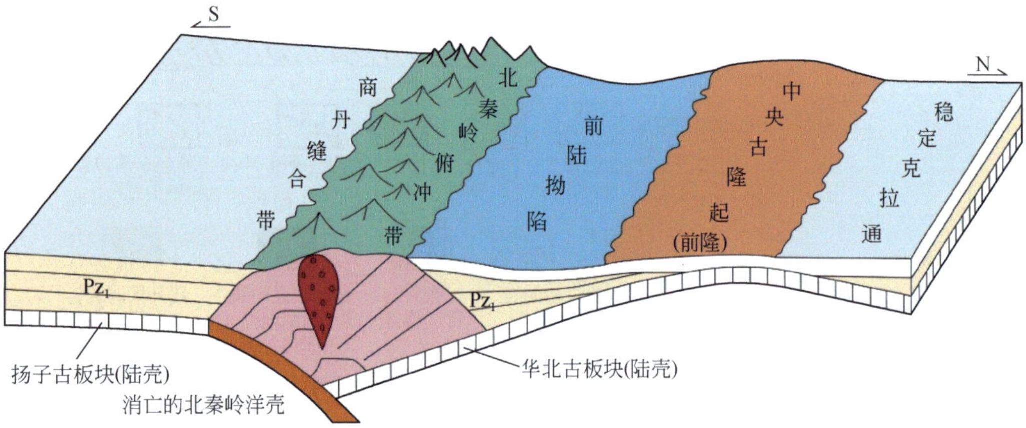

图 1-17 鄂尔多斯盆地西南缘加里东期前陆盆地示意图

总之，前人较一致的观点认为，中央古隆起开始发育于早奥陶世马家沟期，大体至晚二叠世消失。在此期间各地质时代的地层由西、东、北三个方向向古隆起超覆或尖灭。在三叠纪至侏罗纪时期，盆地西部形成与贺兰山逆冲造山带有关的前陆盆地，盆地中央仍为一相对隆起。早白垩世，在盆地转变为统一的拗陷盆地时，古隆起才完全消失。普遍认为，中央古隆起的形成、演化与天然气的形成与聚集关系密切；中央古隆起的形成演化史与华北板块、扬子板块、阿拉善地块、陇西地块之间的相互作用所产生的动力学过程有着不可分割的联系。近两年勘探实践，如镇探 1 井、灵 1 井钻探后，对中央古隆起的认识不断加深，目前观点认为：鄂尔多斯盆地中央古隆起形成于早古生代寒武纪早期，其核部出露中—新元古界。来自秦祁海槽东西和南北挤压应力是中央古隆起形成和发育的力源基础。中央古隆起在形成和发育过程中，先后经历了台内隆起和台缘隆起两个构造演化阶段，最终因北东—南西向挤压应力所引起的盆地东北部抬升和西南部沉陷而消亡。

这次我们认为：盆地中央古隆起是在区域盆地构造背景演化过程中形成、发展的，是在伸展构造背景下形成的，在挤压构造背景下发育，但在不同的阶段，该应力的强弱是不同的。来自秦祁海槽的东西和南北挤压应力是中央古隆起形成和发展的力源基础，在加里东运动早期以西部秦祁海槽扩张产生由西向东的挤压应力为主，使得西侧隆起较早，出露地层较老，地层较陡，沉积厚度较大，隆起与裂谷轴向平行；在加里东运动晚期以秦岭海槽自南向北的挤压应力为主，导致灵 1 井—宁探 1 井奥陶系缺失，盆地南部各井马四段以上地层减薄，黄深 1 井马三段底部以上地层缺失，在裂谷对应的转折端隆起最高，即镇探 1 井位置为隆起高点。早—中寒武世，华北板块向北漂移，鄂尔多斯克拉通南部拉张、北部挤压，为伸展背景下古陆形成、调整、发育阶段。晚寒武世，华北板块继续向北漂移，右旋；盆地南缘拉张停滞并开始向活动大陆边缘转换，中央古隆起在拉张背景上形成。早—中奥陶世，华北板块继续向北漂移，右旋；中央古隆起进入挤压背景下的调整、发展演化阶段。总体上来讲，中央古隆起的形成演化过程是在整个华北板块向北漂移、右旋、盆地接受双挤压作用（秦祁海槽东西和南北挤压应力）过程中进行的，并最终形成了近似“L”形的分布格局（图 1-18）。

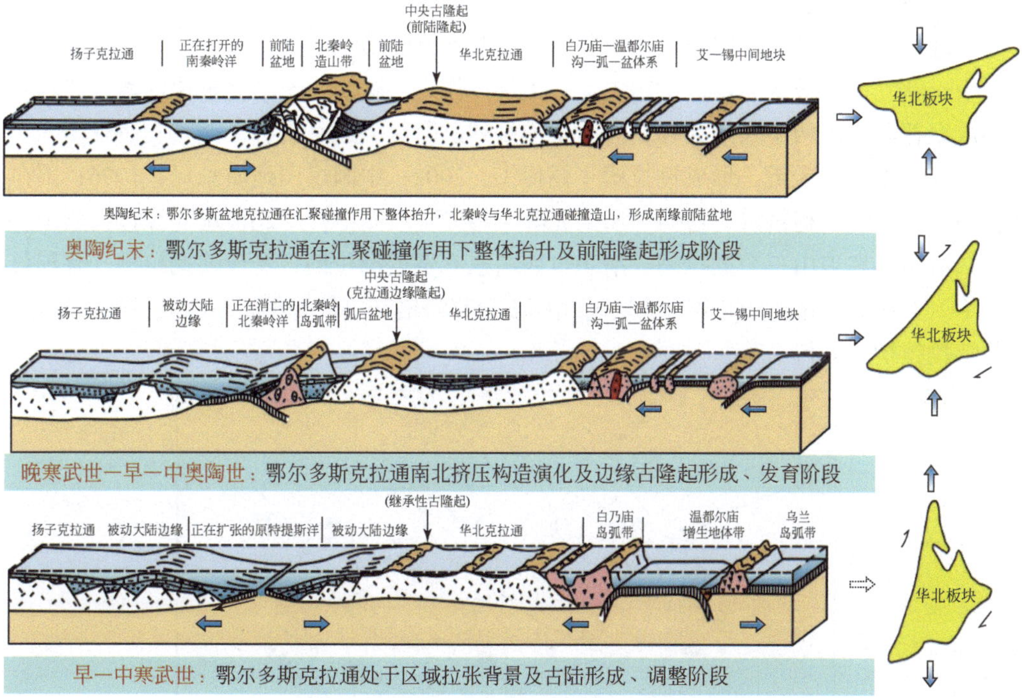

图 1-18　鄂尔多斯盆地中央古隆起形成过程示意图

3. 古隆起形成演化过程与演化阶段划分

在前人研究基础上，以区域上钻遇的古生界探井数据和露头剖面为基础，通过测井资料解释并结合对沉积层序的地震反射特征分析，编制了研究区不同时期重点层段的古构造图。同时，结合加里东构造层顶面（奥陶系顶面）的古构造演化过程及其特征，深入刻画了不同沉积期中央古隆起的形成演化特点。

中央古隆起的形成演化主要通过古构造格局来表现。古构造格局大多是指界于两个或多个确定地质界面之间的地质体展布特点及某个确定性构造界面的构造形态特征。古构造格局的研究可以用两种方法来表示，一种是用某相邻两个确定界面之间地层体的厚度图来表示，是某一构造—沉积期的综合体现，这种确定地层体的残余厚度图可以反映沉积层序的上、下不整合面所代表的构造运动，是原始盆地沉积层序发生改变后的最终产物，由该图所确定的拗陷或隆起均是构造运动改造的结果，除非层序界面为非不整合界面；另一种表示方式是用某个确定界面的构造等值线图来反映该确定界面的构造形态。因此，鄂尔多斯盆地各沉积期古构造特征主要是该时期所对应的岩石地层单元的厚度图来近似刻画的。

综合前人对鄂尔多斯盆地古隆起形成机制的认识，通过研究盆地演化动力背景和古构造格局，认为基底古构造格局、板块聚敛作用、板块沉降和海平面升降变化是古隆起形成演化的关键因素。寒武纪鄂尔多斯克拉通内的隆起主要由基底地貌和海平面变化控制；奥陶纪则主要受板块聚敛作用和海平面变化的控制。

1）古隆起形成演化过程

a. 过程 1 继承性基底地貌隆起演化与中央古隆起形成

中—新元古代被认为是地球历史上一个裂谷作用活跃期，于华北板块的南、北两侧分别形成秦祁和兴蒙两个大洋裂谷，并产生一系列三联点（三岔裂谷），其支裂谷楔入华北板块内并在演化中夭折，形成拗拉槽（杨俊杰，2002；中国煤田地质总局，1996；田在艺和张庆春，1996；程裕淇，1994；汤锡元等，1992）。其中，华北板块北缘包括燕山—太行山、渣尔泰和狼山三个拗拉槽，南缘自西向东有贺兰拗拉槽、晋豫陕拗拉槽、皖苏鲁拗拉槽（图 1-19）。造成鄂尔多斯地块南北濒临秦祁海槽和兴蒙海槽，东西则被贺兰拗拉槽、晋豫陕拗拉槽所夹持。

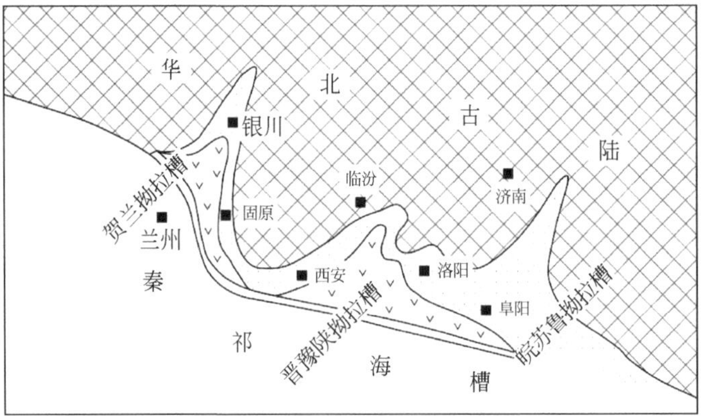

图 1-19 秦祁海槽北侧中—新元古界拗拉槽略图（杨俊杰，2002）

寒武纪，海水自华北克拉通周缘大规模向鄂尔多斯台地入侵，鄂尔多斯地块北缘由于兴蒙洋的俯冲聚敛作用，一直处于隆起状态。而西南缘由于祁连—贺兰裂谷和秦岭裂谷扩张，主体为伸展拉张背景。早期，由于低海平面背景，大部分地区为前寒武纪的基底暴露区，因此应称为古陆；随着海侵作用的持续进行，海水基本覆盖了整个鄂尔多斯地区，由于基底受拗拉槽的影响，具有隆拗相间的构造格局，只在局部高地貌区未接受沉积，成为小型孤立的古陆；晚寒武世，由于寒武纪海退，原沉积区的高地貌区重新暴露成为克拉通内部隆起区。

寒武纪早期，海水自西、南方向大规模向鄂尔多斯台地侵入，辛集期、朱砂洞期、馒头期早期（馒头期—毛庄期）独立的中央古隆起仍未形成，鄂尔多斯盆地大部分仍为华北古陆的一部分。馒头期晚期—张夏期，在区域伸展的构造动力背景上，由于祁连—贺兰裂谷和秦岭裂谷扩张的加剧，在裂谷肩翘升的隆起机制条件下中央古隆起开始了初始演化阶段。到了晚寒武世三山子组中央古隆起真正形成。

（1）辛集组古构造格局。下寒武统辛集组（苏峪口组）沉积期，鄂尔多斯西缘和南缘存在一个相对统一的沉积区，沉积地层由西向东、由南向北依次超覆，逐渐减薄。大致以马家滩—平凉—醇化—韩城一线为界，以西和以南主要为含磷碎屑岩沉积，以东和以北属华北古陆的一部分，该时期中央古隆起尚不存在（图 1-20）。

（2）朱砂洞组古构造格局。下寒武统朱砂洞组（五道淌组）沉积期，沉积范围较辛集期向北扩大，沉积区依然表现为沉积地层具有由东向西、由北向南依次增厚的特点。大体以乌海—平凉—灵台—韩城一线为界，以西和以南属于北祁连—北秦岭统一的沉积区，以东和以北地区仍属大华北隆起区的一部分，独立的中央古隆起仍然不存在（图 1-21）。

（3）馒头组古构造格局。中寒武统馒头组（传统馒头组；盆地西部陶思沟组下部）沉积期，沉积区范围向东向北继续扩大，沉积区依然表现为沉积地层具有由东向西、由北向南依次增厚的特点。大体以乌海—平凉—正宁—宜川一线为界，以西和以南为北祁连—北秦岭统一的沉积区，以东和以北地区仍属大华北隆起区的一部分，独立的中央古隆起仍然不存在（图 1-22）。

（4）毛庄组古构造格局。中寒武统毛庄组（盆地西部陶思沟组上部）沉积期，沉积面貌较前期发生了较大变化。沉积区范围继续向东向北扩大，华北古陆范围缩小，作为华北古陆一部分的鄂尔多斯古陆分解为盆地西部古陆、盆地北部古陆及镇原—环县古陆。镇原—环县古陆将盆地西侧贺兰—祁连海与南缘的秦岭海分隔。该时期鄂尔多斯盆地仍不存在相对独立的中央古隆起（图 1-23）。

（5）徐庄组古构造格局。中寒武统徐庄组（盆地西部胡鲁斯台组）沉积期，沉积区范围继续扩大，总体自南向北、自西向东地层厚度呈减薄趋势。华北古陆范围进一步缩小，盆地呈现出隆拗相间的格局，古构造呈南北向；西缘祁连—贺兰海和南缘秦岭海之间可能有一个乌审旗—灵台水下隆起将其分隔。鄂尔多斯古陆范围继续缩小，分解为西北阿拉善古陆、北部伊蒙古陆、东部吕梁古陆及镇原古陆。镇原古陆主体为华北古陆一部分，但其形态已较前期毛庄组明显向东部合水地区扩展，表明该时期镇原古陆已受到盆地西部祁连—贺兰裂谷肩翘升的影响，中央古隆起的雏形已显现（图 1-24）。

（6）张夏组古构造格局。中寒武统张夏组沉积期，华北海海侵达到顶峰，地层厚度反映出的古构造格局显示（图 1-25），自北向南、自东向西地层厚度呈增大趋势，在平罗—

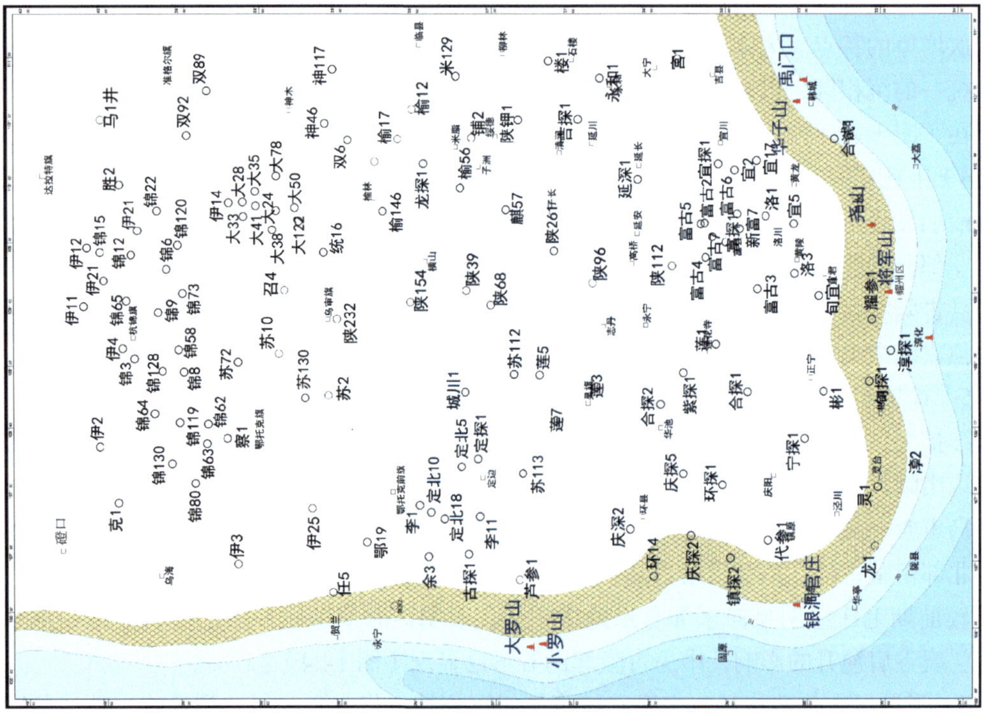

图 1-20 下寒武统辛集组古构造图

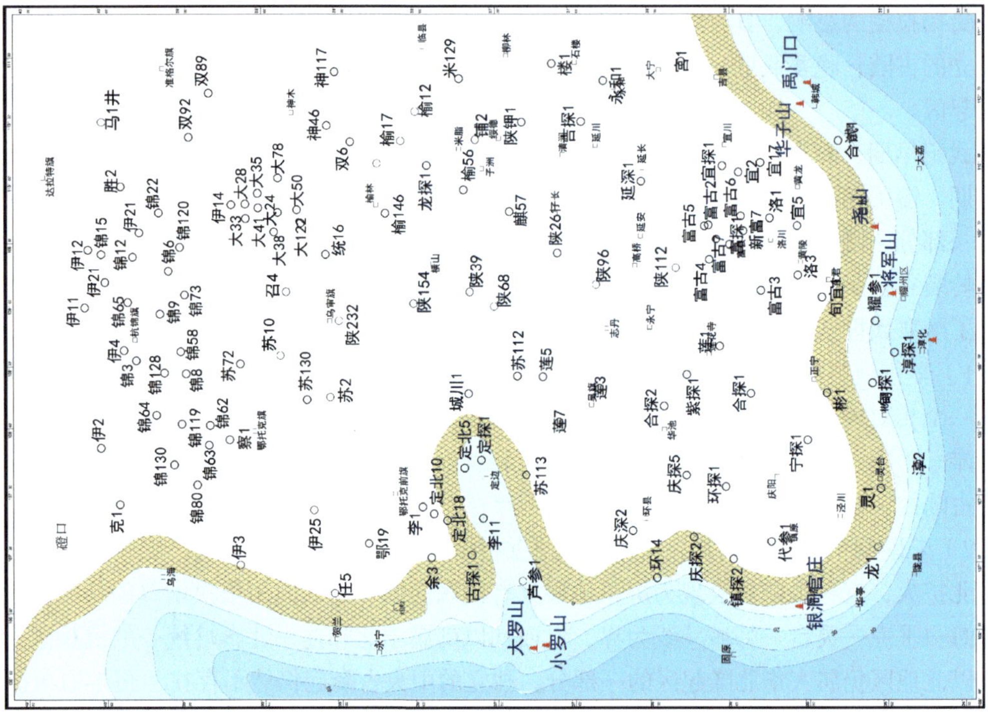

图 1-21 下寒武统朱砂洞组古构造图

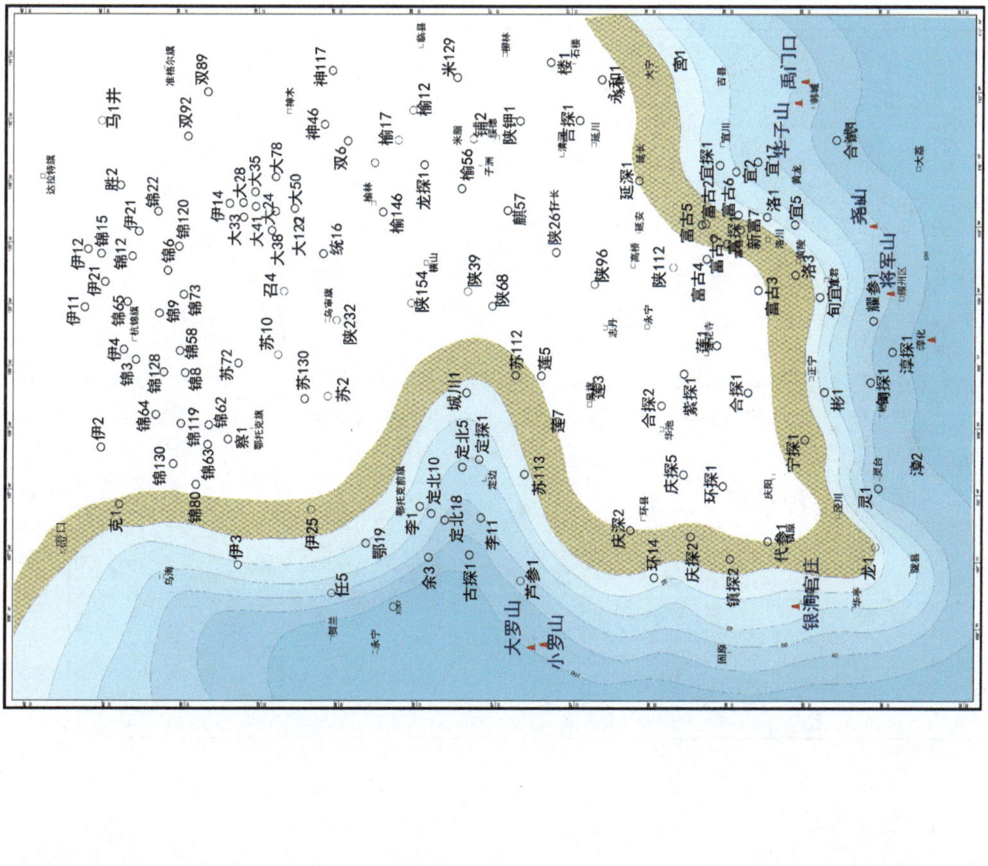

图 1-22　中寒武统馒头组古构造图

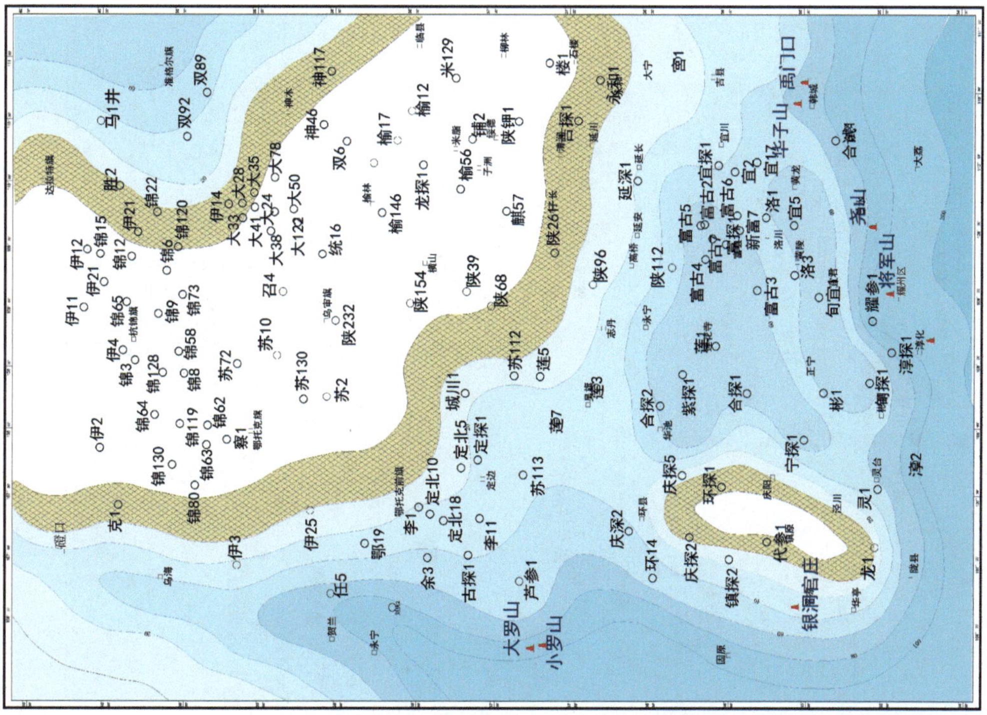

图 1-23　中寒武统毛庄组古构造图

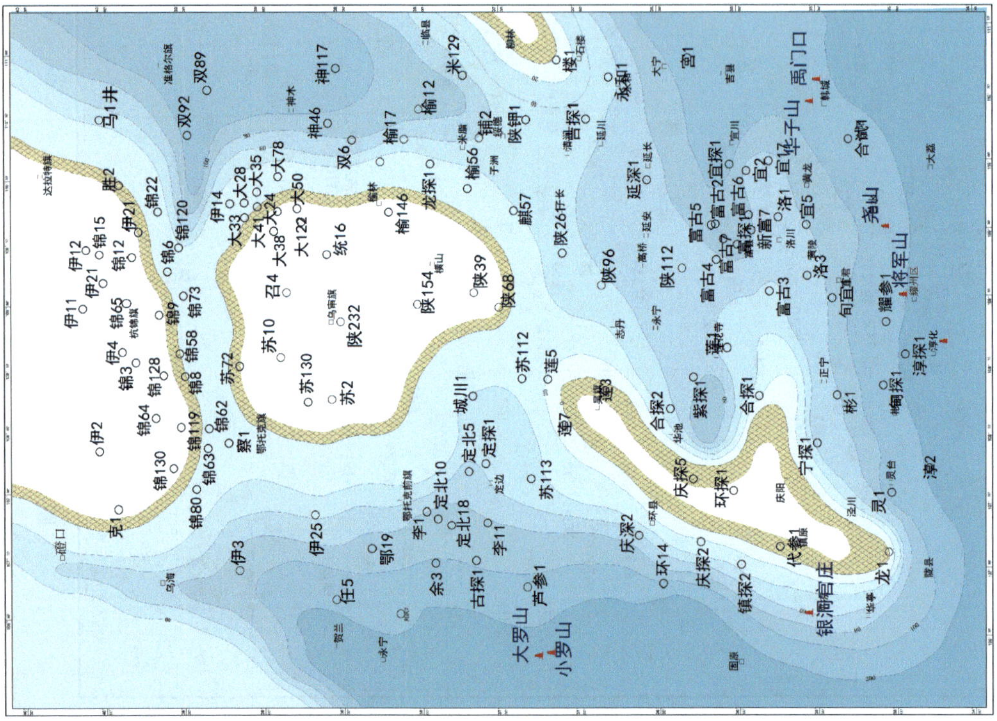

图 1-25 中寒武统张夏组古构造图

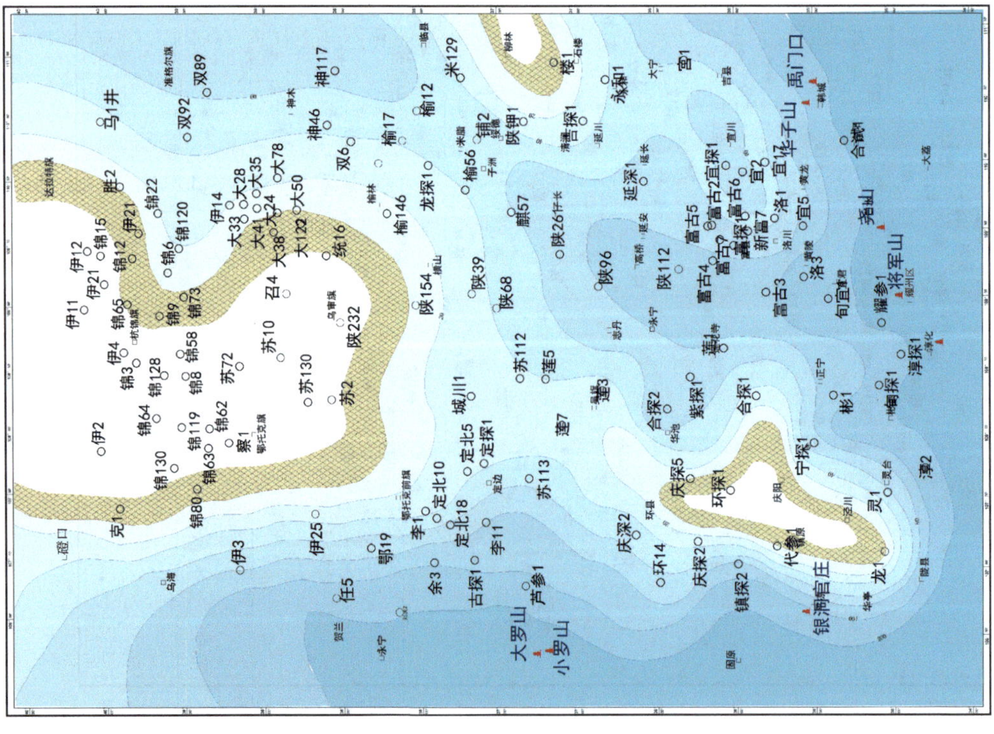

图 1-24 中寒武统徐庄组古构造图

青龙山—陇县—铜川—韩城一线以南和以西，地层厚度大于200 m。盆地隆拗相间格局显现，在镇原形成的中央古隆起雏形在该时期得到进一步发展，继续向西向北延伸，已经初步起到了分隔鄂尔多斯西缘祁连海和南缘秦岭海的作用。区域上，鄂尔多斯地区向东、向西、向南地层厚度都呈增加的趋势，因此在东部、西部和南部均不存在古陆或古隆起，张夏组整体为一个开阔海环境，与西部和南部的北祁连和北秦岭海槽相连，该时期不存在“秦岭古陆”或“西南华山古陆”。

（7）三山子组古构造格局。上寒武统三山子组古构造面貌发生了较大变化，随着祁连—北秦岭洋盆的扩张，在华北盆地西缘、南缘开始出现边缘隆起，即盆地内庆阳隆起继续向北延伸构成相对独立的中央古隆起，轮廓清晰。盆地中部自西向东依次为：贺兰拗陷、中央古隆起、东南斜坡。盆地南部的伏牛古隆起趋势明显。这两种边缘隆起均为伸展背景下裂谷肩隆起。裂谷肩隆起北部为华北克拉通内拗陷盆地，以南为祁连—北秦岭裂谷形成有限洋盆或裂谷肩盆地。即西南华山断裂—洛南断裂和商丹断裂之间为北祁连—北秦岭深水洋盆。区域上晚寒武世—早奥陶世，是北祁连—北秦岭洋盆规模最大的时期，在此背景下，中央古隆起和伏牛古隆起作为洋盆扩张最大时期的肩部隆起存在（图 1-26）。

b. 过程 2 中央古隆起发育、调整过程

上寒武统—下奥陶统马家沟组沉积期，区域上整体处于构造的伸展背景，华北板块南北两侧为被动大陆边缘发育阶段，由于祁连—贺兰裂谷和秦岭裂谷扩展，在裂谷肩隆起的机制作用下使上寒武统徐庄组—张夏组沉积期中央古隆起开始初始演化，至晚寒武世中央古隆起真正形成，到了下奥陶统马家沟组沉积期，中央古隆起进入发育阶段，在鄂尔多斯盆地西缘和南缘出现中央古隆起和三门峡古隆起（早期的渭北隆起），它们断续相连共同组成了鄂尔多斯地块西缘和南缘相对统一的边缘隆起。

早古生代晚期，华北两侧的大洋板块相向向华北板块俯冲，北侧的俯冲作用开始于寒武纪末期，南侧的俯冲作用开始于中奥陶世，明显具沟—弧—盆体系，主动大陆边缘时期应为中奥陶世。因此，被动大陆边缘向主动大陆边缘的转换过程及时期具渐进性和穿时性。

（1）冶里组—亮甲山组古构造格局。

下奥陶统冶里组—亮甲山组沉积期，由于受晚寒武世晚期早加里东运动和早奥陶世亮甲山组沉积期末怀远运动的影响，地壳加速上升，海水在盆地全面退却，鄂尔多斯地区大部分缺失冶里组、亮甲山组，钻井解释证实许多探井的马家沟组直接覆于上寒武统不同层位之上。该时期，整个华北地区也表现出大面积缺失该套下奥陶统冶里组、亮甲山组（图 1-27），部分地区甚至缺失寒武系，如豫中、皖北三山子组，其残存层位已达崮山组和长山组（宋奠南，2001）。华北地区存在大范围的平行不整合，该不整合面表现为地层缺失程度向北东方向减弱（安太庠和郑昭昌，1990），从而表明，怀远运动使华北板块西部和南部边缘隆起带（南华北地区）不断向北扩大，海水向东北方向退却，华北海逐渐退缩。盆地大部分成为隆起区，盆地西缘仅在贺兰—香山所处的贺兰拗拉槽中有部分沉积。

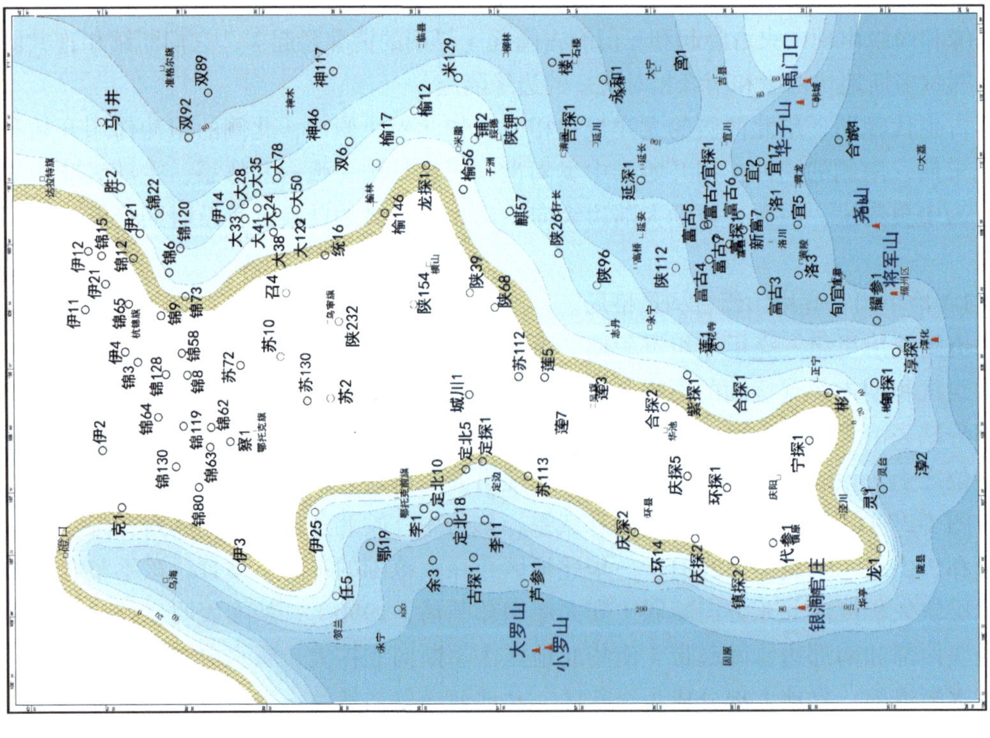

图 1-26　上寒武统三山子组古构造图

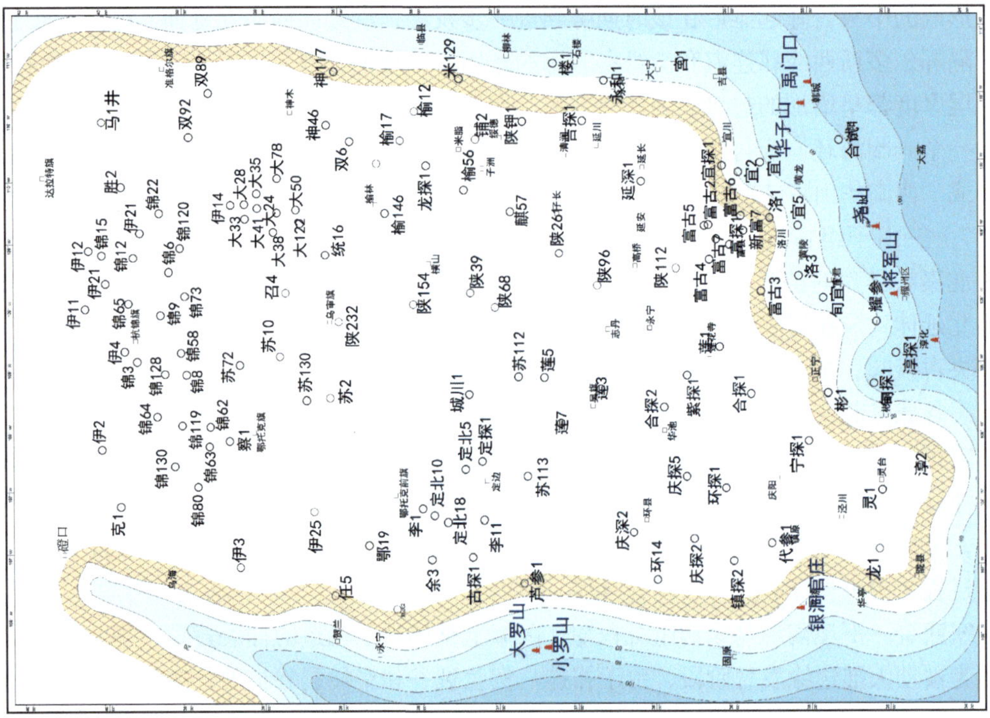

图 1-27　下奥陶统冶里组—亮甲山组古构造图

（2）马家沟组古构造格局。下奥陶统马家沟组沉积早期（马一段—马三段沉积期），盆地西部祁连海槽和南部秦岭海槽扩张产生的挤压应力已趋于减弱，洋壳俯冲作用缓慢开始，岛弧隆起幅度减小。海平面开始逐渐上升，海水大量地侵入鄂尔多斯盆地，显示出隆坳相间的构造格局：中央古隆起位于环县—镇原—灵台—庆阳一带，呈北窄南宽的舌形分布，轴向南北向。伊盟隆起在磴口—杭锦旗—东胜一线，呈东西向展布；而三门峡—伏牛边缘隆起位于韩城—永济的东南三门峡方向。中央古隆起与伊盟隆起之间呈南北向展布的鞍部，其位置为鄂托克旗—盐池—定边一线；中央古隆起与三门峡隆起之间近东西向的鞍部，在黄陵—澄城一带。在中央古隆起的西部为贺兰坳陷带，呈窄条带状南北向展布，位于银川—马家滩—惠安堡—华亭一线及以西，在西缘北段天深1井位置向西北方向折去。在中央古隆起的东部为榆林—米脂坳陷，近似椭圆状分布，坳陷中心在米脂—清涧一带。古地势呈现南低北高、西低东高，华北海从东、东北两个方向向东南海侵，秦岭海自南向北海侵，祁连海自西向东海侵。

上奥陶统马家沟组沉积晚期（马四段—马五段沉积期），盆地基本继承了下马家沟组沉积期的构造面貌，仍表现为隆坳相间的格局，中央古隆起范围较马家沟组沉积早期有所增大，庆深2井、黄深1井、宁探1井所在位置都已成为隆起区；伊盟隆起和三门峡—伏牛古隆起继承马三段沉积期构造格局，鄂托克旗—定边、黄陵—澄城的鞍部地带仍呈南北向和近东西向展布。榆米坳陷为一似花朵状的封闭坳陷，范围较马三段沉积期略有缩小。其中，马四段沉积期（桌子山组沉积早中期）为鄂尔多斯盆地最大海侵期，海水由东、南、西三个方向入侵，祁连海已侵漫到桌子山地区，伊盟隆起被大面积淹没，华北海与祁连海全面沟通，但中央古隆起核部并未被完全淹没，在镇探1井、灵1井附近奥陶系缺失（图1-28～图1-31）。马五段沉积期（桌子山组沉积晚期）为鄂尔多斯盆地振荡性海退期，海水明显变浅，中央古隆起范围明显扩大，榆林—米脂坳陷范围缩小，盆地中部地区大面积发生含膏白云岩化（图1-32）。

（3）峰峰组古构造格局。下奥陶统马家沟组沉积末期，即峰峰组（马六段、克里摩里组）沉积期，盆地区域构造体制发生了根本性转换，寒武纪—早奥陶世盆地西部和南部秦祁昆洋盆岩石圈伸展构造体制被秦祁昆洋壳的向北俯冲所取代。这种转换导致鄂尔多斯主体部分海水大规模退却，中央古隆起和伊盟隆起连成一片成为鄂尔多斯古隆起。沉积作用主要发生在鄂尔多斯西缘和南缘的桌子山—环县—淳化—富平及盆地东部石楼—吉县—韩城一带。盆地西部和南部的西缘海和南缘海，沉积范围较马家沟组沉积期萎缩，但水体明显变深；盆地东部地区作为华北克拉通盆地的残余组成部分接受沉积（图1-33）。

（4）平凉组古构造格局。中奥陶统平凉组（乌拉力克组—拉什仲组）沉积期，早古生代商丹洋壳的向北俯冲程度加强，北祁连—北秦岭地区构成活动大陆边缘环境中岛弧和弧后盆地。鄂尔多斯及华北地区基本结束了早古生代海相盆地的演化历史，转变成为隆起区。仅盆地西缘和南缘秦祁海域继续接受沉积，沿桌子山—环县—平凉—灵台—铜川一线，呈“L”形分布，该线以西和以南为盆地西缘和南缘沉积区，该线以东和以北地区为鄂尔多斯隆起区。整体上，盆地自东向西、自北向南，地层厚度逐渐增加（图1-34）。

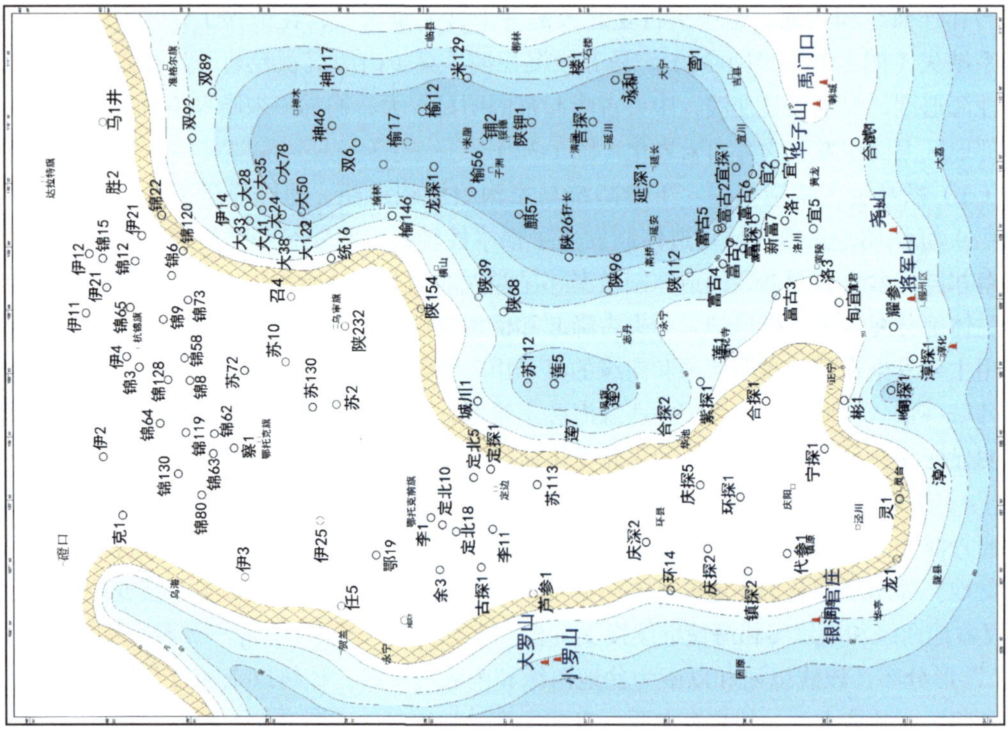

图 1-28 上奥陶统马家沟组一段古构造图

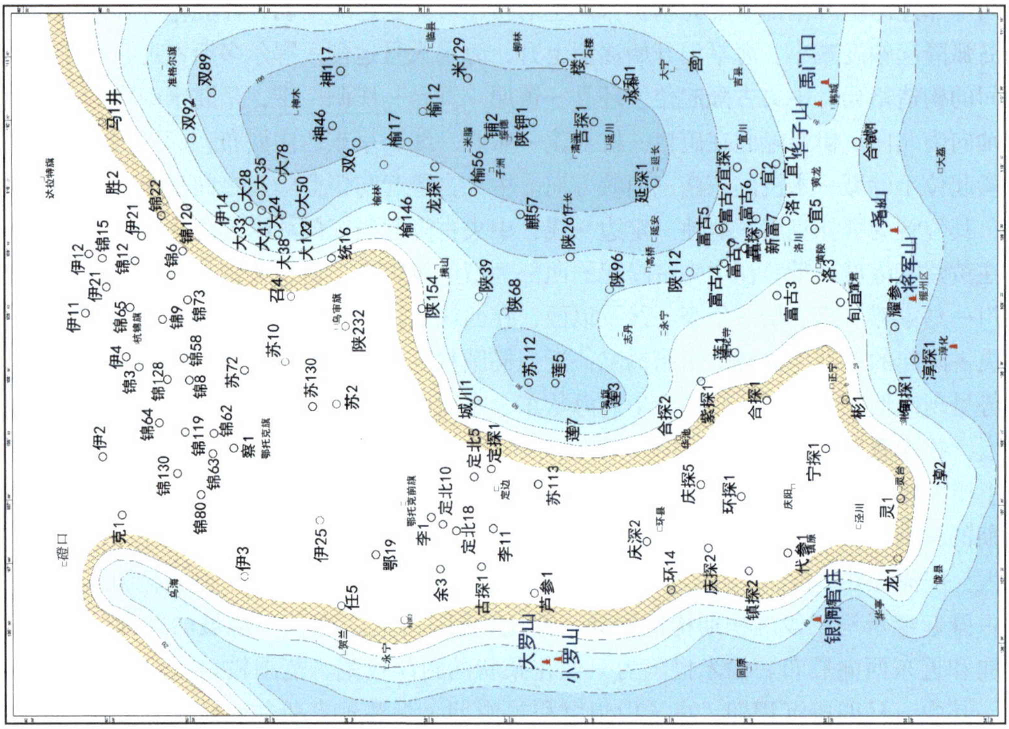

图 1-29 上奥陶统马家沟组二段古构造图

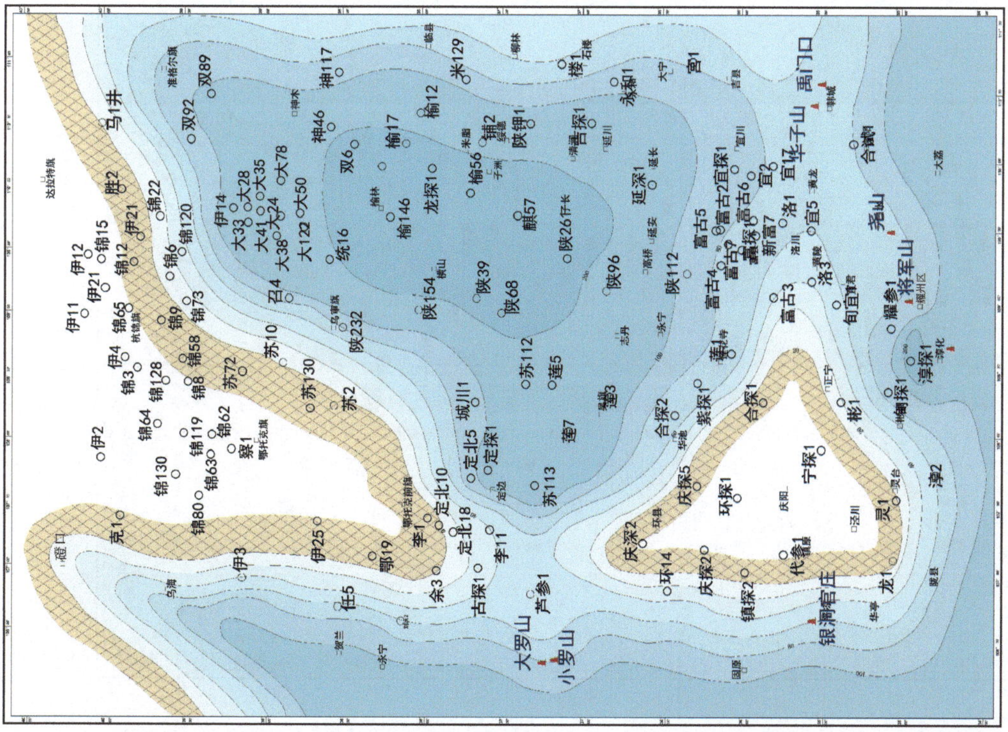

图 1-30　上奥陶统马家沟组三段古构造图

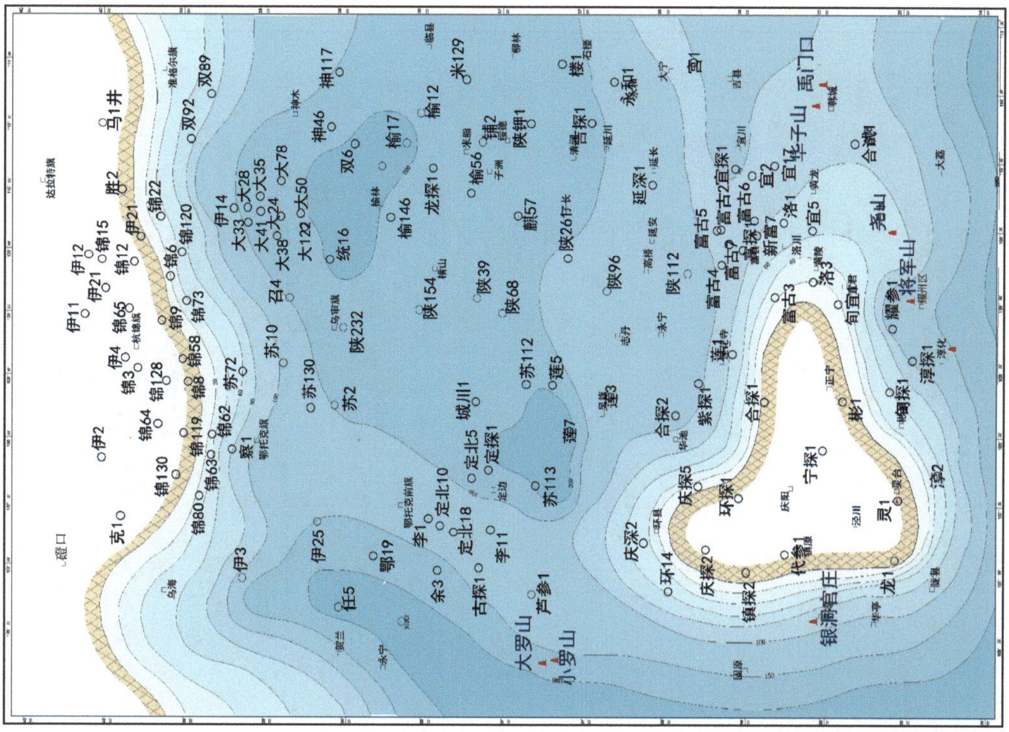

图 1-31　上奥陶统马家沟组四段古构造图

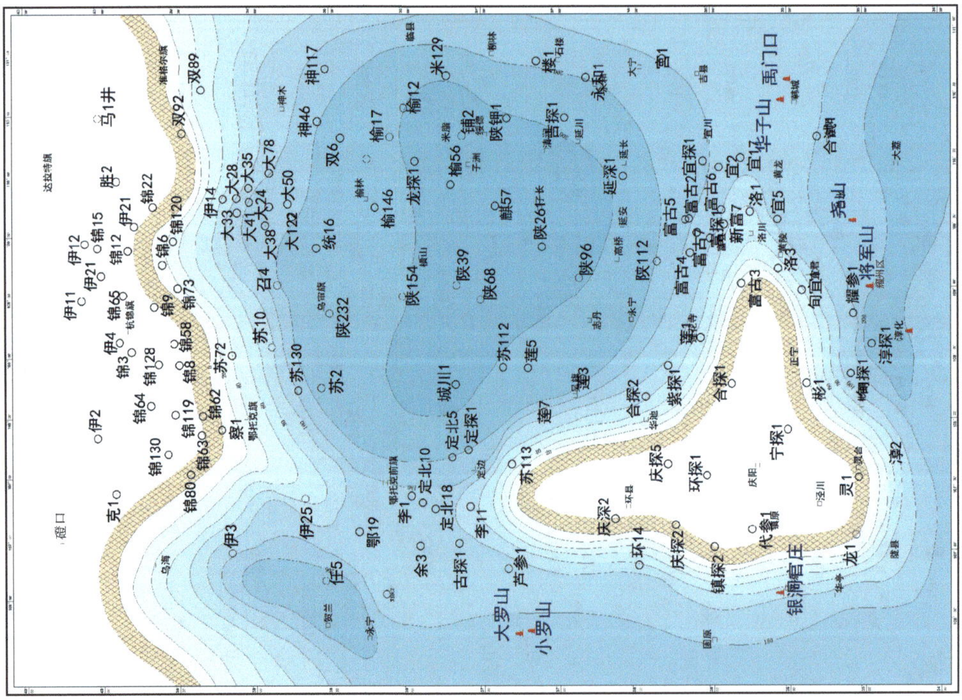

图 1-32　上奥陶统马家沟组五段古构造图

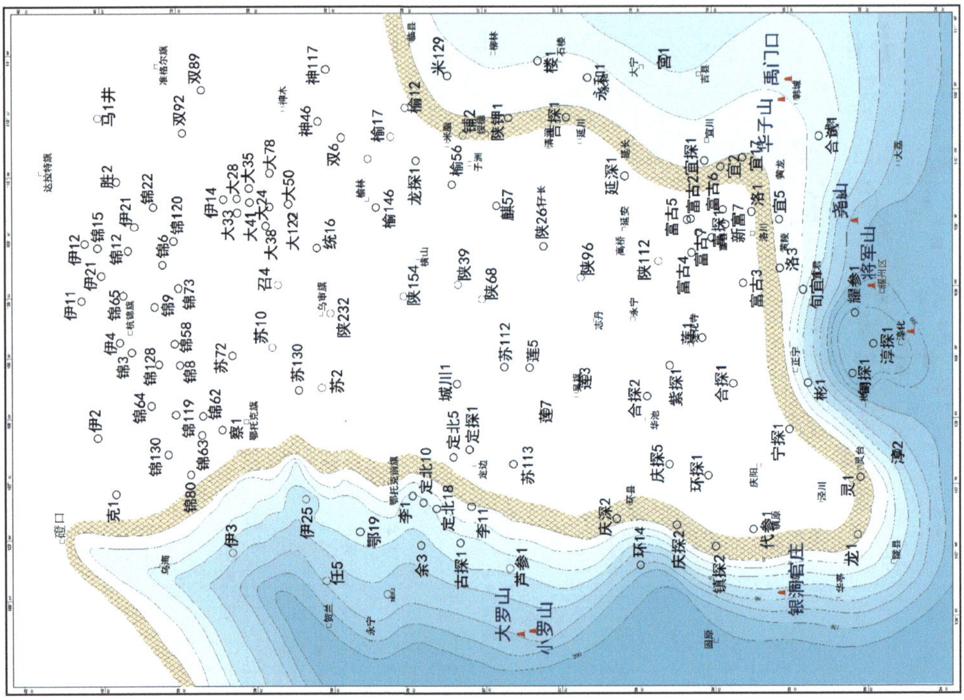

图 1-33　上奥陶统马家沟组六段古构造图

（5）背锅山组古构造格局。上奥陶统背锅山组（乌拉力克组—拉什仲组）沉积期，鄂尔多斯西缘和南缘依然为活动大陆边缘的构造环境。青铜峡—固原断裂以东的鄂尔多斯西缘已经结束了早古生代的沉积历史，贺兰拗拉槽关闭；洛南断裂以北的河西走廊和岐山—富平一带依然处于弧后环境，平凉期的边缘海盆地转换为残留海盆地类型，秦祁昆海域范围进一步缩小，仅沿固原—平凉—陇县—铜川—富平一线以西和以南发育残留海盆沉积，以背锅山组、唐王陵组和赵老峪组为代表的深水环境中的海底扇和碳酸盐岩沉积为主，地层厚度自东向西、自北向南逐渐增加（图 1-35）。

c. 过程 3 中央古隆起调整、消亡过程

中—晚奥陶世，加里东运动使鄂尔多斯及其整个华北地区隆起，其主体部分至晚石炭世才接受海侵，结束了长达 140 Ma 的抬升剥蚀，其间缺失了上奥陶统、志留系、泥盆系及下石炭统，造成了地层间的侵蚀不整合接触关系。石炭系沉积期，南侧的秦祁地区在晚古生代也再次拉开，形成南秦岭裂谷带，并造成贺兰拗拉槽的再次复活，盆地中由于南北隆起及中央隆起的存在，在东西方向上被分割为西部的裂陷盆地和东部的陆表海盆地。石炭纪末至早二叠世，华北板块与秦岭—大别微板块碰撞，南北两侧挤压碰撞时间的差异导致了板块内部的翘板式构造运动，改变了石炭纪南隆北倾的构造古地理格局，从早二叠世转为北隆南倾的古地理面貌。至晚二叠世，由于两侧进一步挤压抬升，使海水逐步以至完全退出华北地块而转变为陆相沉积（陈世悦，1998），中央古隆起逐渐调整、消亡。

（1）本溪组地层厚度反映的古构造格局。本溪组沉积早期，盆地西缘由于贺兰拗拉槽发生横向拉张复活，形成了狭窄的裂陷盆地；中晚期由于华北克拉通东北部开始倾伏下沉，华北海海水自北东、南东方向侵入盆地并形成了受限的陆表海。中央古隆起作为重要的屏障将盆地分割成祁连海和华北海两个海域：古隆起西部的祁连海海域达鄂托克旗—环县一带；古隆起东部华北海域达定边—宜君一带（图 1-36）。本溪组超覆在加里东期奥陶系侵蚀风化地貌之上，具有填平补齐的性质，沉积厚度受古地貌控制，中央古隆起、伊盟隆起、渭北隆起地层缺失，东、西部沉积区厚度及岩性差异较大，古隆起西部裂陷海湾沉积较厚，古隆起东部陆表海沉积较薄，地层呈现出向中央古隆起超覆变薄的特征。

（2）太原组地层厚度反映的古构造格局。太原组沉积期，华北地台继续下沉，海侵范围进一步扩大。来自东、西两侧的海水分别向中央古隆起和北部漫延，使中央古隆起全部淹没于水下，成为水下隆起（图 1-37），盆地范围扩大，东、西两侧成为一个统一的海域。但中央古隆起仍作为水下屏障分割东、西海域。其中西缘的裂陷活动已经减弱，裂陷盆地得到补偿并逐渐转化为裂陷后拗陷盆地，地层厚度较本溪组有所减薄，但仍表现出厚度大的特点。盆地中除了伊盟隆起和渭北隆起局部地层缺失外，全区都广泛接受了沉积。其中东、西部地层厚度差异显著，西部厚 50 ~ 200 m，东部厚 30 ~ 60 m，西部地层明显厚于东部。

（3）山西组地层厚度反映的古构造格局。山西组沉积期，受克拉通南北秦岭、兴蒙

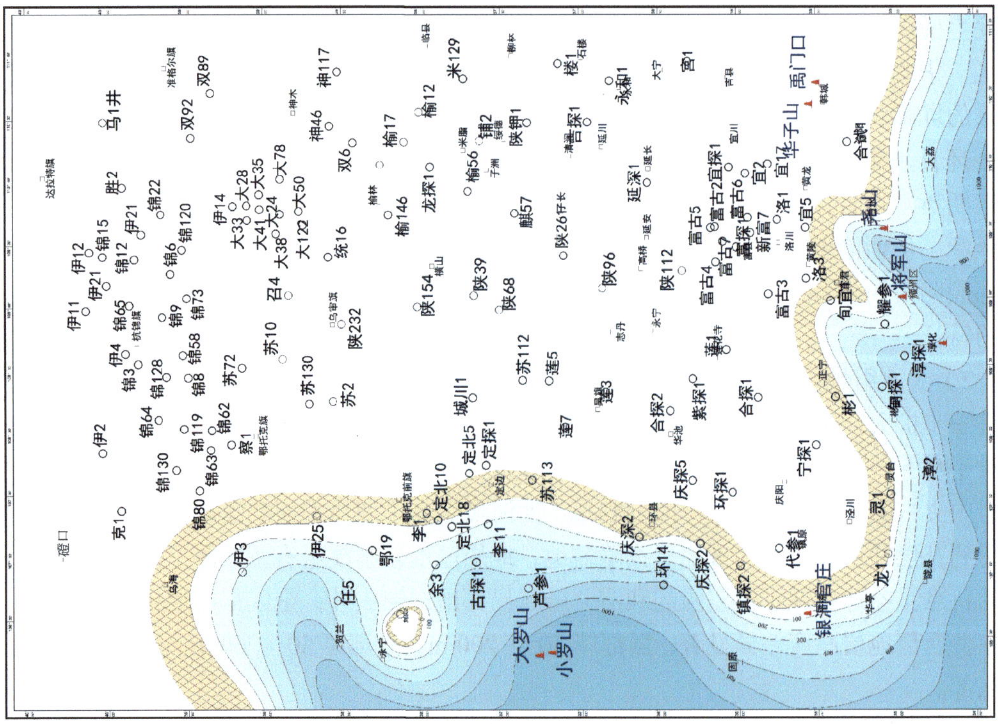

图 1-34　中奥陶统平凉组古构造图

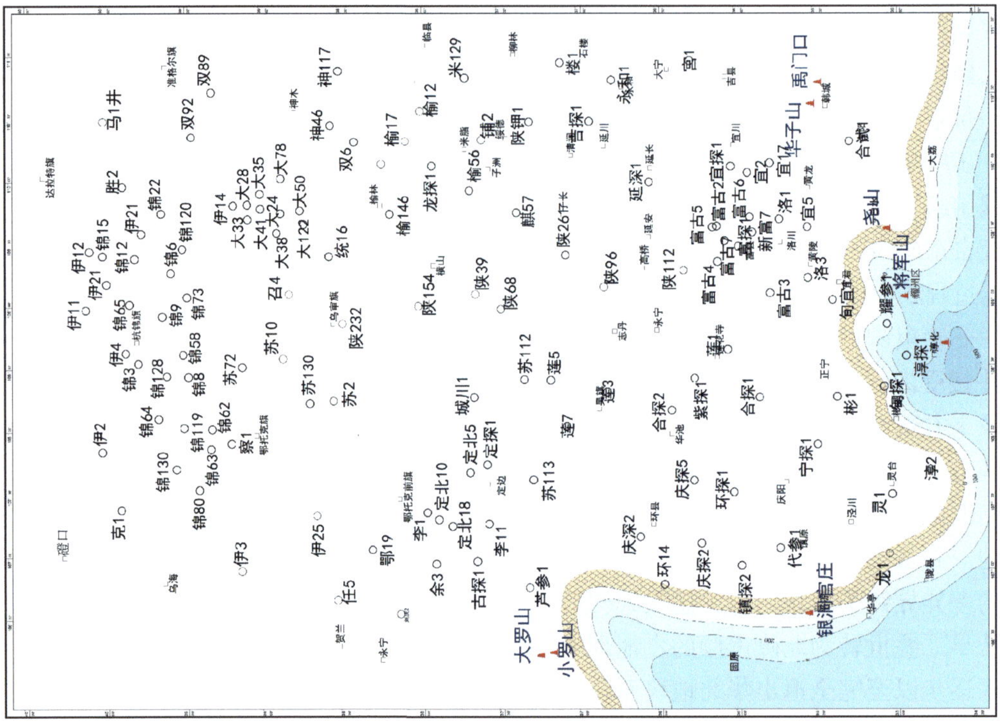

图 1-35　上奥陶统背锅山组古构造图

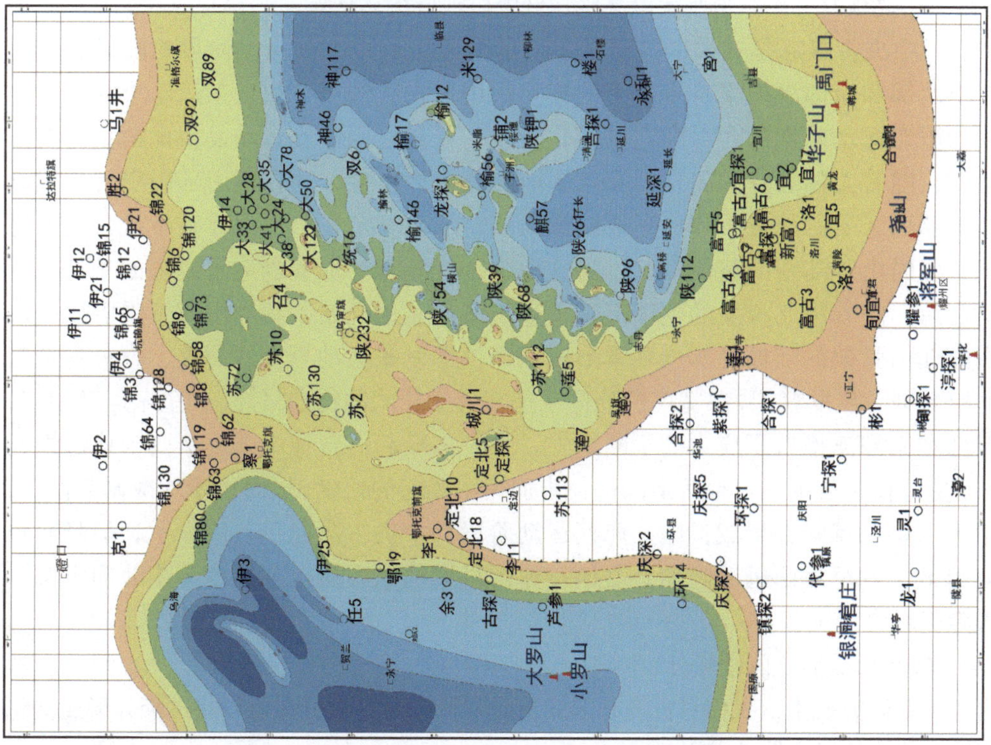

图 1-36　上石炭统本溪组古构造图

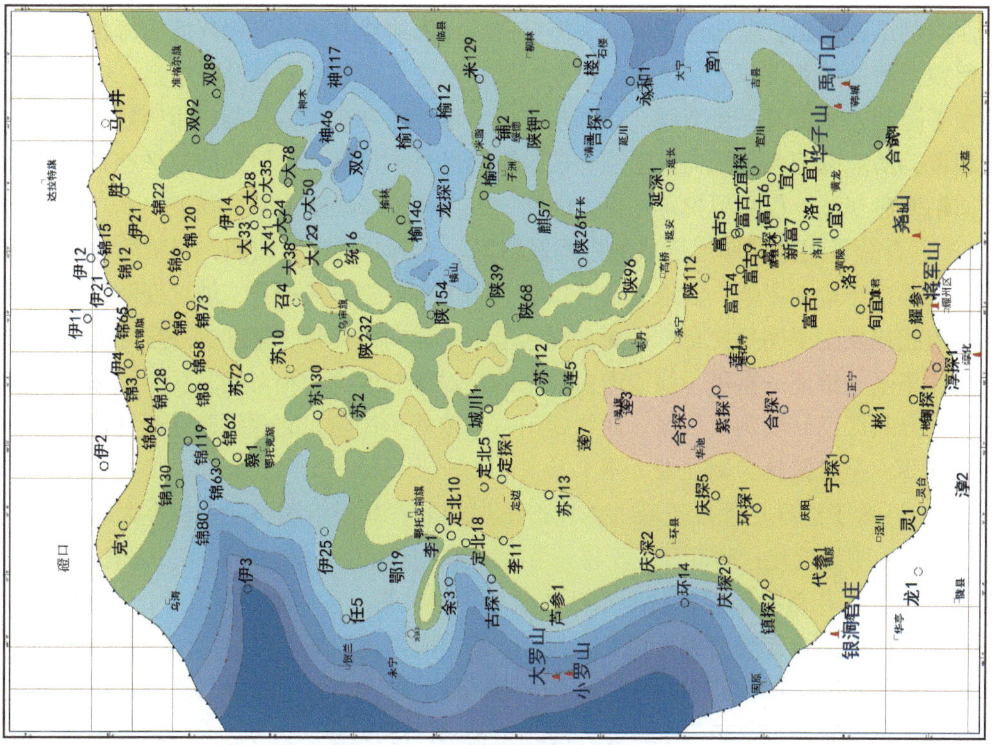

图 1-37　下二叠统太原组古构造图

海槽海西中晚期自西向东纵向迁移、关闭的影响，华北板块整体抬升，海水从鄂尔多斯盆地东、西两侧迅速退出，盆地性质由陆表海演变为近海边缘盆地，沉积环境由海相转变为局部保留残留海的陆相沉积。盆地东、西差异基本消失，南、北差异升降增强。中央古隆起作为水下隆起，幅度进一步变缓，对鄂尔多斯盆地西缘和东缘的分割作用明显变弱，海水向南超覆，渭北隆起大范围向南退缩。西缘裂陷经过本溪期、太原期的填平补齐，拗陷深度较前期明显变浅，仅在阿拉善左旗、固原一带存在较深拗陷（图 1-38）。

（4）下石盒子组地层厚度反映的古构造格局。下石盒子组沉积期，兴蒙海槽西段褶皱关闭，受其挤压应力影响，盆地北部阿拉善、阴山古陆进一步抬升，坡度变陡，构造格局与山西组相比发生了明显变化。中央古隆起范围明显向西偏移，幅度进一步降低，渭北隆起解体，华亭—镇原—富平一线以南由原来的相对隆起区变为相对拗陷区。原来华北板块南缘相对隆起区已转变为沉积区。西缘银川一带依然为拗陷，北部伊盟隆起乌审召以北地层逐渐减薄，至杭锦旗为剥蚀带（图 1-39）。

（5）上石盒子组地层厚度反映的古构造格局。上石盒子组沉积期古构造面貌继承下石盒子期，并无明显变化：乌审召—环县一带为一相对隆起带，南北向展布，略偏北东向；西缘地区依然为一相对拗陷区；盆地东部依然为一斜坡带，主要变化是环 14 井—西峰—宜君—永济一线以南全部转变成为相对隆起区，地层向南逐渐增厚。

（6）石千峰组地层厚度反映的古构造格局。石千峰组地层呈西薄东厚的分布趋势，在中部地区大部分地层厚 280 ~ 320 m，向北至物源区厚度明显变薄。上部地层电性特征显低电阻、中高伽马，中下部为大段高阻、低电位、低伽马特点。

综上，中央古隆起是在碳酸盐台地发育的背景上，以兴凯运动阶段的陆缘斜坡为基础，受西部和南部海槽聚挤压应力的相互作用，先后经历了加里东运动早期的台内隆起和加里东运动晚期的台缘隆起等演化阶段，并最终因印支运动发生而消亡。扬子运动晚期，随着大陆裂谷的闭合，鄂尔多斯陆壳镶嵌增生，并在西南部因中元古代蓟县纪硅质藻白云岩的超覆沉积而形成陆缘斜坡，从而奠定了早古生代碳酸盐台地发育的基础，同时由于陆壳的整体隆起，为盆地中央古隆起的形成创造了发育的条件。兴凯运动之后，随着华北板块的整体沉降，鄂尔多斯盆地开始了新的沉积发展阶段，以中央古隆起为骨架的陆棚轮廓已基本形成。经过加里东运动早期的调整，中央古隆起在盆地中部进一步发育，导致宽广的陆棚区呈现隆拗相间的构造格局。加里东运动中期，随着西部和南部海槽挤压应力的不断增强，中央古隆起由台地中部逐渐向台地边缘迁移，并在受力较为集中的台地西南部进一步加大了隆起的幅度，同时由于均衡调节作用，盆地中东部相对沉降并形成拗陷。海西运动阶段，中央古隆起仍有所显示，但隆起幅度越来越低，直至海西运动晚期，盆地整体由早期的东西向沉降转变为南北向沉降，中央古隆起最终消失。

2）古隆起形成演化阶段划分

通过以上研究成果，我们对古隆起形成演化阶段进行了划分，可以将古隆起形成演化划分为以下几个阶段（图 1-40）。

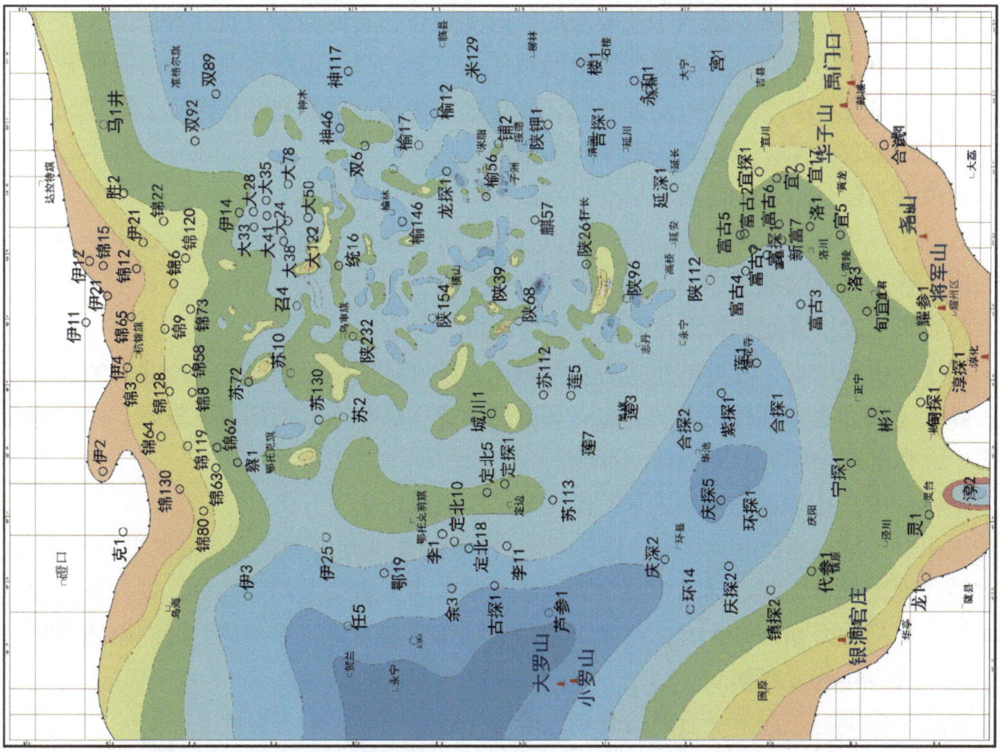

图 1-38　下二叠统山西组（山二段）古构造图

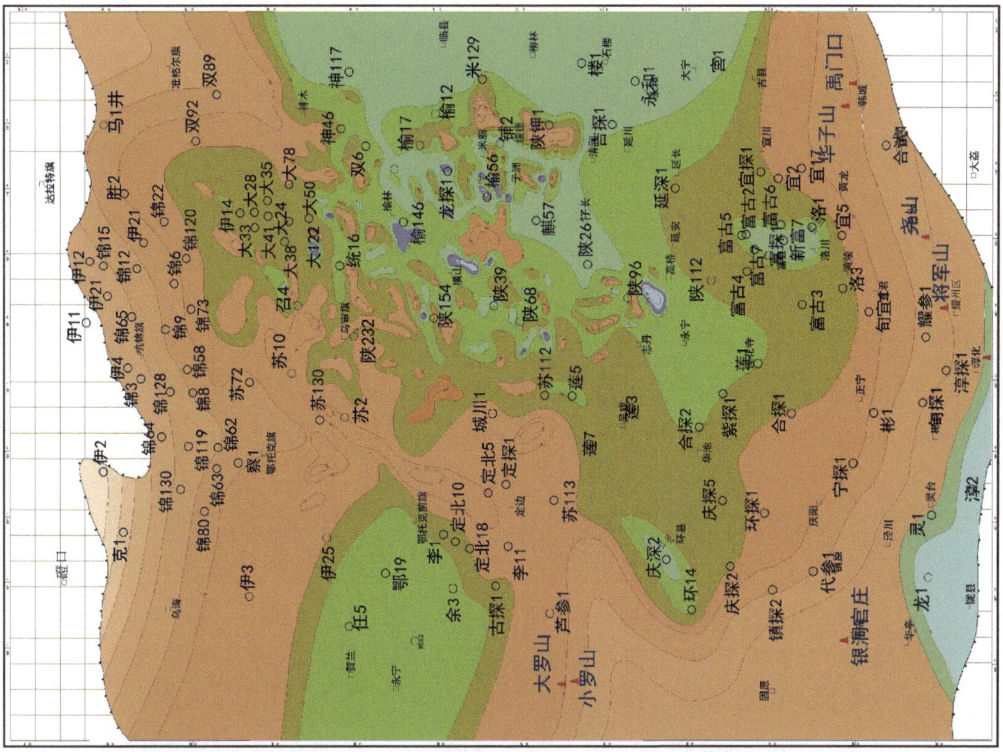

图 1-39　中二叠统下石盒子组古构造图

阶段划分	中央古隆起演化	发育时代	区域特征	剖面	盆地类型	构造运动
阶段Ⅵ	中央古隆起调整、消亡阶段	晚石炭世—早二叠世		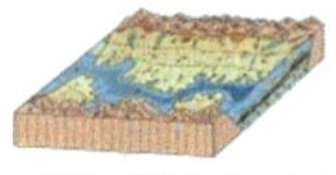	克拉通盆地	晚加里东运动(祁连运动)
阶段Ⅴ	中央古隆起遭受后期抬升剥蚀阶段	晚奥陶世—中石炭世		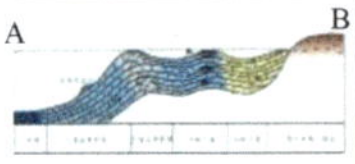	主动大陆边缘克拉通盆地	中加里东运动
阶段Ⅳ	中央古隆起调整、发育阶段	早—中奥陶世		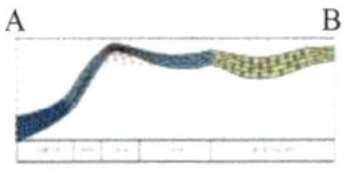		早加里东运动(冶里运动、怀远运动)
阶段Ⅲ	中央古隆起初始形成阶段	晚寒武世				
阶段Ⅱ	古陆发育演化阶段	早—中寒武世		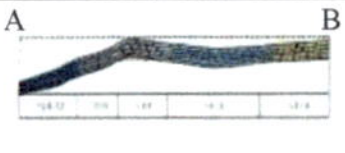	被动大陆边缘克拉通盆地	(兴凯运动)
阶段Ⅰ	基底形成阶段	中—新元古代	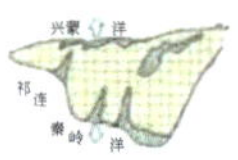	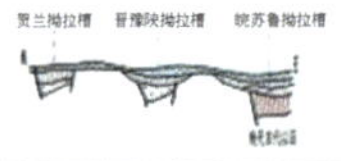	大陆裂谷(拗拉槽)	

图 1-40 鄂尔多斯盆地中央古隆起形成演化阶段划分图

a. 阶段Ⅰ基底形成阶段（中—新元古代）

中—新元古代，由于地壳热点活动秦祁裂谷应运而生，并发展成陆间裂谷系，对于一系列三联点产生由主裂谷楔入华北板块的陆内支裂谷，自西向东有贺兰拗拉槽、晋豫陕拗拉槽、皖苏鲁拗拉槽等。鄂尔多斯西缘的贺兰拗拉槽由桌子山经贺兰山向海源张开，长300 km，呈北北东向延展。中—新元古代，水体北浅南深，沉积物北粗南细，地层北薄南厚，在桌子山厚百余米，至海源一带厚达3000 m。

b. 阶段Ⅱ古陆发育演化阶段（早—中寒武世）

寒武系早—中期，海水自西、南方向大规模向鄂尔多斯台地侵入，独立的中央古隆起仍未形成，鄂尔多斯盆地主体仍为华北古陆的一部分。

c. 阶段Ⅲ中央古隆起初始形成阶段（晚寒武世）

三山子组沉积时期，北部的伊盟古陆与镇原古陆在该时期已形成一个南北向的长条形中央古隆起（杭锦旗—鄂托克旗—靖边—环县—镇原），将东、西部海域隔开，西南部为秦祁海，而东部则为华北陆表海的一部分。

d. 阶段Ⅳ中央古隆起调整、发育阶段（早—中奥陶世）

冶里组—亮甲山组沉积期，由于怀远运动的影响，华北地区存在大范围的平行不整合，鄂尔多斯盆地大部分为隆起区，中央古隆起成为鄂尔多斯古隆起的一部分。进入马家沟组沉积时期，海平面开始逐渐上升，海水大量侵入鄂尔多斯盆地，东部华北海向西侧隆起带超覆，为中央古隆起发育期。

e. 阶段Ⅴ中央古隆起遭受后期抬升剥蚀阶段（晚奥陶世—中石炭世）

晚奥陶世平凉组—背锅山组沉积期，商丹洋洋壳向北俯冲加强，北祁连—北秦岭地区构成活动大陆边缘环境中岛弧和弧后盆地。贺兰拗拉槽开始关闭，中央古隆起同整个鄂尔多斯盆地一起接受加里东运动末期的抬升剥蚀，地层大面积缺失，仅在盆地西南缘存在部分残留海相沉积。受加里东运动主幕影响，盆地整体抬升遭受剥蚀，形成了鄂尔多斯加里东时期古风化壳。晚石炭世初，由于贺兰拗拉槽的复活和基底沉降，在中央古隆起两侧分别形成了受祁连海、华北海和南秦岭勉略洋控制和影响的相对独立的贺兰山石炭系盆地和华北陆表海盆地。

f. 阶段Ⅵ中央古隆起调整、消亡阶段（晚石炭世—早二叠世）

晚石炭世，由于华北盆地北部的地幔隆升，贺兰拗拉槽再次复活，盆地被中央隆起分隔，西部为裂陷盆地，东部为陆表海盆地。早二叠世，华北板块与西伯利亚板块和秦岭大别板块挤压碰撞时间的差异导致了板块内部的翘板式构造运动；至晚二叠世，两侧进一步挤压抬升，使海水逐步完全退出华北地块，而转变为陆相沉积，中央古隆起逐渐调整、消亡。

因此，认为真正的中央古隆起形成于晚寒武世，奥陶系马家沟组沉积期反映最为明显，二叠系山西组沉积期中央古隆起沦为水下隆起，下石盒子组以后中央古隆起消失。很明显，受中央古隆起影响并与本专题研究相关的层位为晚古生代，尤其是在晚古生代早期中央古隆起对鄂尔多斯盆地影响更为明显。

4. 古隆起南北发育的差异性

鄂尔多斯克拉通早古生代南北隆起的发育受北侧古亚洲洋动力体系和南侧原特提斯洋动力体系的控制。由于早古生代盆地北部古亚洲洋的俯冲作用，盆地北缘的伊盟古陆一直为隆起状态，是一个“长寿古陆”；而南侧“中央古隆起”的形成发育与秦祁昆洋的演化密切相关（图 1-41）。

中—新元古代是地球历史上一个裂谷作用活跃期，于华北陆台的南、北两侧分别形成秦祁和兴蒙两个大洋裂谷，并产生一系列三岔裂谷，其支裂谷楔入华北板块内并在演化中夭折，形成拗拉槽。此时，华北陆台南北古陆尚未分离出来，为统一的华北古陆。

寒武纪早期：鄂尔多斯地块北缘由于兴蒙洋的俯冲聚敛作用，一直处于隆起状态。西南缘由于祁连—贺兰裂谷和秦岭裂谷扩张，主体为伸展拉张背景。该时期，构造格局稳定，由于低海平面背景，鄂尔多斯大部分地区仍为前寒武纪的基底暴露区，独立的伊盟隆起、中央古隆起尚未形成；由于海水自西、南方向大规模向鄂尔多斯台地侵入，盆地南部固原—环县等局部地方被海水淹没，镇原古陆成为孤立的古陆，但其性质和鄂尔多斯盆地北部古陆一样，均为华北古陆的一部分。

寒武纪中期：兴凯运动使兴蒙海槽洋壳开始向华北克拉通北缘俯冲挤压，克拉通北缘逐渐由被动大陆边缘向主动大陆边缘转化，盆地北缘加里东褶皱带与温都尔庙—白乃庙一带的温都尔庙群褶皱隆起，独立的伊盟隆起开始显现。该时期，盆地南部秦祁海槽也从洋壳增生和扩张阶段开始向洋壳俯冲消减，盆地南部开始显现出隆拗相间的格局，华北板块南缘从坪—折—坡缓坡型稳定陆缘开始向坪—肩—坡活动陆缘转化，独立的中央古隆起雏

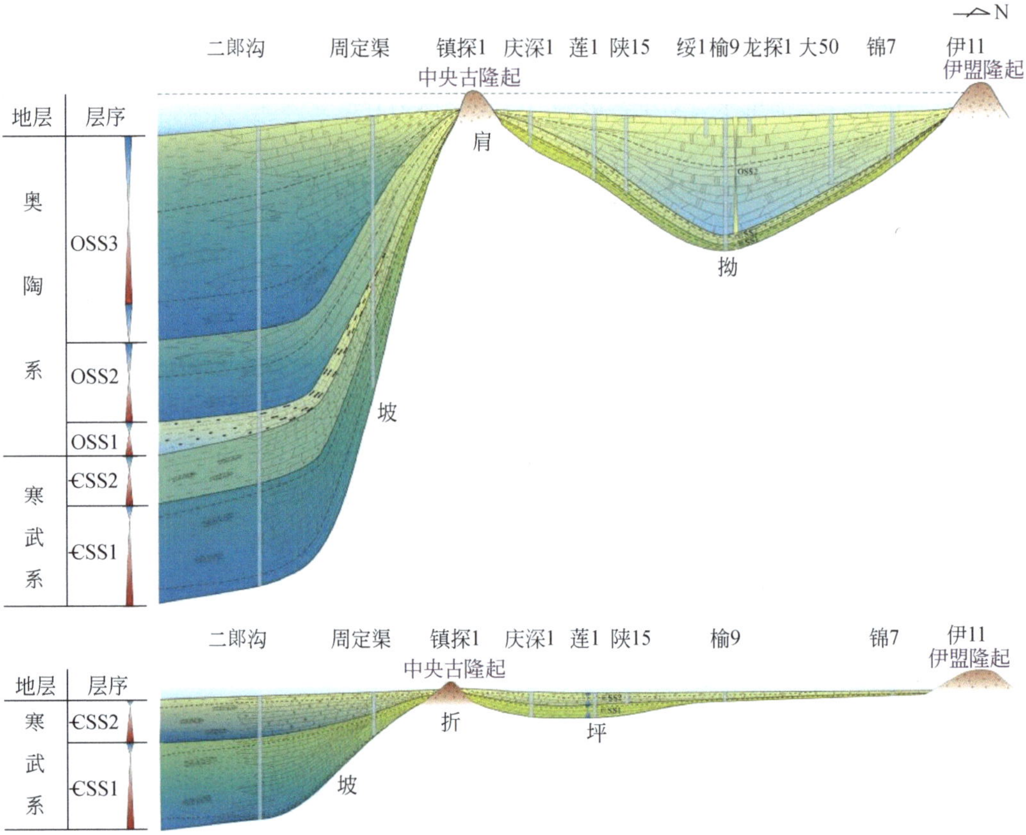

图 1-41 鄂尔多斯盆地伊盟隆起及中央古隆起发育特征

形在前期镇原古陆的基础上进一步发展，隆起边缘较镇原古陆向东部正宁一带扩展，具有了古隆起性质。

晚寒武世：受加里东运动影响，海水开始退缩，西升东降更加明显，原沉积区的高地貌区重新暴露成为克拉通内部隆起区。北部的伊盟隆起与中央古隆起雏形在该时期连为一体，形成一个南北向的长条形隆起（杭锦旗—鄂托克旗—靖边—环县—镇原），将东西部海域隔开，西南部为秦祁海，东部为华北陆表海的一部分。

早奥陶世冶里期—亮甲山期，构造和沉积作用完全继承了晚寒武世的特征，鄂尔多斯盆地南北两侧在兴蒙海槽和秦祁海槽的共同控制下，整体呈现出大幅度海退和整体隆升的特征，吕梁以西、庆阳—宜川以北的大面积地区呈现为古隆起暴露区。

早奥陶世马家沟期：由于秦祁海槽长期不断地向华北克拉通俯冲，强烈的挤压使克拉通盆地从南部的持续性上升和整体的海退，出现了范围较广泛的沉积间断和风化剥蚀作用，即怀远运动。怀远运动期间，盆地西南边缘已由被动大陆边缘向具有沟—弧—盆体系的活动大陆边缘转化，同时，由于奥陶纪海侵，海水再次浸没到克拉通内部，构造—沉积格局由之前的坡—折—坪转化为坡—肩—坳。中央古隆起表现为聚敛成因的隆起；盆地北部，兴蒙海槽向南缘华北克拉通北缘的洋壳俯冲已全面展开，构造格局显示出完整的沟—弧—

盆体系，岛弧沿加里东褶皱带北缘一线分布，伊盟隆起持续存在，为主动大陆边缘隆起。由于盆地北缘的隆升与盆地南缘的隆起存在，共同阻隔了盆内海水与周围海槽的大洋沟通与交换，加之蒸发作用强烈，在盆地中部形成了膏盐湖沉积。

中—晚奥陶世：由于盆地周缘对华北板块强烈俯冲挤压作用的持续进行，大陆边缘不断增生，大洋向北迁移。由于强烈的挤压，在温都尔庙地区产生了蓝闪石片岩；在克拉通内部，由于强烈的俯冲挤压，伊盟隆起连同盆地整体出现大规模垂直抬升并遭受剥蚀。

1.3.4　早古生代海平面变化与克里摩里海侵—构造转换事件

1. 华北克拉通早古生代海平面变化特征

海平面变化是影响沉积充填的重要因素之一。海平面变化曲线的编制方法一般有海岸上超点相对变化标定法、同位素地球化学法、海平面升降曲线对比法、高频旋回分析法和地震信息分析法等。从海平面变化曲线上看，早古生代全球经历了两次一级海平面升降旋回（图 1-42）。

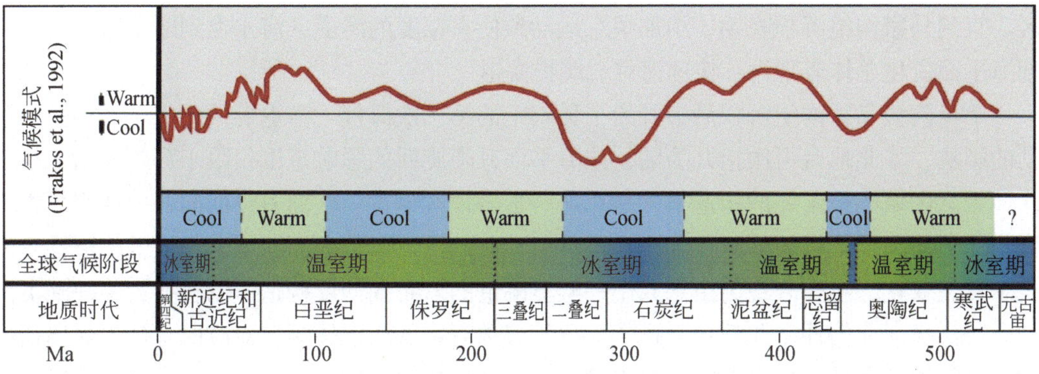

图 1-42　全球海平面及气候变化曲线

华北板块在新元古代冰川事件之后的寒武纪初期仍处于相对低海平面期。自寒武纪辛集组沉积期开始，随着罗迪尼亚超大陆裂解及全球气候的好转，秦祁海槽及贺兰拗拉槽逐渐开启，盆地西南缘呈现出以拉张沉降为主的被动大陆边缘特征，海水自西部、南部大规模向华北古陆侵入，海平面开始上升。此时，鄂尔多斯盆地主体仍为华北古陆一部分，随着海侵范围不断扩大，至徐庄组中晚期海平面相对稳定，鄂尔多斯地区仅剩伊盟古陆、镇原古陆和吕梁古陆三个小规模的水上暴露区，该时期海平面变化总体表现为：缓慢海侵、快速海退。

张夏组沉积开始时，古秦岭洋海域扩展，盆地持续海侵，华北克拉通海侵范围达到高潮，克拉通四周均为开阔海，且与相邻的深海海槽相接。张夏组沉积期为被动大陆边缘发育的鼎盛时期，中央古隆起在伸展的背景下，形成雏形。晚寒武世起，扬子板块与华北板块间的裂解和背向扩展趋于停滞，逐渐向相对运动状态孕育转化。晚寒武世中晚期，由于早加里东运动的影响，开始了寒武纪的海退。寒武纪末的加里东运动，造成华北板块整体性抬升，区域构造应力逐渐由早期的拉张作用转变为挤压作用，使鄂尔多斯地块再次抬升，海水开始缓慢退却。鄂尔多斯盆地从而形成了与寒武纪完全不同的沉积格局，即西、南缘地区受秦祁海槽影响以发育台缘斜坡—盆地沉积为特征，广大的克拉通内部为相对局限的陆表海沉积，该时期海平面变化总体表现为：快速海侵、缓慢海退。

早奥陶世的冶里组—亮甲山组沉积期，为一个幅度较小的海侵—海退旋回。寒武纪末的加里东运动，使被动大陆边缘停止发育，渐渐向主动大陆边缘转化，为两者的过渡状态阶段。由于应力的松弛，海平面在边缘略微上涨；但很快在亮甲山组沉积期俯冲消减开始，造成相对海平面的下降，使鄂尔多斯大部分地区处于隆起暴露状态，仅在周缘发育碳酸盐缓坡沉积。该时期海平面变化总体表现为：快速海侵、快速海退。

马家沟组沉积期，是继寒武纪海侵后再次大规模海侵期。由于怀远运动的影响，亮甲山组与上覆的马家沟组呈区域性的平行不整合接触，表现为起伏明显的喀斯特不整合面。此时，秦祁海域扩张产生的挤压应力已趋于减弱，洋壳俯冲作用缓慢开始，岛弧隆起幅度较小，海平面开始大幅度上升，于马四段沉积期达到极盛期，海域扩大到整个鄂尔多斯地区。直到马家沟组沉积晚期，中加里东运动致使大幅度的海退，海水退到陆架边缘。该时期海平面变化总体表现为：快速海侵、缓慢海退。

下奥陶统马家沟组沉积后，开始了奥陶纪的第三次海侵—海退旋回。由于受加里东运动的影响，华北地台再次抬升为陆，该海平面升降旋回的影响范围仅限于鄂尔多斯地块边缘地带。区域上最重要的构造事件是祁连—秦岭地区早古生代商丹洋的向背俯冲和早古生代华北板块和扬子板块的对接。在这一动力学背景下，鄂尔多斯西缘和南缘的构造性质发生了重大变化，主要表现为由寒武纪—早奥陶世的岩石圈伸展构造体制转换为中—晚奥陶世商丹洋壳向北俯冲华北板块与扬子板块的聚敛对接的构造体制，对应的是鄂尔多斯西缘和南缘的构造背景也由寒武纪—早奥陶世的被动大陆边缘转换为中—晚奥陶世—志留纪的活动大陆边缘。

研究表明：在奥陶纪峰峰组沉积期，由于祁连和秦岭地区商丹洋的向北俯冲，界于商丹断裂与洛南断裂之间的祁连—北秦岭开始由寒武纪—早奥陶世的被动大陆边缘转变为活动大陆边缘环境中的祁连—北秦岭弧盆系，洛南断裂以北的鄂尔多斯西缘和南缘也随之由早期的被动大陆边缘的陆棚—陆架环境转变为弧后的边缘海环境。在盐池—陇县一线以西和青铜峡—固原断裂以东，发育了西缘以碳酸盐斜坡为主的沉积物，在青铜峡—固原断裂和西南华山断裂之间的河西走廊地区主要发育碎屑岩斜坡—盆地浊积岩的沉积，在鄂尔多斯南缘的岐山—富平一带则处于弧后边缘海环境。该时期海平面变化总体表现为：快速海侵、快速海退。

因此，早奥陶世晚期开始，华北两侧的大洋板块相向向华北板块俯冲，使其转换为具沟—弧—盆体系的活动大陆边缘。北侧的俯冲作用从寒武纪末期即已开始，而南侧的俯冲作用开始于早奥陶世晚期。被动大陆边缘向主动大陆边缘的转换过程及时期具渐进性和穿时性。明显具沟—弧—盆体系的主动大陆边缘时期应为中奥陶世。

2. 奥陶纪克里摩里海侵—构造转换事件

克里摩里组沉积期，由于受加里东运动的强烈影响，祁连—秦岭洋盆岩石圈伸展构造体制被祁连—秦岭洋壳的南北俯冲所替代，该时期为构造转换期，南北秦岭和兴蒙洋壳加速俯冲挤压，造成了鄂尔多斯地块东部的快速抬升及西部和南部的强烈沉降，盆地西南部地区水体逐渐加深，海泛事件开始。根据海平面变化与其他区域的对比，克里摩里组沉积期开始的海泛事件在全球都具有广泛的对比性。其海泛的证据表现在以下几个方面。

（1）剖面及钻井资料表明盆地西部克里摩里组泥质夹层开始增多，并伴有火山事件活动。

从内蒙古乌海石峡谷剖面岩性、岩相组合特征及其沉积构造分析，奥陶系桌子山组为一套碳酸盐台地边缘沉积，下部以浅灰色厚层块状微晶灰岩为主，中部为浅灰色块状砾屑灰岩，上部为浅灰色块状角砾化微晶灰岩。随着海平面逐渐上升，环境逐渐过渡为陆棚相，至克里摩里组发育深水陆棚相，为一套暗色薄层状泥灰岩；向上水体逐渐变深，岩石层厚变薄，发育水平纹层。到乌拉力克组发育最大海泛面，大套的笔石页岩相是凝缩段的标志，为盆地相环境。向上至拉什仲组发育灰绿色薄层砂岩—粉砂岩与页岩的不等厚互层，砂岩发育水平层理，粉砂岩中沙纹层理发育，偶见笔石化石，进入缓坡陆源碎屑沉积体系。从沉积演化过程及其海平面变化过程来看，奥陶系桌子山组之后，海平面经历了一个完整的海进—海退旋回，自克里摩里组沉积期海平面明显升高，至拉什仲组沉积期进入最大海侵期，之后海平面逐渐下降。其中，乌拉力克组的黑色笔石页岩段代表水体最深的位置（图1-43）。

（2）在祁连海槽东坡的桌子山组厚度稳定，从克里摩里组沉积开始，乌拉力克组、拉什仲组地层向西急剧增厚，说明该时期构造活动逐渐加剧。

通过地层厚度等值线图可以看出，从早奥陶世末—中—晚奥陶世，鄂尔多斯盆地西南部与盆地内部表现出对偶性的地层发育特征（图1-44、图1-45）。盆地内部从早奥陶世末期开始逐渐抬升为陆，缺失中—晚奥陶世沉积；而盆地西部、南部则加速下沉，发育巨厚的中—上奥陶统，厚度逾1000 m，最厚达2000 m以上。在祁连海槽东坡的桌子山组厚度稳定，从克里摩里组沉积开始，至乌拉力克组、拉什仲组地层向西急剧增厚，地层厚度反映出盆地西缘水体明显加深，说明中—晚奥陶世构造活动逐渐加剧，该时期强烈沉降与海水迅速加深反映了弧后盆地扩张和基底拉伸的构造背景。

同时，对盆地西缘克里摩里组的沉积环境分析表明，西部沉积区的相带呈南北向带状展布，相带由东往西依次为以白云岩沉积为主的局限台地环境、以灰岩沉积为主的开阔台地环境、以礁滩组合构成的台地边缘环境及深水陆棚—盆地环境；沉积微相展布图还揭示了盆地西部克里摩里组沉积时期礁滩相带的分布从克一段至克三段受水体能量逐渐增强，导致生物丰度增加，影响其规模逐渐扩大，且礁滩相带由南向北逐渐扩展。

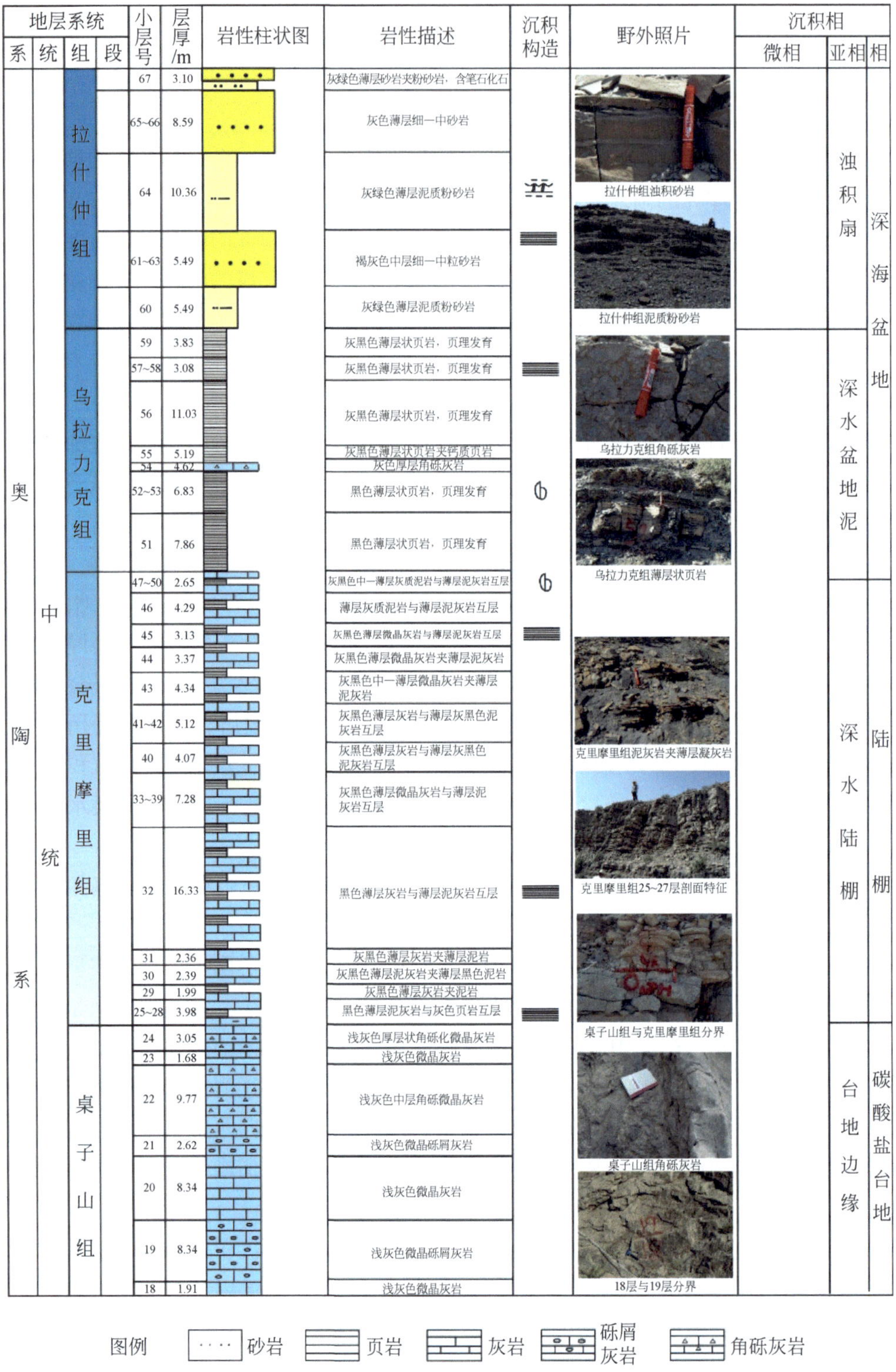

图 1-43　内蒙古乌海石峡谷奥陶系剖面综合柱状图

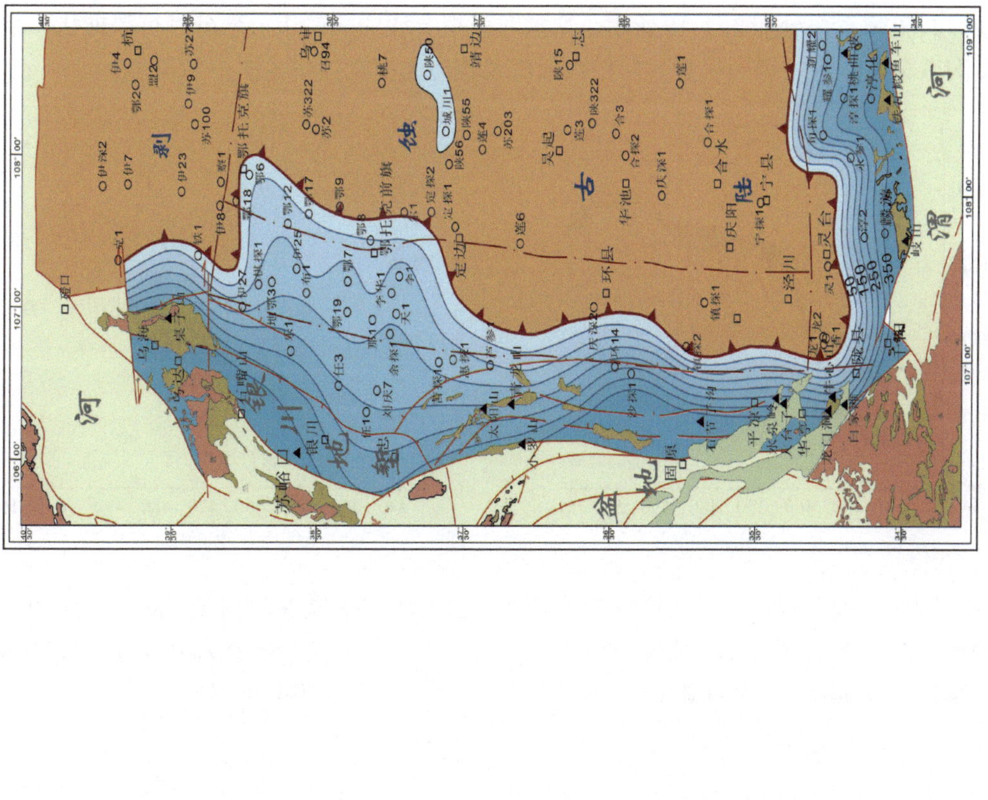

图 1-44　鄂尔多斯盆地西部奥陶系克里摩里组残留厚度图

图 1-45　鄂尔多斯盆地西部奥陶系乌拉力克组残留厚度图

（3）锶、碳同位素分析表明，早奥陶世—晚奥陶世水体逐渐加深。

海相碳酸盐岩碳、氧、锶同位素分析是古气候、古海洋环境研究的一种常用手段。大量研究表明，古代海相碳酸盐岩的稳定同位素的组成能近似地反映古海洋稳定同位素的组成。因此，研究海相碳酸盐岩稳定同位素的组成对了解古海平面变化、构造活动、全球气候变化等具有十分重要的意义。

锶在海水中的存留时间为4000年，而锶同位素在海水中的混合作用仅1000年，所以某一地质历史时期全球范围内海水中锶的同位素组成是均一的（McArthur et al.，1992）。地质历史中海水的 $^{87}Sr/^{86}Sr$ 又是随时间变化的（黄思静等，2001），某一地史时期海平面的升降也是时间的函数，海平面升降又和构造活动密切相关，具体反映在锶同位素的组成上，海洋中的锶主要有两个来源，由大陆河流排入海洋的大陆古老岩石风化成因锶（$^{87}Sr/^{86}Sr$ 的全球平均值为0.7119），由洋中脊热液交换和海底玄武岩的热液蚀变供应的锶（$^{87}Sr/^{86}Sr$ 的全球平均值为0.7035）（Palmer，1985）。因此，锶同位素是海平面变化的灵敏指示剂。当海平面下降时，陆地暴露面积增大，由大陆风化作用进入海洋的陆源锶增加，从而引起海水 $^{87}Sr/^{86}Sr$ 的相对增高；当海平面上升时，一方面由于陆地面积减少，由风化带入海水的陆源锶减少，另一方面海平面上升期多对应海底扩张加速期，此时海底热液活动剧烈，由此进入海水的幔源锶增加，使得海水的 $^{87}Sr/^{86}Sr$ 相对变小。整体而言，海平面变化和 $^{87}Sr/^{86}Sr$ 变化呈负相关性。

McArthur等（2001）利用已有锶同位素数据，采用最佳拟合方式（LOWESS拟合）对509 Ma以来海相地层的锶同位素数据进行了拟合，获得了不同时代海水中锶同位素演化曲线，其奥陶系部分如图1-46所示。通过对该拟合线曲线的中心部分进行数据化，获得了奥陶系全球海水中锶同位素－年龄数据库及相应的演化曲线（图1-47）。

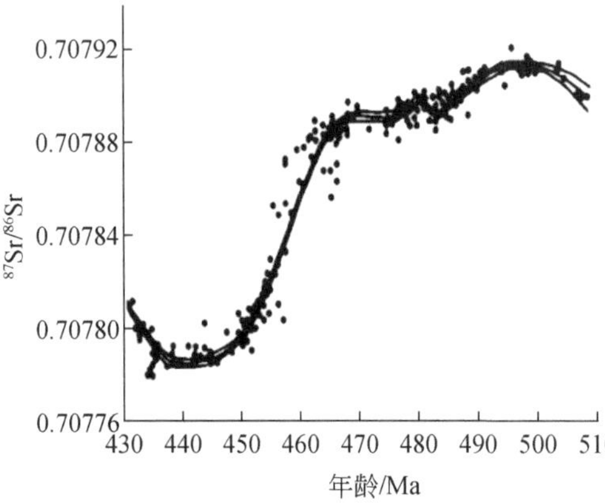

图1-46 McArthur等（2001）按LOWESS拟合的509 Ma以来海相地层的锶同位素曲线的奥陶系部分（在可信度95%的范围内）

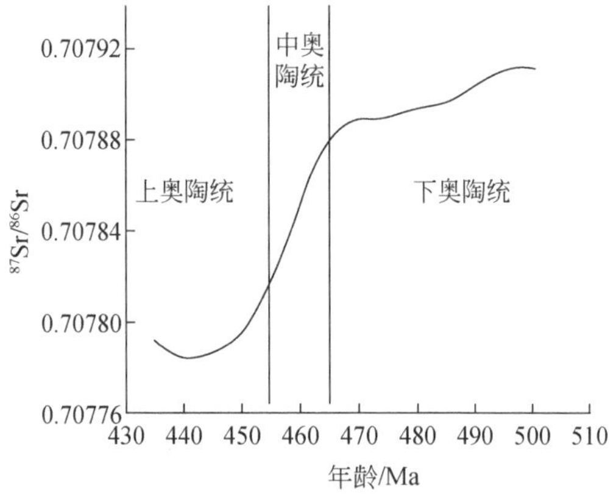

图1-47 奥陶系全球海水锶同位素演化曲线

上、中、下奥陶统的界线按Cowie等（1986）的国际地层表的年龄值

就演化趋势和控制因素来说，所有测试结果都显示出全球奥陶纪海水的锶同位素演化随时间单调下降的总趋势。在早奥陶世晚期，$^{87}Sr/^{86}Sr$ 有一个明显的降低趋势，表明该时期水体快速上涨。其原因与晚寒武世—奥陶纪的全球淹没事件有关。对于鄂尔多斯盆地晚奥陶世沉积环境出现深水沉积的原因，推测应与中—晚奥陶世拗拉槽开启、相对海平面升高有关。

对于碳同位素而言，由于自然界的碳基本上储藏在有机碳（还原碳）和无机碳（氧化碳）两大碳库内，两者的 $\delta^{13}C$ 平均值大约相差 25×10^{-3}（陈锦石等，1995）。因此，在影响海相碳酸盐岩碳同位素的众多因素中，沉积时有机碳氧化与相对埋藏量是最重要的。当海洋生物量高使得被埋藏的有机碳量增加时，意味着从海水中清除轻碳同位素增加，这样海洋溶解的无机碳同位素组成变重，引起海洋沉积无机碳酸盐的 $\delta^{13}C$ 值增加，反之亦然。因此，海洋灰岩的 $\delta^{13}C$ 值增高，意味着该沉积时期的海洋生产力高；海洋灰岩的 $\delta^{13}C$ 值降低，意味着该沉积时期的海洋生产力低。

鄂尔多斯奥陶系同位素组成在横向及纵向上存在一定的差异。横向上，碳同位素组成呈现出规律性变化（表 1-2），自下奥陶统冶里组至中奥陶统平凉组均表现为鄂尔多斯西缘具有较高的 $\delta^{13}C$ 值，南缘次之，而东缘最低。马家沟组东缘和西缘 $\delta^{13}C$ 值差别最大，达到了 1.33‰；上奥陶统背锅山组 $\delta^{13}C$ 值表现为南缘高于西缘，差值达到了 2.09‰。氧同位素组成则表现南缘最高，西缘次之，东缘最低。纵向上，由下奥陶统冶里组—亮甲山组、下奥陶统马家沟组到中奥陶统平凉组和上奥陶统背锅山组，碳同位素组成逐渐增重，并在中—晚奥陶世发生明显的正向偏移，$\delta^{13}C$ 均值由 −0.36‰ 增加到 0.15‰，至背锅山组增加至 0.68‰。

表 1-2　鄂尔多斯盆地奥陶系碳酸盐岩碳同位素（平均 $\delta^{13}C$）组成统计表　（单位：‰）

地层	全区	西缘	南缘	东缘
背锅山组	0.68	−0.74	1.35	—
平凉组	0.15	0.27	0.13	—
马家沟组	−0.36	−0.05	−0.14	−1.38
亮甲山组	−0.94	—	−0.60	−1.12

鄂尔多斯西缘的乌海地区碳同位素组成在下奥陶统三道坎组为负值，以后逐渐向正值发生偏移，$\delta^{13}C$ 值逐渐增大，在克里摩里组顶部发生回落，上奥陶统再次正向偏移；鄂尔多斯南缘的岐山剖面，$\delta^{13}C$ 值在下奥陶统冶里组底部由 −0.9‰ 快速增至 0.21‰，而后至亮甲山组持续降低，中奥陶统马家沟组碳同位素演化曲线呈现振荡式变化，整体由下马家沟组的负值至上马家沟组逐渐增加至正值，上马家沟组顶部发生大幅度负向偏移，峰峰组发生大幅正向偏移，$\delta^{13}C$ 值达到马家沟组最大值（1.67‰）。中、上奥陶统之交 $\delta^{13}C$ 值由 1.62‰ 降低到 −0.58‰，平凉组在 0 ~ 1.32‰ 的范围内振荡变化，上奥陶统背锅山组底部

回落至 –0.72‰，而后迅速正向偏移至 2.26‰，达到奥陶系的顶峰。

鄂尔多斯奥陶系碳同位素组成在区域上具有不均衡性，鄂尔多斯西缘 $\delta^{13}C$ 值较高，南缘次之，而东缘最低，表明西缘水体深度较深，而东缘水体较浅。水体较深的区域还原性增强，有机碳得以有效埋藏，因此沉积的无机碳酸盐岩的 $\delta^{13}C$ 值较高，而水体较浅的区域氧化性较强，有机碳被氧化进入海洋碳酸盐库，$\delta^{13}C$ 值较低，这与沉积相的分布特征一致。早奥陶世至晚奥陶世鄂尔多斯地区的碳同位素组成逐渐增加，表明水体随时代由老至新逐渐加深。碳同位素反映的海平面变化趋势与沉积相演化一致。

早奥陶世冶里期开始海侵，至亮甲山期海水持续退出，造成马家沟组与亮甲山组的不整合接触。早奥陶世马家沟期海平面较为振荡，鄂尔多斯西南缘三道坎组（下马家沟组）$\delta^{13}C$ 值基本处于负值范围内，桌子山组（上马家沟组）$\delta^{13}C$ 值发生正向漂移，代表海平面的明显上升，至克里摩里组（峰峰组）$\delta^{13}C$ 值达到马家沟组最大值，海平面达到最高水平，整个鄂尔多斯遍布开阔台地相沉积。晚奥陶世的大规模海退使海水退出鄂尔多斯，仅在西南缘接受沉积。由于南侧秦岭海槽向北侧的持续俯冲，造成海水深度大增，底层水体的氧化性被进一步削弱，赋存于生物体内的有机碳被大量有效保存在沉积物中，使得海水的 ^{13}C 含量相对增加，相应的碳酸盐岩的 $\delta^{13}C$ 值发生正向偏移。

桌子山剖面的克里摩里组相比下部的桌子山组，碳氧同位素表现出明显的正偏（图 1-48）：$\delta^{13}C$ 值自桌子山组下部（–1.5‰）向上持续上升，至克里摩里组基本保持在 0.3‰ ~ 0.5‰，呈正向波动（偏移 2.0‰）；$\delta^{18}O$ 值在桌子山组中自下而上逐渐上升，至克里摩里组快速上升，基本保持在 –7.2‰ ~ –6.2‰（最高达 –3.1‰），较桌子山组下部（–9.2‰）平均偏移 3.0‰，反映了海平面的快速上升（图 1-48）。

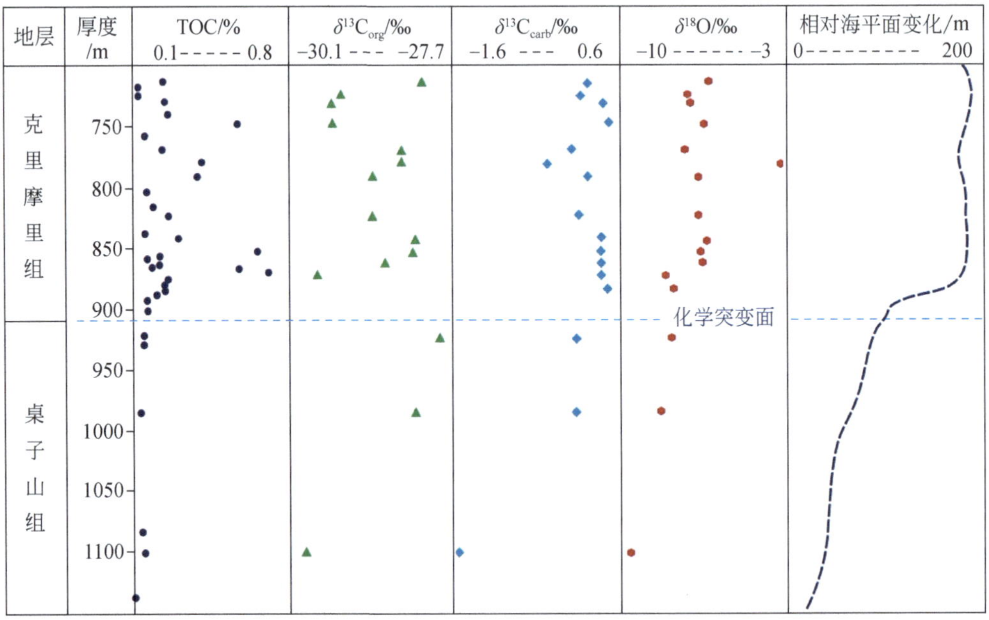

图 1-48　桌子山地区桌子山组—克里摩里组的地球化学剖面（腾格尔等，2004）

在中、上奥陶统之交的平凉组 / 马家沟组及背锅山组 / 平凉组的界线附近均发生 $\delta^{13}C$ 值的突然负偏，表明在界线处可能存在着层序转换面，海平面下降速率大于盆地沉降速率，平凉组底部的角砾灰岩即是这一转换面的产物。鄂尔多斯南缘富平地区上奥陶统的 $\delta^{13}C$ 值存在多处明显的负偏，应与区内频繁的火山活动相关。火山作用过程中产生的低值碳源加入、环境恶化导致生物产率的急速下降，使得 $\delta^{13}C$ 值显著降低（彭冰霞等，2006；左景勋等，2006）。晚奥陶世平凉期后，西缘的贺兰拗拉槽由北向南关闭，沉积范围逐渐缩小，水体变浅，有机质氧化，导致西缘彭阳地区的 $\delta^{13}C$ 值降低，而南缘仍为秦岭海槽控制的深水沉积，相应的 $\delta^{13}C$ 值较高。

（4）凝灰岩发育时间及性质指示为构造转换期。

鄂尔多斯盆地南缘中奥陶统中广泛发育有层数不同、单层厚度不等的火山凝灰岩夹层。在层位上，现已发现的火山凝灰岩主要位于下奥陶统顶部—中奥陶统中下部；分布区域上，沿华北板块南缘的陇县—富平一线的平凉银洞官庄、陇县石管子、陇县黑鹰寺沟、岐山岖山水库、永寿好畤河、富平赵老峪、金粟山剖面及蒲城尧山等剖面具有凝灰岩夹层或凝灰岩蚀变后的斑脱岩分布（图 1-49）。

(a) 好畤河土黄色凝灰岩　(b) 赵老峪土黄色凝灰岩　(c) 金粟山土黄色凝灰岩

图 1-49　鄂尔多斯盆地南缘下古生界奥陶系凝灰岩

盆地南缘火山凝灰岩野外露头大都呈鲜艳的黄绿色或棕黄色、黄灰色，少量呈紫红色，呈层状或块状产出，单层一般厚 10 ~ 80 cm，最厚者 2 m 以上（李文厚和梅志超，1997），具微细水平层理或平行层理。岩石多已发生蚀变，除少数具霏细结构外，多数尚保持完好的原生凝灰结构。碎屑颗粒由玻屑、晶屑和岩屑组成。玻屑大多已方解石化或蒙脱石化，但外形依然清晰可见，弧面状、鸡骨状、枝杈状玻屑常常交织在一起。晶屑常见的有石英、长石和黑云母，石英呈尖锐棱角状；长石呈板状或不规则破碎状，棱角显著；黑云母边缘参差不齐，呈阶梯状或撕裂状，且多发生水化。岩屑形状不规则，边缘呈破碎状，均已绿泥石化。填隙物为火山尘，但大部分已硅化或蚀变为水云母。化学成分表明（表 1-3），渭北一带火山凝灰岩主要为酸性、中酸性及中基性火山岩类。其中岐山、富平一带火山凝灰岩主要为中基性和中酸性火山岩类，而陇县地区火山凝灰岩则为偏酸性岩类，它们的里特曼指数均小于 1。除岐山个别样品具拉斑玄武岩成分特征外，其余皆属钙碱质岩系列。经薄片镜下鉴定，按其碎屑物性质和含量可将火山凝灰岩分为：玻屑凝灰岩、晶屑—玻屑凝灰岩和岩屑—玻屑凝灰岩三类（李文厚和梅志超，1997；袁卫国，1995）。

表 1-3　鄂尔多斯盆地南缘火山凝灰岩化学成分表

地区	样品	SiO_2 /%	TiO_2 /%	Al_2O_3 /%	Fe_2O_3 /%	FeO /%	MnO /%	MgO /%	CaO /%	Na_2O /%	K_2O /%	CO_2 /%	P_2O_5 /%	HO^- /%	H_2O /%	NiO /%	V_2O_5 /%	Cr_2O_3 /%	δ	r
岐山	凝灰岩 -1	50.23	0.26	4.63	0.88	0.65	0.14	0.97	21.81	0.16	1.35	—	0.05	—	0.04	—	—	—	0.315	17.192
富平	凝灰岩 -2	55.84	0.19	12.38	0.50	0.43	0.008	4.24	10.27	0.21	1.70	8.07	0.03	4.72	1.54	0.01	0.001	0.00	0.284	64.053
	凝灰岩 -3	53.44	0.19	11.99	0.39	0.47	0.007	4.29	11.76	0.21	1.64	—	0.03	—	1.38	—	—	—	0.329	62.00
	凝灰岩 -4	53.76	0.18	9.56	4.20	0.79	0.02	4.34	12.74	0.50	1.15	—	0.04	—	1.04	—	—	—	0.253	50.333
	凝灰岩 -5	60.56	0.20	8.29	0.87	0.47	0.04	3.11	12.13	0.26	0.37	9.25	0.08	3.88	0.58	0.009	0.001	0.0005	0.023	40.150
陇县	凝灰岩 -6	80.51	0.21	10.14	0.27	0.64	0.02	0.69	0.56	3.14	1.31	0.22	0.07	0.96	0.48	0.01	0.000	0.002	0.528	33.333
	凝灰岩 -7	72.95	0.53	11.95	1.17	2.19	0.02	1.78	0.80	2.80	1.60	0.52	0.11	2.34	1.15	0.00	0.006	0.002	0.646	17.264

另据陈诚等（2012）对鄂尔多斯盆地南缘奥陶系泾阳西陵沟剖面和富平赵老峪剖面中 4 个斑脱岩样品中提取的锆石颗粒进行 SHRIMP U-Pb 测年分析，其中，西陵沟剖面 2 个样品数据点的加权平均年龄值为（451.5 ± 4.9）Ma、（465.8 ± 8.3）Ma，赵老峪剖面 2 个样品数据点的加权平均年龄值为（452.1 ± 5.1）Ma、（457.5 ± 5）Ma，即上述 2 个剖面的 4 个斑脱岩层位的测年数据明显集中在 465.8 Ma、457.5 Ma 和 451.5 ～ 452.1 Ma 三个时段上，有可能代表了 3 个火山喷发事件幕。按当前国际年代地层表（Gradstein，2005），其时代为中奥陶统平凉组。

斑脱岩系是由凝灰质经沉积成岩和蚀变作用而成。选用其中较稳定元素和不同类别元素的比值建立图表，可以较好地反映凝灰质源岩性质和构造环境。据 $w(Ga)$-$w(Zr)/w(TiO_2)$ 判别结果，西陵沟及赵老峪斑脱岩源岩属流纹英安岩—英安岩类，而据 $w(Nb)/w(Y)$-$w(Zr)/w(TiO_2)$ 图解分析，它们落入粗面安山岩—流纹英安岩边界区域（图 1-50）。其中，产于较低层位的样品出现在粗面安山岩一侧，而较高层位的样品集中在流纹安山岩一侧，这可能反映了喷发岩浆性质在时间上的变化。据此，结合 TiO_2/Al_2O_3 值分析，可以判定盆地南缘斑脱岩的凝灰质源于中酸性喷出岩浆。而 $w(Zr)$-$w(TiO_2)$ 和 $w(Y)$-$w(Nb)$ 判别图显示这些中酸性喷出岩源自同碰撞火山弧环境（图 1-51）。结合北秦岭蛇绿岩套和火山弧发育的特点与时代约束，西陵沟—赵老峪地区金粟山组斑脱岩的凝灰质最有可能来自中奥陶世北秦岭商丹洋盆北缘的火山弧喷发。

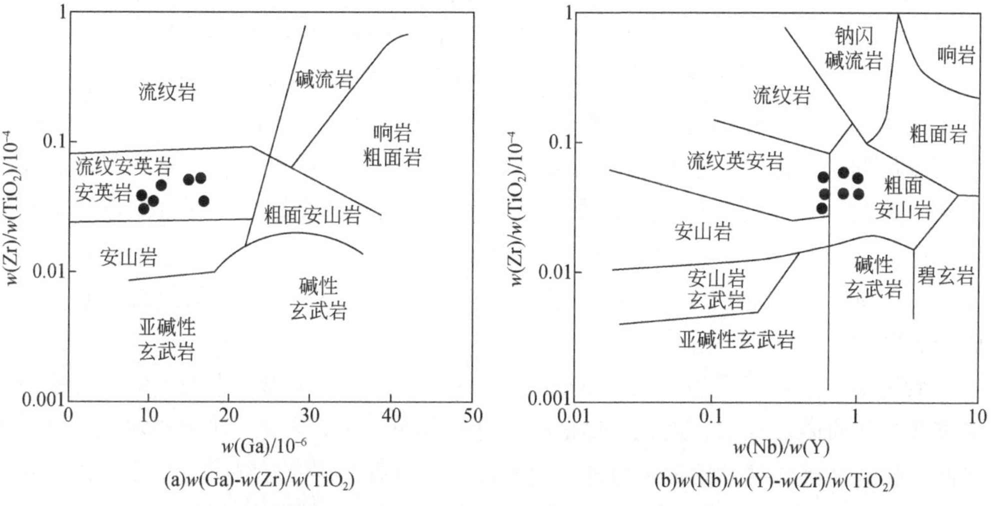

图 1-50　金粟山斑脱岩 $w(Ga)$-$w(Zr)/w(TiO_2)$ 和 $w(Nb)/w(Y)$-$w(Zr)/w(TiO_2)$ 源岩判别图解（Winchester and Floyd，1977）

综上可以看出，鄂尔多斯南部中奥陶统平凉组及相应层位夹有较多的火山凝灰岩，其分布层位及厚度呈现自东向西、自北向南明显增多、增厚的趋势。至秦岭北缘及祁连山褶皱带东部，开始出现中酸性的火山熔岩。在秦岭商丹断裂带沿线，发育有大量蛇绿岩和混杂岩，这个构造复杂带是华北板块与扬子板块间大洋消失、俯冲和碰撞的标志（李文厚和梅志超，1991）。在里特曼 – 戈蒂里图解上，全部凝灰岩样品投点都落入 B 区，该区域为

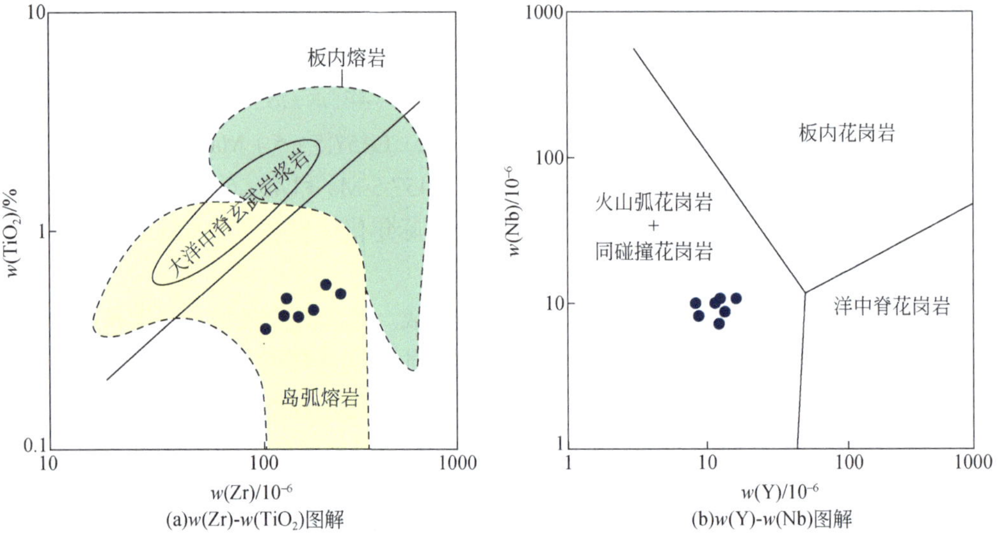

图 1-51　金粟山斑脱岩源岩构造背景判别图解（Pearce et al.，1984；Pearce and Norry，1979）

岛弧及造山带火山岩区（袁卫国，1995）。由于火山凝灰岩的碎屑物质细，以薄层状者为主体，推测这里距岛弧喷发处较远。鄂尔多斯南部下奥陶统上部—中奥陶统的深水碳酸盐沉积和火山凝灰岩夹层的大量发育，反映该区曾一度是华北板块活动大陆边缘弧后盆地北部边缘部分，同时也指示早奥陶世与中奥陶世转折时期全球大规模板块碰撞导致火山喷发。

（5）层状放射虫硅质岩形成于海平面大规模上升的深水环境。

在华北地台西南缘的渭北隆起带中—上奥陶统的赵老峪组深水碳酸盐岩地层中，发育一套黑色的层状放射虫硅质岩，内部发育纹层，含网球状放射虫骨骼和清楚的成岩交代组构，这些特征表明它们是放射虫软泥的石化产物。这套燧石岩西自泾阳，东到蒲城均有出露，其中以富平赵老峪一带最为发育，最大厚度为 17 m。放射虫硅质岩产在赵老峪组的下部，时代相当于中奥陶世早期，按产状可以分为层状的放射虫硅质岩和结核状硅质岩两类。

一般说来，层状硅质岩中的 SiO_2 主要来源于海底火山作用和生物，由于大多数硅质岩中都含有硅质微体生物，因此生物来源是更重要的。放射虫是一种远洋或半远洋的单细胞浮游生物，从奥陶纪开始大量出现。通常认为，只有分泌氧化硅的放射虫才能呈化石状态保存下来。本区放射虫硅质岩的形成机理可解释为：由远源的火山喷发物提供了 SiO_2 的来源，在海水碱性条件下火山喷发物转变和分解，析出 SiO_2，从而海水中 SiO_2 含量大增，形成有利于硅质生物大量繁殖的条件，这些生物死后堆积海底。这种生物成因的氧化硅，或称蛋白石 -A，是含水氧化硅不稳定的非晶态变体。随着时间推移和温度增高，蛋白石 -A 逐渐转为石英，在过渡阶段呈无序的低温方石英 – 鳞石英。在生物成因的蛋白石转变为石英的过程中，都会发生溶解和沉淀作用。绝大多数放射虫会因蛋白石在水体中溶解而消失，或者因蛋白石 -A 转变为蛋白石 -CT 和石英的过程中受到更多的破坏，加上硅质的重结晶作用，故而在古生代乃至中生代的硅质岩系中很难见到保存良好的放射虫化石（吴浩若，

1986）。从渭北奥陶系的层状硅质岩的沉积特征来看，SiO_2 主要来自放射虫介壳的生物蛋白，而火山灰蚀变提供的自由 SiO_2 数量有限。

现代放射虫是一种远洋或半远洋的浮游生物，其生活水深变化很大，从 50 m 以内到 2000 m 以下。沉积物中放射虫的存在与否主要受到水深、碳酸钙补偿深度、古生产力、沉积速度等因素控制。一般认为，富含放射虫的硅质沉积物大多堆积于远离陆源区的远洋或半远洋的深水环境，而且必定是在碳酸钙补偿深度附近或以下，常与浊积岩、蛇绿岩共生。因为层状放射虫硅质岩主要发育在低纬度的上升洋流区，所以可以作为古纬度和古环境的标志。古地磁资料表明，在奥陶纪时华北、扬子和秦岭古海盆均处于赤道附近，说明本区在当时很可能是有利于放射虫大量繁衍的上升洋流区，是海平面大规模上升及其伴生的重大地质事件的反映。本区中奥陶统赵老峪组以远洋或半远洋的深灰色薄板状和页状泥晶灰岩夹重力流的砂屑灰岩和杂乱角砾灰岩为特征，整个地层的生物化石稀少，且主要为浮游的介形虫、放射虫、牙形石和笔石，原地底栖生物化石缺乏，而深水的虫相遗迹化石却十分丰富。根据古水流等资料分析，本区当时曾存在一个向南东倾没的古斜坡，其范围大致西自陇县，经岐山、泾阳，东至富平、蒲城一带（李文厚和梅志超，1991）。这一古斜坡很可能是在下奥陶统沉积之后，秦岭、祁连山北侧的弧后盆地张裂下沉作用致使本区中—上奥陶统与秦岭海槽成一斜坡过渡。其北侧广阔的华北浅水碳酸盐台地有效地抑制了陆源物质的注入，所以本区为浮游生物堆积提供了一个适宜的场所。

（6）上奥陶统的深水重力流沉积指示水体较深、地形坡度变陡，构造活跃。

鄂尔多斯盆地南缘渭北地区西起千阳，东至礼泉，近东西一带发育一套以页岩、白云岩和杂砾岩组合为特征的陆源碎屑夹碳酸盐岩的沉积建造。李钦仲等（1983）将这套地层创名为唐王陵组（图 1-52），其层位归属问题争议较大。有的学者将唐王陵组砾岩段置于震旦纪或新元古代，属冰碛岩，相当于罗圈组和正目观组（陈刚，1994；周鼎武，1994；张抗，1992；翦万筹和叶俭，1983；张吉森等，1981），有的学者则归属奥陶纪，层位上相当于背锅山组（陕西省地质矿产局，1989；洪庆玉，1985；陈万川等，1984；李钦仲等，1983；孙国凡和刘景平，1983）。

野外露头唐王陵组砾岩中砾石成分混杂，大小不一，分选和磨圆差。其中，花岗岩砾石肉红色，表面风化（图 1-53）。镜下显示岩石为肉红色，具碎裂结构，主要矿物组

图 1-52　唐王陵组剖面全貌

图 1-53　唐王陵组花岗岩砾石

成为钾长石（65%）、斜长石（10%）、石英（20%）和黑云母（5%）；岩石压碎作用较强，长石、石英碎裂化作用明显，裂隙发育，双晶弯曲、位移及波状消光现象极为普遍，沿矿物、岩石微裂隙有较强烈的褐铁矿化、绢云母化、碳酸盐化和硅化现象。黑云母弯曲变形明显，多呈不规则鳞片状，强烈绿泥石化和褐铁矿化，将岩石定名为糜棱化黑云钾长花岗岩。姚志刚等（2007）对花岗岩中锆石年龄进行了测定，花岗岩锆石 U-Pb 年龄谐和图和锆石年龄频率分布曲线图反映其年龄为（2195 ± 28）Ma，与北秦岭吕梁期花岗岩同期。然而，北秦岭该期花岗岩类型主要为 A 型花岗岩，是古—中元古代陆内构造演化的产物（张国伟，2001），而唐王陵组砾岩中花岗岩砾石的地球化学研究结果表明其为岛弧型花岗岩，且与北秦岭加里东期岛弧型花岗岩特征相似。因此认为该年龄可能代表锆石的核部年龄，唐王陵组砾岩中花岗岩砾石大致形成于吕梁运动，而后经过重熔改造于加里东期侵位于北秦岭地区。唐王陵组上段砾岩中砾石成分还包括硅质条带白云岩（图 1-54、图 1-55）及石英砂岩，表明晚奥陶世北秦岭及其南侧的小秦岭地区已经隆起并向南侧的弧后边缘海盆提供物源。

图 1-54　唐王陵组硅质条带白云岩砾石

图 1-55　唐王陵组白云岩砾石

唐王陵组出露局限，分布面积不大，仅在礼泉、岐山一带残留，在昭陵东侧超覆于寒武系之上，在西侧超覆于背锅山组之上，岐山崛山沟不整合于平凉组之上，唐王陵组被二叠系砂砾岩不整合覆盖。在东庄页岩中（相当于唐王陵组）产化石：*Rafinsguina* sp.，*Catenipora* sp.，*Proheliolites* sp.，*Parabrachyelassma Lebedieasis*，*Tcherepnina* 等，其组合与南方晚奥陶世珊瑚组合可对比。根据其地层上下接触关系、所含生物化石、岩性组合特征推断其时代为晚奥陶世，属重力流成因。

同时，其野外剖面观测中，岐山与麟游交界北侧也发育一套砾石成分复杂、大小不一、分选和磨圆差的砾岩，其下伏地层露头可见克里摩里组薄层泥质灰岩，上覆二叠系下石盒子组杂色砂岩。该套砾岩中砾石成分复杂，包括蓟县系硅质条带白云岩、白云岩及灰岩等（图 1-56 ~ 图 1-59）。从砾岩层位及沉积环境区域对比来看，本书认为该套砾岩可与唐王陵组砾岩进行对比，归属于唐王陵组。砾石中蓟县系硅质条带白云岩砾石较发育，中—晚奥陶世其物源最可能来自南部的华北地台南缘地区，说明在中—晚奥陶世，北秦岭北侧的华北地台南缘已经隆起，并作为物源区向其北侧的弧后盆地提供沉积物。故在中—晚奥陶世，鄂尔多斯南缘可能存在一个与北秦岭岛弧系有关的弧后盆地。

图 1-56　岐山北部观雾村剖面全貌

图 1-57　岐山与麟游交界处灰岩砾石

图 1-58　岐山与麟游交界处白云岩砾石

图 1-59　岐山与麟游交界处硅质条带白云岩砾石

综上，中—晚奥陶世，滑塌角砾灰岩的厚度与砾石大小向南明显增多、加大，表明由台地边缘礁向台地前坡的相变。由此可以推断，鄂尔多斯南缘重大的地层与沉积转折发生在中奥陶世末期。这种在纵向序列上由马家沟组浅水台地向平凉组及背锅山组深水盆地边缘、台地前坡滑塌沉积的转换，表明鄂尔多斯南缘这个时期发生了强烈的构造拉伸与基底沉降。

（7）花岗岩特征表明早奥陶世晚期盆地南缘已转换为活动大陆边缘。

花岗岩的广泛分布是大陆地壳尤其是造山带的重要特征之一。花岗岩类岩石又被称为地球发展历史中大陆地壳演化的标准建造。北秦岭—北祁连造山带中不同成因、不同类型的花岗岩大量分布（图 1-60），其形成与造山带的发展演化息息相关，是北秦岭—北祁连造山带构造演化的真实记录（张国伟，2001；卢欣祥，1998）。据卢欣祥（1998）的研究，秦岭花岗岩明显有七个重要形成期：①阜平期（2500 ~ 2900Ma）；②吕梁期（1700 ~ 2000Ma）；③晋宁期（800 ~ 1100Ma）；④加里东期（400 ~ 600Ma）；⑤海西期（240 ~ 380Ma）；⑥印支期（190 ~ 220Ma）；⑦燕山期（80 ~ 170Ma）。

加里东期大量俯冲型和碰撞型花岗岩，主要出现在秦岭造山带真正板块构造发展演化的时期。同位素年龄相对集中分布在 475 ~ 411 Ma，俯冲岛弧型、俯冲碰撞型花岗岩类

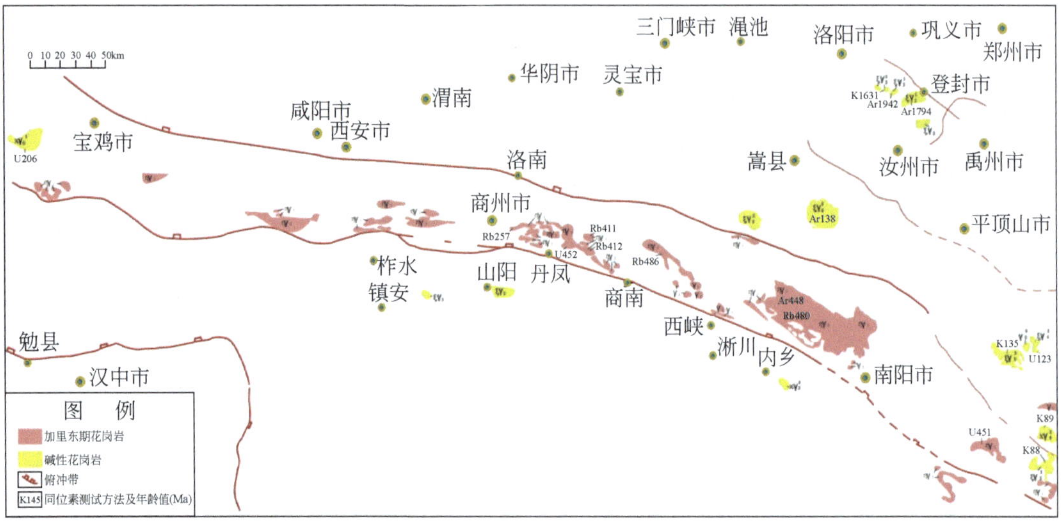

图 1-60 北秦岭加里东期花岗岩分布图［据卢欣祥（2000）修改］

的发育，可能揭示在早古生代秦岭及其相邻地区由伸展构造体制向俯冲构造体制发生构造转换的时期始于早奥陶世。此后，鄂尔多斯及其相邻地区逐渐进入板块构造的俯冲与碰撞的构造演化时期。所以在中奥陶世—晚志留世，鄂尔多斯西缘和南缘及其相邻的北秦岭整体处于板块汇聚的构造背景。以商丹缝合带为代表的古秦岭洋盆的向北俯冲、华北板块与秦岭板块的碰撞是产生这一构造背景的基本动力学条件。同时，商丹缝合带北侧北秦岭及其以北地区大量的加里东期俯冲型岛弧花岗岩所呈现的成分极性分布特点，指示早古生代商丹洋壳是向北俯冲的，同时指示北秦岭及其鄂尔多斯南缘地区在中奥陶世—志留纪末期整体处于活动大陆边缘的构造环境。

第 2 章　早古生代地层、层序划分与对比

2.1　地层划分与对比

早古生代的鄂尔多斯地块进入了克拉通盆地稳定发育时期，在多幕快速海进和缓慢海退演化过程中，沉积了一套全区稳定可追踪、对比的寒武系、奥陶系海相碳酸盐岩夹碎屑岩沉积建造。盆地南侧以宝鸡—洛南断裂为界与秦岭海槽相接，盆地北部以内蒙古古陆与兴蒙加里东海槽相隔，西以青铜峡—固原断裂为界与祁连海槽相邻，而西北侧仍为继承性活动的“再生”贺兰拗拉槽。由于受加里东运动影响，盆地强烈抬升导致缺失志留系、泥盆系，晚石炭世本溪期，随地台的持续沉降，华北海水沿北北东向侵入，形成受限陆表海，石炭系均呈现向南和向西（中央古隆起）方向超覆变薄，鄂尔多斯中东部地区的华北海域与西部海域沿北部连通，整体表现为广覆式的填平补齐充填，主要形成潟湖—潮坪充填，底部为潟湖铁铝质泥岩，夹潮坪砂泥岩、煤层、薄层石灰岩透镜体、障壁沙坝、浅水三角洲、曲流河沉积。从早二叠世山西期开始，受北部兴蒙海槽持续向南俯冲、消减影响，北部伊盟隆起及物源区显著隆升，海水逐步向南退出，鄂尔多斯地区进入以海陆过渡相沉积为主的沉积充填，仅在鄂尔多斯南部地区局部保留残留海的演化阶段，到了下石盒子期，随区域上因北侧西伯利亚板块持续地向南俯冲推挤，华北地台北缘进一步抬升，物源供给充足，海水持续南撤，陆表海消亡，转化为近海内陆拗陷。

2.1.1　区域地层区划

由于盆地古生界地层复杂，不同地区地层单元自成系统，仅奥陶系就有 55 个组的名称，地层清理对比难度大。本章主要采用何自新等（2004）的地层分区成果，根据古生物面貌、沉积物类型和构造背景，将鄂尔多斯及周缘地区分为三个地层大区和若干个地层小区（图 2-1），即Ⅰ华北地层大区（$Ⅰ_1$鄂尔多斯地层分区，$Ⅰ_1^1$晋西地层小区，$Ⅰ_1^2$鄂尔多斯西缘地层小区，$Ⅰ_1^3$渭北地层小区，$Ⅰ_1^4$鄂尔多斯本部地层小区，$Ⅰ_1^5$鄂尔多斯南缘地层小区，$Ⅰ_1^6$鄂尔多斯北缘地层小区，$Ⅰ_2$阿拉善地层分区，$Ⅰ_3$阴山地层分区）；Ⅱ祁连—秦岭地层大区；Ⅲ新疆北疆—兴安岭地层大区。与本次研究相关主要是华北地层大区中的鄂尔多斯地层分区的 $Ⅰ_1^1$—$Ⅰ_1^5$ 地层小区。

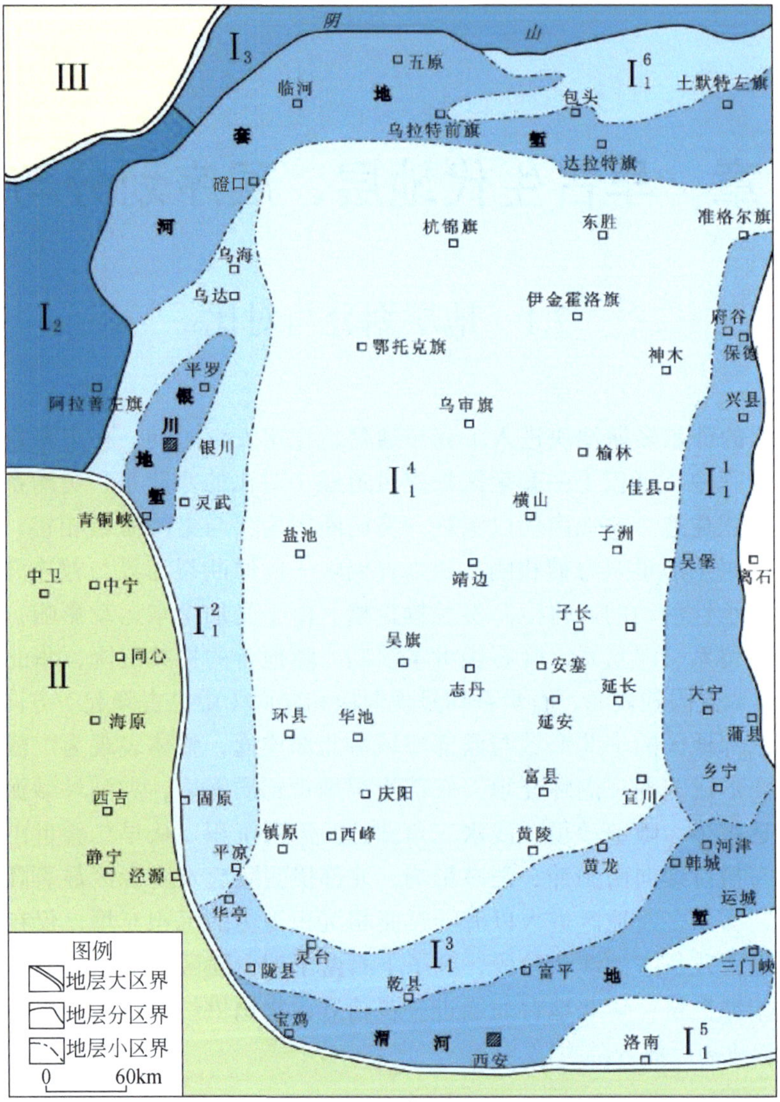

图 2-1 鄂尔多斯及周边地区地层区划图（何自新等，2004）

I_1^1. 晋西地层小区；I_1^2. 鄂尔多斯西缘地层小区；I_1^3. 渭北地层小区；I_1^4. 鄂尔多斯本部地层小区；I_1^5. 鄂尔多斯南缘地层小区；I_1^6. 鄂尔多斯北缘地层小区；I_2. 阿拉善地层分区；I_3. 阴山地层分区；Ⅱ. 祁连—秦岭地层大区；Ⅲ. 新疆北疆—兴安岭地层大区

2.1.2 早古生代地层划分与对比

早古生代的鄂尔多斯地块进入了克拉通盆地稳定发育时期，在多幕快速海进和缓慢海退演化过程中，沉积了一套全区稳定可追踪、对比的寒武系、奥陶系海相碳酸盐岩夹碎屑岩沉积建造。

1. 寒武系地层划分与对比

寒武系在盆地本部及南缘自下而上划分为下统辛集组、朱砂洞组；中统馒头组（馒头组、毛庄组、徐庄组）、张夏组；上统三山子组（崮山组、长山组、凤山组）。总体上，寒武系地层划分与对比相对简单。

1）辛集组

主要为一套含磷钙质碎屑岩沉积，岩性为褐黄色、灰黄色磷块岩、砂岩、含磷长石石英砂岩，局部夹钙质白云岩、生屑灰岩及页岩，底部发育磷砾岩。

2）朱砂洞组

该组在盆地南缘发育。在西缘岩性主要为一套灰黑色、深灰色中厚层白云岩、白云质灰岩，偶夹薄—中厚层灰岩；在南缘以发育豹皮状、角砾状和含藻白云岩为主要特征，南缘岐山一带砂岩增多，陇县地区主要为浅灰色—深灰色中层—块状砂质白云岩、鲕状砂质白云岩和藻白云岩（图 2-2）。

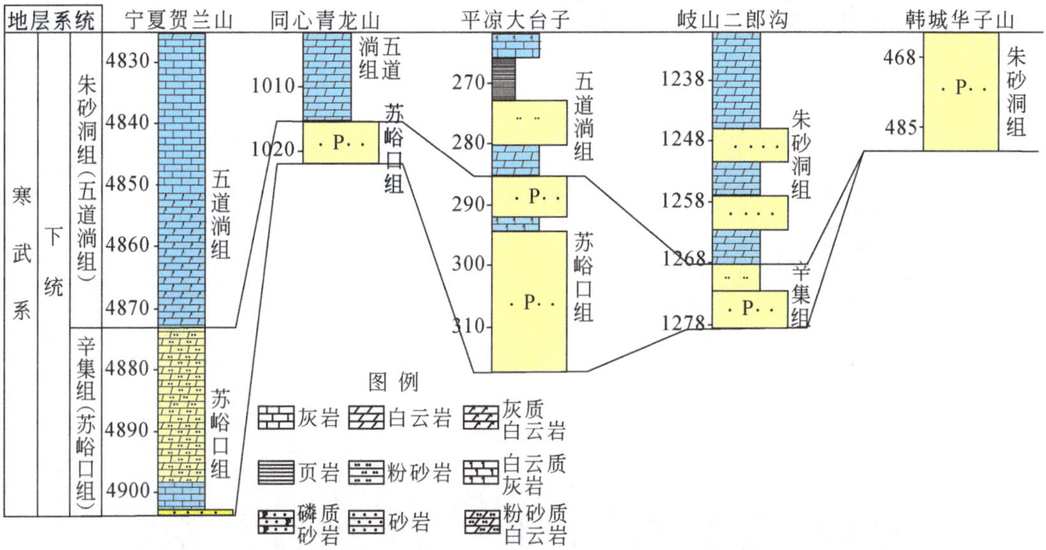

图 2-2　鄂尔多斯盆地辛集组—朱砂洞组（苏峪口组—五道淌组）地层对比图

3）馒头组

在鄂尔多斯西缘下部为页岩、白云岩、灰岩、砂岩组合构成若干韵律层，夹有鲕粒灰岩、生屑灰岩，上部由页岩与薄层泥质条带灰岩夹鲕状灰岩和竹叶状灰岩构成，夹数层含生物碎屑灰岩，生物丰富。上部地层发育碳酸盐岩碎屑流沉积，指示了台地边缘至斜坡相的沉积环境。

在鄂尔多斯南缘以发育紫红色页岩为主要特征，岩性为紫红色、紫褐色页岩、粉砂质页岩夹泥云岩、白云岩、鲕状灰岩和砂岩。在韩城附近碳酸盐岩较为发育，中上部为黄灰色—深灰色泥灰岩、灰岩、鲕状灰岩夹紫红色、灰绿色页岩；其他地区碎屑岩发育（图 2-3）。

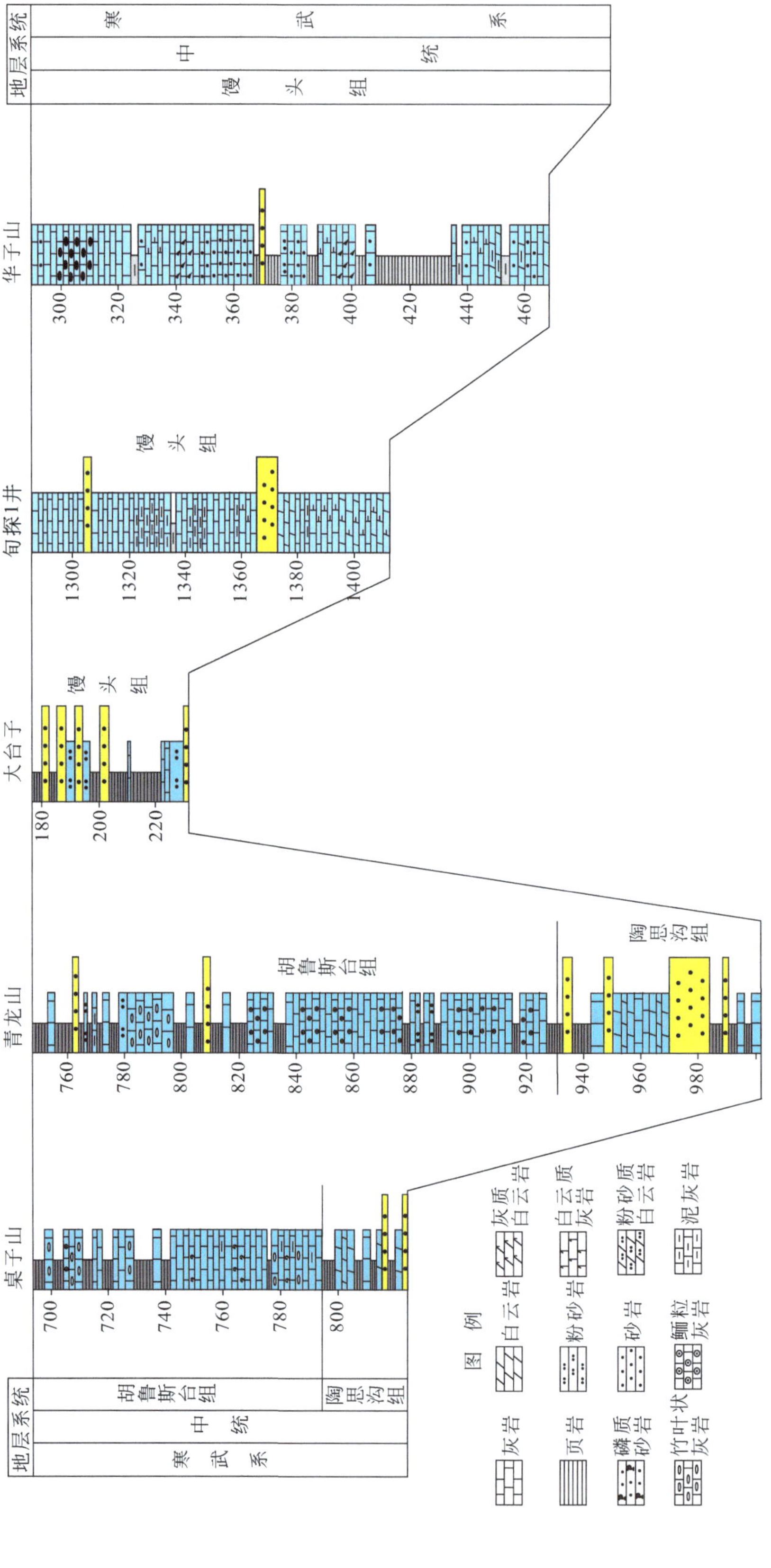

图2-3 鄂尔多斯盆地馒头组地层对比图

4）张夏组

张夏组整合于馒头组之上、三山子组之下，为深灰色、褐灰色厚层—块状、局部中层状鲕粒灰岩、竹叶状灰岩和白云岩等夹钙质页岩，主要分布于陇县景福山、千阳清凉山、岐山、泾河两侧、韩城以东和洛南北部至商州铁炉子一带，另外宁夏贺兰山、青龙山和内蒙古桌子山也见出露（图2-4）。

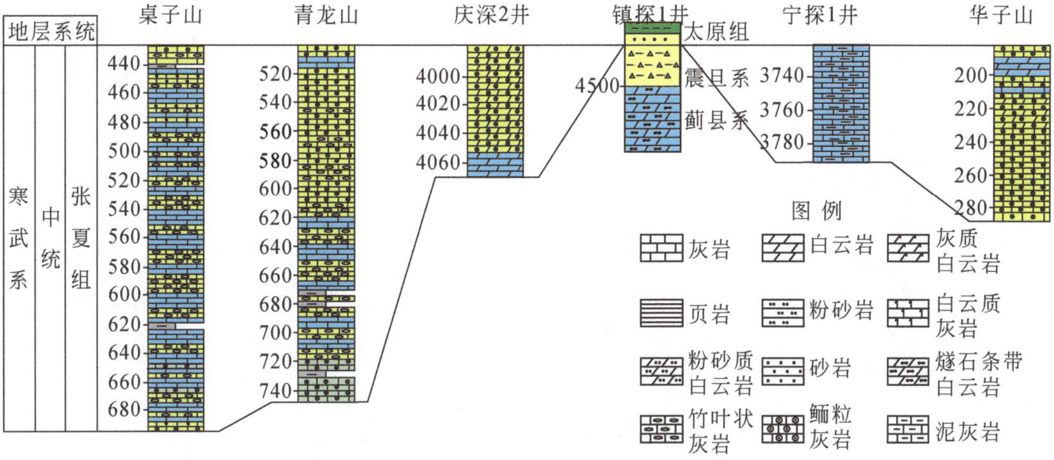

图2-4　鄂尔多斯盆地张夏组地层对比图

在桌子山地区为瘤状灰岩、薄层灰岩、竹叶状灰岩夹泥页岩、泥灰岩及鲕粒灰岩，生物碎屑灰岩较发育；在贺兰山地区为薄层泥质条带灰岩、竹叶状灰岩夹鲕粒灰岩、页岩；在青龙山一带为鲕粒、竹叶状、瘤状灰岩；在平凉、陇县一带为厚层白云岩、鲕粒白云岩夹竹叶状灰岩；在韩城一带为深灰色、褐灰色厚层—块状、局部中厚层状鲕粒灰岩、竹叶状灰岩、白云岩夹泥灰岩、钙质页岩等。

5）三山子组

三山子组下段为黄灰色、灰黄色夹紫灰色中薄层粉细晶白云岩、竹叶状砾屑粉细晶白云岩及土黄绿色薄层泥质粉晶白云岩，上段为浅灰色中厚层含燧石结核细晶白云岩，主要分布于宝鸡、洛南一线以北，韩城以东及环县西北老爷山和宁夏青龙山一带（图2-5）。

该组在西缘以发育竹叶状灰岩为特征，其厚度呈现北厚南薄的特点。桌子山和青龙山地区大量发育竹叶状灰岩，青龙山剖面夹薄—中厚层白云岩、白云质灰岩；在贺兰山北段，本组常被石炭系羊虎沟组超覆，岩性以薄层灰岩、泥质条带灰岩夹竹叶状灰岩为主，基本未见白云岩、白云质灰岩夹层。在西缘天景山、米钵山、香山一带发育的中—上寒武统香山群为一套深水碎屑岩建造，其物源来自北部的阿拉善古陆，属于斜坡—深水盆地沉积，该套地层普遍受轻微变质，地层厚度巨大，且向西厚度逐渐增大，以碎屑岩为主，夹薄层灰岩、硅质岩，沉积韵律性强，除辉绿岩侵入外，基本未见火山岩。在南缘主要为一套碳酸盐台地相沉积，以发育白云岩、竹叶状白云岩为特征，全部地层白云化明显。

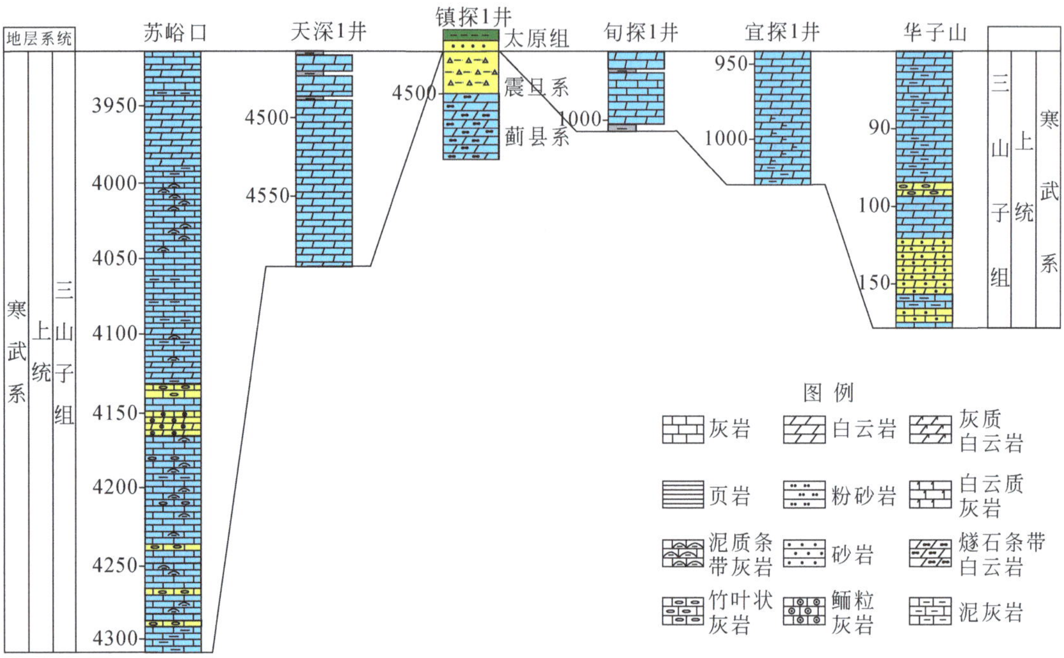

图 2-5　鄂尔多斯盆地三山子组地层对比图

2. 奥陶系地层划分与对比

奥陶系在鄂尔多斯盆地的划分特别复杂，西缘地区自下而上依次为下奥陶统三道坎组、桌子山组、克里摩里组；中奥陶统乌拉力克组、拉什仲组、公乌素组；上奥陶统蛇山组。在盆地南缘自下而上依次为下奥陶统冶里组、亮甲山组、马家沟组、峰峰组；中奥陶统平凉组；上奥陶统背锅山组。其中，下奥陶统冶里组、亮甲山组在西缘地区缺失，在南缘相应保存齐全。

1）冶里组—亮甲山组

冶里组—亮甲山组为一套含燧石条带及团块的中厚层白云岩，分布局限，主要分布于南缘岐山、礼泉、韩城等地，在西缘及盆地本部缺失沉积。由于怀远运动的影响，亮甲山组顶部遭受不同程度的剥蚀（图 2-6）。

2）马家沟组（西缘三道坎组、桌子山组、克里摩里组）

马家沟组是中央古隆起反应最为明显的时期，其底部是怀远运动所造成的一个不整合面。在鄂尔多斯盆地，它与下伏地层下奥陶统亮甲山组和冶里组及寒武系的不同层位接触。其岩性多为含石英砂岩或含陆源泥的准同生白云岩；顶部同样为一个不整合面，在盆地中东部地区经历了长达一亿多年的剥蚀，马家沟组的不同层位与石炭系呈平行不整合接触，中东部一些地区发育峰峰组（马六段）。在西缘惠安堡及其以北地区发育克里摩里组、乌拉力克组和拉什仲组；在西缘平凉—陇县地区及南缘上覆三道坎组、平凉组（表 2-1）。因此，区域上马家沟组为夹持于两个区域性不整合面之间的一套旋回式地层。

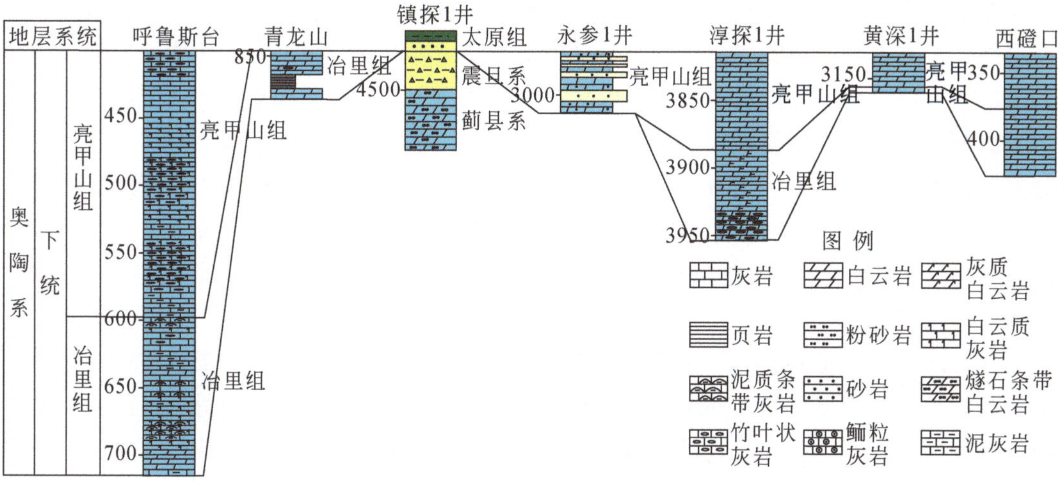

图 2-6　鄂尔多斯盆地冶里组—亮甲山组地层对比图

表 2-1　鄂尔多斯盆地奥陶系地层对比表

地层		西部	南部	中部		东部
		桌子山地区	泾阳、岐山、陇县			吕梁山
奥陶系	上统	—	背锅山组	—		—
	中统	蛇山组	龙门洞组			
		公乌素组				
		拉什仲组	平凉组			
		乌拉力克组				
	下统	克里摩里组	峰峰组	马家沟组	马六段	峰峰组
		桌子山组	上马家沟组		马五段	上马家沟组
					马四段	
			下马家沟组		马三段	下马家沟组
		三道坎组			马二段	
					马一段	
		—	冶里组—亮甲山组		—	冶里组—亮甲山组

在鄂尔多斯西缘，下部（三道坎组）岩性以灰色白云质灰岩、灰岩与灰白色石英砂岩互层为主，夹丰富的生物碎屑；中部（桌子山组）主要为褐灰色—深灰色中厚层灰岩、白云质灰岩，偶含泥质或硅质结核，局部具瘤状构造；上部（克里摩里组）典型特征是以灰色—深灰色薄层灰岩、瘤状灰岩与黑灰色页岩为主，素称“克里摩里薄层灰岩”，泥质成分向上递增，纹层发育，出现较深水的放射虫和笔石，这套薄层灰岩夹泥页岩地层在鄂尔多斯西缘有较广泛的分布，是西缘烃源岩主要发育层位之一。该套地层在横向上岩性特征的差异明显，由桌子山地区向南碎屑岩减少，白云岩增多，向南至青龙山一带不再有砂岩，全部为白云岩。

在鄂尔多斯盆地南缘，马家沟组总体岩性以灰岩、白云岩为主，常见豹皮构造；在平凉—陇县地区岩性以块状—厚层的灰色灰岩、豹皮灰岩为主；在岐山—韩城地区以灰岩、白云岩互层为主，其中夹有大量的白云岩；在岐山地区中下部发育碎屑流等深水建造。峰峰组（相当于马六段）主要为一套深灰色块状泥晶灰岩、泥灰岩，由于加里东期的剥蚀，仅局部地区有残留。

在鄂尔多斯盆地本部，马家沟组的五段分别构成了两套海进—海退层序。其中马一段至马三段为第一套旋回，马四段和马五段为第二套旋回。这两套沉积旋回在整个鄂尔多斯盆地表现出相似的沉积特征，且海侵的规模一次比一次大，马三段、马五段以蒸发岩类为主，多为准同生白云岩，马二段、马四段以灰岩沉积为主，主要为泥晶石灰岩。这种沉积特征在横向上非常稳定，在整个盆地中东部地区都可以对比。区域上马一段—马五段分布范围基本相同，除中央古隆起、伊盟隆起和三门峡隆起外，其他地区均有分布，在中央古隆起上沉积期不同展布范围不同，这五段之间为一连续沉积体（图 2-7）。

马一段：主要分布于盆地的东部和南部渭北地区。岩性为灰黄色泥质白云岩、白云质粉砂岩。作为马家沟组的最底部沉积，该段在某些区域含有一定量的细碎屑岩，其上发育白云岩、硬石膏岩和盐岩，宜川一带盐岩发育；西南部地区以泥粉晶白云岩为主，含较多泥质，与下伏亮甲山组假整合接触。岩电特征表现为自然伽马一般呈高幅尖峰锯齿状。

马二段：沉积范围在马一段的基础上向盆地中心略有推进，在盆地中东部主要分布于城川 1 井以东和南部的渭北地区；沉积厚度 40 ~ 60 m，最厚大于 100 m。岩性主要为石灰岩与白云岩，盆地东部井下尚有硬石膏岩；产有丰富的头足类、腹足类、腕足类、三叶虫、藻类化石；岩电特征表现为声速较高，自然伽马较高。

马三段：除中央隆起带外，其他地区均有沉积，厚度一般为 60 ~ 120 m。盆地中东部和南部主要为一套白云岩、硬石膏岩和盐岩组合。马三期海水收缩，水体变浅，盆地本部以云坪、含膏云坪、膏、盐湖沉积为主；在富县、宜川一带的宜 2 井、宜探 1 井和富探 1 井，岩性以泥质白云岩、白云岩为主，均含较多的石膏岩层；盆地西南缘仍然保持着开阔台地的灰岩沉积。岩电特征表现为声速低、自然伽马尖峰状突起，低密度。

马四段：因处于最大海侵期，分布范围最广，沉积厚度一般为 180 ~ 300 m，最厚 410 m。除伊盟古陆外，盆地广大地区均有沉积。岩性为一套泥—粉晶石灰岩、砂屑—颗粒石灰岩，南部与中央古隆起区则为含膏白云岩与泥晶白云岩。西部与马四段相当

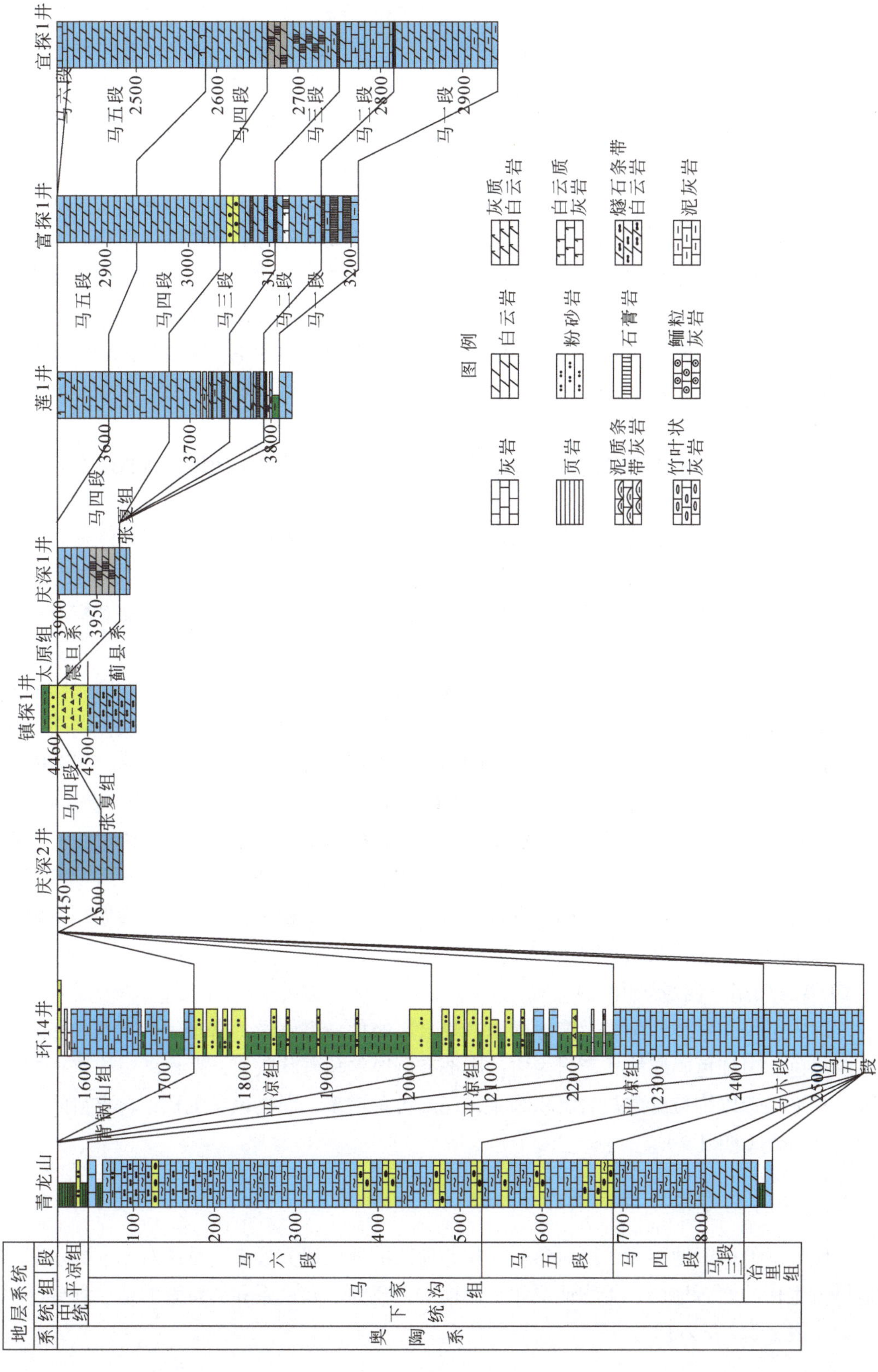

图2-7　鄂尔多斯盆地马家沟组（三道坎组—桌子山组—乌拉力克组）地层对比图

的桌子山组或水泉岭组，主要为泥晶石灰岩、球粒和云斑石灰岩；中部定边一带发育中—细晶白云岩。岩电特征表现为自然伽马曲线平直或呈低幅锯齿状，声波时差曲线平直。

马五段：沉积范围除中央古隆起外盆地其他地区均有沉积。但因处于海退期，岩性纵向变化频繁，主要为泥—粉晶白云岩、硬石膏岩、盐岩夹三层泥—粉晶石灰岩。沉积厚度一般为 90 ~ 320 m，米脂、绥德一带最厚达 380 m。马五段由上至下可分为 10 个小层，即马五 1、马五 2、马五 3、马五 4、马五 5、马五 6、马五 7、马五 8、马五 9、马五 10。在区域上，通常以马五 ^{5} 灰黑色泥晶石灰岩为标志，将马五段分为上下两段，即马五上段和马五下段。马五下段，在榆米拗陷以泥粉晶白云岩、膏盐岩为主，向西、向南、向北膏盐岩含量逐渐减少，至古隆起与拗陷之间的斜坡地带，相变为白云岩夹石灰岩，厚 30 ~ 250 m；马五上段岩性以泥粉晶白云岩、溶塌角砾白云岩及颗粒白云岩为主，在榆米拗陷的几个次级拗陷中心夹有膏盐岩的薄层沉积，因后期剥蚀，残余厚度变化较大，为 50 ~ 150 m。

3）平凉组（西缘乌拉力克组、拉什仲组、公乌素组）

平凉组主要在鄂尔多斯盆地西缘和南缘发育。西缘的乌拉力克组以发育含笔石页岩为主要特征，黑色页岩在垂向上自下而上逐渐减薄，并在中上部逐渐被砾屑灰岩、砂屑灰岩取代，整体呈现自北向南灰岩增多、厚度增大的趋势。在桌子山地区，以黑色页岩为主夹薄层灰岩，含丰富的笔石化石。在青龙山地区，以中薄层泥质、粉砂质灰岩、灰质页岩、粉砂质页岩为主。乌拉力克组与平凉组下部一致，笔石页岩和角砾灰岩反映了深水沉积环境。

公乌素组以灰绿色页岩、薄层灰岩和泥灰岩为主，上部层段砂岩增多。在鄂尔多斯南缘平凉组岩性自西向东有较明显变化。在平凉—陇县一带主要为深灰色、黄绿色钙质、泥质或粉砂质页岩，含有大量的笔石化石，夹数层薄层灰岩、砾屑灰岩或砂屑灰岩及凝灰岩，属深水斜坡沉积；到了岐山一带，除顶、底部有较厚层灰岩发育外，基本上为一套泥页岩，内夹数层较厚凝灰质泥岩（风化后发绿）及少量细粉砂岩沉积，属深水盆地内部沉积；在富平—蒲城一带岩性主要为薄层泥晶灰岩夹重力流成因的浮层砾屑灰岩和凝灰岩，下部夹有黑色放射虫硅质岩，滑动滚动构造发育，属于深水斜坡沉积。到了河津—韩城一带则缺失中奥陶统的这套地层沉积（图 2-8）。

4）背锅山组（西缘蛇山组）

背锅山组仅在盆地西南缘及南缘固原、陇县、岐山、耀州区、富平一带发育。在陇县地区以灰色、肉红色厚层块状灰岩为主，底部有巨厚的角砾状灰岩，发育鸟眼构造；在耀州区、富平一带以细粒碳酸盐岩沉积为主，泥质含量增多，偶见风暴沉积，含丰富的浅水底栖生物组合（图 2-9）。

3. 划分对比方案与空间展布

对照最新的国际地层表，同时参照大华北地区的地层研究成果，系统对比了鄂尔多斯盆地早古生代的岩石地层、生物地层和年代地层，建立了寒武系和奥陶系的地层划分与对比方案（表 2-2、表 2-3）。

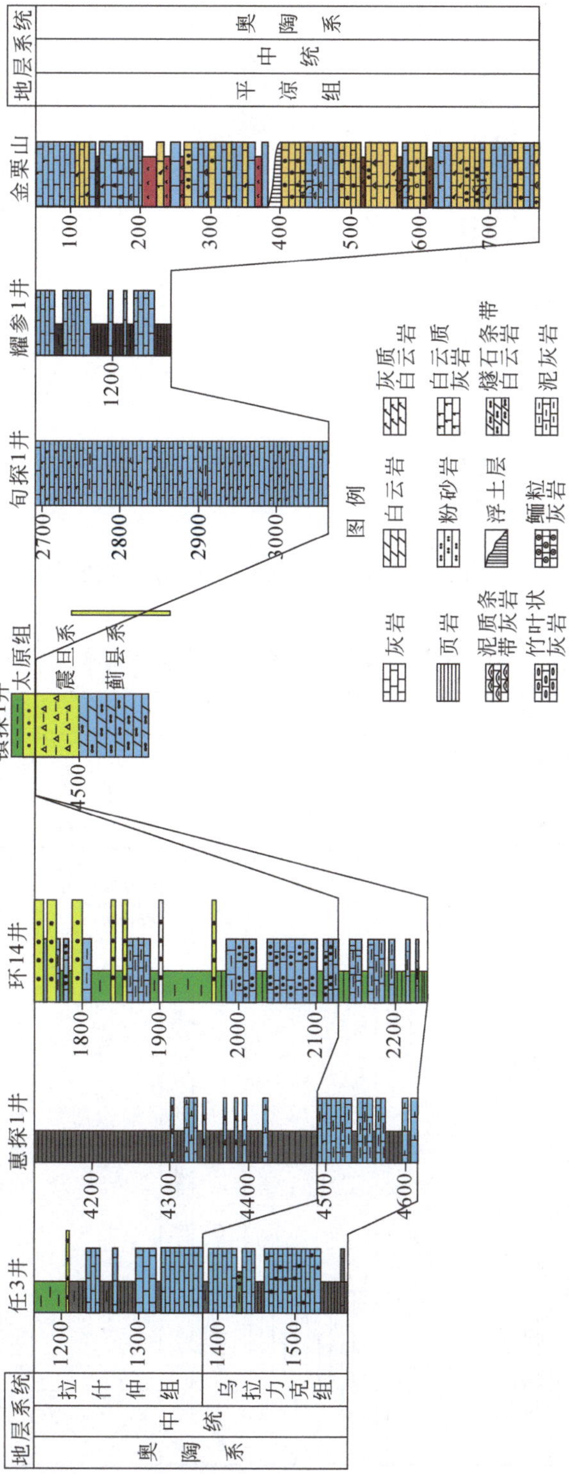

图2-8　鄂尔多斯盆地平凉组（乌拉力克组—拉什仲组）地层对比图

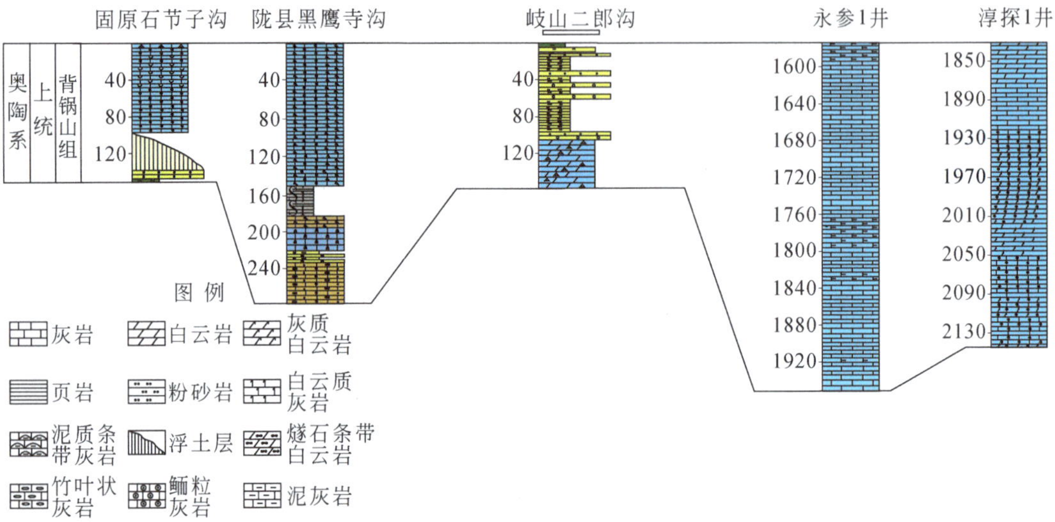

图 2-9 鄂尔多斯盆地背锅山组地层对比图

表 2-2 寒武系地层划分与对比方案表

<table>
<tr><th colspan="5">国际标准</th><th colspan="2">中国标准</th><th colspan="5">西缘地层小区</th><th>南缘地层小区</th><th colspan="6">渭北地层小区</th><th rowspan="2">鄂尔多斯盆地本部</th><th rowspan="2">本书</th></tr>
<tr><th>系</th><th>统</th><th>阶</th><th>时限/Ma</th><th>时间/Ma</th><th>统</th><th>阶</th><th>贺兰山</th><th>桌子山</th><th>主要化石名单</th><th>平凉</th><th>主要化石名单</th><th>洛南</th><th>陇县</th><th>主要化石名单</th><th>岐山</th><th>礼泉</th><th>韩城</th><th>主要化石名单</th></tr>
<tr><td rowspan="9">寒武系</td><td rowspan="2">芙蓉统</td><td>第10阶</td><td>3.7</td><td>488.3
∽492</td><td rowspan="3">上寒武统</td><td>凤山阶</td><td rowspan="4">阿不切亥组</td><td rowspan="4"></td><td rowspan="4">三叶虫
Crepicephalina
Taitzuia
Poshania
Manchuriella
Anomocarella
Blackwelderia
Chuangia
Tsinania</td><td rowspan="3">三山子组</td><td rowspan="3">三叶虫
Blackwelderis sp.
腕足类
Obolustaianensis
Lingullella sp.</td><td rowspan="3">三山子组</td><td rowspan="3">三山子组</td><td rowspan="3">三叶虫
Blackwelderia
Homagnostus sp.
Cyclolorenzella
Chuangia sp.
Calvinella
Prosaukia</td><td rowspan="3">三山子组</td><td rowspan="3">三山子组</td><td rowspan="3">三山子组</td><td rowspan="3">三叶虫
Prosaukia sp.
Culvinella sp.
Blackwelderia sp.
Cyclolorenzella sp.
腕足类
Westonia sp.
笔石
Dendrogaptus sp.</td><td>凤山组</td><td rowspan="3">三山子组</td></tr>
<tr><td>第9阶
排碧阶</td><td>4.0
5.0</td><td>∽496
501</td><td>长山阶</td><td>长山组</td></tr>
<tr><td rowspan="4">第三统</td><td>第7阶</td><td>2.0</td><td></td><td>崮山阶</td><td>崮山组</td></tr>
<tr><td>鼓山阶</td><td>3.5</td><td>∽503</td><td rowspan="3">中寒武统</td><td>张夏阶</td><td>张夏组</td><td>三叶虫
Anomolarellidae
Proasaphiscus sp.
Asaphiscus sp.
腕足类
Obolus
Lingulella</td><td>张夏组</td><td>张夏组</td><td>三叶虫
Damesella
Taitzuia
Crepicephalina</td><td>张夏组</td><td>张夏组</td><td>张夏组</td><td>三叶虫
Anomocarella sp.
Solenoparia sp.
Proasaphiscus sp.</td><td>张夏组</td><td>张夏组</td></tr>
<tr><td rowspan="2">第5阶</td><td rowspan="2">3.5</td><td>∽506</td><td>徐庄阶</td><td colspan="2">胡鲁斯台组</td><td>三叶虫
Luaspides sp.
Solenoparia sp.
Pseudoinouyia sp.
Inouyops sp.
Bailiella sp.</td><td>徐庄组</td><td>三叶虫
Sunaspidella sp.
Metagraulos sp.
Anomocare sp.
Kochaspis sp.</td><td>徐庄组</td><td>徐庄组</td><td>三叶虫
Kochaspis
Sunaspis
Poriagraulos
Basiliella</td><td>徐庄组</td><td>徐庄组</td><td>徐庄组</td><td>三叶虫
Sunaspis laevis
Proasaphiscus sp.
Wuania sp.</td><td>徐庄组</td><td>徐庄组</td></tr>
<tr><td>∽510</td><td>毛庄阶</td><td colspan="2">陶思沟组</td><td>三叶虫
Ptychoparia sp.
Cf.Saimachia sp.
Probowmania quadrata
Probowmania sp.</td><td>毛庄组</td><td>三叶虫
Probowmania
Proasaphiscus
Psilosbracus</td><td>毛庄组</td><td>毛庄组</td><td>三叶虫
Shantungaspis</td><td>毛庄组</td><td>毛庄组</td><td>毛庄组</td><td>三叶虫
Probowmania sp.
Probowmaniella sp.
腕足类
Obolella sp.</td><td>毛庄组</td><td>毛庄组</td></tr>
<tr><td rowspan="3">第二统</td><td rowspan="2">第4阶</td><td rowspan="2">7.0</td><td rowspan="2"></td><td rowspan="3">下寒武统</td><td>龙王庙阶</td><td>五道淌组</td><td rowspan="3"></td><td>顶见藻类
Gervanella sp.</td><td>馒头组</td><td>三叶虫
Redlichia
Hsuaspis zhoujiaquonsis
Redlichia of nobilis
R.kobayashii</td><td>馒头组</td><td>馒头组</td><td>三叶虫
Redlichia chinensis</td><td>馒头组</td><td>馒头组</td><td>馒头组</td><td>三叶虫
Redlichia chinensis</td><td>馒头组</td><td>馒头组</td></tr>
<tr><td rowspan="2">沧浪铺阶</td><td rowspan="2">苏峪口组</td><td rowspan="2">三叶虫
Hsuaspis sp.
Bergeroniellus(shifangia)helanshanesis
腕足
Obolella sp.
腹足
Hyolithes sp.</td><td rowspan="2"></td><td rowspan="2"></td><td>朱砂洞组</td><td>朱砂洞组</td><td></td><td>朱砂洞组</td><td rowspan="2"></td><td>霍山组</td><td></td><td rowspan="2"></td><td></td></tr>
<tr><td>第3阶</td><td></td><td>∽517</td><td>辛集组</td><td>辛集组</td><td>三叶虫
Bergeroniellus
Longxianspis
Hsusahis
Redlichia</td><td>辛集组</td><td></td><td></td><td>辛集组</td></tr>
</table>

表 2-3　奥陶系地层划分与对比方案表

国际标准					中国标准	全国地层委员会2002		西缘地层小区						渭北地层小区							鄂尔多斯盆地本部	本书	
系	统	阶	时限/Ma	时间/Ma				贺兰山	桌子山	青龙山	环县石板沟	环县车道	平凉	陇县	岐山	泾阳	耀州区	富平	蒲城	韩城			
奥陶系	上统	赫南特阶	1.9	443.7 445.6	赫南特阶	上统	钱塘江阶									铁瓦殿组							上统
		凯迪阶	10.2	455.8	钱塘江阶		艾家山阶	银川组	蛇山组 公乌素组		姜家湾组 平凉组 上段	车道组 上段		背锅山组 平凉组 上段	唐陵组 背锅山组 平凉组 上段	背锅山组 泾河组	桃曲坡组 平凉组 上段	赵老峪组 四段 三段 二段	赵老峪组 二段			背锅山组 平凉组	中统
		桑比阶	5.1	460.9	艾家山阶			山字沟组	拉什仲组 乌拉力克组	乌拉力克组	下段	下段	平凉组	下段	下段			一段	一段				
	中统	达瑞威尔阶	7.2	468.1	达瑞威尔阶	中统	达瑞威尔阶	米钵山组 樱桃沟组	克里摩里组	克里摩里组	马家沟组(未见底)		三道沟组	马家沟组 六段	马家沟组 六段	马家沟组 六段		马家沟组 六段	马家沟组 六段	马家沟组 六段	马家沟组 六段	马家沟组 六段	下统
		未命名阶	3.7	471.8	大坪阶		大湾阶	天景山组 中梁子组	桌子山组	桌子山组			水泉岭组	五段 四段	五段 四段	五段 四段				五段 四段	五段 四段	五段 四段	
	下统	弗洛阶	6.8	478.6	弗洛阶	下统	道保湾阶		三道坎组	三道坎组			麻川组	三段 二段 一段	三段 二段 一段	三段 二段 一段				三段 二段 一段	三段 二段 一段	三段 二段 一段	
		特马豆克阶	9.7	488.3	特马豆克阶		新厂阶	前中梁子组 下岭南沟组		冶里组					亮甲山组 冶里组	亮甲山组 冶里组				亮甲山组 冶里组		亮甲山组 冶里组	

通过地层划分对比与野外考察，梳理了研究区内的岩石地层单元的时空结构特征及其接触关系（图 2-10）。在鄂尔多斯盆地南缘，整个下古生界（包括上、下界面）存在三个大的不整合面：寒武系与震旦系不整合面、奥陶系与寒武系不整合面、奥陶系顶部与上古生界不整合面。

在寒武系内部，地层对比相对统一，只是不同地区厚度不同，岩性变化相对简单，沉积地层名称也比较统一，从辛集组至三山子组地层对比简单，空间展布规律性强。从地层发育厚度上来看，寒武系在西南部的镇探 1 井附近一直处于古陆附近的未沉积区，地层厚度大的地区主要分布在盆地南缘和西缘一带，一般在 500 m 以上，最大厚度可达 1300 m（岐山地区）；盆地本部的地层厚度较薄，大面积地层发育厚度一般在 100 ～ 300 m。

寒武系地层划分说明如下。

盆地南缘及中部与华北地区基本一致，只是华东地区的凤山组、长山组和崮山组在盆地南缘不易区分，沿用习惯上的三山子组。

盆地西缘地层与盆地本部存在一些差异，曾有多次变迁，这次采用 1996 年顾其昌主编的《宁夏回族自治区岩石地层》意见，对西缘地区的地层采用建立时的岩石地层，以示与盆地本部的区别。

对于馒头组，仍然使用“小馒头”概念，基本上保存原有寒武系地层划分的一致性；弃用“大馒头”组（即有人建议的原来的“馒头组 + 徐庄组 + 毛庄组”）。

总体上来看，寒武系地层的清理对比相对简单，对比难度不高，为了编图的统一，本书使用的名称自下而上为“辛集组、朱砂洞组、馒头组、毛庄组、徐庄组、张夏组、三山子组”。

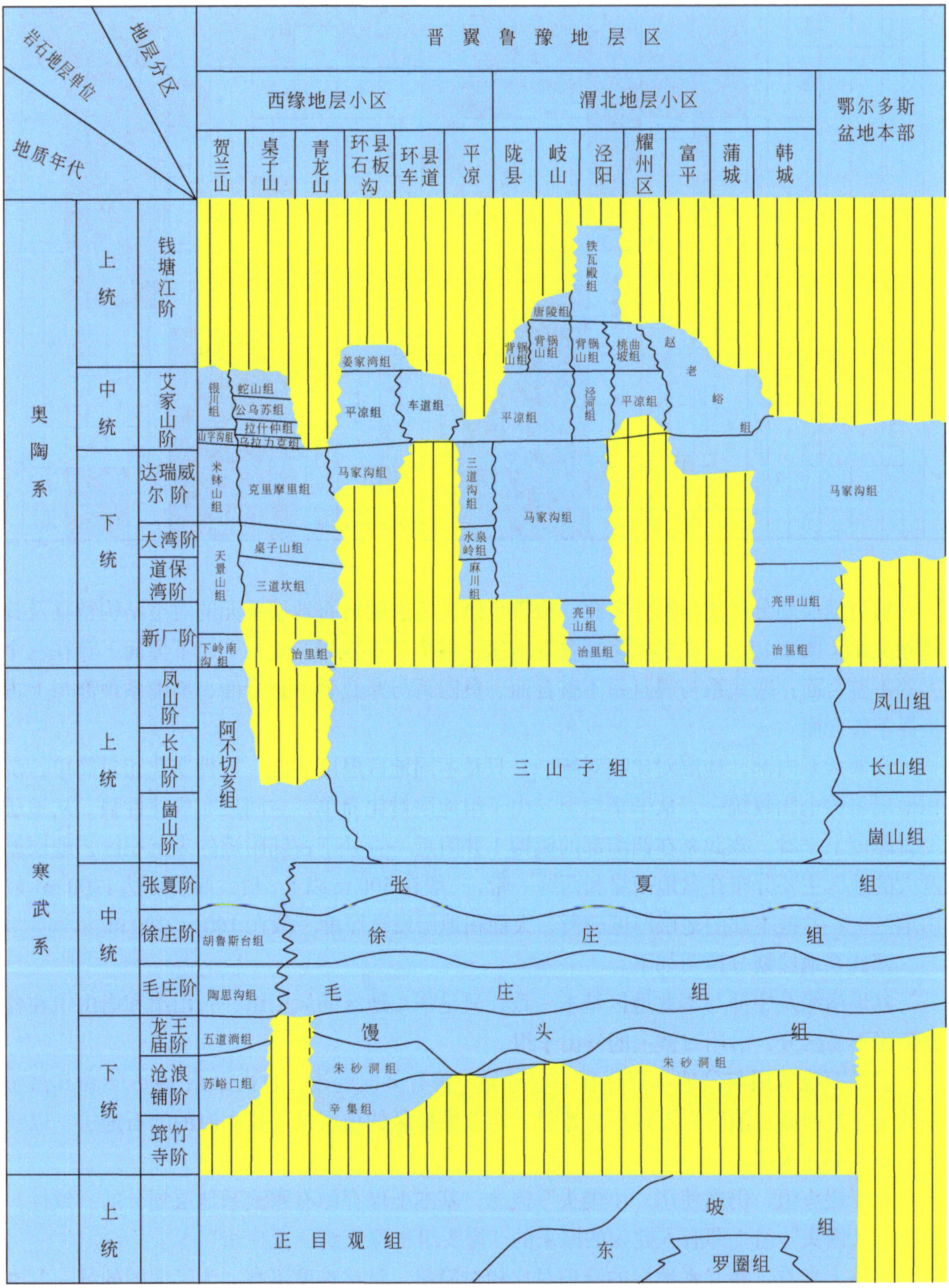

图 2-10　鄂尔多斯盆地下古生界地层接触关系

奥陶系地层的划分与对比方案说明如下。

马六段相当于华北地区的峰峰组，划归马家沟组内作为一个整体。

将原上马家沟组与下马家沟组合并，与油田划分一致，统一使用马家沟组概念，以区域不整合面控制统界限，便于科研和生产现场应用。

桌子山地区的克里摩里组、桌子山组及三道坎组，平凉地区的三道沟组、水泉岭组及麻川组时限相当于盆地内部的马家沟组的认识较为一致，只是具体对比存在差异。本项目研究根据长庆油田生产习惯，采用何自新等（2004）的对比意见，以麻川组、三道坎组对应马一段—马三段，桌子山组、水泉岭组对应马四段、马五段，克里摩里组、三道沟组对应马六段。

桌子山地区的乌拉力克组、拉什仲组、公乌素组及蛇山组相当于盆地南部平凉组地层，其中乌拉力克组、拉什仲组相当于平凉组下段，公乌素组及蛇山组相当于平凉组上段。

贺兰山地区的中梁子组与马家沟组对比，天景山组时限相当于亮甲山组与马五段沉积时限；米钵山组横跨中下统，相当于马六段与乌拉力克组的沉积时限。

2.2　层序地层划分及发育特征

层序地层学是三十多年来地学领域所取得的一项意义重大的革命性进展，它凝聚了半个世纪的研究成果，是继“莱伊尔以来在地层学和沉积学领域的最大贡献”。层序地层学使古老的地层学领域自 20 世纪 80 年代以来充满活力，形成地层学与沉积学高度综合的新概念和前缘研究热点。在生产与科研实践中，层序地层学已作为一种非常有效的理论和技术方法被广泛应用于沉积地层分析和矿产资源勘探开发等诸多领域，由于其研究思路的先进性及其在生产实践中的有效性已被众多地质学家接受，成为一种公认的新理论、新技术、新方法，特别是在油气勘探开发领域已成为最重要的研究方法和技术手段之一，因此，它被认为是地层学的一场革命（Brown et al.，1990）。

在系统的地层清理和对比基础上，运用层序地层学的理论和方法，以 P.R.Vail 代表的经典层序地层学理论为基础，通过对剖面、钻井和地震资料的详细分析，对鄂尔多斯盆地下古生界的层序界面特征、界面的成因类型进行了深入研究，建立了层序划分方案，详细讨论了各层序的特征，并进行了层序对比和层序发育控制因素的研究。

2.2.1　界面特征及成因类型

众所周知，层序地层学研究最关键的是有关界面的识别，包括层序的底界面、初始海泛面和最大海泛面。只有正确识别这些界面，才能正确地进行层序地层及层序内的体系域划分（郑荣才等，2002；田景春等，2001）。通过对研究区内不同时代的基干剖面观测、重点钻井岩心观察，以及测井资料和已有的地震剖面资料的详细研究，区内层序界面的表现形式有 9 种（表 2-4）。

表 2-4 鄂尔多斯盆地层序界面类型及识别标志

序号	层序界面表现形式		典型特征
1	不整合面（古风化壳）		地层缺失、生物化石带缺失、地球化学突变
2	渣状层		淡水淋滤、溶解形成的疏松、似炉渣状的黏土层
3	古喀斯特作用面		岩溶角砾岩，溶蚀孔洞，大气淡水胶结物，铁泥质氧化壳，地球化学突变
4	冲刷侵蚀面	水进冲刷侵蚀面	潮道对潮间坪的冲刷
		河流冲刷侵蚀面	河道砂体对下伏洪泛平原冲刷
		斜坡重力流冲刷侵蚀面	表现为一套台地边缘垮塌沉积或斜坡侵蚀作用形成的不规则界面及其上的低水位期的角砾状灰岩
		浊流冲刷侵蚀面	不规则冲刷面及界面之上为典型的浊积岩
5	岩性、岩相转换面		岩性突变、沉积环境突变、地球化学突变
6	超覆面	上超面	水平地层对原始倾斜面的超覆关系，或者是原始的倾斜地层对原始倾角更大的斜面，向其倾斜上方作超覆尖灭
		下超面	是原始倾斜地层对原始水平面（或倾斜面）在倾斜下方作底部超覆
		顶超	是层序顶界的超失，出现在原始的倾斜地层及原始斜坡之上
7	最大海（湖）泛面		薄层状泥灰岩、薄层硅质岩、泥质条带灰岩、含磷泥质灰岩、海绿石砂岩；深灰色泥岩、钙质泥岩、薄层状泥灰岩
8	初始海泛面		海侵时海水对早期沉积物的冲刷侵蚀，造成海泛面波状起伏
9	火山事件作用面		火山作用形成的凝灰岩夹层，等时性强

1. 不整合面（古风化壳）

不整合面是地壳运动的产物，是地质发展阶段性的重要标志，表现为上下地层之间缺失了一部分地层。这种缺失或者代表没有沉积作用，或者代表沉积岩层被侵蚀。根据不整合面上下地层的产状及所反映的地壳运动特征，不整合可分为两种类型，即平行不整合和角度不整合。此类界面在鄂尔多斯盆地下古生界地层中广泛发育，其存在与盆地演化过程中的构造运动息息相关，如寒武系的底界面为一典型的不整合面，具体表现为寒武系在不同地区不整合于不同时代地层之上，形成明显的区域性角度不整合（蓟县运动）［图 2-11（a）］；奥陶系马家沟组的底界面也为一典型的不整合面，主要表现为晚冶里期—亮甲山期沉积结束之后，华北在地史上普遍发生了一次构造运动——怀远运动，此次运动使大部分地区上升成陆，遭受风化剥蚀，从而在华北大部分地区形成不整合，也造成了马家沟组在不同地区超覆于不同时代地层之上，这种地层接触关系充分说明了马家沟组沉积之前，研究区大部分地区遭受风化剥蚀，形成一广泛分布的古风化壳。此外，研究区内的奥陶系顶面为一个极重要的不整合面［图 2-11（b）］。

2. 渣状层

渣状层是海平面下降导致地层暴露，遭受风化剥蚀、淡水淋滤、溶解等地质作用而形成的异常疏松、似炉渣状的黏土层。此类层序界面在研究区也较发育，如三眼桥剖面奥陶系顶部杂色膏质、铝土质、铁质渣状层［图 2-11（c）］。

3. 古喀斯特作用面

该界面是指地质历史中发育的并被后期沉积物所覆盖的古岩溶作用面。此类层序界面的形成是由于原来沉积的碳酸盐岩在构造抬升或海平面下降而暴露地表，遭受喀斯特作用。该界面主要发育在奥陶系马家沟组顶部，在野外露头剖面和钻井中易于识别。如陕西白水三眼桥剖面中，马家沟组顶部的岩溶角砾岩非常发育。此外，在岐山交界剖面及河津西磑口剖面［图 2-11（d）］中也发育有岩溶角砾灰岩。华子山剖面见溶蚀孔洞缝中充填的铁泥质红色氧化壳，它们都代表了该典型层序界面的存在。

4. 冲刷侵蚀面

水进冲刷侵蚀面：分布于滨岸和潮坪沉积环境中，由潮汐作用过程中潮道对潮间坪的冲刷而成。通常表现为滨岸带砂体内部发育的侵蚀冲刷、前滨砂体对近滨沉积物的冲刷、潮下坪对潮上坪或潮间混合坪沉积物的冲刷、潮下坪内部发育的侵蚀冲刷及潮道砾岩对潮坪沉积物的冲刷。如研究区潮坪相颗粒灰岩的底界面常发育水进侵蚀冲刷面，冲刷面均凹凸不平。

重力流冲刷侵蚀面：这类界面是在海平面下降速率大于盆地沉降速率条件下所形成的典型层序界面。主要表现为台地边缘垮塌沉积或斜坡侵蚀作用所形成的不规则界面及其之上的低水位期的角砾状楔［图 2-11（e）］，或者是浊流对前期沉积冲刷侵蚀形成的不规则界面［图 2-11（f）］。鄂尔多斯盆地南缘与西缘地区的下古生界斜坡重力流沉积特别发育，既有碎屑浊积岩（如黑鹰寺沟的平凉组），又有钙屑浊积岩（如富平赵老峪剖面的平凉组）。此类界面常发育大型槽模、纵向脊、沟痕和工具痕等沉积构造。

风暴流冲刷侵蚀面：由风暴作用冲刷侵蚀或回流充填而形成的粗粒（砾）屑风暴岩与下伏岩层之间的界面。该类界面常发育于中—晚寒武世，表现为风暴成因的竹叶状灰岩对下伏泥晶碳酸盐岩或页岩呈冲刷侵蚀接触［图 2-11（g）］。

5. 岩性、岩相转换面

此类界面在研究区广泛发育［图 2-11（h）、图 2-11（i）］，它是在海平面下降速率小于盆地沉降速率条件下形成的，其主要表现为陆上暴露而无河流回春现象发生，台地和台地边缘可能会经历短暂的暴露，斜坡侵蚀作用不明显，盆地内不发育低水位扇形体。

(a) 辛集组磷块岩与震旦系泥页岩不整合接触面，陇县周家渠

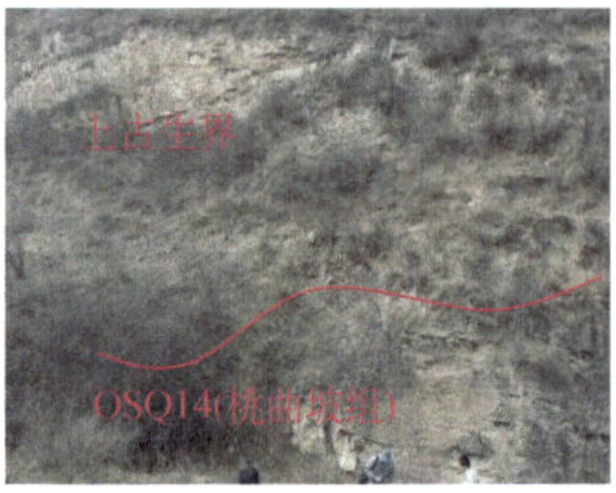

(b) 桃曲坡组含泥灰岩与上古生界碎屑岩不整合接触面，桃曲坡

(c) 奥陶系顶部风化壳，含杂色膏质、铝土质、铁质渣状层，三眼桥

(d) 风化壳的岩溶角砾灰岩，河津西磑口

(e) 背锅山组砾屑灰岩与平凉组页岩间的斜坡重力流冲刷侵蚀面，龙门洞森林公园

(f) 平凉组OSQ11与OSQ12的界面，浊流事件作用面，见底模构造，黑鹰寺沟

(g) 徐庄组中薄层含泥质灰岩、泥岩与张夏组竹叶状灰岩、鲕粒灰岩界线，冲刷侵蚀面，韩城华子山

(h) 岩性、岩相转换面徐庄组页岩与张夏组白云岩界线，礼泉上韩

(i) 桃曲坡组中薄层灰岩与平凉组中厚层灰岩整合接触，桃曲坡

(j) 崮山组上超于张夏组鲕粒灰岩之上，韩城华子山

(k) 平凉组中部深灰色笔石页岩，最大海泛面，平凉银洞官庄

(l) 平凉组中下部层序OSQ10与OSQ11界限，火山事件作用面，金粟山

图 2-11　鄂尔多斯盆地层序界面类型

6. 超覆面

超覆面包括上超面、下超面和顶超面三种类型。

上超面是指后期沉积层与前期沉积层之间为一上超接触关系，这是海平面下降后又上升这一转变过程的产物。所以上超面也为一层序界面。此类界面在研究区也较为发育，如华子山寒武系张夏组与崮山组的上超面［图 2-11（j）］。

下超面是原始倾斜地层对原始水平面（或倾斜面）在倾斜下方作底部超覆，亦可定义为层序内地层对下界面的向盆地方向的超覆。

顶超是层序顶界的消失，原始的倾斜地层及原始斜坡沉积之上，均可出现此种接触关系，是海平面相对静止的标志，其底为层序界面。

7. 最大海泛面

最大海泛面是海侵体系域和高位体系域间的界面，也称为凝缩层或凝缩段。它通常是厚度极薄的地层单位，由沉积速率极缓慢的深海和半深海相（或深湖—半深湖）相沉积物组成。它的形成是由于海平面相对上升，浅水沉积区不断向陆迁移，最终使原来的陆棚和盆地中的水体达到最深，长期处于欠补偿状态，从而导致沉积物极度贫乏而形成一套粒度细、时间跨度与沉积厚度均与上、下岩层明显差别的地层。此类沉积在研究区主要表现为薄层泥页岩沉积［图 2-11（k）］或薄板状泥灰岩沉积或生物化石密集层。

8. 初始海泛面

初始海泛面亦称海洋淹没面，是划分低水位体系域或陆棚边缘体系域与上覆海侵体系域之间的关键界面。当海平面下降形成层序界面后，在界面上沉积有低位体系域或陆棚边缘体系域，以后的海侵，海水大范围淹没早期低位体系域或陆棚边缘体系域，并不断向陆超覆，而形成初始海泛面。由于海侵时海水对早期沉积物的冲刷侵蚀，造成海泛面波状起伏。

9. 火山事件作用面

火山事件作用面是一套与火山事件作用有关的沉积物，是火山作用盆地演化过程中构造活动的典型标志，往往代表了盆地性质或结构的转化，因此被认为是层序划分的一种重要的界面类型。此类界面在研究区也广泛存在，主要在奥陶系表现为凝灰岩层［图 2-11（h）］。

2.2.2　层序地层格架

在进行层序地层学研究时，层序界面识别是关键，而层序划分是基础。层序划分的标志主要包括沉积学标志、古生物学标志、地球物理标志和地球化学标志。

1. 层序划分标志

1）沉积学标志

划分层序的沉积学标志几乎包括沉积岩的所有特征，如岩石的颜色、成分、结构、沉积构造、剖面结构、相序、叠置关系等。因为这些特征都是沉积环境的识别标志，而环境的变化是全球海平面变化的重要体现，所以通过对沉积地层中沉积岩的特征研究，建立沉积相、微相的时空演化序列，可重塑相对海平面的升降变化。

2）古生物学标志

由于生物进化的不可逆性决定了生物地层学在建立地层时空格架方面的可靠性和独立性，在确定地质事件、沉积层序划分和对比方面具有不可替代的作用。在古生物演化历史中生物面是一个十分重要的事件面，是确定层序、体系域的重要界面，一般有如下三种生物界面：①生物的衰亡面或绝灭面，这个界面往往与层序界面是一致的；②海进生物面，往往与层序的物理海进面一致，表现为生物分布区的迅速扩展，新生生物群迅速占领新产生的生态空间，特别是浅水生物向陆的迁移；③大量游泳或漂浮生物死亡沉降堆积形成的生物岩或生物密集层，它们往往是最大海泛面的标志。

3）地球物理标志

露头剖面主要出露在盆地周缘，而盆地内部的层序划分则需要利用钻测井和地震反射等地球物理资料。

测井资料具有信息量大、连续性好的特点。自然电位、自然伽马及电阻率等测井曲线的幅度、形态、顶底接触关系、曲线光滑程度及曲线形态的组合特征是岩层物理性质的反馈信息。通过测井资料岩电关系研究，不仅可确定所研究层段的沉积相及在垂向上的演化规律，而且在此基础上可进行层序划分。层序界面在测井曲线上往往表现为突变面，如奥陶系顶部由于上覆地层是碎屑岩，风化壳岩溶层段自然伽马值明显降低，且大套厚层箱状特征明显，双侧向电阻率变化大且向下逐渐升高，表明向下溶蚀作用逐渐减弱，补偿密度较碎屑岩明显增加，在岩溶孔洞发育层段其值有所降低，而补偿中子、声波时差幅度较碎屑岩低，但岩溶发育层段其值明显增加（图 2-12）。

地层的地震响应（如反射波振幅、波形、频率、反射波波组的相位个数等）在同一反射界面的反射波有相同或相似的特征。根据这些地震响应特征沿横向对比追踪同一反射界面实现了同一地质界面的对比。地震层序就是追踪地层中的不整合面（如上超、下超、顶超）或者与之对应的整合面，从而实现层序划分（图 2-13）。由于受地震反射分辨率的限制，它常常是划分Ⅰ级、Ⅱ级、Ⅲ级层序的重要手段，而Ⅳ级或更高级次的层序划分必须结合钻井资料。

4）地球化学标志

沉积物中的化学元素往往受构造运动、全球海平面升降、沉积作用和气候等因素的影响。层序界面作为地层形成演化过程中的关键界面，往往具有相应的地球化学突变面。因此，通过沉积物（岩）中常量元素、微量元素、稀土元素及稳定同位素的分析对层序划分具有辅助作用。如桌子山剖面的克里摩里组比较下部的桌子山组，碳氧同位素表现出明显的正偏：$\delta^{13}C$ 值自桌子山组下部（–1.5‰）向上持续上升，至克里摩里组基本保持在 0.3‰ ~ 0.5‰，呈正向波动（偏移 2.0‰）；$\delta^{18}O$ 值在桌子山组中自下而上逐渐上升，至克里摩里组快速上升，基本保持在 –7.2‰ ~ –6.2‰（最高达 –3.1‰），较桌子山组下部（–9.2‰）平均偏移 3.0‰，反映了海平面的快速上升（腾格尔等，2004）。

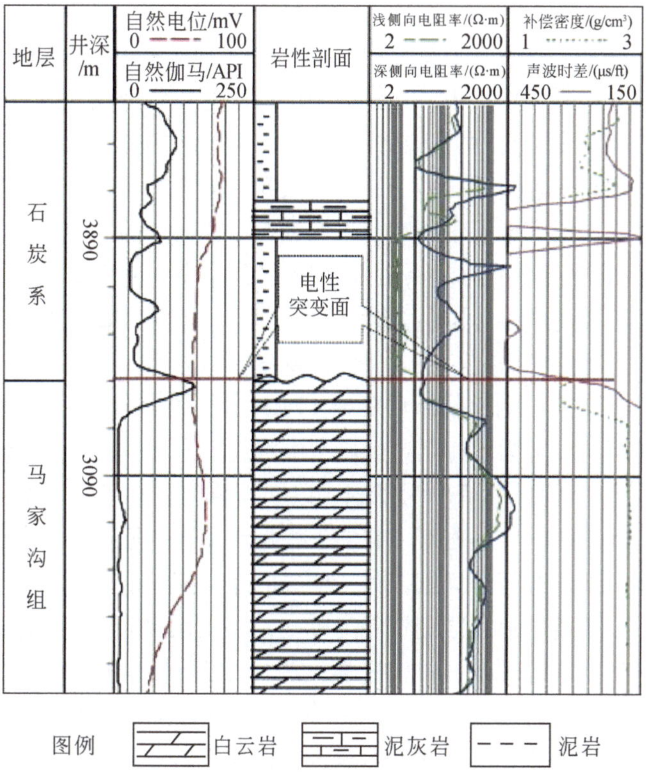

图 2-12　定探 1 井马家沟组与上古生界不整合接触的电性突变面

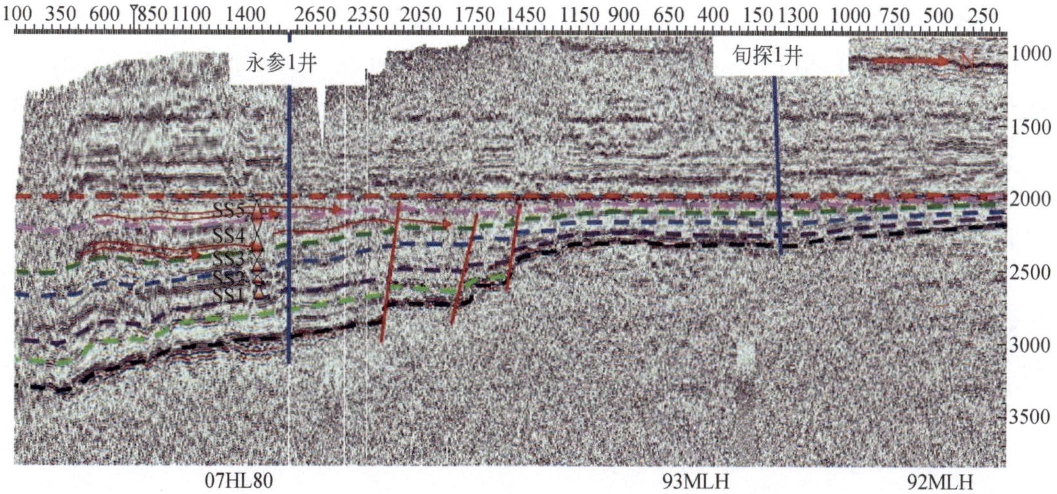

图 2-13　盆地南缘过永参 1 井—旬探 1 井的地震剖面层序划分（层序向南具有明显的加厚趋势）

2. 层序划分方案

华北地台层序地层研究工作始于20世纪80年代末和90年代初，不同时代和地区的层序地层工作都有很多成果发表，并根据中国地层的具体情况，建立了相应的沉积层序和旋回分类级别。乔秀夫和高林志（1990）、孟祥化等（1993）、梅冥相（1993）、史晓颖（1997）、贾振远和李志明（1997）、王鸿祯和史晓颖（1998）都先后不同程度地对克拉通碳酸盐台地进行了层序地层学研究。王鸿祯等（2000）的《中国层序地层研究》系统总结了近十余年国内层序地层学成果，提出了各时代层序划分纲要。

与层序地层相关的学科，如生物地层学、岩石地层学、沉积学在华北地台开展得较早，为目前进行的层序地层学研究打下了坚实的基础。这方面的成果主要有近一个世纪的古生物地层研究，已建立系统的生物地层分带（项礼文，1981）。20世纪50年代中期刘鸿允等基于生物地层资料以世为单位系统编制了中国震旦纪、三叠纪主要地质时期的古地理图。1965年卢衍豪等以生物地层资料为基础，以期为单位编制了中国寒武纪各期以海陆分布为特征的岩相古地理图。叶连俊等（1983）根据沉积建造原理，对华北地台中元古代、三叠纪各世的岩相古地理进行了详细探讨，为华北地台沉积地层赋予了更多的沉积学内容。王鸿祯（1985）以丰富的地质区测资料为基础，以大地构造学为理论指导，实行地层学、沉积古地理学、生物古地理学、古构造学、古气候学等多学科的交叉，系统地编制了全国中元古代以来各世岩相古地理图。冯增昭等（1990）以新的碳酸盐岩石学理论为指导，采用单因素分析综合作图法，对华北地台早古生代沉积岩石学及岩相古地理学进行了详细的研究。

在上述相关学科的基础上，层序地层学在华北地台的研究得到了进一步的发展，孟祥化等（1993）从沉积盆地和建造层序角度论述了华北地台早古生代沉积特征，是沉积学与地层学有机结合的一次尝试，并于1997年对华北地台早古生代层序地层、海平面变化及沉积体系进行了详细讨论（表2-5）。梅冥相和马永生（1997）用旋回层序方法对华北寒武系进行了高频旋回层序研究；史晓颖（1997）从更高的理论层次提出地球节律周期，对华北地台早古生代地层进行了详细的层序划分，并建立了相应的层序地层格架；陈洪德等（2014）对华北地台环渤海湾地区的下古生界寒武系—中生界三叠系层序地层进行了详细研究。

通过对剖面和钻井的详细研究，依据层序界面特征、体系域结构、区域板块构造和沉积盆地演化特点，结合前人研究资料，将鄂尔多斯盆地下古生界划分为5个超层序（二级）和27个三级层序，其中寒武系包括2个超层序及12个三级层序，奥陶系包括3个超层序及15个三级层序（表2-6）。

表 2-5　前人对下古生界层序划分方案沿革表

地层系统			郭绪杰和焦贵浩（2002）		孟祥化（2004）			周立发			邓昆（2008）	李斌
系	统	组	二级旋回	三级旋回	超层序	层序组	旋回层序	中层序	层序组	层序	构造层序	三级层序
奥陶系	上统	背锅山组			PSS2	SB6	OS16—OS18	MS4	SS10	OS15—OS16	TS4	
	中统	平凉组					OS11—OS15		SS9	OS12—OS14		SQ20—SQ28
	下统	峰峰组	Ⅱ	Ⅴ		SB5	OS10			OS10—OS11	TS3	SQ13—SQ19
		马家沟组		Ⅰ—Ⅳ			OS5—OS9		SS8	OS5—OS9		
		亮甲山组	Ⅰ	Ⅸ	PSS1	SB4	OS3—OS4	MS3	SS7	OS3—OS4		SQ12
		冶里组		Ⅷ			OS1—OS2			OS1—OS2		SQ11
寒武系	上统	凤山组		Ⅶ		SB3	€S14—€S15	MS2	SS6	€S16—€S17	TS1	SQ10
		长山组					€S12—€S13		SS5	€S14—€S15		SQ9
		崮山组		Ⅵ			€S9—€S11			€S13		SQ8
	中统	张夏组		Ⅴ		SB2	€S7—€S8		SS4	€S11—€S12		SQ6—SQ7
		徐庄组		Ⅳ			€S5—€S6	MS1	SS3	€S9—€S10		SQ4—SQ5
		毛庄组		Ⅲ			€S4			€S8		SQ3
	下统	馒头组		Ⅱ			€S3			€S6—€S7		SQ2
		朱砂洞组				SB1	€S2		SS2	€S5		
		辛集组		Ⅰ			€S1			€S4		SQ1

表 2-6　鄂尔多斯盆地下古生界层序地层划分

地层系统					地质年代 /Ma	层序划分方案	
系	统	阶	组			超层序	层序
奥陶系	上统	钱塘江阶	铁瓦殿组		443.7	SS5 全球海侵事件	OSQ15
			背锅山组				OSQ14
							OSQ13
	中统	艾家山阶	平凉组				OSQ12
							OSQ11
					460.9		OSQ10
	下统	达瑞威尔阶	马家沟组	马六段		SS4 最大海泛面	OSQ9
		大湾阶		马五段	468.1		OSQ8
				马四段	471.8		OSQ7
		道堡湾阶		马三段			OSQ6
				马二段			OSQ5
				马一段	478.6	怀远运动—不整合	OSQ4
		新厂阶	亮甲山组			SS3 最大海泛面	OSQ3
							OSQ2
			冶里组		488.3	沉积间断剥蚀面—平行不整合	OSQ1
寒武系	上统	凤山阶	凤山组		495	SS2 最大海泛面	€SQ12
							€SQ11
		长山阶	长山组		499		€SQ10
		崮山阶	崮山组		501		€SQ9
	中统	张夏阶	张夏组			鲕状赤铁矿层	€SQ8
					510		€SQ7
		徐庄阶	徐庄组		512	最大海泛面 SS1	€SQ6
							€SQ5
		毛庄阶	毛庄组		513		€SQ4
	下统	龙王庙阶	馒头组				€SQ3
			朱砂洞组		518	少林运动（蓟县运动）—不整合面	€SQ2
		沧浪铺阶	辛集组		521		€SQ1

2.2.3　层序特征及对比

1. 寒武系层序特征及对比

寒武系地层可划分出两个二级海平面升降周期。其底部下寒武统与前寒武纪地层之间的不整合面为Ⅰ型层序界面。该不整合面上，下寒武统辛集组砂砾岩、含磷质砂岩沉积的底界面为一海侵面，之后形成海侵体系域。其后经过多次（至少 3 ~ 4 次）累进式海平面上升，至中寒武统徐庄组中下部，相当于 *Zhongtiaoshanaspis* 和 *Pcuichengella* 化石带之上，*Pagetia* 带之下（甚至包括 *Pagetia* 带），海水达最大海泛期，形成凝缩段。其间的泥质岩层面上广泛发育痕迹化石，并夹有薄层海绿石砂岩，为典型的凝缩段沉积。随后为高水位体系域——砂屑鲕粒滩沉积所代替，海平面开始下降；在经历短暂的下降后，至上寒武统崮山阶海平面又开始上升，海侵体系域以竹叶状灰岩、鲕粒灰岩为特征。之后海平面逐渐下降，至上寒武统凤山阶下降达最低点，并广泛形成白云岩化，最后导致陆上暴露，形成喀斯特岩溶沉积。完成两次海平面上升→下降→上升→下降的周期，顶部不整合面的性质为Ⅱ型不整合面。从下到上形成的由陆源碎屑岩演变为碳酸盐岩沉积序列，可识别划分出两个超层序（SS1 和 SS2）和 12 个层序。每个层序均包括海侵体系域（TST）和高位体系域（HST），低位体系域（LST）及陆棚边缘体系域（SMST）不发育。

1）SS1 超层序

SS1 超层序由下寒武统沧浪铺阶—中寒武统徐庄阶构成，该超层序在研究区可识别出 6 个层序（€SQ1—€SQ6），每个层序延续的时限平均为 2.7 Ma（图 2-14）。

TST 由层序€SQ1—€SQ5 和€SQ6 的 TST 构成。下寒武统辛集组的底界面为一海侵面。层序底界面为Ⅰ型界面，以地表长期暴露、侵蚀形成的角度不整合为特征，界面起伏不平，在低洼处有底砾岩沉积。初期海侵后，海侵范围继续扩大，华北古陆范围逐渐缩小，至中寒武统徐庄组中部，海水达到寒武纪的第一个超层序的最大海泛期，形成凝缩段。其间的泥质岩层面上广泛发育痕迹化石，并夹有薄层海绿石砂岩，为典型的凝缩段沉积。该海侵之后海平面开始下降，局部出现砂屑鲕粒滩，为高水位体系域沉积。沉积物由单一的碎屑岩沉积逐渐转变为碎屑岩—碳酸盐岩混合沉积。

HST 由层序€SQ6 的 HST 构成，即相当于下寒武统沧浪铺阶—中寒武统徐庄阶中上段。沉积物中碎屑岩含量较徐庄组上段明显减少，碳酸盐含量增多。发育鲕粒灰岩（如庆深 1 井、富探 1 井）、泥质白云岩、泥质灰岩，夹薄层状含海绿石质页岩，代表了最大海泛面的沉积。顶部发育灰岩、白云岩、鲕粒灰岩夹薄层页岩，总体上看，由下向上页岩夹层变薄，碳酸盐岩变厚，水体开始变浅，中央古隆起在庆阳古隆起的基础上雏形开始显现。

该超层序中，沧浪铺阶、龙王庙阶层序分布局限，€SQ1 — €SQ3 在不同地区不同剖面上发育的完整程度不一，沉积主要分布在盆地西缘、南缘；龙王庙阶以后，层序€SQ4 — €SQ6 发育程度较为完整，在盆地不同地区剖面上均可对比。

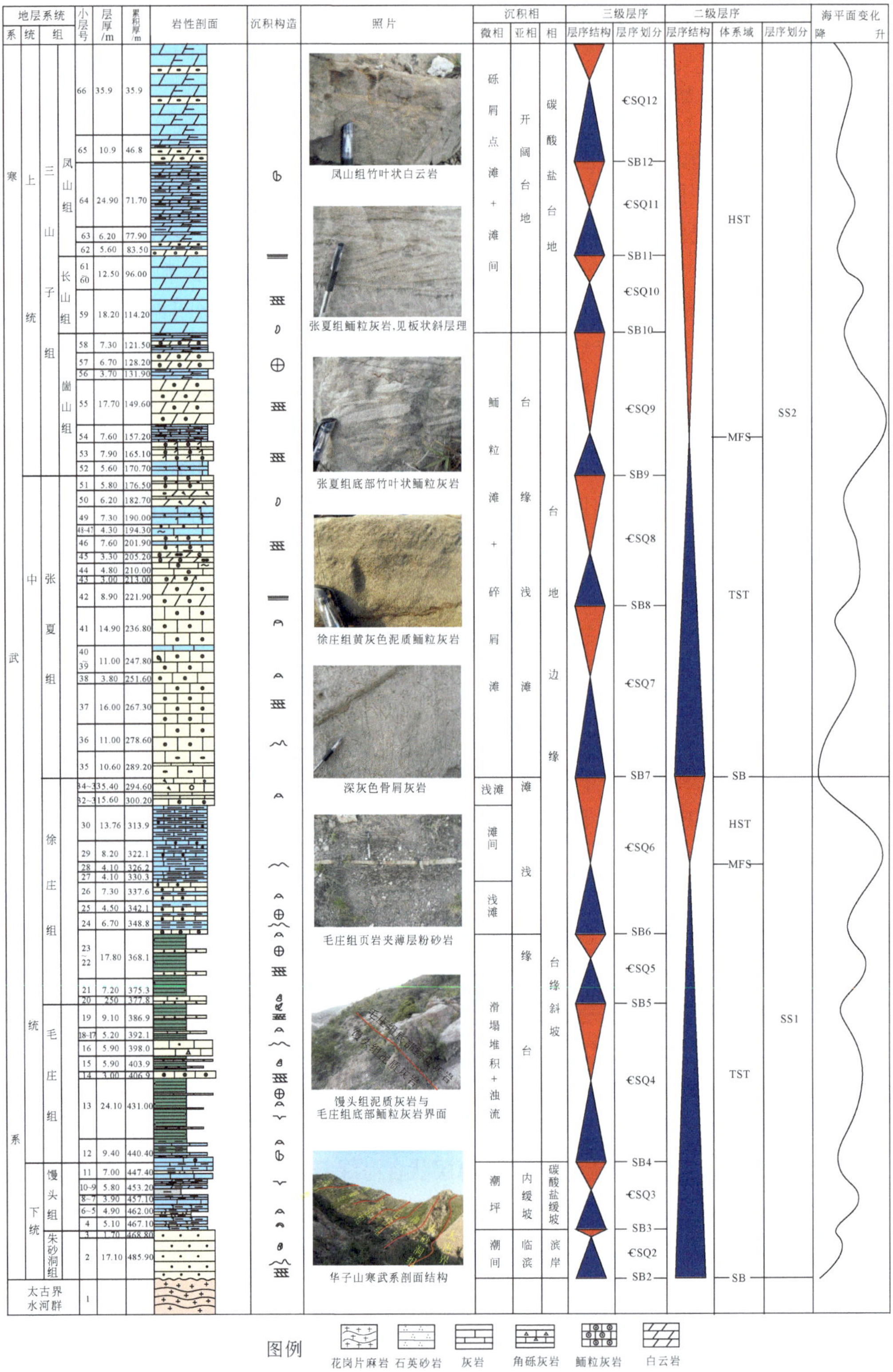

图 2-14 鄂尔多斯盆地寒武系层序地层特征(韩城华子山)

2）SS2 超层序

SS2 超层序相当于中寒武统张夏阶至上寒武统凤山阶，该超层序包含了€SQ7—€SQ12 六个层序，平均每个层序延续的时限为 3.4 Ma。

TST 由层序€SQ7 —€SQ8 和€SQ9 的 TST 构成。该时期华北克拉通海侵范围逐渐达到高潮，并于晚寒武世崮山期海平面达到寒武纪最大海泛面，海水淹没了整个克拉通，盆地主体为开阔海，周缘为深海盆地，陆源碎屑物源区不发育。这种构造背景下，张夏组以发育清水环境沉积的碳酸盐岩区别于之前的陆源碎屑岩—碳酸盐岩混合沉积，主要为一套鲕粒灰岩、鲕粒白云岩、竹叶状灰岩和白云岩等夹钙质页岩沉积。中央古隆起的轮廓已清晰可见，包括了北部的伊盟隆起和南部的庆阳隆起，对西缘祁连海和南缘秦岭海起到重要的分隔作用。

HST 由€SQ9 的 HST 和€SQ10 —€SQ12 构成，时限相当于崮山期中晚期、长山期和凤山期。该时期，受中央古隆起的控制，海平面开始缓慢下降，鄂尔多斯盆地开始了晚寒武世的海退，至晚寒武世凤山期下降达最低点，并广泛形成白云岩化，最后导致陆上暴露，形成喀斯特岩溶沉积。该时期，沉积物主要由灰白色厚层粉细晶白云岩、薄－中层含藻泥质白云岩组成。北部的伊盟隆起和南部的庆阳隆起已连接成完整的中央古隆起，对盆地沉积格局起到重要的控制作用。

在以上层序划分的基础上，通过对研究区的钻井及剖面进行层序对比，显示整个寒武系共有两个二级海平面升降旋回（图 2-15）。从沉积旋回上看，寒武系大体以张夏组的底界为界，明显经历了两次规模不等的海平面升降旋回：从辛集组底到馒头组中上段（徐庄组）顶为一海平面上升旋回，从徐庄组顶到张夏组的底为海平面下降旋回，构成了一次较完整的海平面上升与下降旋回；从张夏组的底到上寒武统的顶又经历了一次明显的海平面升降旋回。张夏组为两次较大的海平面升降旋回之间的过渡沉积产物。从沉积序列和层序结构上看，寒武系从下到上由初期的陆源碎屑岩沉积演变为陆源碎屑岩—碳酸盐岩混合沉积，再演变为碳酸盐岩沉积。陆表海内以碳酸盐岩为主，层序厚度较小，特别是在台地边缘的古隆起上，沉积厚度很薄或缺失。由台地向西向南，陆源碎屑物质含量增多，层序厚度明显增大，代表了沉积环境逐渐过渡为陆棚或深水盆地。

2. 奥陶系层序特征及对比

奥陶纪鄂尔多斯盆地处于加里东构造运动转折期，为继寒武纪之后稳定碳酸盐台地发展阶段，寒武系、奥陶系之间呈不整合接触。奥陶纪可识别划分出三个超层序（SS3、SS4、SS5）和 15 个层序。每个层序均包括海侵体系域（TST）和高位体系域（HST），低位体系域（LST）不发育（图 2-16）。

1）SS3 超层序

SS3 超层序时限相当于早奥陶世新厂期，包括冶里组和亮甲山组沉积期，由 OSQ1—OSQ3 三个层序构成，每个层序延续的时限平均为 3.2 Ma。受加里东构造运动影响，该超层序在华北大部分地区缺失，在盆地西南发育程度较好。层序底界面为沉积间断剥蚀形

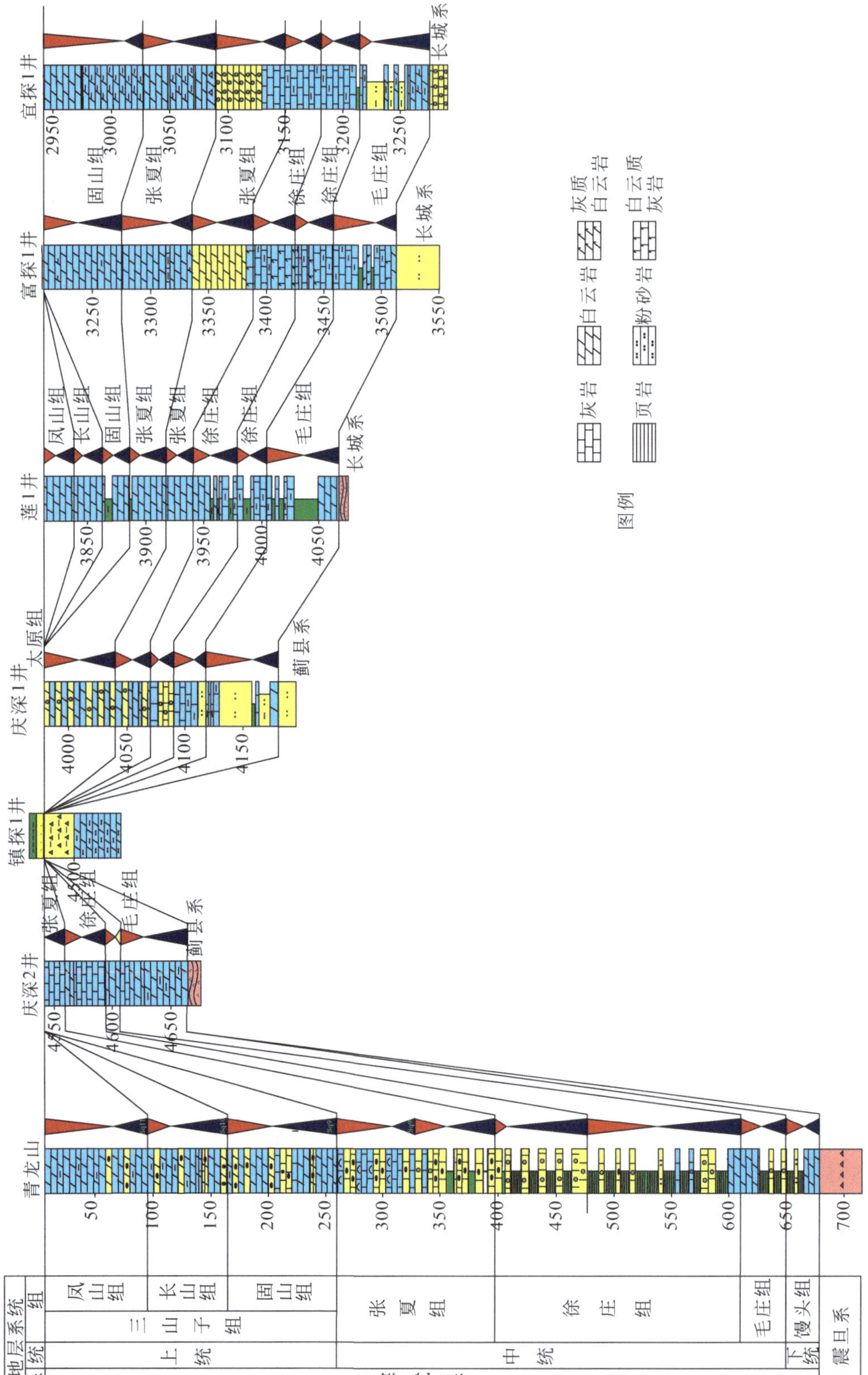

图2-15　鄂尔多斯盆地寒武系层序对比格架

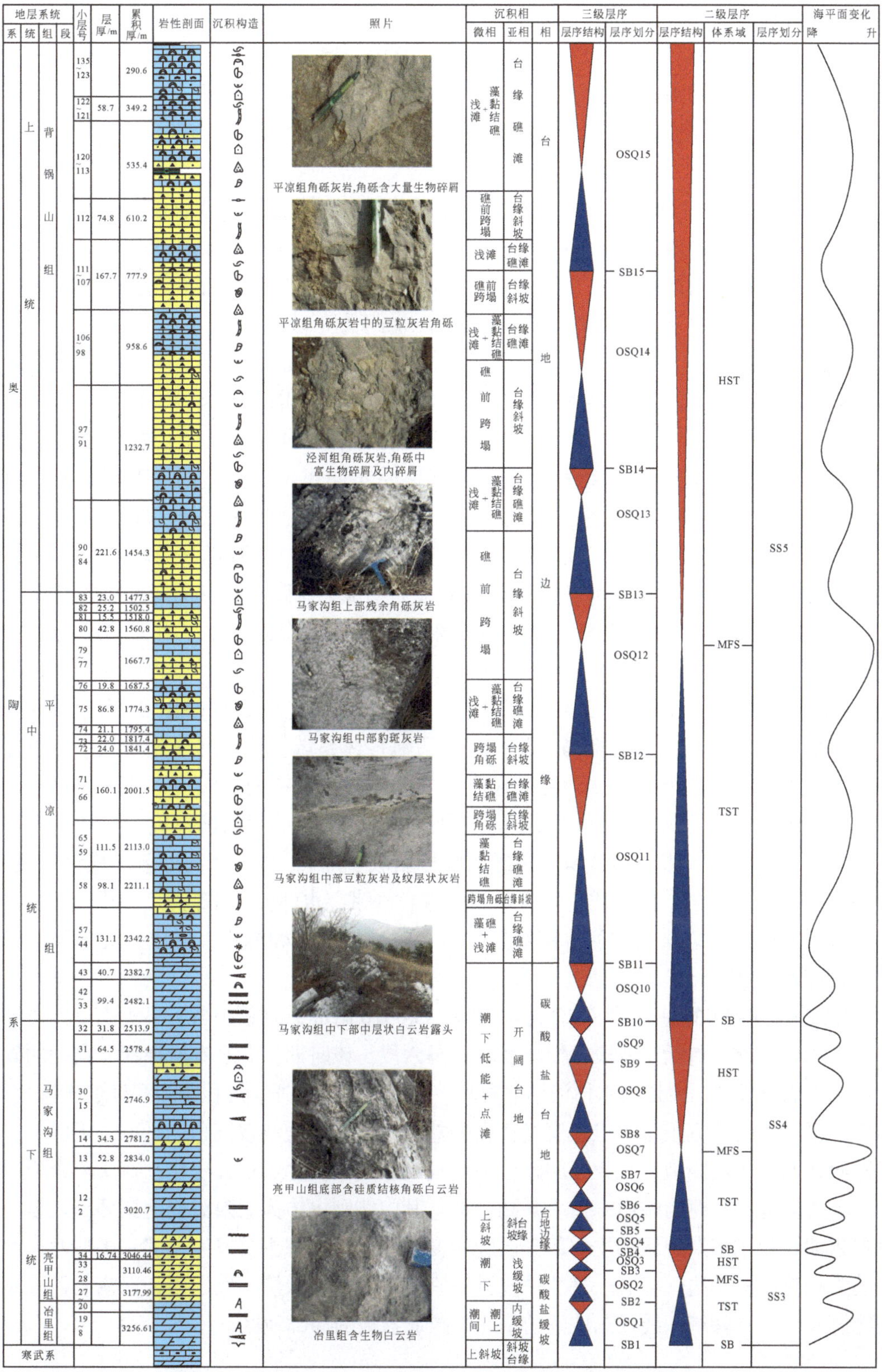

图 2-16　鄂尔多斯盆地奥陶系层序地层特征（淳化铁瓦殿）

成的不整合面。

TST 由层序 OSQ1 和 OSQ2 的 TST 组成。其中，冶里组平行不整合于上寒武统凤山组之上。分布范围局限，主要分布在盆地西南缘，为奥陶系海侵的开始。主要为一套灰色厚层状泥质灰岩、泥质白云岩、中厚层状白云岩、竹叶状白云岩，为碳酸盐缓坡的潮坪及陆棚沉积。

HST 由 OSQ2 的 HST 和 OSQ3 组成。主要由浅灰色白云岩，或含燧石结核粉细晶白云岩、泥质白云岩、白云质灰岩构成。受怀远运动的影响，研究区海平面下降，陆地大面积暴露，仅在盆地南缘和西缘一部分接受沉积，总体为碳酸盐缓坡的潮坪及陆棚沉积。如岐山剖面为中厚层白云岩、含燧石结核白云岩，属于潮下陆棚环境。

2）SS4 超层序

SS4 超层序时限相当于早奥陶世道堡湾期—达瑞威尔期，主要为马家沟组沉积期，由 OSQ4—OSQ9 六个层序构成，每个层序延续的时限平均为 2.5 Ma。受怀远运动影响，下马家沟组不整合于亮甲山组和冶里组及寒武系不同层位之上，以发育底砾岩和风化壳残积渣状层为标志，故层序界面为 I 型。该时期，盆地频繁地经历海进和海退，海进和海退规模一次比一次大，最终构成了鄂尔多斯地区早奥陶世马家沟期一套完整的海进—海退旋回。中央古隆起在该阶段反应最为明显，古隆起及其周缘层序发育不全，盆地广大地区层序发育较完整。马家沟期末，海水几乎全部退出了鄂尔多斯地区和整个华北板块。

TST 由 OSQ3、OSQ4、OSQ5、OSQ6、OSQ7 的 TST 组成，时限相当于早奥陶世道堡湾期、大湾期早期，包括马一段—马四段海侵体系域。该时期华北海从东、东北两个方向向东南部三门峡—伏牛边缘隆起带超覆，秦岭海自南向北海侵，祁连海自西向东海侵。在多次海进、海退过程中，于马四段海侵体系域达到最大海泛面。盆地中形成陆表海内部的潮坪—局限台地环境和边缘的陆棚斜坡。其中，环古隆起外侧形成潮坪沉积，主要发育含泥白云岩、白云质灰岩；米脂—榆林一带，水体流通不畅，为局限台地沉积，发育含膏及膏质云岩；盆地西、南缘还发育台缘斜坡—陆棚沉积，形成一套以泥灰岩为主的较深水沉积。

HST 由 OSQ7 的 HST 和 OSQ8、OSQ9、OSQ10 组成，时限相当于早奥陶世大湾期晚期—达瑞威尔期，包括马四段海侵体系域—马六段。该时期，海水有所加深，典型的碳酸盐台地大面积发育，台地内水体清洁、安静，水循环不甚畅通，沉积物为很纯的碳酸盐岩，如西缘桌子山组—克里摩里组主要发育碳酸盐台地和碳酸盐斜坡沉积。平凉—天深 1 井一线以西，西南华山断裂以东为开阔海台地，较晚寒武世发生了很大变化；在庆阳古隆起—三门峡古隆起的外侧为岐山—富平开阔台地，其内侧则主体为局限海或盐湖环境。至马六段沉积期，鄂尔多斯地区的主体部分已经转变为隆起，沉积主要发生在鄂尔多斯西缘和南缘的鄂托克旗—定边—环县—平凉—陇县—宜君—澄城—永济一线以西和以南的西缘海和南缘海及柳林—韩城一线以东地区的华北克拉通盆地的局部地区。

3）SS5 超层序

SS5 超层序时限相当于中奥陶世艾家山期—晚奥陶世钱塘江期，主要为平凉组、背锅山组、铁瓦店组沉积期，由 OSQ10—OSQ15 六个层序构成，每个层序延续的时限平均为 2.8 Ma。该层序底界面为Ⅱ型，顶界面为奥陶系与石炭系不整合界面。由于鄂尔多斯盆地隆升作用，研究区大部分区域缺失该超层序。

TST 由 OSQ10、OSQ11、OSQ12 的 TST 组成，时限相当于艾家山期早中期，主要为平凉组沉积早中期及晚期海侵体系域。由于受马家沟组沉积末期秦祁海域的影响，即寒武纪—早奥陶世于祁连海盆和秦岭海盆岩石圈伸展构造体制转换为祁连—秦岭洋壳的向背俯冲，这种转换导致鄂尔多斯主体海水大规模退却转变为古陆，因此，平凉组沉积期间，沉积范围较为局限，仅在盆地西南缘发育，南缘发育开阔台地及台缘礁滩，西缘主要为陆棚斜坡，沉积了大套的深色泥页岩，并在多处发育盆地扇，如黑鹰寺沟剖面、石板沟剖面。

HST 由 OSQ12 的 HST、OSQ13、OSQ14、OSQ15 组成，时限相当于艾家山期早晚期及钱塘江期，对应平凉组晚期高位体系域及背锅山组。由于海退作用，沉积范围进一步缩小，只在南缘陇县、富平一带出露。主要由中厚层灰岩、生物碎屑灰岩、生物灰岩组成，为碳酸盐台地环境。

在奥陶系层序特征研究的基础上对研究区的钻井及剖面进行层序对比研究（图 2-17）。从沉积旋回上看，整个奥陶系共有三个二级海平面升降旋回。奥陶系与寒武系之间呈不整合接触，为Ⅰ型层序界面。最早沉积的地层为冶里组，至亮甲山组中下部达最大海平面，随后海平面下降，造成陆上暴露，形成亮甲山组之上的平行不整合。马家沟组沉积开始，海平面又开始上升，至马四段海平面达到最大，之后相对海平面开始下降，海水逐渐退出了华北地台的绝大部分地区，造成上奥陶统至下石炭统全部缺失，其不整合面的性质应为Ⅰ型不整合面。仅在鄂尔多斯盆地西南缘接受平凉组和背锅山组沉积。从沉积序列上看，从下到上由初期的富含硅质碳酸盐岩沉积演变为较纯的碳酸盐岩沉积，至中—晚奥陶世发育较多的生物（碎屑）碳酸盐沉积。层序结构上，陆表海内以碳酸盐岩为主，层序厚度较小，特别是在台地边缘的古隆起上，沉积厚度很薄或缺失，台内拗陷以厚度较大的潮坪沉积和盐湖沉积为特点。由台地向西向南，陆源碎屑物质含量增多，层序厚度明显增大，代表了沉积环境逐渐过渡为陆棚或深水盆地。

2.3　奥陶纪东西海域小层划分对比

2.3.1　盆地西北部桌子山组—克里摩里组地层划分

针对盆地西北部前人研究仅划分到组，没有进一步细分层段，且由于研究工作需要，本书首次结合层序旋回特征初步对盆地西北部克里摩里组、桌子山组和三道坎组（相当于

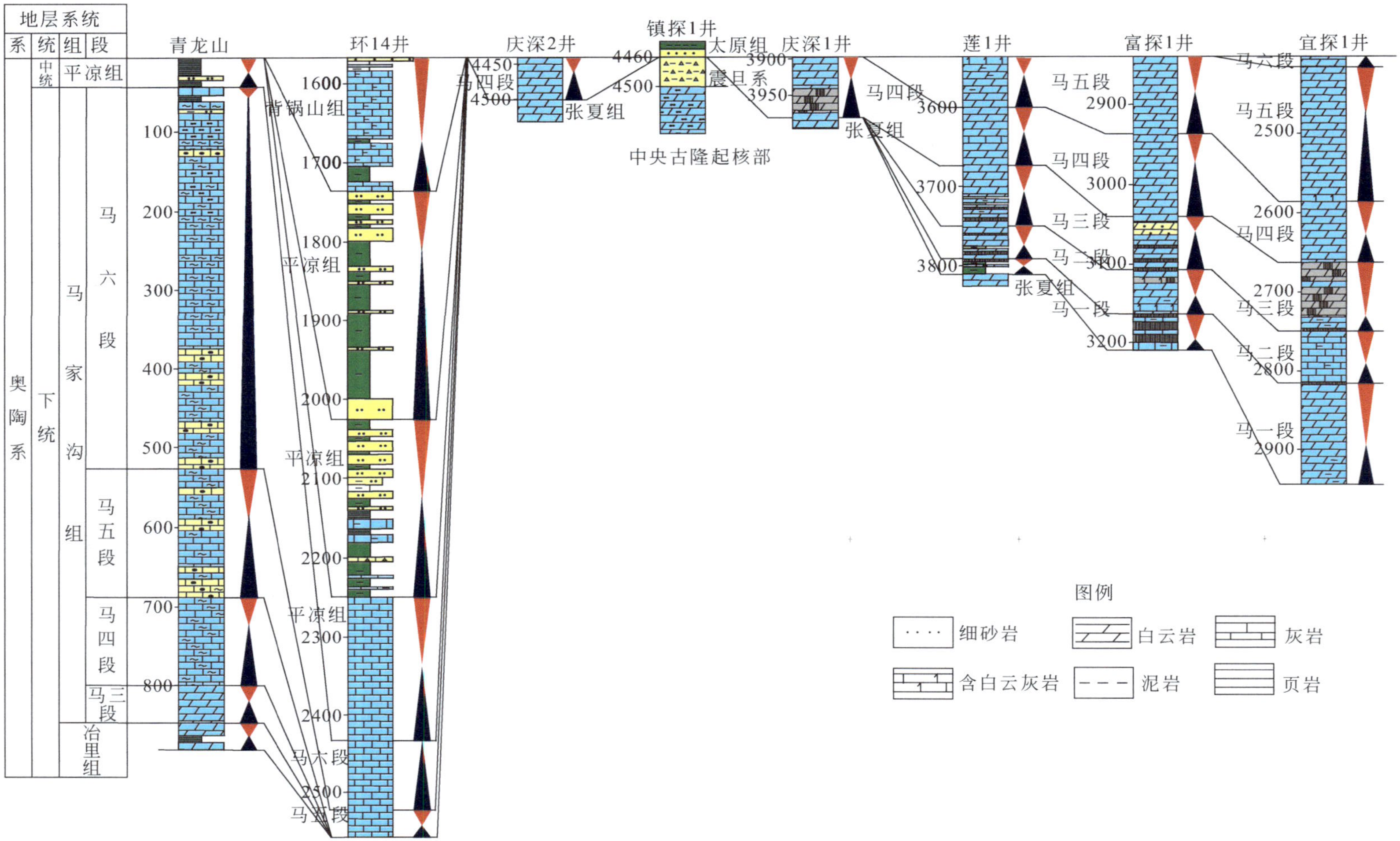

图2-17　鄂尔多斯盆地奥陶系层序对比格架

马家沟组）进行了层段划分（表 2-7）。

从沉积旋回上看，整个克里摩里组有三个明显的二级海平面升降旋回，由三个四级旋回组成了一个三级层序，与古隆起东部的马六段相对应。由此，结合岩性特点，首次将其分出三个段，即克一段、克二段和克三段，分别对应于三个四级旋回，最大海泛面位于克二段。将桌子山组划分为两个三级层序，对应于古隆起东部的马五段和马四段，进一步划分出六个四级旋回，分别对应六个层段。

表 2-7　盆地西北部地层划分及层序划分方案

<table>
<tr><th colspan="2">地质年代</th><th colspan="4">西部地层</th><th colspan="5">东部地层</th></tr>
<tr><th>系</th><th>统</th><th>组</th><th>段</th><th colspan="2">层序地层</th><th>组</th><th colspan="2">段</th><th colspan="2">层序地层</th></tr>
<tr><td rowspan="25">奥陶系</td><td>上统</td><td colspan="9"></td></tr>
<tr><td rowspan="2">中统</td><td colspan="2">拉什仲组</td><td>OSQ11</td><td colspan="6"></td></tr>
<tr><td colspan="2">乌拉力克组</td><td>OSQ10</td><td colspan="6"></td></tr>
<tr><td rowspan="22">下统</td><td rowspan="3">克里摩里组</td><td>克三段</td><td rowspan="3">OSQ9</td><td>OMSQ9</td><td rowspan="19">马家沟组</td><td colspan="2" rowspan="3">马六段</td><td rowspan="3">OSQ9</td><td>OMSQ9</td></tr>
<tr><td>克二段</td><td>OMSQ8</td><td>OMSQ8</td></tr>
<tr><td>克一段</td><td>OMSQ7</td><td>OMSQ7</td></tr>
<tr><td rowspan="13">桌子山组</td><td rowspan="4">桌六段</td><td rowspan="10">OSQ8</td><td rowspan="4">OMSQ6</td><td rowspan="10">马五段</td><td>马五1</td><td rowspan="10">OSQ8</td><td rowspan="4">OMSQ6</td></tr>
<tr><td>马五2</td></tr>
<tr><td>马五3</td></tr>
<tr><td>马五4</td></tr>
<tr><td rowspan="2">桌五段</td><td rowspan="2">OMSQ5</td><td>马五5</td><td rowspan="2">OMSQ5</td></tr>
<tr><td>马五6</td></tr>
<tr><td rowspan="4">桌四段</td><td rowspan="4">OMSQ4</td><td>马五7</td><td rowspan="4">OMSQ4</td></tr>
<tr><td>马五8</td></tr>
<tr><td>马五9</td></tr>
<tr><td>马五10</td></tr>
<tr><td>桌三段</td><td rowspan="3">OSQ7</td><td>OMSQ3</td><td colspan="2" rowspan="3">马四段</td><td rowspan="3">OSQ7</td><td>OMSQ3</td></tr>
<tr><td>桌二段</td><td>OMSQ2</td><td>OMSQ2</td></tr>
<tr><td>桌一段</td><td>OMSQ1</td><td>OMSQ1</td></tr>
<tr><td colspan="2" rowspan="3">三道坎组</td><td>OSQ6</td><td></td><td colspan="2">马三段</td><td>OSQ6</td><td></td></tr>
<tr><td>OSQ5</td><td></td><td colspan="2">马二段</td><td>OSQ5</td><td></td></tr>
<tr><td>OSQ4</td><td></td><td colspan="2">马一段</td><td>OSQ4</td><td></td></tr>
<tr><td colspan="4" rowspan="3"></td><td colspan="3" rowspan="2">亮甲山组</td><td>OSQ3</td><td></td></tr>
<tr><td>OSQ2</td><td></td></tr>
<tr><td colspan="3">冶里组</td><td>OSQ1</td><td></td></tr>
</table>

2.3.2 古隆起东侧小层划分与对比

盆地的小层划分是古隆起东部奥陶系顶部天然气勘探开发的一项重要工作。关于该地区小层划分，可追溯到 1993 ~ 1994 年钻探的两口天然气探井（定探 1 井、定探 2 井），当时以在中央古隆起区寻找下古生界碳酸盐岩风化壳气藏为勘探目标。最近研究发现，定探 1 井、定探 2 井在奥陶系钻遇的厚层白云岩，当时由于岩性相对单一，自然伽马变化较小，旋回结构不明显，又缺乏牙形石资料，将该套白云岩划归马四段。按照该地层划分方案，定边东侧地区马四段地层厚度超过 400 m，成为盆地范围内华北海域沉积区厚度最大的地区。而这两口井均位于中央古隆起鞍部，这与区域上地层沉积厚度构成了极大矛盾。即马四段可能由于当时认识上的偏差，把部分马五段归入了马四段。

原来马五 6 亚段地层剥蚀线与前石炭纪古地质图一致，绝大部分数据处于马五 6 亚段地层分布区内，但在定探 1 井、定探 2 井部分探井数据处于剥蚀线外侧；在复查剥蚀线外侧探井地层划分方案后，认为定探 1 井、定探 2 井可能残留有马五 6 亚段及其以下的马五下段地层，而不是直接出露马四段。马五 5 亚段剥蚀线附近，马五 6 亚段地层厚度介于 50 ~ 80 m，约为马五 5 亚段厚度的 2 ~ 3 倍。

近两年，靖边西侧地区钻入马五 6 亚段—马五 10 亚段的探井不断增多，其中部分探井钻穿马五 10 亚段，进入马四段；大批钻探新资料，尤其是部分较深探井资料的出现为定探 1 井、定探 2 井奥陶系地层重新划分对比奠定了基础。根据新划分方案重新编制了马五段地层等厚图（图 2-18）。地层厚度分布特征表明，盆地东部的华北海和西部的秦祁海在奥陶纪马五段时期在定边地区存在间歇性的沟通。

2.3.3 古隆起两侧四级层序划分与对比

近两年，西缘奥陶系天然气勘探取得了较好的成果，能否对照古隆起东侧建立高精度层序划分及小层划分对比方案是深入研究和进一步勘探开发面临的一个重要问题。结合盆地实际情况选择主要勘探层位与古隆起东侧马四段、马五段层位相当的克里摩里组、桌子山组进行了高精度层序地层（四级层序）研究和小层划分对比。

前文已叙述，盆地西北部地区桌子山组—克里摩里组共包含二个三级层序、九个四级层序，其中克里摩里组划分出了三个四级层序，分别对应克一段、克二段和克三段；桌子山组包含了两个三级层序，划分出六个四级层序，分别对应桌一段至桌六段（图 2-19、图 2-20）。

从盆地西部北段的布 1 井—棋探 1 井—鄂 18 井—鄂 17 井—桃 1 井四级层序对比剖面来看，西部地区桌子山组—克里摩里组共包含九个四级层序。四级层序发育较完整，其中克里摩里组划分出了三个四级层序，分别对应克一段、克二段和克三段；桌子山组划分出了六个四级层序。布 1 井、棋探 1 井四级层序发育较为齐全，对称性较好。

中部地区的鄂 18 井、鄂 17 井四级层序缺失严重。克里摩里组（马六段）的三个四级

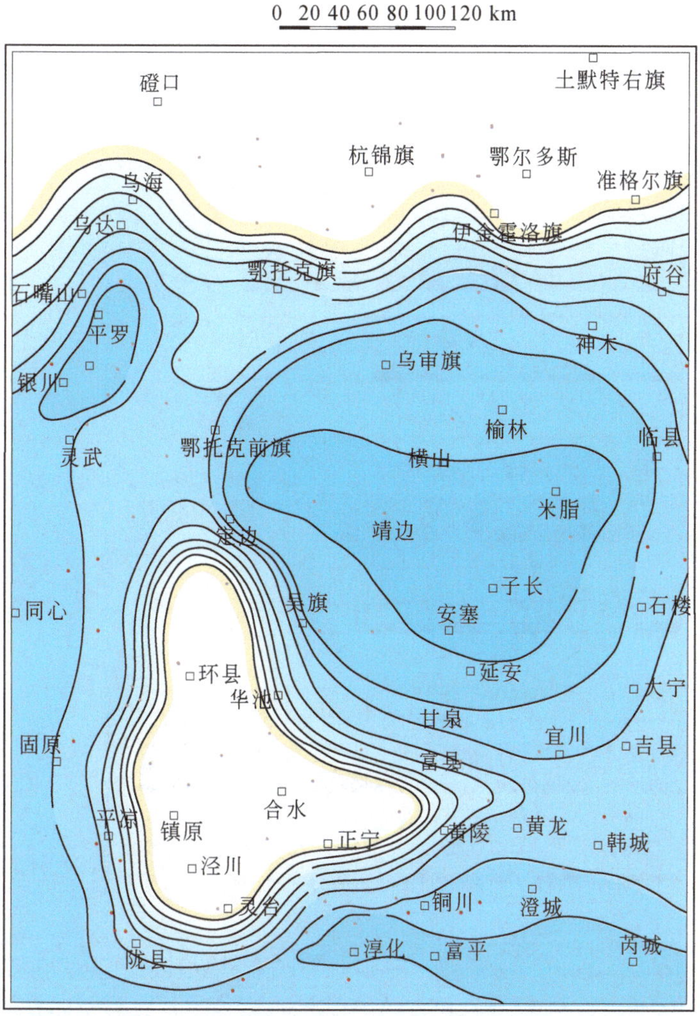

图 2-18　地层重新划分后的马五段地层等厚图

原划分方案古隆起鞍部区缺失马五段，造成定边东侧地区（定探 1 井、定探 2 井）马四段地层厚度超过 400 m

层序完全缺失，桌子山组上部的三个四级层序也缺失，仅保留下部三个四级层序（相当于马四段），层序的对称性也明显变差。这主要是因为受中央古隆起的影响，上部层序亚种缺失，仅保留了下部层序。

剖面东部地区的桃 1 井马六段的四级层序完全缺失，马五段顶部也有所缺失，仅保留下部的四级层序（相当于马四段），层序的对称性也较差。同样的，这主要是因为受中央古隆起的影响，上部层序亚种缺失，仅保留了下部层序，层序对称性不好。

从盆地西部中南段的惠探 1 井—余探 1 井—定探 1 井—城川 1 井—莲 3 井—陕 15 井的四级层序对比剖面来看（图 2-20），西部地区桌子山组—克里摩里组共包含九个四级层序，四级层序发育较完整。其中克里摩里组划分出了三个四级层序，分别对应克一段、克

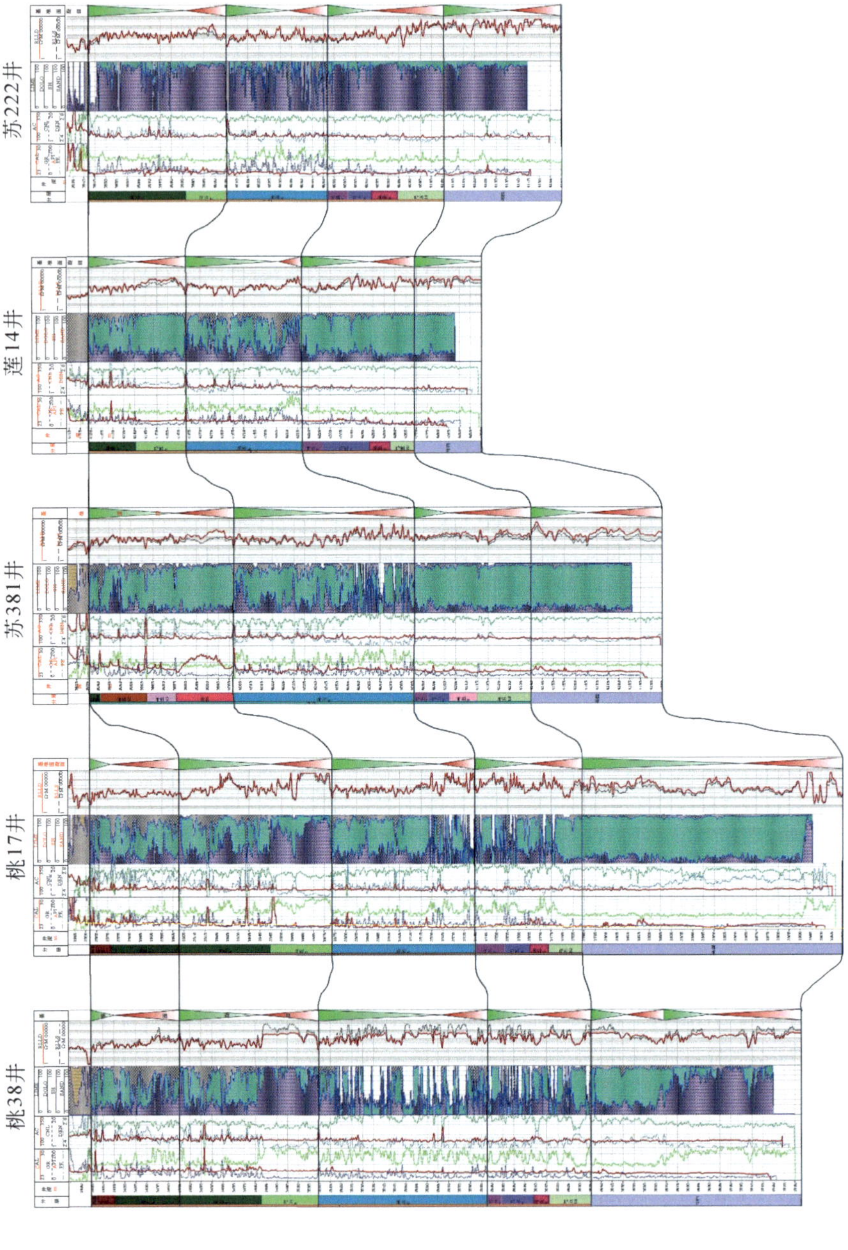

图2-19 古隆起东侧四级层序划分对比

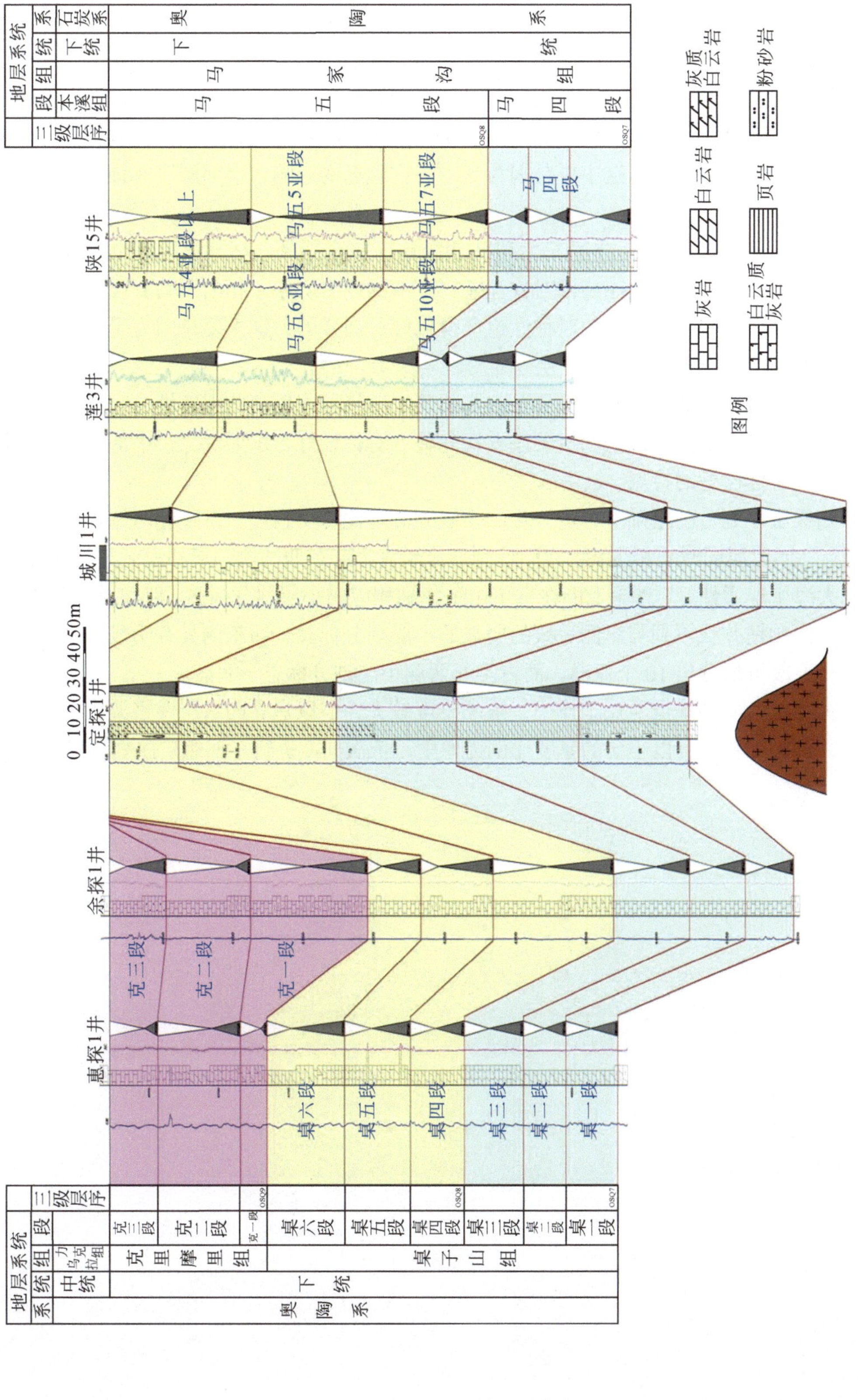

图2-20　古隆起东西两侧四级层序划分对比

二段和克三段；桌子山组划分出了六个四级层序，分别对应桌一段至桌六段。西部钻井以惠探1井、余探1井为代表，四级层序发育较为齐全，层序对称性较好。

中部地区的定探1井四级层序缺失严重。克里摩里组（马六段）的三个四级层序完全缺失，桌子山组顶部（马家沟组马五6亚段以上）缺失了一个半四级层序，仅保留下部三个四级层序（相当于马四段）和马五段下部的一个半四级层序，层序的对称性也明显变差，甚至仅保留半个层序旋回。这主要是因为受中央古隆起的影响，上部层序亚种缺失，仅保留了下部层序。

东部地区的莲3井、陕15井马六段的四级层序完全缺失，马五段顶部也部分缺失，但仍存在三个四级旋回，层序旋回对称性差，下部的四级层序（相当于马五段下部、马四段）四级层序保留完整，层序的对称性也变得较好。同样的，这主要是因为受中央古隆起的影响，上部层序亚种局部缺失，层序对称性不好或一般。

总之，在盆地西北部（天环北段及东部邻区）四级层序发育的完整性、对称性完全受到中央古隆起的影响。西部的四级层序发育完整、对称性好，东部次之，中部则表现为极不完整并且对称性差的特点。

在四级层序划分的基础上，进一步的小层划分对比是个难点。古隆起西侧桌子山组与马五段、马四段属同时异相沉积。它们分别形成于古隆起东西两侧的秦祁海域与华北海域，如果两大海域连通性好，理论上能在桌子山组找到相应的小层划分标志。但在对比过程中，古隆起西侧的钻井找不到与东侧一致的明显的小层划分标志。即东侧具有明显的小层划分标志，马五段可划分出10个亚段，而古隆起西侧小层划分标志不明显。

在古隆起两侧的地层对比工作中，虽然难度较大，但以建立四级层序格架为前提，以过渡井、剖面为基础，以小层的厚度比例为原则，依次向西进行了四级层序划分对比。

第3章　沉积体系、生物礁及沉积模式

3.1　沉积体系类型

沉积体系是指在沉积环境和沉积作用方面具有成因联系的三维岩相组合体，两个以上反映相关沉积过程的沉积体系构成一个沉积体系组（Bachman，1983）。沉积体系（组）作为在纵向上的变化即在一个不整合面所限定的地层系统中，构成一个完整的沉积盆地充填块体。因此，沉积体系研究是层序地层研究的基础，对认识盆地演化具有重要意义。由于沉积体系概念及分析方法的优越性，其广为国内学者所采纳，并应用于能源勘探、开发及科研领域中。

鄂尔多斯盆地下古生界寒武系和奥陶系主体发育碳酸盐岩。由于研究区面积较大，不同地区不同地质历史时期内的古地理环境差异较大，台地区的沉积体系发育受华北克拉通陆表海大背景的制约，克拉通边缘区又受制于兴蒙海槽、秦祁海槽和贺兰拗拉谷的构造。根据研究区下古生界钻井、野外露头的岩石学特征、古生物特征、剖面结构特征、测井特征和地震解释等，识别出七大沉积体系，分别是滨海沉积体系、碳酸盐缓坡沉积体系、碳酸盐台地沉积体系、陆棚沉积体系、台地边缘沉积体系、大陆斜坡沉积体系、深海盆地沉积体系（表3-1）。

表3-1　鄂尔多斯盆地早古生代沉积体系划分表

<table>
<tr><th>沉积体系组</th><th colspan="2">沉积体系（沉积相）</th><th>亚相</th><th>微相</th><th>分布</th></tr>
<tr><td rowspan="6">海洋沉积体系组</td><td rowspan="2">滨海</td><td>无障壁海岸（滨岸）</td><td>后滨、前滨、近滨、岸后沼泽</td><td>沙滩、沿岸沙坝</td><td rowspan="2">早寒武世盆地西、南缘</td></tr>
<tr><td>有障壁海岸</td><td>潮坪、潟湖、障壁岛、潮道</td><td>潮上、潮间、潮下</td></tr>
<tr><td rowspan="2">碳酸盐缓坡</td><td>同斜缓坡</td><td rowspan="2">内缓坡、中缓坡、外缓坡</td><td rowspan="2">潮坪、潟湖、浅滩、点礁、潮下低能、灰泥丘、滑塌堆积、碎屑流</td><td rowspan="2">早寒武世和早奥陶世早期盆地西、南缘</td></tr>
<tr><td>末端变陡缓坡</td></tr>
<tr><td colspan="2" rowspan="2">碳酸盐台地</td><td>局限台地</td><td>潮坪、潟湖、萨勃哈
台内浅水</td><td rowspan="2">中—晚寒武世和早—中奥陶世盆地内广泛分布</td></tr>
<tr><td>开阔台地</td><td>浅滩、点礁、潮下低能、台内洼地</td></tr>
</table>

续表

<table>
<tr><th>沉积体系组</th><th colspan="2">沉积体系（沉积相）</th><th>亚相</th><th>微相</th><th>分布</th></tr>
<tr><td rowspan="7">海洋沉积体系组</td><td colspan="2" rowspan="3">台地边缘</td><td>台地边缘滩</td><td>内碎屑滩、鲕滩、生物碎屑滩</td><td rowspan="3">中—晚寒武世和早—中奥陶世盆地西、南缘</td></tr>
<tr><td>台地边缘礁</td><td>礁前、礁后、礁翼、礁坪、礁基、礁核、礁盖</td></tr>
<tr><td>台地边缘斜坡</td><td>上斜坡、下斜坡</td></tr>
<tr><td rowspan="2">陆棚</td><td>碎屑陆棚</td><td rowspan="2">内陆棚、中缓坡、外缓坡</td><td rowspan="2">陆棚泥、浅滩、点礁、风暴流</td><td rowspan="2">早寒武世和奥陶纪早期盆地西、南缘</td></tr>
<tr><td>混积陆棚</td></tr>
<tr><td colspan="2">大陆斜坡</td><td>上斜坡、下斜坡</td><td>滑塌堆积、碎屑流、浊流、斜坡扇、等深流</td><td>盆地西、南缘</td></tr>
<tr><td colspan="2">深海盆地</td><td>盆地边缘、海底扇、深海平原</td><td></td><td>盆地西、南缘</td></tr>
</table>

3.1.1 滨岸沉积体系

无障壁海岸沉积体系即滨岸沉积体系，位于浪基面及最大涨潮线之间，是与大海连通性很好的海岸带。它与广阔陆棚之间没有被障壁岛、滩或生物礁所隔开，具广阔的滨海平原，海岸直接受波浪作用影响。滨岸沉积一般是在充分氧化的条件下形成的，多呈褐色岩系，岩石的成分成熟度、结构成熟度较高，其中发育冲洗层理、波状层理、板状及楔状交错层理，层面上发育对称及不对称流水波痕，规模一般较大。滨岸沉积在下寒武统辛集组广泛发育。辛集组主要由石英砂岩、硅质磷块岩组成。其中，硅质磷块岩可以作为古陆边缘的滨岸带的标志沉积。根据水动力条件和海平面特征可进一步划分出后滨、前滨、临滨、远滨等亚相（图 3-1）。

（1）后滨亚相：位于平均高潮水位与风成沙丘之间，常处于暴露状态，仅在特大高潮和风暴潮时才被海水淹没，属于潮上带，水动力条件较弱；岩性以砂质为主，比海岸沙丘的砂质沉积物略粗，磨圆、分选较好，发育小水流波痕形成的小型交错层理。坑洼表面因风吹走了细粒物质而遗留和堆积了大量生物介壳，其凸面向上。风成作用很明显，常见富集有介壳的风蚀地面。潜穴和遗迹化石也常见。野外调查研究表明，鄂尔多斯盆地下古生界后滨沼泽和岸后沙丘不发育，主要为前滨—临滨亚相沉积。

（2）前滨亚相：位于海滩剖面近上部平均高潮线与平均低潮线之间的潮间带，地形平坦，起伏较小，并逐渐向海倾斜，水动力条件中等至较强，为海滩发育的冲流带。岩性常为成熟度极好的砾状、中粒砂状石英砂岩，磨圆和分选好，具低角度冲洗交错层理、对称和不对称波痕，也可见极浅水的其他标志如冲刷痕、流痕、变形波痕、流水波痕等。生物化石缺乏，但可见破碎贝壳及生物扰动构造，并含有大量贝壳碎片和云母等，反映该区

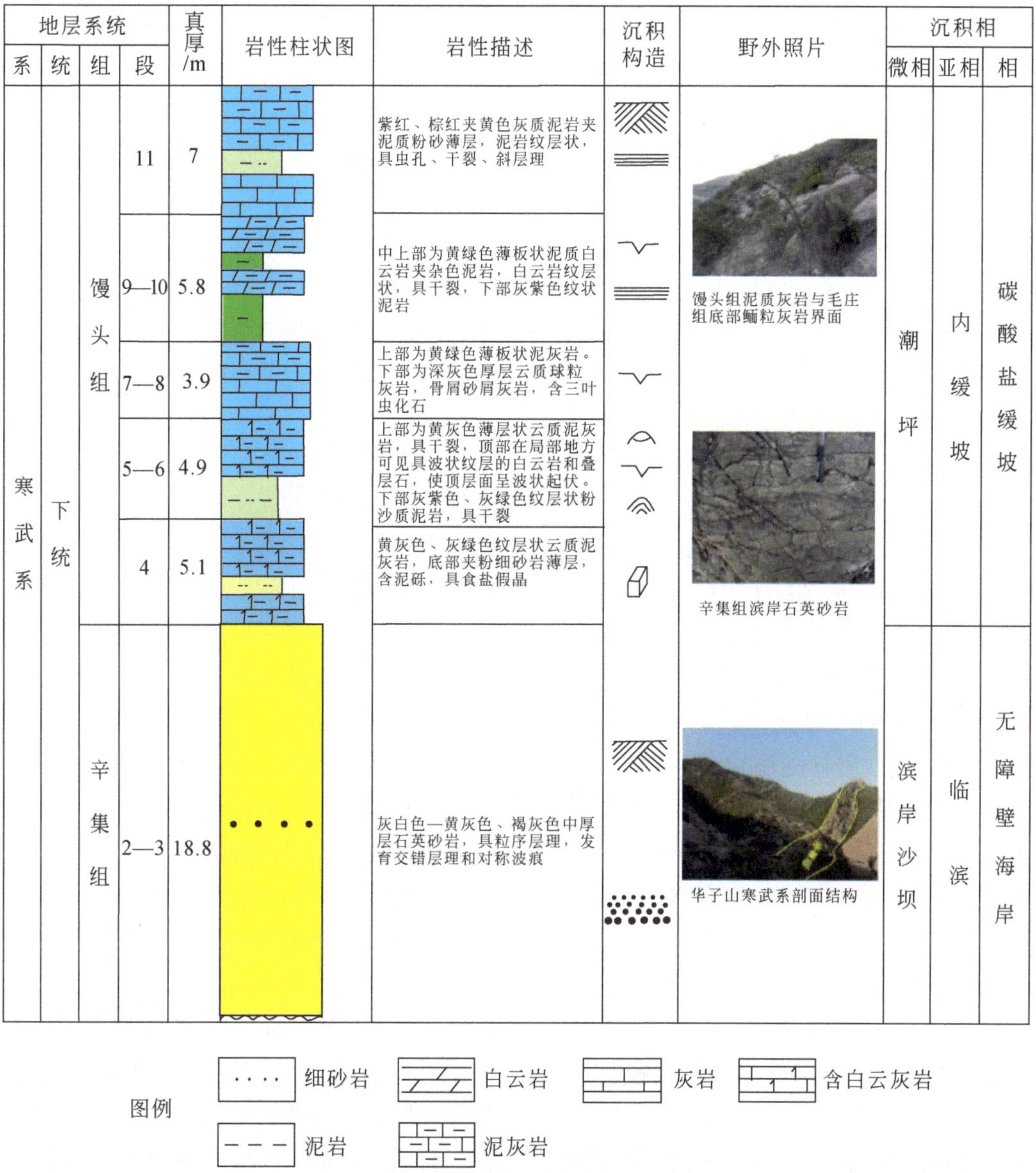

图3-1　寒武系滨岸沉积特征

水深极浅，间歇性暴露。

（3）临滨亚相：位于平均低潮线至浪基面之间潮下带广阔海域。临滨带全部处于水下环境，是浅水波浪作用带，沉积物始终遭受着波浪的冲洗、扰动，主要形成砂质的沉积，上部砂质较粗，为细砂至中砂，伴有较大规模的交错层理；下部砂质粒度较细，多为粉砂并夹含粉砂泥质，交错层理规模较小，而生物扰动构造增多，且出现水平纹层。砂质沉积常发育水下沿岸沙坝，波能较强时可有多条沙坝。根据波浪活动的特点及地形表现，可以分为上临滨、中临滨、下临滨，各微环境具有不同的沉积特征。

（4）远滨亚相：是指滨岸地区浪基面以下较深水环境，沉积时能量低，为薄层状泥岩、粉砂岩等细粒沉积物，发育水平层理及沙纹层理，偶见水平虫迹。远滨亚相向外海很快演变成浅海陆棚，向陆方向很快演变成临滨。

3.1.2 陆棚沉积体系

陆棚即现代所称的大陆架，是正常浪基面以下向外海与大陆斜坡相接的广阔浅海沉积地区，水深不超过200m。该类沉积体系明显受古陆分布位置的控制，常与滨海沉积体系共生。按沉积组合可进一步划分为陆源碎屑陆棚、碳酸盐陆棚和混积陆棚体系。按水体深度发育有浅水陆棚及深水陆棚亚相。按沉积组合可将陆棚划分为陆源碎屑陆棚、碳酸盐岩陆棚和陆屑碎屑—碳酸盐混合陆棚等类型。

（1）陆源碎屑陆棚。陆源碎屑陆棚包括浅水陆棚、陆棚浅滩和深水陆棚三个亚相。①浅水陆棚亚相位于潮下低能带，以薄互层粉砂岩和泥岩构成的泥质陆棚为主。风暴事件沉积较发育，常具水平—沙纹层理，生物扰动构造发育，遗迹化石丰富，但往往缺乏内部构造（图3-2）。从区域上看，浅水陆棚在盆地上古生界本溪组较为发育，主要为泥质陆棚。②陆棚浅滩亚相为陆棚中较浅水处的砂质堆积体，由细—中粒砂岩构成，通常发育于物源补给较充足、靠近古陆的浅水地区。③深水陆棚亚相发育于远离古陆地区，地形上呈同沉积断裂拉张的线型洼地。

（2）碳酸岩盐陆棚相。主要以风暴流产生的灰岩砾屑和缓慢沉淀的灰泥为特征。岩石类型为灰泥灰岩夹粉屑灰岩、内碎屑泥粒灰岩、微角砾岩。沉积构造为纹层状、韵律层理、递变层理，似鲍马序列（风暴沉积序列）。生物来源于斜坡边缘的生物碎屑和正常的海相浮游生物。陆棚浅水区阳光较充足，水扰动可以使水中氧气充足，底栖生物大量繁盛，而深水陆棚区则因阳光和氧气不充分，底栖生物大为减少，藻类生物几乎绝灭。该类沉积在鄂尔多斯盆地西南缘早古生代地层中广泛发育。

（3）混积陆棚。由于海进、海退的频繁交替，在平面和垂向上，引起陆源碎屑与碳酸盐沉积物的旋回交替。混积陆棚常与混积型滨岸体系相邻产出，常由薄—厚层钙泥质粉砂岩、泥灰岩与泥晶灰岩、砂质灰岩、灰质页岩、含燧石结核灰岩互层组成，含丰富的底栖生物和遗迹化石。混积陆棚常具海侵层序特征，且具有从陆向海或自下而上，砂泥质递减、碳酸盐组分增加的趋势，上部偶夹点礁和生屑滩沉积，这揭示了控制盆地沉降和碎屑补给的同沉积断裂活动具脉动性。随盆地沉降而发生的海侵扩大和古陆间歇退缩、夷平作用是陆屑供给递减，由浑水向清水沉积转化的根本原因。当以碳酸盐沉积为主时，归为混积型碳酸盐缓坡体系。混积陆棚在鄂尔多斯盆地主要见于西南缘下古生界寒武系馒头组（馒头组、毛庄组、徐庄组）和奥陶系的平凉组。

3.1.3 缓坡沉积体系

碳酸盐缓坡为地形平缓并且向海方向均匀倾斜的开阔台地—碳酸盐陆棚体系。近岸为

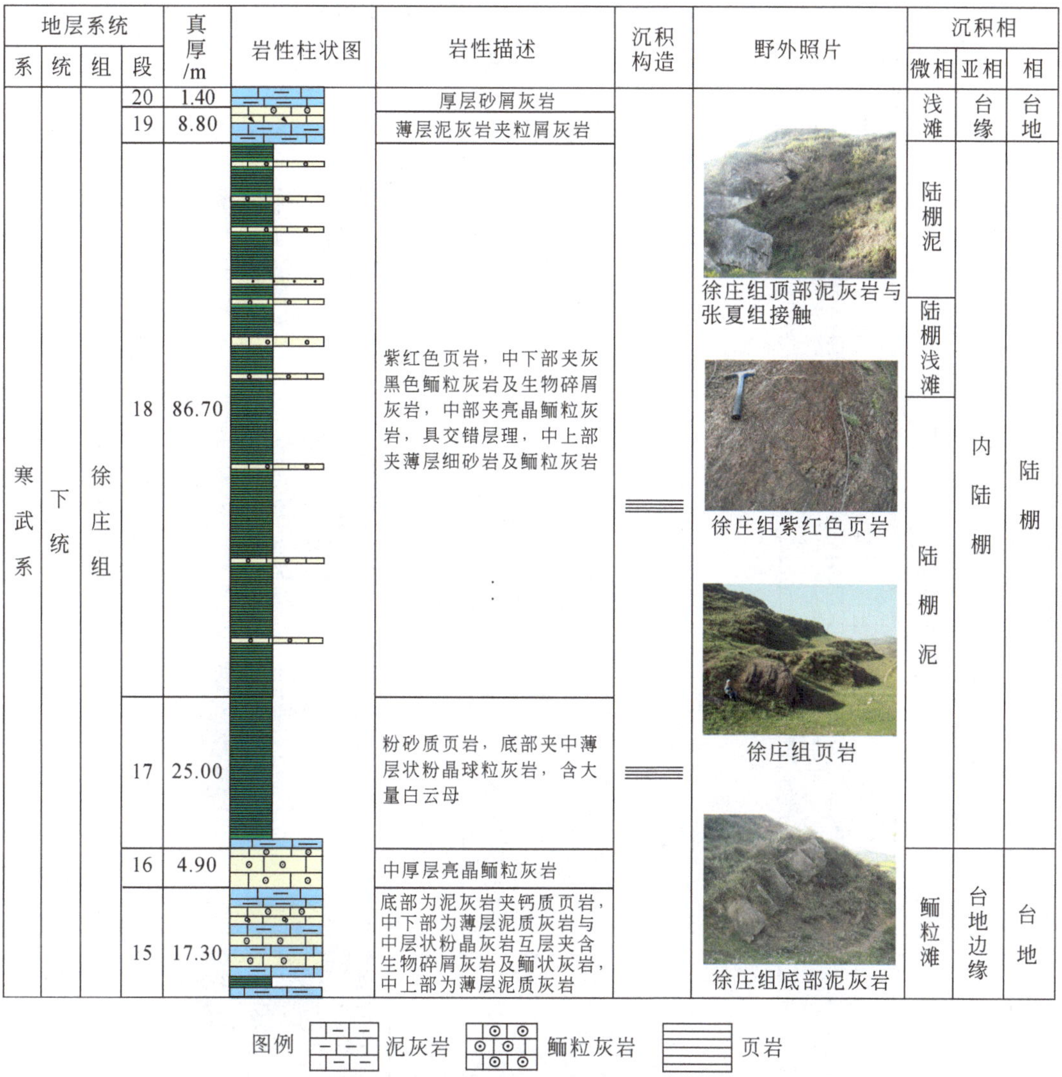

图 3-2　浅海陆棚沉积特征（甘肃陇县周家渠剖面，寒武系徐庄组）

高能带浅滩颗粒灰岩，向海方向逐渐变成较深水碳酸盐沉积物，并最终成为盆地泥质岩类。该体系主要出现在鄂尔多斯盆地西、南缘的早寒武世和奥陶纪早期。寒武纪早期以混积型碳酸盐缓坡为特征，奥陶系早期为清水缓坡，以发育硅质结核为特征。根据水动力条件，可划分出内缓坡、浅缓坡、中缓坡和外缓坡：

（1）内缓坡：此带为包括潮汐作用带及其以上的环境，即通常所称的环潮坪沉积环境，包括潮坪、萨布哈及浅潮下带（如潟湖），岩石类型包括白云岩、灰质白云岩、石膏、膏溶角砾岩，常含砂屑。由于受潮汐作用影响较大，一般为窄盐性的生物。气候条件对此带的生物群、水体盐度及矿物沉淀起着主导作用。内缓坡带的潟湖沉积物包括泥屑、砾屑及泥粒结构的碳酸盐岩相，常伴生局限的生物群。而潮坪沉积则常常呈现出微生物成因的纹层状构造，如纹层状叠层石。在干旱气候条件下，潮坪沉积可能共生有蒸发矿物或其遗迹。内缓坡带的沉积相常遭受白云石化作用，可形成巨厚白云岩（图3-3）。

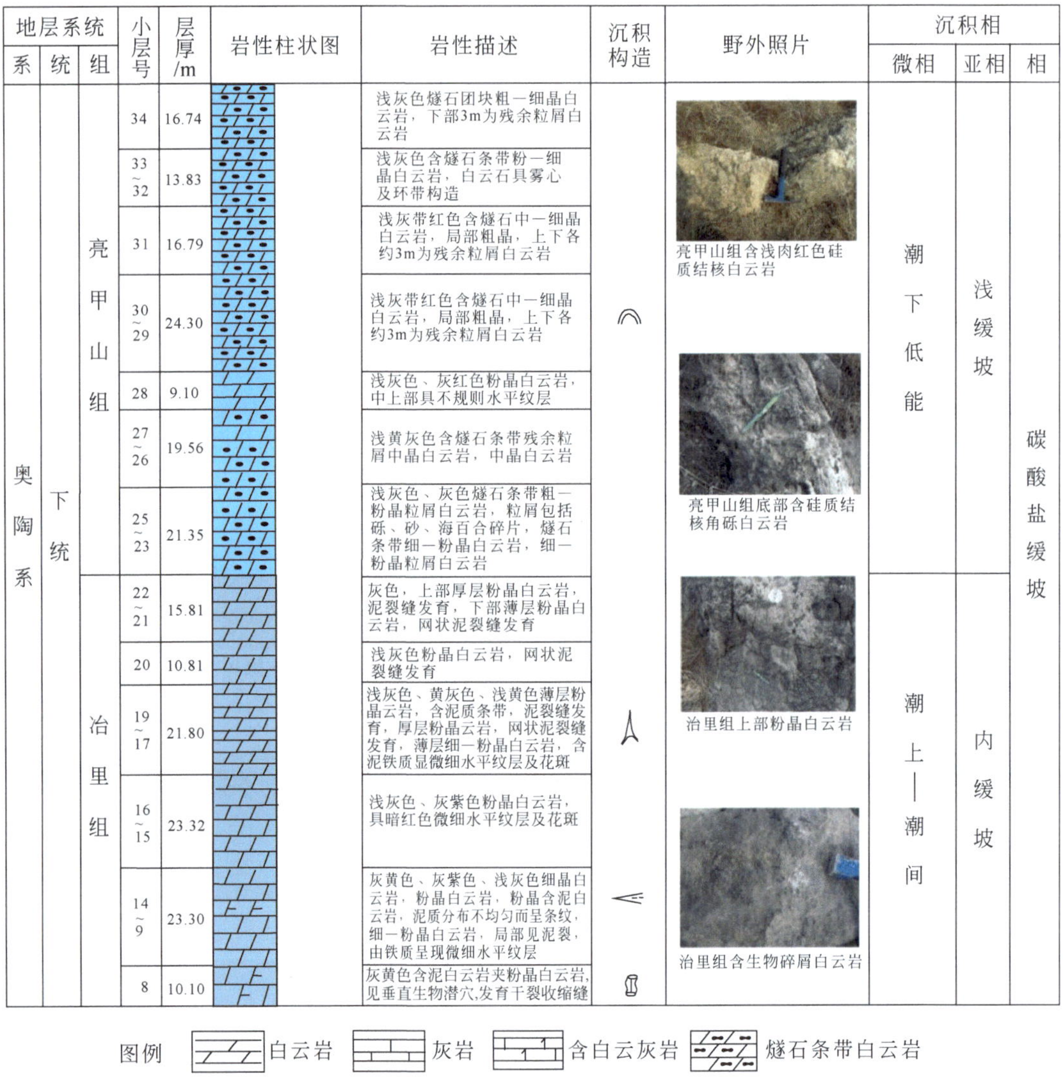

图3-3　碳酸盐缓坡（淳化铁瓦店，奥陶系冶里组、亮甲山组）

（2）浅缓坡：为潮汐作用带以下到正常浪基面之间的沉积环境，此带以波浪的频繁作用为主，其水动力能量很高，以形成碳酸盐礁和砂体为特征。主要岩石类型包括：中—粗粒白云质灰岩、灰岩、砂屑灰岩、鲕粒灰岩、核形石灰岩及礁灰岩。波浪及透镜状、脉状、波状层理发育。由于海水畅通，氧气充分，阳光充裕，生物极其发育，包括腕足类、珊瑚类、海绵类、古杯类、棘皮类、藻类，常能成礁。浅缓坡沉积物为近滨鲕粒和骨骼碎屑砂体，构成此浅水砂体的颗粒也可包括碳酸盐球粒。浅缓坡碳酸盐砂体常呈席状，颗粒灰岩体出现反映了浅缓坡滨面有快速向海进积的趋向。颗粒灰岩内具有低角度向滨外倾斜的层理及同样的低角度但向岸倾斜的层理。

（3）中缓坡：此带位于正常浪基面以下到风暴浪基面之间，深缓坡带的海底可受到风暴浪作用的影响，而正常波浪则影响不到此带。沉积物显示出频繁风暴再沉积作用的迹象。岩石类型包括灰岩、白云质灰岩、假鲕灰岩，由于与风暴作用有关，除发育波状层理、泥质条带外，还发育与风暴作用相对应的粒序层和丘状层理等。中缓坡沉积相包括堆积于正常浪基面之下的各种沉积物。这些沉积物反映了由于水体深度和浪基面深度的不同而使得它们受到不同程度风暴的影响，在比正常浪基面略深的深缓坡上部，生物活动仍然十分旺盛，所以其沉积物以生物碎屑粒泥灰岩为主。在中缓坡的中下部，正常天气沉积相以悬浮沉积物为主，这些悬浮沉积主要由碳酸盐灰泥及陆源碎屑泥组成。

（4）外缓坡：此带为风暴浪基面以下延伸到盆地的密度跃层。风暴浪一般并不直接影响到此沉积带，仅特大风暴才可能作用于此带。但与风暴有关的沉积物有可能零星地出现于此带的上部，如粒序沉积远源风暴层。此带下部的水体循环有可能受限制，而且由于水体密度此层面可能发育缺氧的沉积环境。外缓坡沉积相主要为悬浮沉积成因的富含泥质的碳酸盐灰泥及陆源碎屑泥。

3.1.4 台地沉积体系

台地沉积体系是研究区分布最广的沉积体系之一。它几乎全部由白云岩、灰岩和石膏岩组成，以不发育碎屑岩为特征，广泛分布于鄂尔多斯盆地寒武系和奥陶系。根据古地理位置及相带特征可分为陆表海台地、陆缘海镶边台地两种类型。其中陆表海台地通常发育于板内克拉通盆地之上，其分布范围极广，地形平坦、水浅，以潮下浅水低能相及向上变浅的相序组合为主，主要分布在研究区的中—上寒武统和奥陶系马家沟组。陆缘海镶边台地主要分布于盆地南缘中奥陶统，以发育台缘礁滩组合相为特征。台地沉积体系在不同时期和不同地区可以进一步识别出台地潮坪相、局限台地相、开阔台地相、台地边缘浅滩、台地边缘生物礁（丘）、台地前缘斜坡相。

1. 台地潮坪

台地潮坪环境是以紧邻古陆、古隆起、岛屿，时而暴露，时而被淹没，介质能量主要来自潮汐作用而具间歇性，缺乏有利生物繁衍条件，微相组合简单为基本特点，空间上随古陆边缘地貌条件而呈宽窄不一的展布。主要发育于鄂尔多斯盆地寒武系—奥陶系台地内古隆起周缘。与以陆源沉积为特征的有障壁海岸潮坪沉积不同的是，台地潮坪以碳酸盐岩沉积为特征且多由海退沉积序列组成。由于海水通常局限循环不畅、水动力较弱，常见潮坪，局部出现萨布哈。潮坪常由微晶灰岩、颗粒微晶灰岩、叠层石灰岩和白云岩组成，有水平纹层、叠层石构造及鸟眼构造。萨布哈受限台地内沉积高地控制，由蒸发相白云岩、膏岩、盐溶角砾岩组成。按水体深浅及岩石类型将台地潮坪划分为潮上、潮间和潮下三个亚相。主要沉积微相类型为泥云坪、灰云坪、云坪、云灰坪等。

（1）潮上亚相：潮上亚相可进一步划分为云坪、膏云坪、泥云坪、砂云坪和泥坪（图 3-4、图 3-5）。平缓的潮上坪在干旱炎热气候条件下常形成准同生泥、粉晶白云岩，泥晶、泥质白云岩或藻席白云岩构成云坪，常发育水平纹层、中薄层层理，岩石层面上常见多角形干裂、鸟眼构造，膏岩铸模多见，有时见石膏夹层，生物化石稀少。当有大量的陆源物质混入时，可形成泥云坪、砂云坪和泥坪。

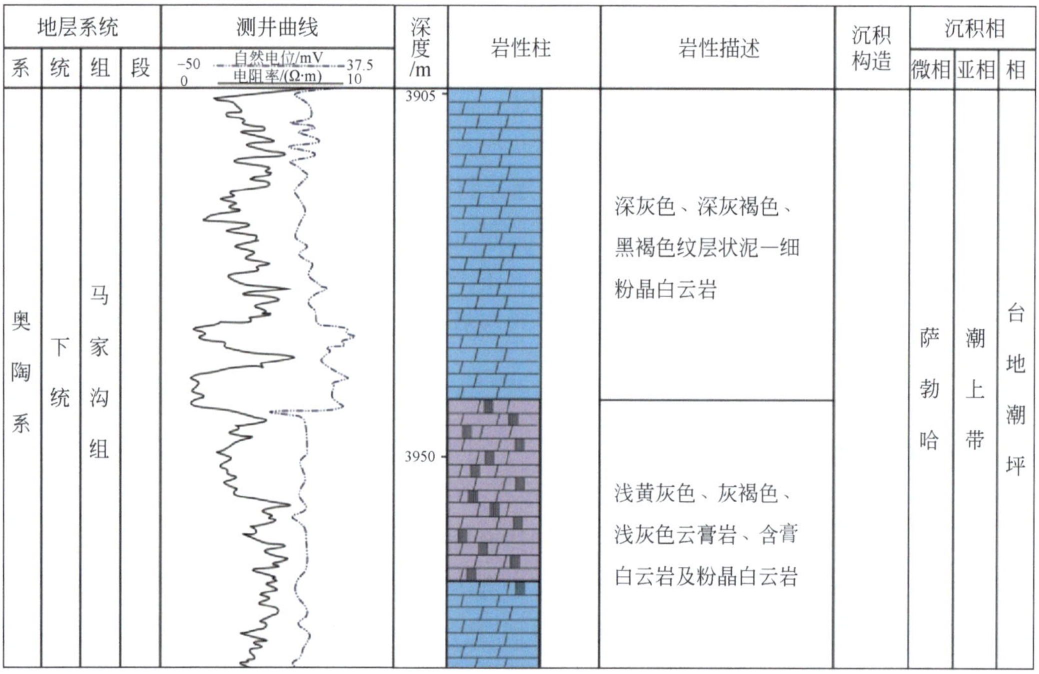

图 3-4 台地潮坪萨勃哈剖面特征（庆深 1 井，马家沟组）

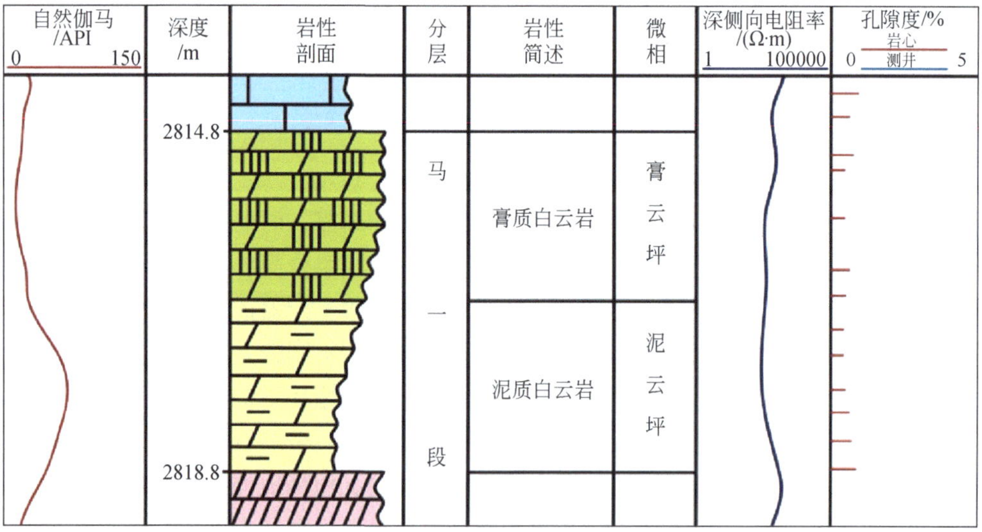

图 3-5 宜探 1 井 2814.8 ~ 2818.8m 井段（5 筒次）沉积微相序结构与物性关系图

（2）潮间亚相：潮间亚相可进一步划分为灰云坪、云灰坪、泥灰坪等微相。一般由灰色、灰黄色泥晶灰岩、白云质灰岩、灰质白云岩及含燧石条带或燧石团块细晶白云岩组成，发育鸟眼构造、石膏假晶、水平纹层、垂直或近垂直的虫孔。生物化石稀少，可见牙形石。有时见潮道沉积，以竹叶状灰岩和泥晶鲕粒灰岩为主，厚度较薄。另外，潮上坪或潮间坪中的洼地易形成潮上、潮间潟湖环境。但规模较小，介质能量低，多为典型静水沉积。

（3）潮下亚相：该相位于古陆边缘沉积区外侧，滨岸浅滩环境具有潮汐流较通畅，但水体能量间歇性较弱，水浅而盐度正常，有适量异地生物碎屑沉积，分选不完全，常有暴露标志。其微相组合则以竹叶灰岩、条带泥晶灰岩或球粒泥晶灰岩为主，有时亦有少量粉砂岩或页岩。竹叶灰岩是以扁平砾屑为主并伴有三叶虫、海百合等生物碎屑和少量砂屑、球粒等组成的颗粒灰岩，由泥晶填隙，有时可有少量亮晶。扁平砾屑主要来自潮下和潮间带先期干裂的泥晶灰岩经短距离搬运、再沉积而成，遇有风暴时，常形成扁平砾屑直立，或呈放射状或菊花状排列的砾屑灰岩与代表好天气的泥晶灰岩互层的韵律性沉积，此类薄层砾屑灰岩夹层或透镜体实际上是风暴流产物。条带灰岩与泥晶灰岩中可见对称波痕、水平层理、泥裂、虫孔等构造。

2. 局限台地

广泛分布于陆表海碳酸盐台地沉积的地层中，水体运动受古陆、水下隆起或台地浅滩遮挡，是受到限制的潮下地区。该区域水动力条件较弱，向岸过渡到台地潮坪沉积，随海底地形变化，相对低洼地区形成局限滩间海，由于海水局限循环不畅、盐度通常较高，生物种类稀少。在威尔逊的碳酸盐标准相带中，局限台地相包括碳酸盐台地中的潟湖、潮坪沉积。在塔克的模式中该相仅指潟湖（Tucker，1981）。曾允孚和夏文杰（1986）在总结碳酸盐沉积相时也采用了潟湖与潮坪分开的方案，研究区中的局限台地代表碳酸盐台地的局限潮下潟湖沉积为主，局部发育台内浅滩、云坪等亚相。

潟湖为局限台地内相对低洼的区域，湖底以软体动物、绿藻及有孔虫为主，特别是绿藻是沉积物的主要来源。该相中各种浅水暴露构造趋多，而膏（盐）湖是奥陶系马家沟组较为发育的一个相类型，其形成是台地内部受中央古隆起及台缘滩的控制，水体不通畅，在干旱气候条件下，蒸发量大于海水补给量，主要由蒸发相白云岩、膏岩、盐岩、盐溶角砾岩组成（图 3-6）。

在局限台地中，局部地带亦可出现高能环境，由球粒灰（云）岩、鲕粒灰岩、核形石灰岩及生屑灰岩组成台内滩相（图 3-7）。

3. 开阔台地

开阔台地指台地中部或外侧开阔地区及台地与外海畅通的广阔浅水区，水深一般为数米至几十米（一般认为是小于 30m，有的可达 60m），与广海相连，海水循环比较好，能量中等，宜于各种生物生长，盐度正常，以广盐度生物为主。沉积界面在平均低潮面与浪

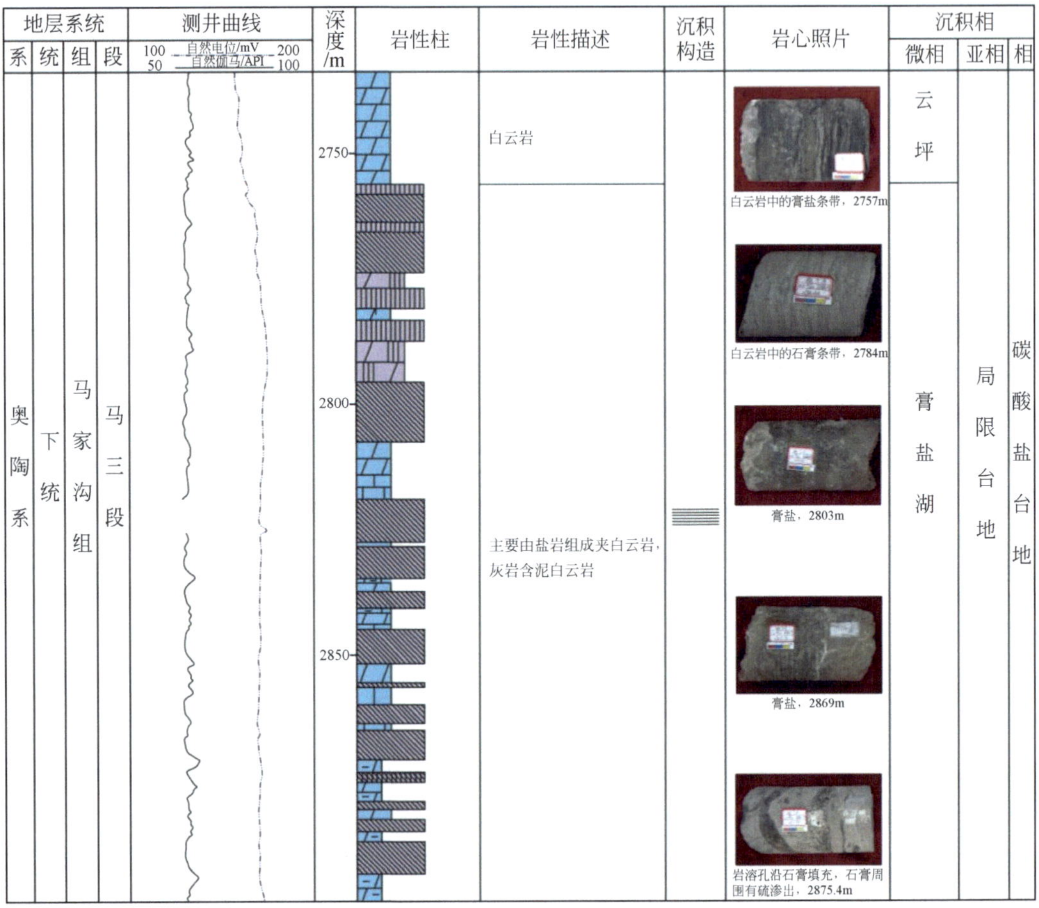

图 3-6　局限台地膏盐湖沉积（榆 9 井，马家沟组）

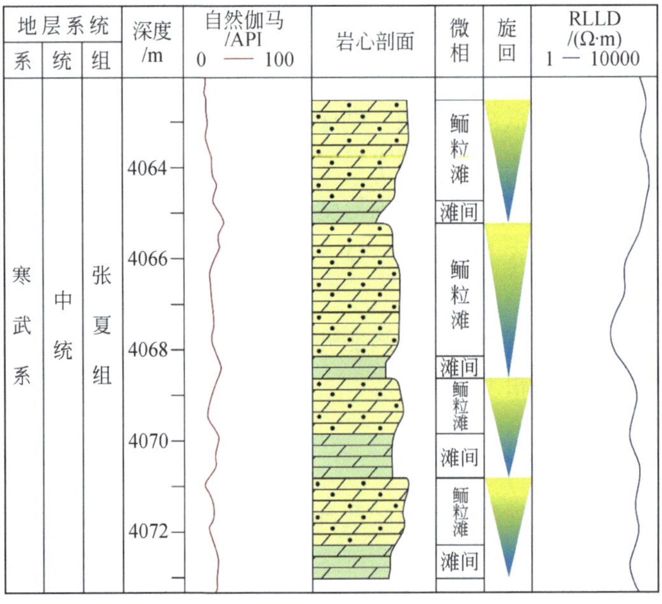

图 3-7　陇 21 井 4062.6 ~ 4072.8m 井段（4 筒次）沉积微相序结构图

基面之间，水较浅。在近岸及浅水区是颗粒灰岩沉积物，远岸过渡为粒泥灰岩及生物泥晶灰岩沉积物。在剖面上表现为由高能量的颗粒灰岩（鲕粒灰岩、生物碎屑灰岩、竹叶状灰岩、藻粒灰岩等）到低能量的泥晶灰岩，伴随着海水钟摆式的动荡，会形成高低能交互出现的沉积序列。主要岩石类型为各种颗粒石灰岩及泥晶灰岩，如生物碎屑颗粒灰岩、砂屑灰岩、晶粒灰岩、灰泥灰岩、生物泥晶灰岩、泥晶藻灰岩等，但以颗粒灰岩为主，其余类型的灰岩是地形洼地所形成的，有时还有一些陆源碎屑的透镜体或薄层。岩石颜色主要为灰色、深灰色及灰黑色。岩石一般为厚层状，层理不发育，当混入黏土时，出现球粒和流状压实构造及波状层理。常见的生物群很丰富，有大量的生物碎屑，如三叶虫、介形虫、软体动物、有孔虫、腕足类、腹足类、棘皮动物碎屑等。开阔海台地相的测井响应主要表现在：自然伽马曲线整体呈低值，微齿状起伏；声波曲线为中低值，呈极小锯齿状起伏；体积密度曲线整体呈高值；电阻率高。该相型在盆地下古生界中广泛发育，尤其是以张夏组最为发育，分布最广（图 3-8）。根据其沉积特征可以识别出浅滩和滩间（海）沉积。

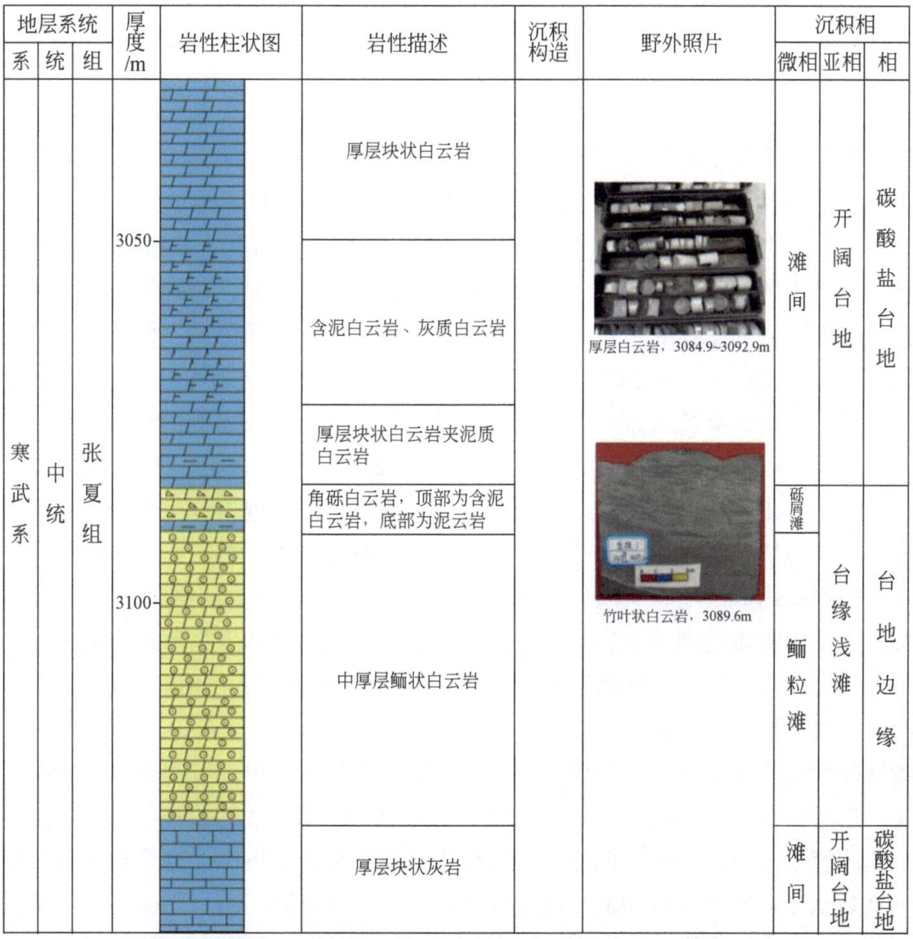

图 3-8　开阔台地及台地边缘滩沉积（宜探 1 井，张夏组）

4. 台地边缘浅滩

台地边缘浅滩位于开阔海台地边缘与斜坡之间的浅水高能带，即台地镶边。它们多沿台地边缘呈条带状或链状断续分布，由于台缘高出台地，受海流作用强烈，水动力能量较高。海水循环良好，氧气充足，盐度正常，但由于底质处于移动状态，故不适于海洋生物栖息繁殖。它面向广海一侧可以有生物礁或无生物礁发育。岩性以亮晶颗粒灰岩（生物碎屑、鲕粒、内碎屑）为主，还包括泥质灰岩、泥晶颗粒灰岩等。颗粒以砂屑和生屑为主，磨圆度较高，分选较好，常见鲕粒灰岩及包粒灰岩，反映清澈动荡和浑浊低能的沉积环境交替出现。造滩生物以腕足类和海百合为主，生物滩沉积物中颗粒含量可达 80% ~ 90%，原地生物很少，大部分为大型腹足类、双壳类化石碎片，且呈定向排列。此外，颗粒灰岩含有丰富的藻类，如褐藻、孔层藻及绿藻等。垂向上为颗粒灰岩或腕足—双壳类滩及海百合茎滩和生屑砂屑灰岩、砾屑生屑灰岩韵律，形成向上变浅的加积滩序列。浅滩相都以浅海相粉泥屑生屑灰岩为基座，由此向上造滩，颗粒含量逐渐增多，最后为主滩。台地边缘浅滩在寒武系张夏组最为发育，主要为鲕粒滩及砾屑滩（图 3-8）。

5. 台地边缘生物礁（丘）

生物礁是由造礁生物形成的具有一定抗浪能力和地貌高度的碳酸盐沉积体。它是水下高能环境的产物。生物丘一般是指有藻类物质捕获、黏结钙质物质而形成的碳酸盐岩建隆。无论任何类型的礁，都可按其在平面上的形态分为线状（或带状）和点状（或面状）两类。线状礁又可分为礁前、礁坪及礁后三个部分。礁前是一个陡坡，造礁生物在其上部造礁，并出现生态分带，为生物礁生长和原地堆积作用最为活跃的部位，三种类型的礁灰岩（骨架岩、障积岩和黏结岩）也随着礁的分带性而呈有规律的变化；礁坪上的水深不过 1 ~ 2m，沉积物主要来自前方被波浪打碎的礁屑，但可含有丰富的原地固着生长的造礁生物；礁后沉积物由来自附近礁坪更细的礁屑组成。无论在平面上还是剖面上，较大规模的线状礁（堤礁或堡礁）主要出现在开阔海台地的边缘。点状礁也可明显地划分出礁核、礁翼和礁间三个相带。礁核为块状的，通常是结核状和扁豆状碳酸盐块体，由原始礁灰岩组成；礁翼为来自礁核的物质组成的层状灰质砾岩和灰质砂岩，自礁核向外倾斜变薄；礁间相与礁的形成无关，为正常浅水的潮下灰岩和页岩。点状礁的岩石类型和生物形态也会随着水深出现有序的分带，在环境能量较弱的情况下，点状礁分带是对称的，如果风浪强烈，分带不对称，而是形成类似线状礁的特征。

碳酸盐台地边缘生物礁主要出露于中—上奥陶统的平凉组和背锅山组。分布在陕西渭河以北，东起富平，西至陇县，长约 250km 的地区内（表 3-2，图 3-9）。

中奥陶统平凉组主要有泾阳徐家山的珊瑚—层孔虫礁；铜川、富平和耀州区等地的珊瑚—钙藻障积丘；耀州区桃曲坡和淳化铁瓦殿一带的钙藻障积礁、钙藻层孔虫生物礁及钙藻—珊瑚—层孔虫生物礁。上奥陶统主要发育有礼泉东庄的障积丘和珊瑚—层孔虫骨架礁。

构成生物礁的生物类型包括附礁生物和造礁生物。其中造礁生物主要是海绵类、苔藓虫、藻类等，附礁生物多为有孔虫、腹足类、腕足类、棘皮类等。礁岩类型包括骨架、障积、黏结、障积黏结等。礁按形态可分为层状礁、点礁及丘礁；按所处的古地理位置可分为台内点礁、台缘点礁、台缘堤礁，其中以台内和台缘丘状堤礁为主。礁又可划分为礁基、礁核、礁盖、礁翼等微相。按造礁生物的组成可分为层孔虫礁、珊瑚—层孔虫礁、蓝绿藻—层孔虫礁、藻丘及海绵藻礁。

表 3-2　鄂尔多斯盆地奥陶系生物礁分布及特征

发育地点	发育层位	平面形态	形成环境	岩性	生物礁特征	
					造架生物	附礁生物
乌海桌子山	桌子山组顶部	钙藻—苔藓虫黏结—障积丘	台地边缘	藻黏结岩	苔藓虫；钙藻（主要为葛万藻、球松藻，还有一部分轮藻、褐藻、藻团粒等）	腕足类、三叶虫、介形虫、海绵类、螺类、棘皮类等
永寿好畤河	平凉组	珊瑚生物礁	台地边缘	珊瑚骨架岩；钙藻黏结岩；礁角砾岩	床板珊瑚；钙藻（绒毛藻、表附藻）；叠层石等	海绵类、头足类、三叶虫等
耀州区桃曲坡	平凉组	钙藻障积丘（层）	台地边缘	钙藻障积岩；钙藻黏结岩；叠层石黏结岩；内碎屑灰岩；生物碎屑灰岩	钙藻（绒毛藻、表附藻、奥特藻、肾形藻、葛万藻）；叠层石等	主要为头足类、腕足类和三叶虫，此外，含有腹足类、介形虫及海百合等
耀州区将军山	平凉组	层状生物礁	台地边缘	骨架岩；黏结岩；障积岩；藻屑灰岩；内碎屑灰岩；生物碎屑灰岩	床板珊瑚；钙藻（表附藻、肾形藻、微海松藻等）	腕足类、腹足类、三叶虫、海百合、海绵
淳化铁瓦殿	平凉组	钙藻—层孔虫生物礁	台地边缘	珊瑚障积灰岩；叠层石黏结岩；礁角砾岩	层孔虫；珊瑚；钙藻；叠层石	腹足类、腕足类、双壳类、介形虫等
礼泉东庄	背锅山组	障积生物丘；层孔虫生物礁	台地边缘	钙藻障积岩；层孔虫骨架岩；珊瑚障积灰岩；角砾灰岩；生物碎屑灰岩	钙藻；床板珊瑚；层孔虫	苔藓虫、海百合、腕足类、三叶虫、腹足类等
彭阳石节子沟	背锅山组	珊瑚生物礁	台地边缘	珊瑚骨架岩	珊瑚	腹足类、腕足类、双壳类、介形虫等

(a) 珊瑚化石，桌子山老石旦剖面，奥陶系桌子山组顶部

(b) 珊瑚骨架岩，礁核，永寿好畤河，奥陶系平凉组

(c) 礁翼纹层状角砾灰岩，永寿好畤河，奥陶系平凉组

(d) 横板珊瑚，耀州区桃曲坡，奥陶系平凉组

(e) 链珊瑚，耀州区桃曲坡，奥陶系平凉组

(f) 腹足类附礁生物，富平将军山奥陶系平凉组

(g) 层孔虫，淳化铁瓦殿，奥陶系平凉组

(h) 珊瑚角砾灰岩及生物碎屑，礼泉东庄，奥陶系背锅山组

(i) 珊瑚骨架岩，彭阳罗洼石节子沟，奥陶系背锅山组

图 3-9　鄂尔多斯盆地奥陶系生物礁特征

6. 台地前缘斜坡

台缘斜坡是指镶边台地向海一侧的斜坡，坡度不等，一般大于 30°。沉积方式多样，除正常的斜坡沉积物外，主要为来自台地内的浅水碳酸盐的滑塌及沉积物重力流派生的沉积物（图 3-10）。由于沉积物搬运方式和支撑机理不同，沉积物粒度变化区间较大。沉积物由粗、细两部分物质组成：粗组分主要为礁滩对应的颗粒灰岩和礁灰岩碎块；细组分主要为碳酸盐灰泥。滑塌堆积碎块、碎屑流、浊流及悬浮物共存，是台地边缘斜坡的主要特征。从靠近台地一侧到深水盆地一侧，依次出现的相序和沉积构造是：大型滑塌—滑坡—水道—碎屑流、颗粒流和浊流等，在沉积构造上从无分选至有分选，无递变到有递变，常见滑塌构造、

揉皱变形构造、截切构造、含砾构造、正反向粒级递变构造等。台地前缘斜坡相在研究区呈“L”形分布于鄂尔多斯盆地西南缘，如盆地南缘淳化铁瓦殿平凉组礁前角砾灰岩等。

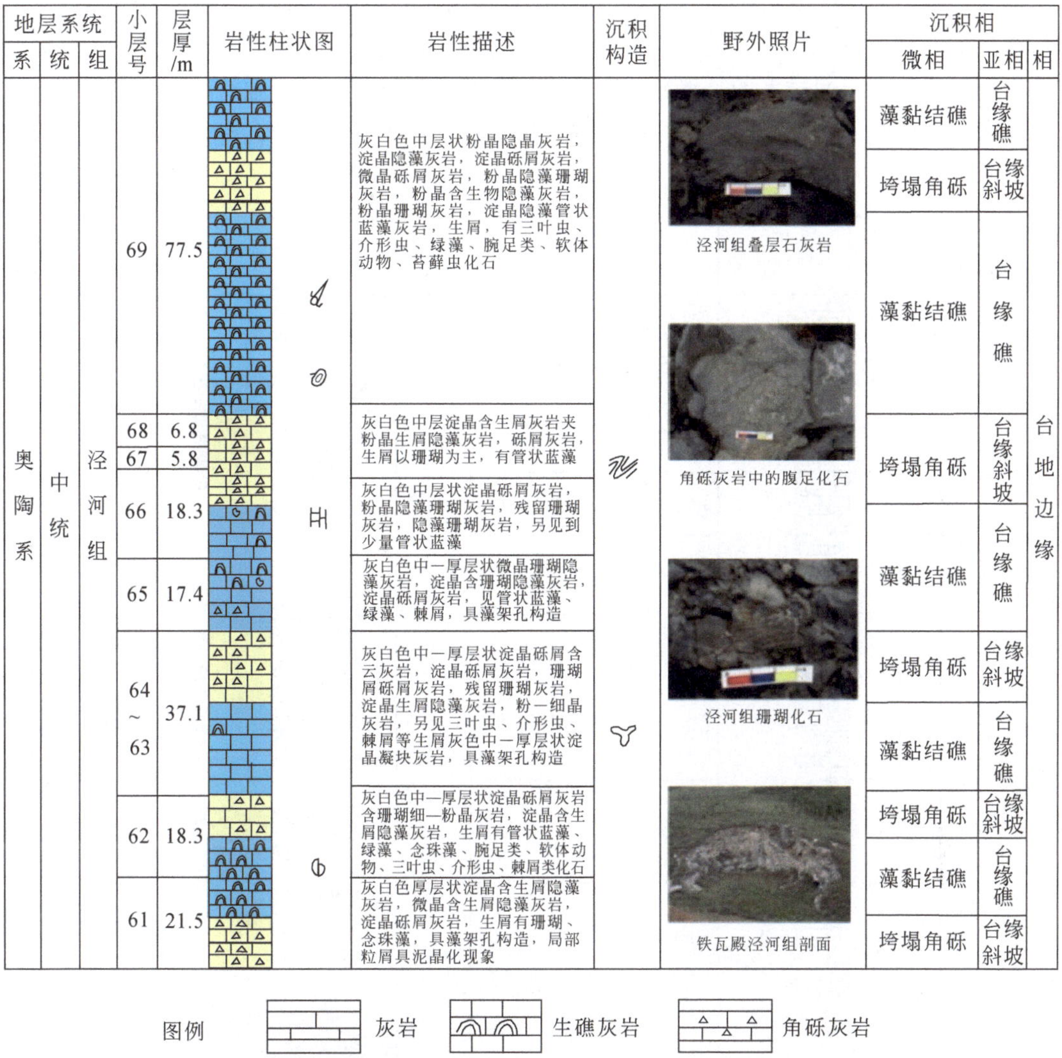

图 3-10　陕西淳化铁瓦殿奥陶系台地边缘沉积剖面

3.1.5　大陆斜坡—深海盆地

大陆斜坡为边缘坡折之下到盆地边缘之间的过渡海域，相当于 Davies 等（1983）的陆坡、陆隆体系，即所谓的次深海体系。深海盆地主要指盆地边缘及深海平原盆地。鄂尔多斯盆地中晚奥陶世平凉期发育沿盆地西南缘的深海盆地沉积，主要表现出两套深水岩石组合。

（1）一套是盆地西缘以平凉笔石页岩为主，夹泥岩、碳酸盐重力流沉积。平凉期盆地西缘时处于深水海槽沉积，其水深在 200 ~ 1000m，甚至更深。西缘南部地区平凉一带，处于坡度较陡的斜坡区，向西急剧加深。它受几组近南北向同生断裂的控制，斜坡地形呈阶梯状下降，地层厚度向西迅速加大，从 0m 快速增至数千米，形成了斜坡型的沉积格局。深水沉积的环境特点是水体循环较差，基本上为静水缺氧环境，由于缺氧使得绝大多数底栖生物不能生存，而过多的是浮游的笔石死亡后沉积于海底而形成独特的笔石页岩相，在平凉太统山庄野外剖面可以看到平凉组厚度很大的笔石页岩，其中夹有中薄层碳酸盐重力流（图 3-11）。

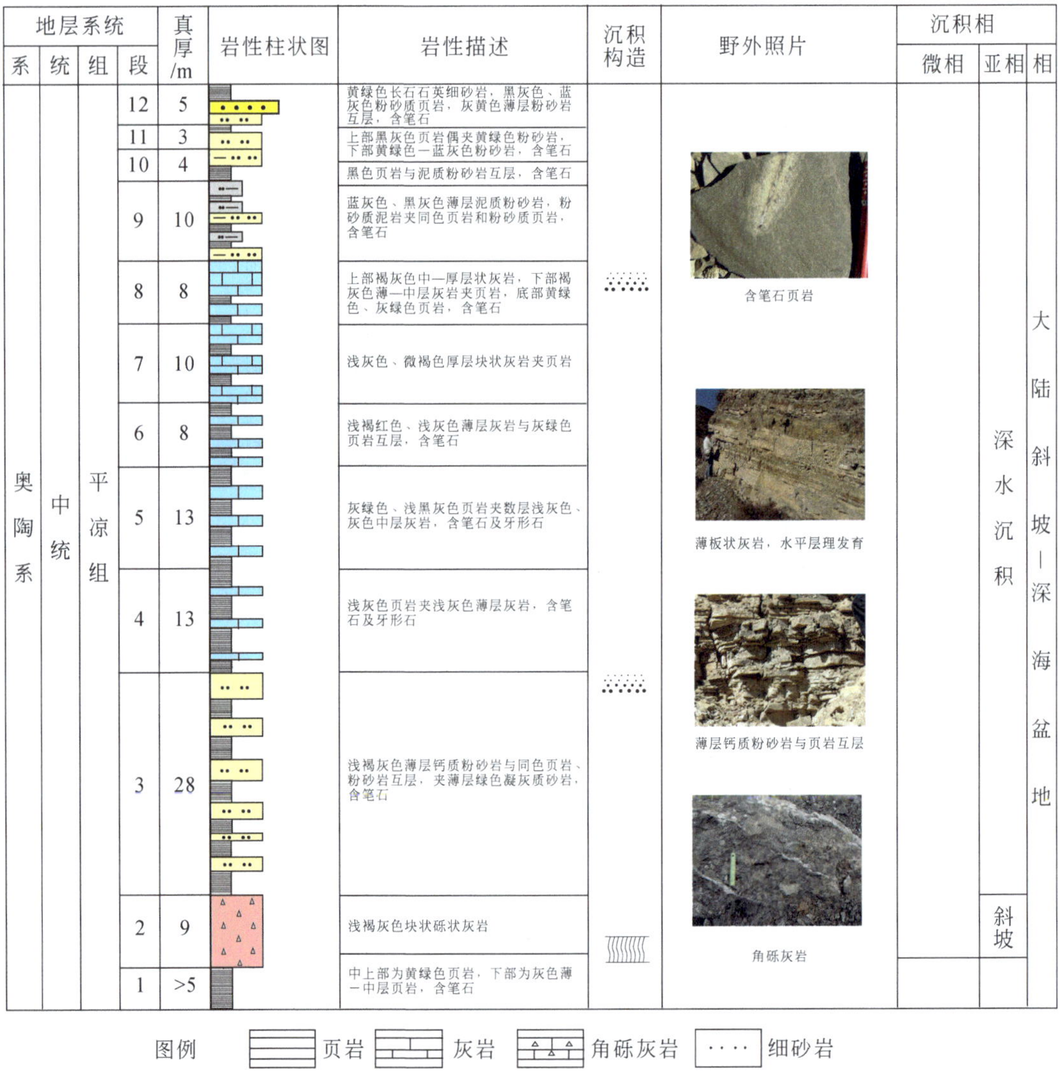

图 3-11　大陆斜坡—深水盆地沉积（银洞官庄平凉组剖面）

（2）另一套是盆地南缘以赵老峪组底部薄层页状灰岩为主，夹深水放射虫硅质岩、凝灰岩、重力流沉积。奥陶系赵老峪组在盆地南缘东部是一个较深水海槽，呈北东向伸入浅水台地之中。在海槽斜坡地带，重力流发育，多夹于薄层泥晶灰岩之中，为大型滑塌岩块、碎屑流成因的角砾灰岩、高密度浊流成因的含角砾砂屑灰岩和低密度浊流成因的粉屑泥晶灰岩。其岩性以薄板状灰岩、放射虫硅质岩、凝灰岩为主，夹有碳酸盐岩浊流沉积。沉积构造以水平纹层为主，见浊流粒序层理。碳酸盐岩浊流岩石类型主要是由具有粒序层的角砾灰岩和砂屑灰岩组成，它们是各种浅水成因的碳酸盐颗粒与深水成因的薄板状或页状灰岩碎屑组成，具正粒序，缺失亮晶胶结物。浅水来源的碳酸盐颗粒有球粒、核形石及亮晶砂屑灰岩等。深水来源的碎屑主要为泥晶灰岩和粉屑灰岩。角砾灰岩和砂屑灰岩在剖面上常与页状石灰岩或薄板状石灰岩组成粒级层序，形成石灰岩浊积序列。

在本段的沉积中，有两类特征的深水沉积物，即放射虫硅质岩和火山凝灰岩。其层状的放射虫硅质岩和地槽区的层状硅质岩比较类似，在新鲜露头上呈黑色，有的风化后呈淡紫红色。韵律层段厚度一般在 50 ~ 70cm，最厚达 2m。单层厚 3 ~ 5cm，层内毫米级纹层发育，层系界面呈平坦状，或随相邻石灰岩层面形态起伏（石灰岩为重力流沉积），有的呈类似于收缩、膨胀的透镜状，层间具薄的硅质页岩夹层。硅质岩中的主要生物组分为多壳刺的球形放射虫。除了在碳酸盐含量较高的硅质层中含有个别介形虫及海绵骨针外，未见到其他生物化石。火山凝灰岩野外露头大都呈鲜艳的黄绿色或棕黄色，少量呈紫红色，呈层状或块状产出，单层一般厚 10 ~ 80cm，最厚者达 2m 以上。具微细水平纹层或平行层理，偶见粒序层理。岩石多已发生蚀变，零星可保存完好的原生凝灰结构。碎屑颗粒由玻屑、晶屑和岩屑组成。此处火山灰凝灰岩的厚度很大，碎屑物质很细，以薄层状者为主体，伴以碳酸盐重力流沉积，因此也是深水沉积的一个指示（图 3-11）。

3.2　奥陶系生物礁发育特征

华北地台在奥陶纪处于稳定的克拉通陆表海阶段。马六段沉积期后，加里东运动导致鄂尔多斯盆地整体抬升为陆，唯在西南缘受秦祁海的影响仍然接受沉积。寒武纪末的生物大灭绝事件，使造礁生物的造礁作用受到很大的抑制，直到中—晚奥陶世平凉组和背锅山组沉积时期，鄂尔多斯地台西南缘边缘坡折带上才发育规模不大的生物滩、点礁和补丁礁。造礁生物主要有藻、苔藓虫、层孔虫及珊瑚。

3.2.1　盆地西缘生物礁发育分布特征

鄂尔多斯盆地西缘奥陶系发育了生物礁，主要分布在桌子山、棋探 1 井和石节子沟等地，生物礁很典型。发育时代主要为早奥陶世桌子山组沉积期、中奥陶世平凉组沉积期和晚奥陶世背锅山组沉积期。该时期盆地周缘碳酸盐台地具备“清、浅、暖”的沉积环境，这种台地适宜生物的生长，尤其是在碳酸盐台地的陡缓变化带上，因不断承受广海海水的冲击，海水新鲜，营养丰富，适宜造礁生物的生长。这些生物礁大多呈丘状、透镜状，因受环境限制，礁体规模较小，多为点礁。构成生物礁的生物类型包括附礁生物和造礁生物。盆地西缘生物礁中，造礁生物主要为珊瑚、层孔虫、海绵、骨格钙藻、叠层藻等，附礁生物为腕足类、腹足类、三叶虫、海百合、介形虫等。其岩石类型有生物骨架岩、黏结岩、障积岩、生物碎屑灰岩、藻屑灰岩等。

1. 西缘北段生物礁

本次研究过程中在盆地西缘北段桌子山地区新发现了典型生物礁（老石旦地区），并进行了实际测量（图 3-12）。

该剖面位于桌子山组（除第 7 层顶部），共划分出 7 个小层，其沉积特征如下。

第 1 层，主要为灰色、浅灰色块状生物灰岩，生物化石丰富，其底部夹有泥质条带，压实后成瘤状变形，作为第二期生物礁生长的礁基，含生物化石珊瑚，部分地方可见礁岩角砾，面上风化作用强，发育礁岩角砾，珊瑚种类为横板珊瑚，属于礁核部分。

第 2 层，主要为深灰色钙质泥岩夹页岩，中间夹薄层的灰岩透镜体，中间夹有生物碎屑，属于潮下低能带。

第 3 层，主要为灰色中薄层生物碎屑灰岩，含颗粒、鲕粒、内碎屑及生物碎屑，并含有完整的生物化石，属于生物滩。

第 4 层，主要为灰色中层生物灰岩，含碎屑颗粒，见生物化石，如珊瑚等，属于生物礁的礁基部分。

第 5 层，主要为灰色中厚层生物灰岩，单层厚度 0.5 m 左右，含生物化石珊瑚，可见一些礁岩角砾，生物礁核生物黏结岩相比第 1 层更加发育，属于生物礁礁核部分。

第 6 层，主要为灰色厚层块状生物灰岩，生物丰富，生物礁灰岩含珊瑚、竹节石、腹足类、头足类、海百合等，单层厚度可达 3 m 左右，顶部夹灰黄色凝灰质泥灰岩条带，也属于生物礁礁核部分。

第 7 层，主要为深灰色泥岩与第 6 层呈断层接触，水平层理，底部夹薄层泥晶、微晶灰岩，属于生物礁礁盖部分；第 7 层上部属于克里摩里组，主要为灰色薄层瘤状灰岩，属于斜坡相。

总体上，含礁核造礁生物主要为珊瑚，横板珊瑚枝状生长，个体较大，至少具有两期生长过程。礁基—礁盖为泥晶灰岩夹泥岩，薄层状，其分布层位为桌子山组顶部（相当于马五段顶部）。

2. 西缘中段生物礁（棋探 1 井）

本次研究过程中观测了棋探 1 井的岩心，并以此编制了棋探 1 井生物礁剖面图（图 3-13）。棋探 1 井主要在克里摩里组钻遇生物礁，取心回次为 7 ~ 10 次。其剖面结构特征如下。

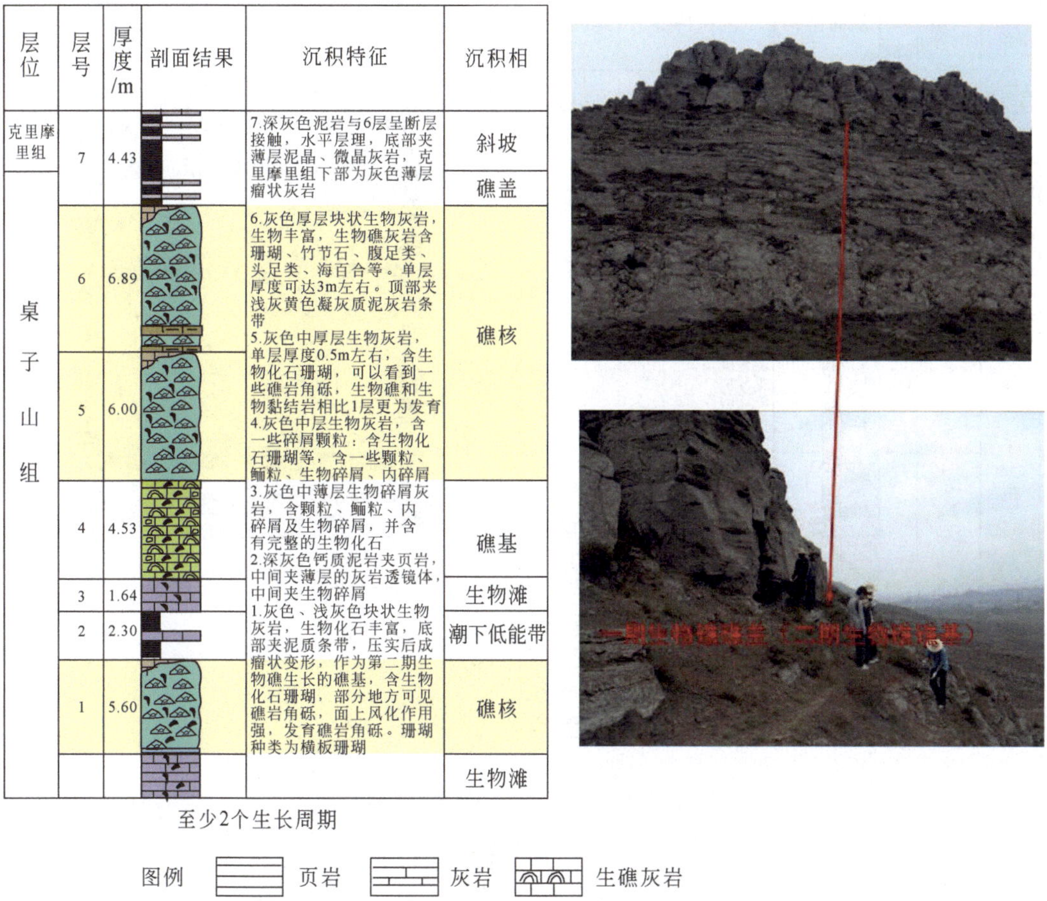

图 3-12　老石旦地区生物礁剖面图

第 10 次取心：主要包括藻屑滩、礁间、藻黏结丘、礁间等沉积微相。其主要岩性为微晶灰岩、含泥灰岩（礁间）、藻灰岩（藻屑滩、藻黏结丘）。

第 9 次取心：主要包括生物礁和生物礁间沉积微相。其主要岩性为海绵礁灰岩，下部见泥质，生物碎屑组成的砂岩夹泥质岩纹层及藻屑灰岩（生物礁）；含泥灰岩和微晶灰岩发育在礁间。

第 8 次取心：本次取心井段显示为生物礁层，下部为海绵礁灰岩，中部为藻灰岩，顶部为灰色—深灰色海绵礁灰岩。

第 7 次取心：主要包括斜坡沉积相，其主要岩性为泥质灰岩，含有少量介形虫，泥质条带发育。

棋探 1 井在克里摩里组钻遇海绵礁灰岩，地震相特征较为明显（图 3-14），总体上表现为较强振幅不连续反射和丘形反射特征，与厚层块状白云岩或灰岩的中弱反射特征（低频、弱振幅、弱连续性）有较大的差异，是识别礁滩体的主要依据。

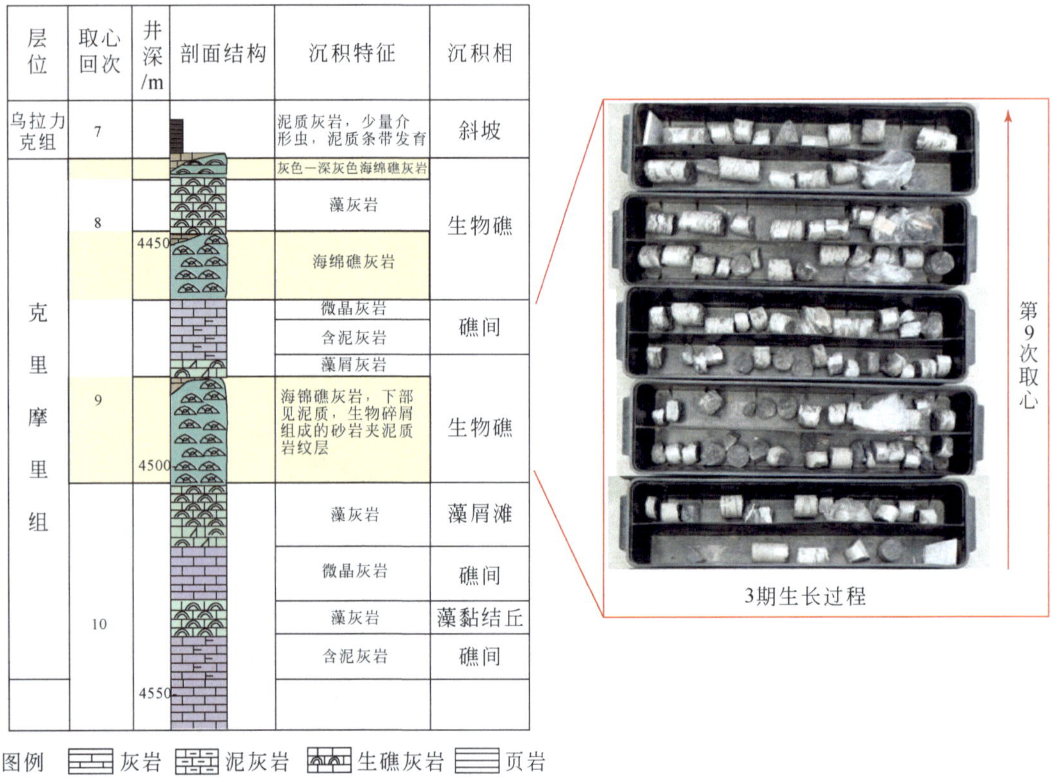

图 3-13　棋探 1 井生物礁剖面图

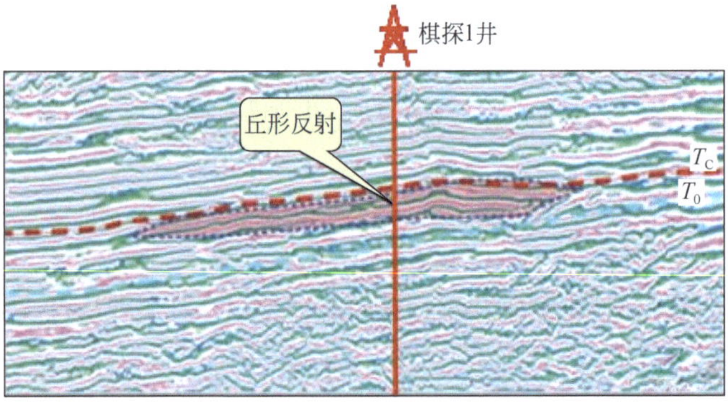

图 3-14　瞬时相位剖面的礁滩相特征图（曾令帮等，2011）

3. 西缘南段生物礁（彭阳石节子沟）

该生物礁出露于宁夏彭阳石节子沟水坝下，向两侧延伸的可见范围有限，其余被黄土覆盖。与其紧邻的下伏地层平凉组也被黄土覆盖，岩沟向下，可见平凉组灰黄色砂岩。可见礁体总厚度 89.5 m，从造礁生物繁育情况可大致将该生物礁分成 4 层、13 个小层（图 3-15、图 3-16）。

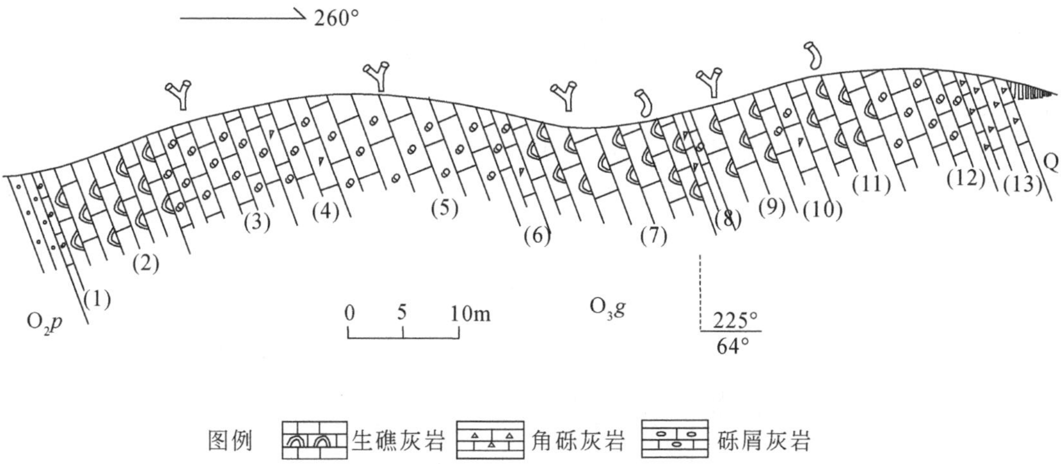

图 3-15　彭阳石节子沟上奥陶统背锅山组剖面

上覆地层　第四系黄土

不整合

上奥陶统背锅山组

13. 岩溶角砾岩，发育大量溶蚀孔洞。角砾小的约 0.05 m × 0.1 m，大的 0.1 m × 0.2 m，甚至更大，凸出的底面凹凸不平。溶蚀孔洞有平行层面成层发育的特征，多未被充填，偶有充填者，充填物为小的角砾和泥土，部分溶洞中为白色方解石。溶蚀孔洞不规则，呈长椭圆状、圆形，半径 2 cm 左右。岩层断面上方解石脉纵横交错，但脉体不连续，往往错开，向下层面呈“V”字形尖灭　5 m

12. 灰色厚层生物灰岩，生物多为单管珊瑚，附生生物为腹足类、腕足类（仅见生物碎屑），可能为礁坪。层面上发育内碎屑，并可见溶蚀角砾，可能为礁翼相　7.5 m

11. 灰色厚层—巨厚层生物礁灰岩，造礁生物以珊瑚为主，多为单管，还可见腹足类、腕足类及介形虫（主要为生物碎屑），附生生物相对保存完整，数量较多　7 m

10. 灰色中厚层生物及生物碎屑灰岩，造礁生物为珊瑚，附生生物有腹足类、腕足类及介形虫（主要为生物碎屑），可能为礁坪相　3.5 m

9. 灰色厚层生物礁灰岩，造礁生物为床板珊瑚、单管珊瑚，附生生物为腹足类、腕足类（仅见生物碎屑）　6 m

8. 灰色中厚层生物及生物碎屑灰岩，可能为礁顶相　2 m

7. 灰色厚层—巨厚层生物礁灰岩，造礁生物为床板珊瑚、单管珊瑚，附生生物为腹足类、腕足类（仅见生物碎屑）　15 m

6. 灰色厚层状生物灰岩，岩溶使原岩角砾化，泥质等充填其间，为礁核—礁翼相　3 m

5. 灰色厚层—巨厚层生物灰岩，在风化面上见珊瑚蜂窝状断面，个体大，生物介壳含量高，保存相对完整，偶见完整的双壳介壳　15 m

4. 灰色厚层—巨厚层生物灰岩，见大量珊瑚及介壳。上部介壳堆积混乱，无定向性，偶见菊石化石。

下部见六射珊瑚，大量生物介壳有平行层面的定向性 5 m

3. 灰色中厚层状生物层灰岩，化石丰富，多为珊瑚，向底部个体有增大的趋势。生物介壳含量相对上层减少 10 m

2. 灰色厚层—巨厚层生物礁灰岩，向上层厚度减薄变为中层状，造礁生物为珊瑚，附生生物为腹足类、腕足类（仅见生物碎屑），可能为礁核相 10 m

1. 灰色中层生物灰岩，可能为礁基 0.5 m

------- 平行不整合 -------

下伏地层 平凉组（在剖面点没有看到接触关系，沿此沟向下约 50 m 见到两层灰黄色砂岩）

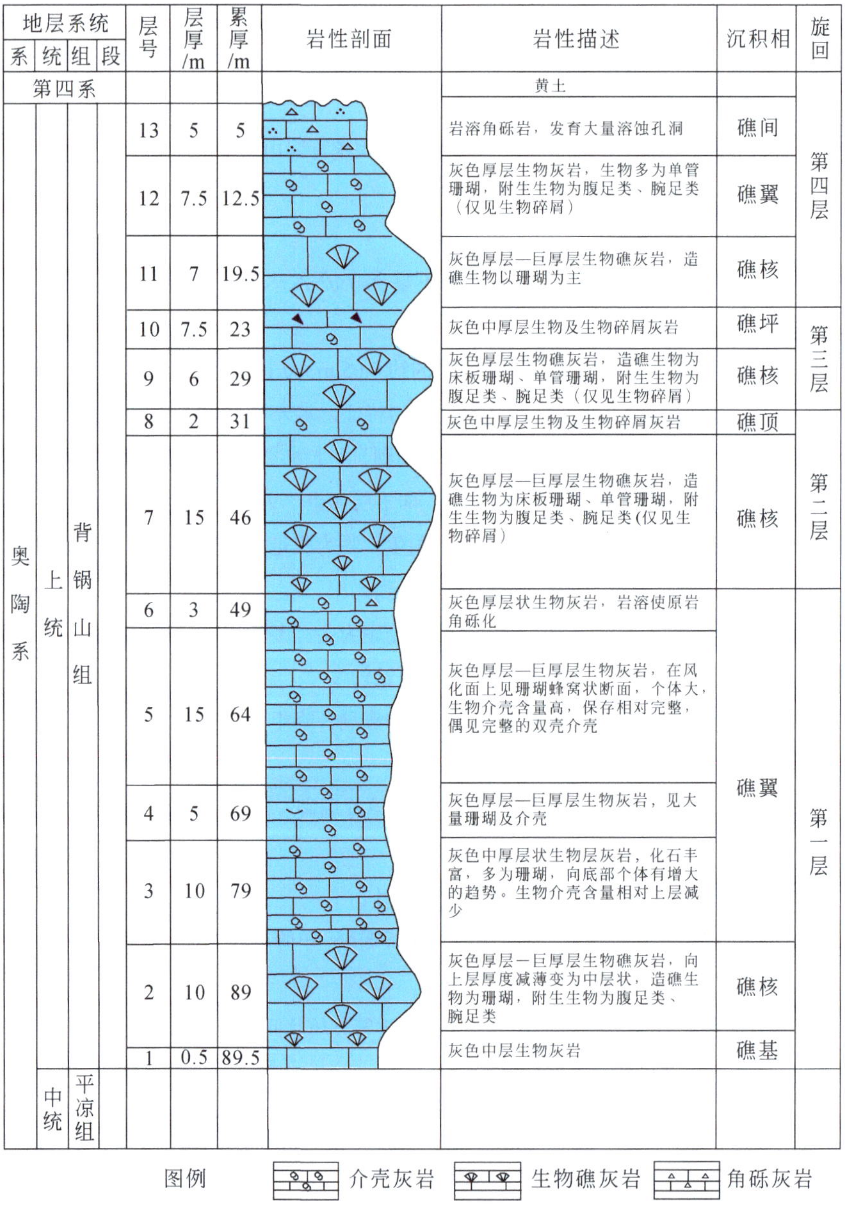

图 3-16 彭阳石节子沟上奥陶统生物礁剖面

该生物礁造礁生物为珊瑚，附礁生物有腹足类、腕足类及介形虫等。珊瑚有单管珊瑚、四射珊瑚及床板珊瑚等（安太庠和徐宝政，1984），见腹足类、腕足类生物碎屑，郑昭昌和李玉珍（1991）还识别出牙形石 *Panderodus* sp.，*Subcordylodiform* 等。

第一层生物礁发育在生物灰岩之上，包括第 1 小层～第 6 小层，厚度约 43.5 m。造礁生物为珊瑚，从生屑滩上发育而成。该礁体珊瑚个体大，质纯，形成的岩层向上逐渐变薄，表明水体逐渐加深不利于珊瑚生长。附生生物相对发育，形成生物碎屑灰岩和生物灰岩。该种环境经历了一段较长时期。

第二层生物礁的发育可能是生物碎屑逐渐生长使得水体变浅适宜珊瑚生长，从而在相对较长的一个时期内发育，形成生物礁灰岩。该层包括第 7 小层、第 8 小层，厚 17 m，造礁生物依旧是珊瑚，但较上层珊瑚个体变小，数量有所增加，随后发育中层生物灰岩，说明水体再次变深，使得环境不利于珊瑚生长，从而结束了该层生物礁的生长。

第三层生物礁包括第 9 小层、第 10 小层，厚 13.5 m，生物礁礁核由造礁生物珊瑚形成质纯的生物礁灰岩，该层内珊瑚发育跟第二层相似，个体小，数量相对多，但该层生物礁变化快，层薄，表明水体深浅变化频率加快，环境变化明显。

第四层生物礁包括第 11 小层～第 13 小层，厚 19.5 m，顶部发育一套岩溶角砾岩，基岩为中细晶灰岩，少见化石，可能是礁间沉积。而该层生物礁礁体本身厚仅 14.5 m，且生物礁灰岩较薄，生物灰岩相对发育。造礁生物为珊瑚，此层的珊瑚个体更小，但数量增多，且以单管珊瑚为主，表明此时环境非常适宜珊瑚生长，但环境变化快，不利于形成个体较大的珊瑚。

总体来看，石节子沟生物礁早期发育环境较好，形成了厚层生物礁灰岩，而且环境变化较慢，随着时间的推移，虽然环境更加有利于珊瑚生长，表现为珊瑚数量增多，但其变化频率加快，使得环境持续时间短，珊瑚没有生长成为较大珊瑚体，尤为明显的是晚期珊瑚个体小、数量多，剖面上可见珊瑚体密集分布，但总层厚不大。

3.2.2　盆地南缘典型生物礁发育特征

1. 永寿好畤河生物礁

永寿好畤河发育有多期次生物礁，礁体呈块状，无层理，位于台地边缘坡折带上（图 3-17、图 3-18）。造礁生物主要为串管海绵和纤维海绵、床板珊瑚和钙藻。床板珊瑚为下凹地衣珊瑚，钙藻为绒毛藻、表附藻，藻类主要起黏结、障积灰泥的作用，形成黏结岩和障积岩。下凹珊瑚一般呈圆形块状，周围由层纹状叠层石环绕构成具有抗浪能力的框架。附礁生物主要为腕足类、腹足类、三叶虫、角石、有孔虫、棘皮类等。主要岩石类型有珊瑚骨架岩、海绵骨架岩、钙藻黏结岩和礁角砾岩。

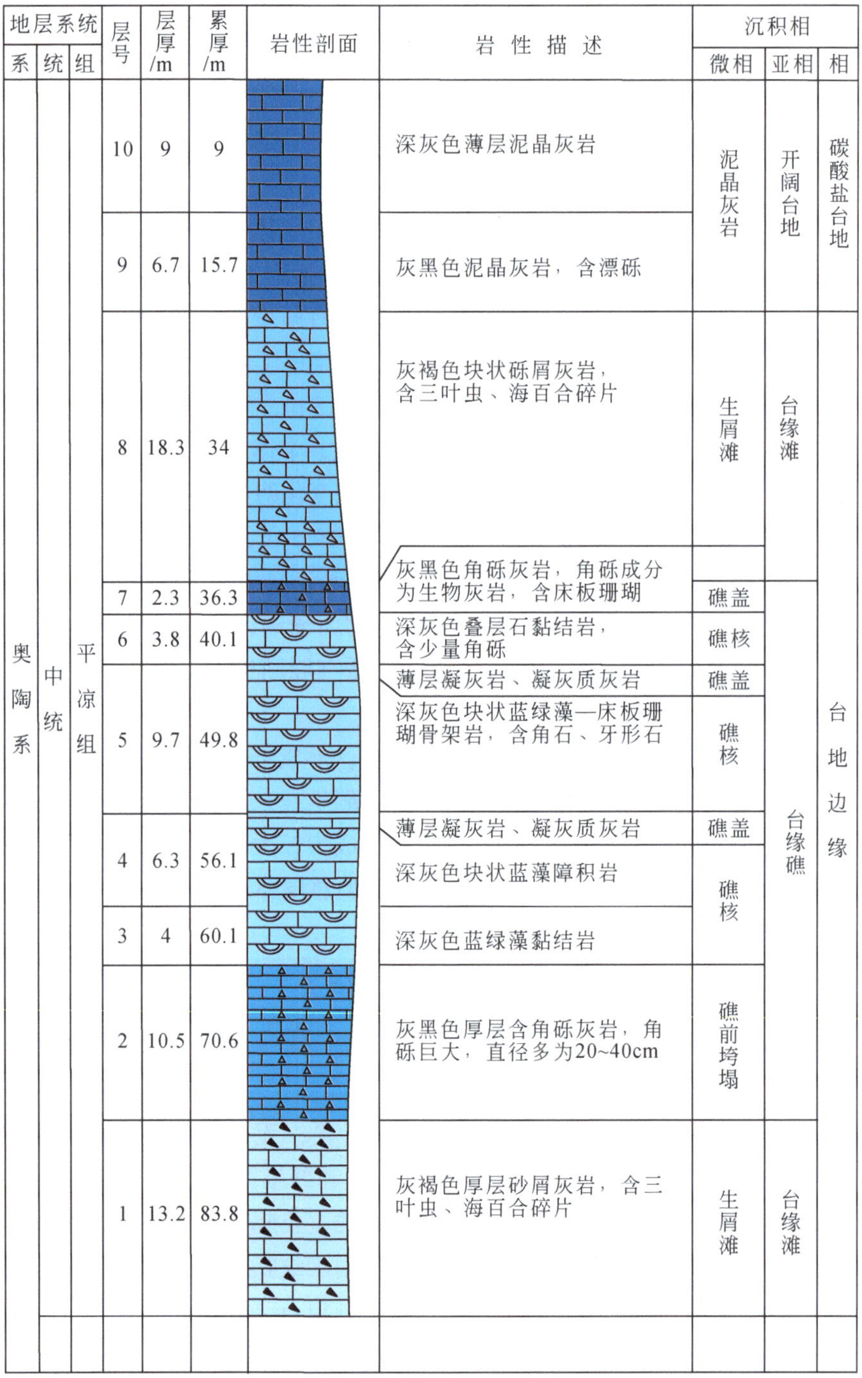

图3-17　永寿好畤河中奥陶统生物礁剖面图

(a) 生物礁露头(礁体、礁盖)，平凉组，好畤河畔

(b) 生物礁的礁体和礁基，平凉组，好畤河畔

(c) 礁核，珊瑚骨架岩，平凉组，好畤河畔

(d) 礁核，海绵障积岩，平凉组，好畤河畔

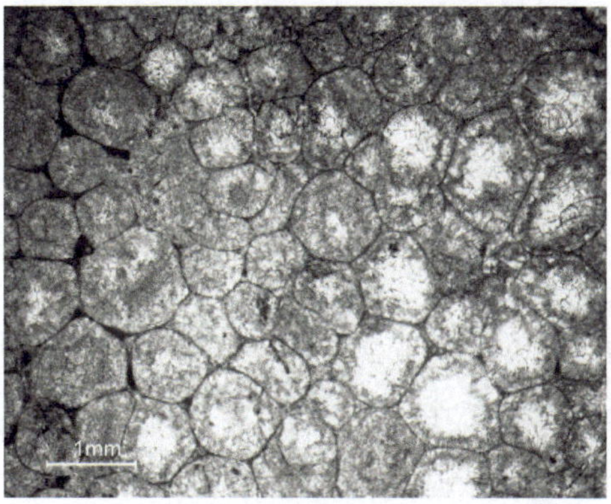

(e) 蜂巢珊瑚(单偏光)，好畤河

(f) 珊瑚灰岩，2×10×4(–)，好畤河

图 3-18　永寿好畤河中奥陶统生物礁相关照片

在礁核中，呈块状或丛状，周围由层纹状叠层石包绕黏结，形成抗浪骨架。钙藻障积岩分布在礁核中，主要由绒毛藻和表附藻组成，呈棉絮状，障积灰泥，有时见少量藻架孔。礁角砾岩组成礁翼或礁前，砾径一般为 1 ～ 5 cm，主要为床板珊瑚和层纹状叠层石碎屑。

第一层生物礁是在崩塌的漂砾灰岩基础上发育的，崩塌堆积使海底增高，水体变浅，形成了适宜海绵、珊瑚、钙藻等生物发育的环境。从礁体的盖层来看，第一层生物礁之上为薄层状灰色细晶灰岩，说明水体明显变深，呈现出潮下低能带向浅海过渡的环境，不利于珊瑚和藻类的生长，使礁体停止发育，进而消亡。但从上覆层发育有波痕及残留风化剥蚀面来看，第一层礁体消亡后，水体再次变浅，甚至暴露地表，而后又下降接受沉积形成适宜生物发育的浅水环境。

第二层生物礁的基底为砾屑灰岩，反映这些生物礁是在滩相的基础上发育起来的。第二层生物礁形成之后，盖在其上的为砾屑灰岩和薄层凝灰质火山岩，说明水动力条件增强，且伴有岩浆活动，不利于生物礁的发育，导致礁体的消亡。

第三层生物礁则是首先形成障积岩，随后形成骨架岩，部分礁体被打碎后堆积在四周成为礁翼。礁翼形成之后，水体变深，礁体停止发育，之后水体快速加深，礁体消亡。

2. 耀州区桃曲坡生物礁

在前人的研究中，认为耀州区桃曲坡生物礁的规模不大，没有礁翼或礁前、礁后之分，区内只有一个生物礁。但是在这次观察过程中却发现礁体规模较大，并发育多个礁体（图 3-19、图 3-20）。微相较容易划分，包括礁前、礁顶、礁翼、礁核多个微相。

组成该生物层的造礁生物主要是钙藻，有绒毛藻、表附藻、奥特藻、肾形藻、葛万藻和叠层石。它们障积灰泥，或绕砾屑、生物遗体碎屑形成黏结岩。其中绒毛藻、表附藻、肾形藻、奥特藻均可障积灰泥形成障积岩；葛万藻一般绕砾屑和生物遗体生长，形成黏结岩。组成叠层石的蓝绿藻也起黏结灰泥的作用形成黏结岩。

附礁生物主要为头足类、腕足类和三叶虫（陈均远和邹西平，1984），其中，头足类有 *Kotoceras cylindricum*，*K. frechi*，*Liulinoceras taoqu poense* Zou et Shen；三叶虫有 *Pliomerina*，*Illaenus*；腕足类有 *Didymelasama*，*Orthambonites*。此外，腹足类、介形虫及海百合也是常见的附礁生物。

组成生物层（丘）的主要岩石类型为钙藻障积岩、钙藻黏结岩、叠层石黏结岩及内碎屑灰岩、生物碎屑灰岩和微晶灰岩。

钙藻障积岩：主要由管孔藻组成，也有绒毛藻、表附藻或肾形藻，藻呈簇状生长，可占 30% ~ 80%。在其周围为微晶方解石或砂屑，可见藻类起障积作用，形成小的生物丘。

钙藻黏结岩：主要由葛万藻的藻丝体绕砾屑和生物碎屑生长，在其边缘形成一黑色环边，同时起着黏结碎屑的作用，它们是本区生物层的主要岩石类型。

叠层石黏结岩：主要由蓝绿藻黏结灰泥组成，它们或单独形成叠层石灰岩，或在砾屑滩上呈一个个叠层石灰岩小丘，丘体一般宽 10 cm 左右，高 15 cm 左右，均为原地生长状。

内碎屑灰岩：主要为砾屑灰岩和砂屑灰岩，内碎屑含量 60% ~ 70%，有的砾屑磨圆较好，有的砾屑呈次棱状、长条状，有的分选较好，为亮晶方解石胶结，有的分选较差，砾屑间为微晶方解石基质。内碎屑大都为含藻的微晶灰岩。其中常有腹足类、头足类和腕足类生物碎屑。这类岩石常为黏结岩的基底或盖层。

生物碎屑灰岩：主要由腕足类或海百合碎屑组成，生物碎屑含量 50% ~ 60%，亮晶方解石胶结，常为砾屑灰岩的夹层，或与砾屑灰岩过渡。耀州区桃曲坡生物礁滩位于台地边缘，是在砂、砾屑滩的基础上发育起来的，无造架生物，由藻类生成的叠层石黏结或包覆碳酸盐物质，形成叠层石礁，规模较大，呈点状分布。中奥陶世，水体很浅，适宜藻类生活，藻类、叠层石大量发育形成生物礁，起初是表附藻发育，以后又有肾形藻加入，顶部则为葛万藻绕砾屑、生屑生长形成黏结岩，与此同时，还有海松藻的发育，可以认为是各种钙藻大量发育的阶段。此外，还有少量的海绵和苔藓虫也参与了造礁。

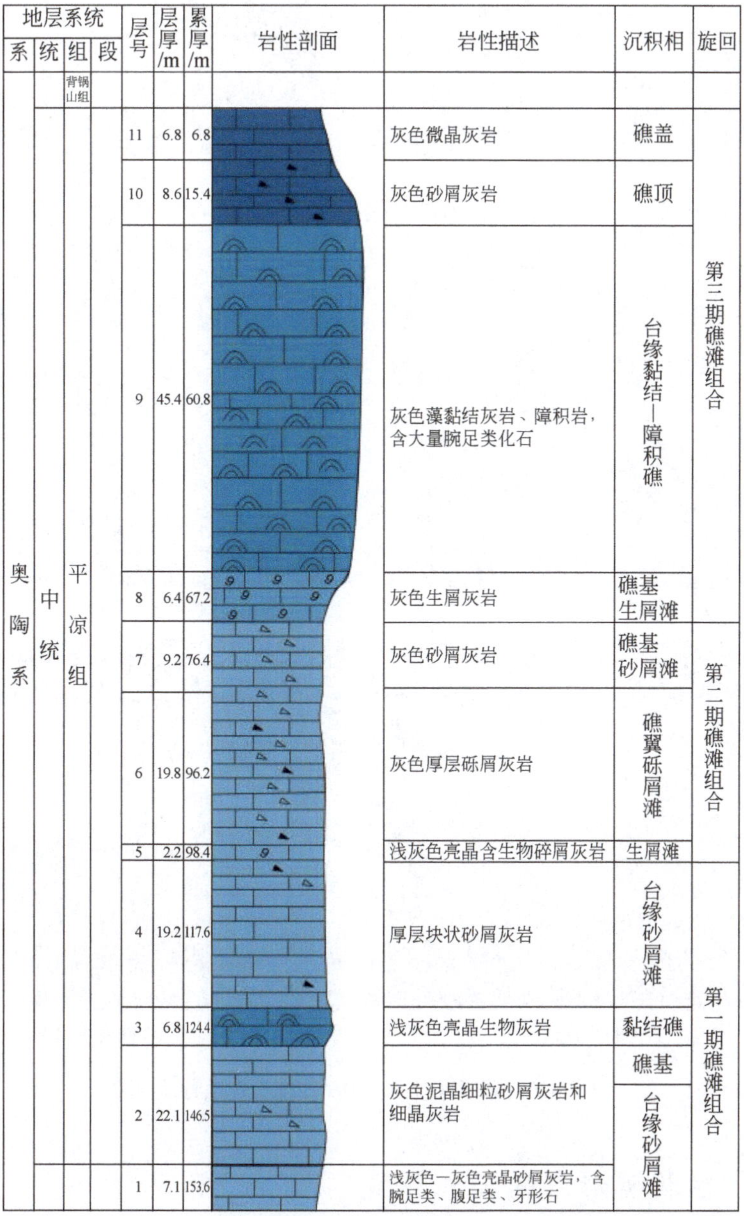

图3-19　耀州区桃曲坡中奥陶统生物礁剖面图

(a) 生物礁宏观面貌，平凉组

(b) 生物礁露头

(c) 腹足类附礁生物，平凉组

(d) 礁前塌积角砾状灰岩，平凉组

(e) 礁灰岩中的栉壳结构

(f) 介壳生物灰岩

图 3-20　耀州区桃曲坡中奥陶统生物礁野外照片

3.2.3　生物礁形成的沉积环境

鄂尔多斯盆地奥陶纪生物礁的发育和演化过程均不相同，且各有特点。盆地南缘，中奥陶世的生物礁主要分布在东部的铜川、耀州区、富平地区，以及淳化、泾阳、永寿一带；而晚奥陶世的生物礁则主要分布在礼泉东庄和陇县辛集等地。不同时期的生物礁出现在同一构造带不同地段，这种情况表明鄂尔多斯盆地南部生物礁的发育明显受活动性断裂的控制，这些活动性断裂的多期活动使该区海平面时升时降，生物礁不能稳定生长发育，造成多旋回的成礁序列。同时断裂构造的不均匀活动使各个断块出现不同的情况，有些断块逐渐隆起，水体变浅，而有些断块则逐渐下降，使水体变深，导致生物礁的最终消亡（图 3-21）。

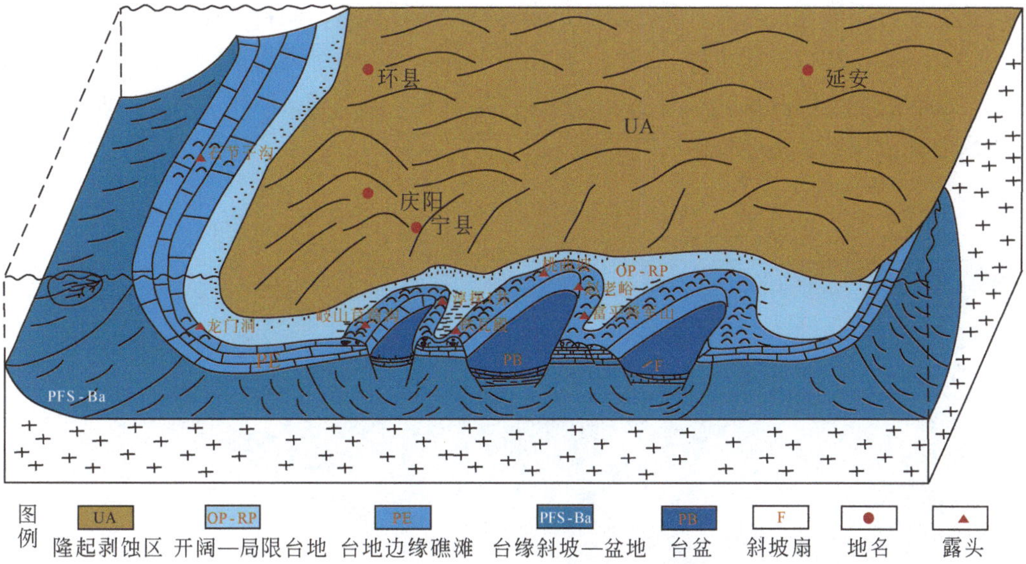

图 3-21　鄂尔多斯盆地南缘中奥陶世生物礁成礁模式图

中奥陶世时，由于海进，海水分布面扩大、水体加深，同时由于构造活动，地层出现明显差异，原在早奥陶世时统一的潮坪，有的地方隆起，有的地方凹陷。隆起处水浅，光照好，适于生物生长、繁殖，在其上就有生物礁发育，但隆起处地形也有差异，因此各地主要造礁生物也不相同；凹陷处水较深，沉积有薄层泥晶灰岩和粒屑灰岩，靠近断裂处有碎屑流沉积。

鄂尔多斯盆地西缘的生物礁在发育与演化过程中，南、中、北段各有不同。北段桌子山生物礁发育层位最老，于下奥陶统桌子山组顶部；棋探 1 井生物礁发育层位主要在下奥陶统顶部克里摩里组（桌子山上部地层）；南端石节子沟生物礁发育于上奥陶统背锅山组，发育时代最晚。不同时期的生物礁出现在同一构造带不同地段，这种情况表明鄂尔多斯盆地西缘生物礁的发育明显受到活动性断裂、板块旋转、海平面变化等控制，这些活动性断裂的多期活动使该区海平面时升时降，生物礁不能稳定生长发育，造成多期旋回的成礁序列。同时断裂构造的不均匀活动、华北板块的间歇性北漂右旋使各个断块出现不同的情况，有些断块逐渐隆起，水体变浅，而有些断块逐渐下降，使水体变深，导致生物礁最终消亡，不同地区生物礁的发育特征也不尽相同。

奥陶纪早期统一沉积的潮坪，在经历海平面上涨后，不仅海水分布面积扩大，水体加深，同时由于构造运动，地层出现明显差异，有的地方隆起，有的地方凹陷。隆起处水浅，光照条件好，适合生物生长、繁殖，在此便有生物礁发育。但在隆起处地形也有差异，各地造礁生物也不尽相同。凹陷处水深，沉积有薄层泥晶灰岩，靠近断裂处有碎屑流沉积，成礁模式为靠近贺兰拗拉槽东缘的陆缘海背景下的开阔台地边缘带点礁—滩体组合模式（图 3-22）。礁滩型储层形成于台地边缘高能相带，其空间展布受控于台地边缘相带的展布，在该相带不同的微相内礁滩型储层的储集性能不同，表现出一定的相控性，如生物礁孔隙发育但渗透性较差，颗粒滩间灰岩的物性条件均差，颗粒滩孔隙度和渗透率均较好（付金华等，2012；周俊烈，2013）。在鄂尔多斯盆地西缘奥陶系的三个典型生物礁的上覆地层岩性均为深灰色、灰黑色深水相的含笔石泥页岩沉积，韵律层发育，为一套典型的深水陆棚沉积，是礁滩相储层的良好盖层。

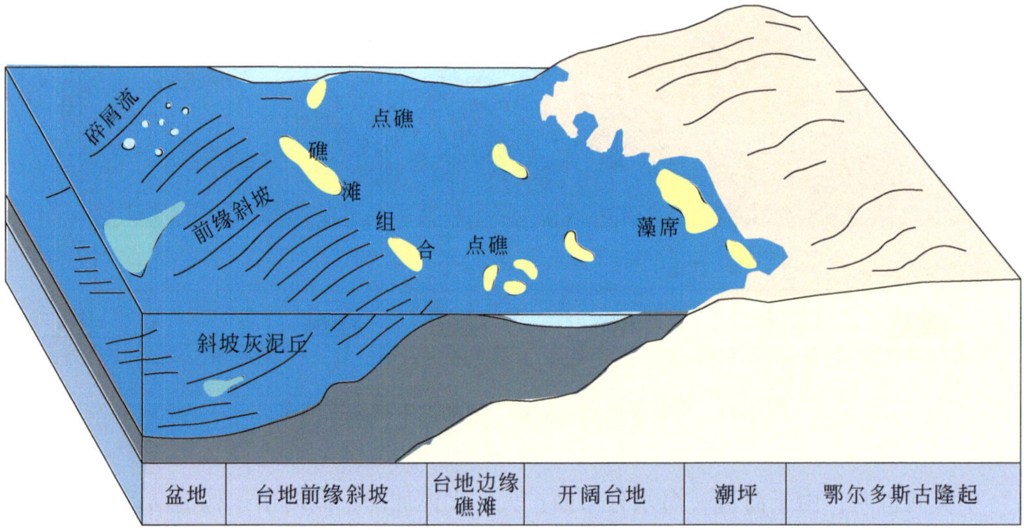

图 3-22 鄂尔多斯盆地西缘早奥陶世生物礁成礁模式图（赵俊兴等，2014）

3.2.4 盆地西缘、南缘生物礁沉积特征的差异

通过对鄂尔多斯盆地西缘北段、西缘南段典型生物礁研究，建立了盆地西缘开阔台地边缘成礁模式。这一沉积模式在地震响应上也得到了很好的印证（图 3-23）。地震解释显示，盆地西缘乌拉力克组和桌子山组从台内到斜坡地层厚度变化不大，即没有典型的边缘礁滩建隆特征。开阔台地宽广，呈中—强振幅，连续性中等—好，席状或上超充填外形。斜坡到深水海槽相带弱—中强振幅，连续性差，呈楔形（图 3-24、图 3-25）。

南缘生物礁规模明显较大，发育层位有中奥陶统平凉组和上奥陶统背锅山组。平凉组生物礁主要有泾阳徐家山的珊瑚—层孔虫礁；铜川、富平等地的珊瑚—钙藻障积丘；耀州区桃曲坡和淳化铁瓦殿一带的钙藻障积丘、钙藻层孔虫生物礁及钙藻—珊瑚—层孔虫生物礁；永寿好畤河的钙藻—珊瑚—层孔虫生物礁。背锅山组主要有礼泉东庄的障积丘和珊瑚—

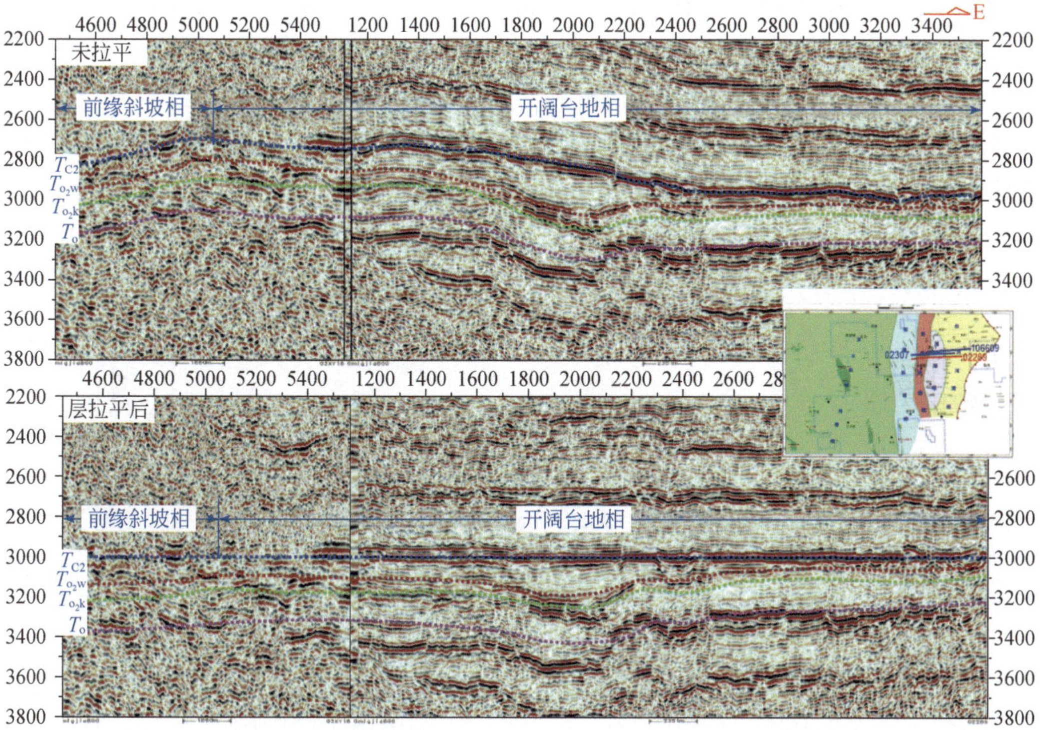

图 3-23　测线 03XY18+02289 连线层拉平前、后叠前偏移剖面解释结果

沉积相		深水斜坡—海槽相	前缘斜坡相	开阔台地		
				点礁	台洼	浅滩
代表井(露头)		牛首山小红沟	青龙山鸽堂沟	棋探1井	余3井	天1井
地质特征	地层厚度	600~800m，甚至更大	300~450m	120~200m	80~200m	残余厚度0~150m
	地层岩性	薄层至厚层泥晶灰岩、砂岩、砾岩及板岩	泥灰岩、泥岩、含砾屑泥灰岩	泥微晶灰岩、含生物灰岩、生物黏结岩	灰色—灰黑色泥晶灰岩、泥灰岩、泥岩	泥晶灰岩、砂砾屑灰岩、颗粒灰岩
	沉积模式	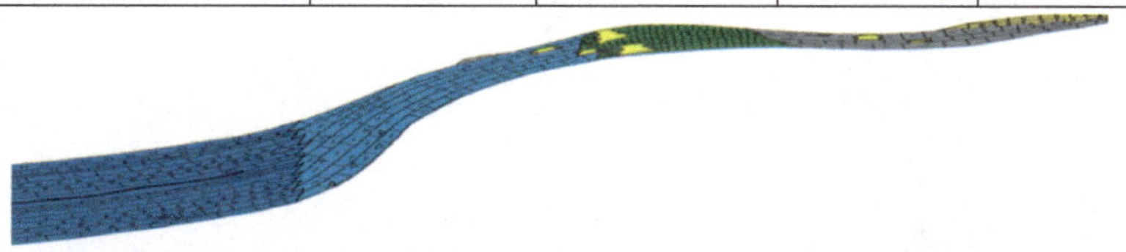				
地震相特征	时间厚度	T_{C2}与T_{O_2w}时差大于250ms	T_{C2}与T_{O_2w}时差为180~250ms	T_{C2}与T_{O_2w}时差为90~120ms	T_{C2}与T_{O_2w}时差为110~180ms	T_{C2}与T_{O_2w}时差为0~100ms
	内部反射特征	杂乱状或发散结构反射	平行结构反射	杂乱或空白反射	平行结构反射	平行结构反射
	克里摩里组顶部反射特征	弱—中强振幅，连续性差	弱—中强振幅，连续性差—中等	弱振幅，差连续	中—强振幅，连续性中等—好	中等振幅，连续性中等—好
	外部几何形态	楔形	席状	席状披盖、丘状	上超充填	席状
	地震相模式	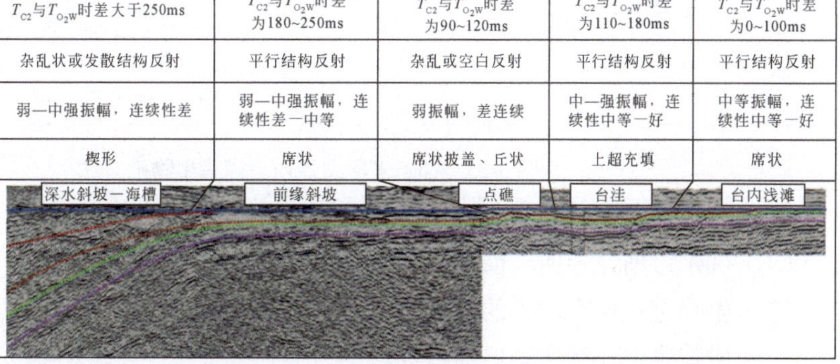				

图 3-24　西缘克里摩里组沉积相—地震相识别模式

层孔虫骨架礁；彭阳县罗洼乡石节子沟的珊瑚礁。盆地西缘生物礁中，造礁生物主要为珊瑚、层孔虫、海绵、叠层藻等，附礁生物为腕足类、腹足类、三叶虫、海百合、介形虫等。其岩石类型有生物骨架岩、黏结岩、障积岩、生物碎屑灰岩、藻屑灰岩等。

通过生物礁的详细解剖和对比研究发现，鄂尔多斯盆地西、南缘生物礁发育具有明显的规律性（图 3-25）。

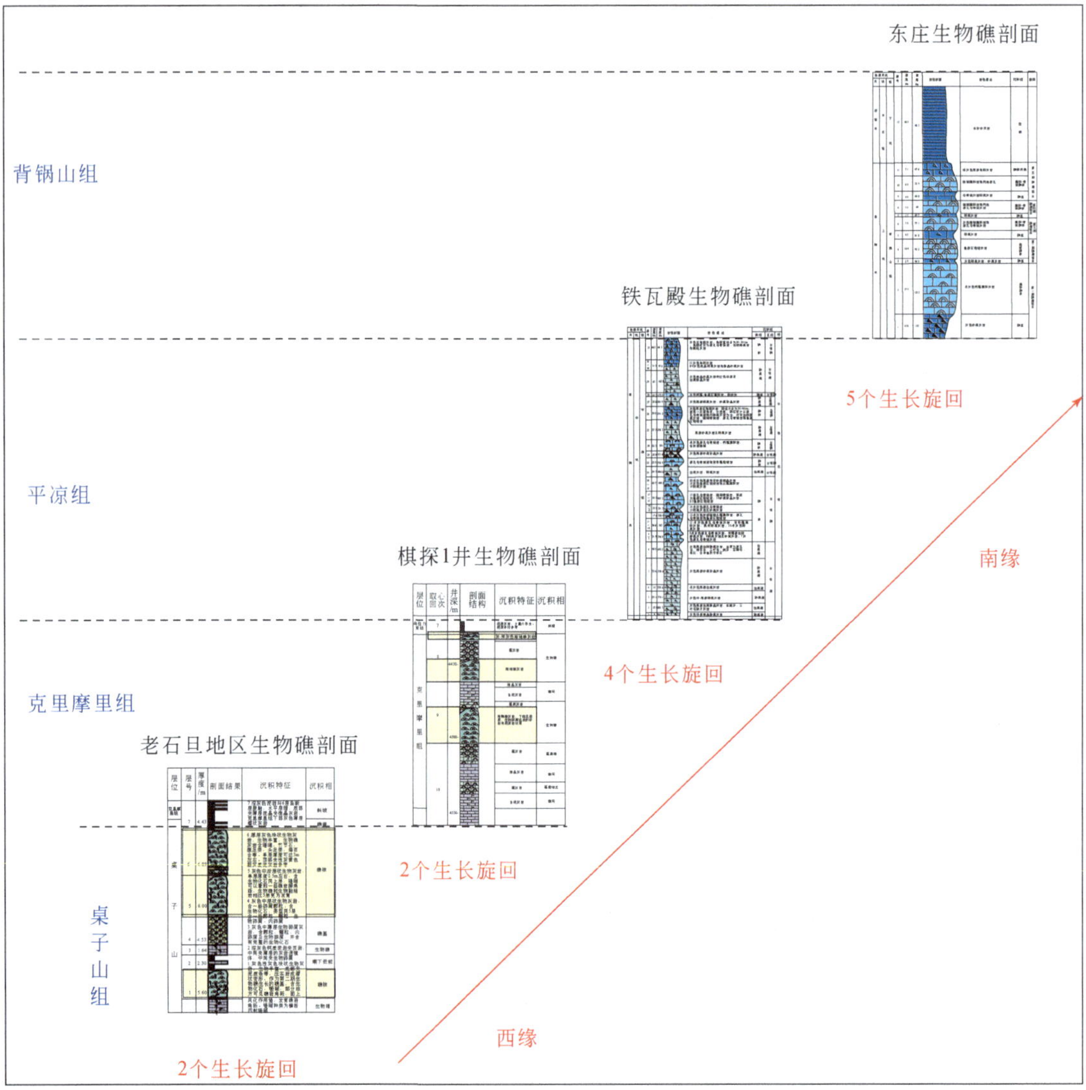

图 3-25 鄂尔多斯盆地西、南缘生物礁对比

（1）鄂尔多斯盆地西、南缘生物礁，由北往南，发育层位上升。

（2）生物礁规模有增大的趋势。

（3）生物礁生长期次有增加趋势。

（4）西缘北段生物礁的礁前垮塌相不发育，而西缘南段的礁前垮塌相非常发育。

3.3　沉积模式及演化特征

3.3.1　早古生代沉积演化趋势

早古生代的鄂尔多斯地块进入了克拉通盆地稳定发育时期，在多幕快速海进和缓慢海退演化过程中，沉积了一套全区较为稳定可追踪、对比的寒武系、奥陶系海相碳酸盐岩夹碎屑岩沉积建造。盆地南侧以宝鸡—洛南断裂为界与秦岭海槽相接，盆地北部以内蒙古古陆与兴蒙加里东海槽相隔，西侧以青铜峡—固原断裂为界与祁连海槽相邻，而西北侧则为继承性活动的“再生”贺兰拗拉槽。

鄂尔多斯盆地边缘活动经历了寒武纪—早奥陶世的被动大陆边缘、中奥陶世—晚奥陶世的主动大陆边缘两大构造发育阶段。不同阶段、不同性质和不同方式的构造活动直接影响、控制了盆地内部的构造特征和沉积建造，形成了北部高、南部低、中间高、东西两侧低的古构造背景。按照“构造控盆、盆地控相”的思想，鄂尔多斯盆地早古生代的沉积环境演化主要受秦祁贺三叉裂谷系的控制。不同阶段不同构造部位的沉积环境及沉积体系类型各不相同。

寒武纪鄂尔多斯盆地处于一个西南边缘活动、内部稳定的特定大地构造环境，决定了其独特的构造—沉积发育特征。地台区除边缘地区受秦祁海槽被动大陆边缘的影响而使之具有某种过渡性沉积外，其余广大地区均为稳定的克拉通陆表海沉积，沉积了一套碳酸盐岩夹碎屑岩的稳定克拉通盆地型沉积建造；地台西、南侧为贺兰拗拉槽和秦祁海槽。总之，晚寒武世的盆地周缘陆棚边缘沉积仍较厚，充分反映了活动的西南边缘与稳定的地块内部既对立又协调发展的构造—沉积阶段。

奥陶系是在继承寒武系的构造格局的基础上发展起来的，受到了古秦岭洋和古祁连海及华北海的控制，深水陆棚及盆地基本上处于研究区的西缘和南缘地带，隆起和凹陷的构造线方向也无大的改变，而在定边—庆阳的“L”形中央古隆起构成了奥陶系最醒目的构造特征，也造成了以中央古隆起长期分割的奥陶系特殊岩相古地理面貌，即中东部为局限蒸发台地相区，而西缘和南缘则为开阔海沉积体系。鄂尔多斯盆地奥陶纪沉积发育史与秦祁海的演化相关。

通过对中央古隆起及周缘沉积物质分布特征与规律的研究，揭示出早古生代中央古隆起的不同演化阶段层序充填过程及其差异性。综合各个时期的层序充填特征，认为中央古隆起及周缘早古生代的沉积物质分布规律及沉积物质充填过程具有如图 3-26 所示的特征。

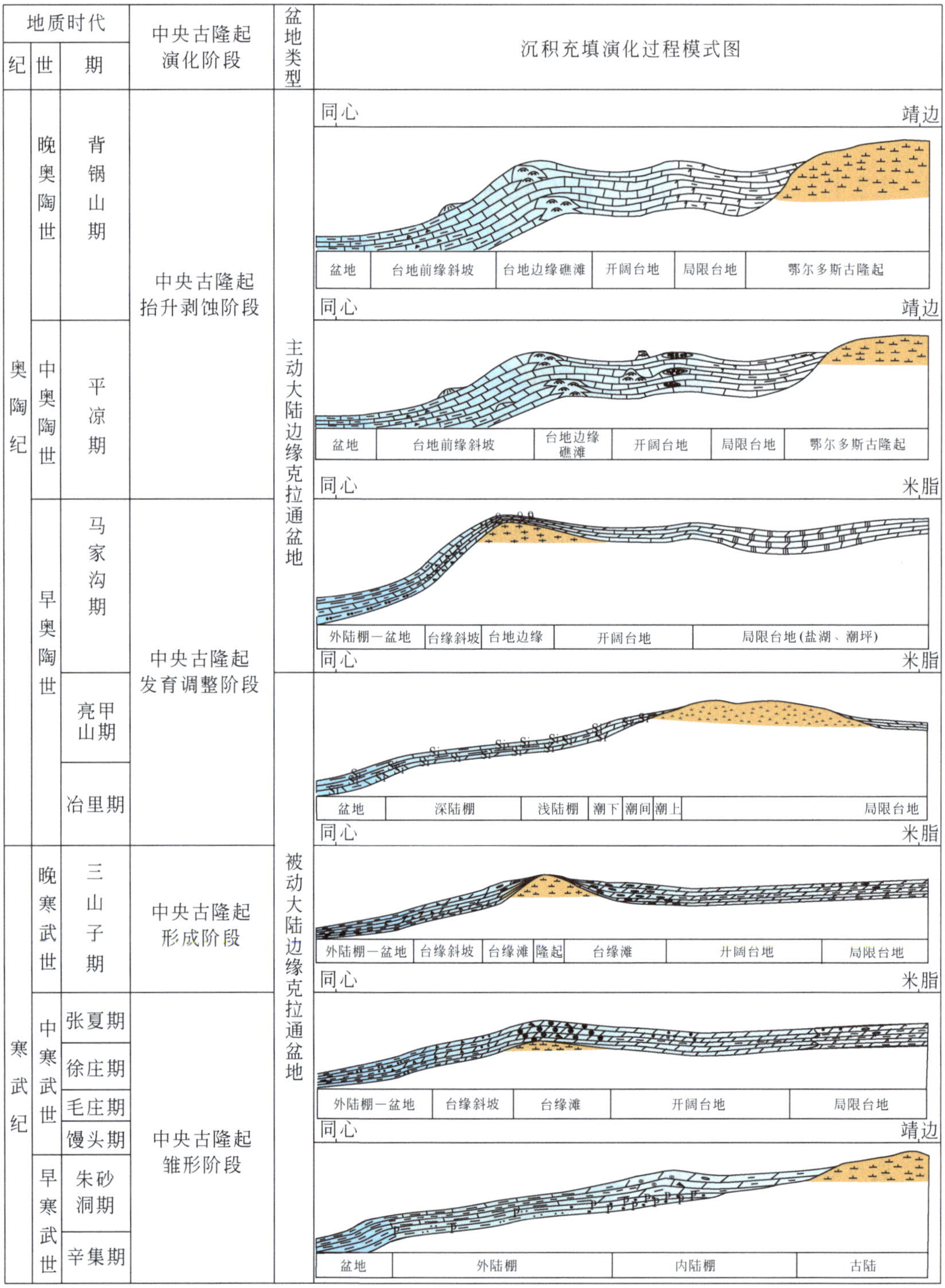

图 3-26　鄂尔多斯盆地早古生代沉积模式及演化特征

3.3.2 盆地不同地区奥陶纪沉积模式及差异性

1. 盆地西缘奥陶纪沉积模式

鄂尔多斯盆地西、南缘奥陶系发育了大量生物礁，西缘主要分布于桌子山、棋探 1 井和石节子沟等地，发育地层主要为下奥陶统桌子山组、中奥陶统平凉组和上奥陶统背锅山组。这些生物礁大多呈丘状、透镜状，因受环境限制，礁体规模较小，多为点礁。根据生物礁的发育特征，建立了盆地西缘开阔台地边缘成礁模式（图 3-27）。

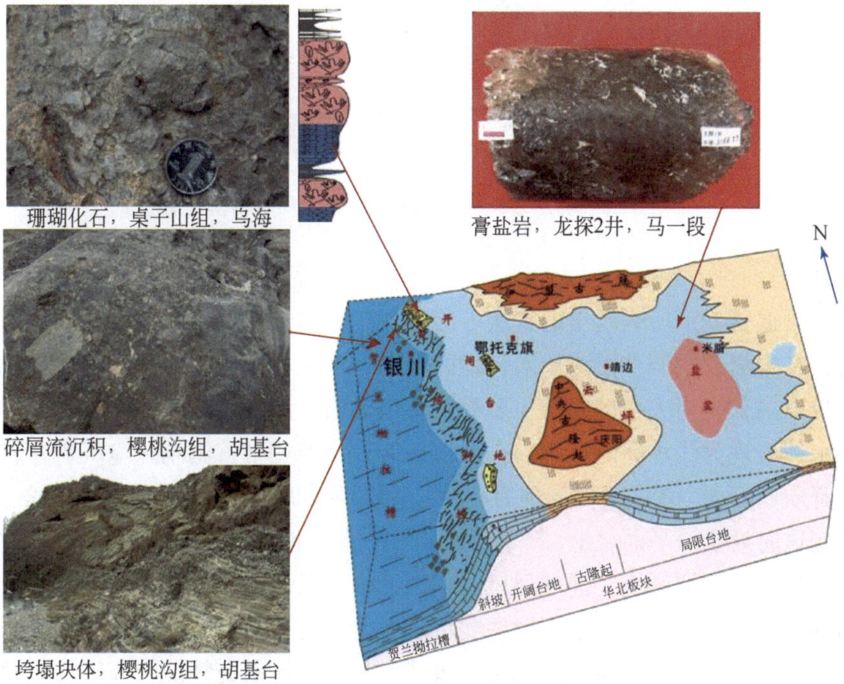

图 3-27 盆地西缘开阔台地边缘成礁模式

2. 盆地东缘奥陶纪沉积模式

鄂尔多斯盆地在早古生代时期地处华北大陆，除盆地西缘和南缘以外，其余地方主要为陆表海的沉积环境；同时，根据对该时期的古气候研究显示，古气候背景表现为赤道周围干旱炎热的热带气候带，蒸发作用强烈，使得该区为干旱的潮坪沉积环境，这在奥陶系马五段沉积中表现得十分明显，当时的海平面较低。中央古隆起东侧的沉积模式如下（图 3-28）。

在奥陶系马五段沉积时期，鄂尔多斯盆地基底抬升，古气候也开始发生改变，由湿热的气候转变为干旱炎热的气候，大气降水量减少，蒸发量也开始增大，海平面持续下降，海水的深度减小，使得中央古隆起暴露于水面之上，鄂尔多斯盆地的主体环境在此时变得越来越局限。在奥陶系中组合沉积时期，虽然马五段整体表现为海退的演化过程，但是在

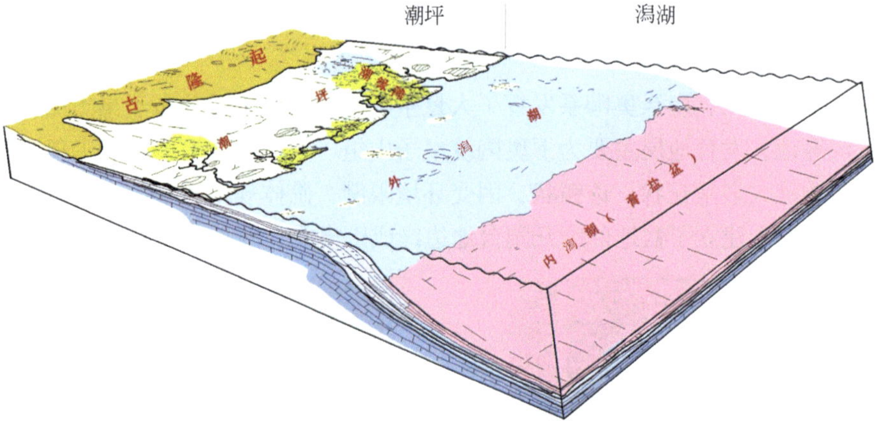

图 3-28　鄂尔多斯盆地东缘中组合沉积微相模式图

大的海平面后退背景下所表现出的是次一级的振荡间歇性海退，在海平面上表现为相对上升的时期，在古隆起东侧主要为局限台地的沉积环境，自西向东主要为潮坪环境和潟湖环境，潮上带以白云岩为主，潮间带主要为灰质白云岩，潮上带与潮间带相互交替发育，沉积环境的水体表现为浅水高能，所以在局部地区发育滩相带；潟湖环境沉积膏岩、含膏质白云岩和膏质白云岩。在海平面表现为相对快速下降的时期，同时由于古气候的炎热干燥，中央古隆起这时处于海平面之上，没有接受沉积，古地理格局与海平面相对上升期相类似，主要为潮坪环境和潟湖环境，潮坪环境沉积白云岩、灰质白云岩、含泥质白云岩及泥质白云岩，局部地区发育滩相；潟湖环境主要沉积含膏云岩、膏云岩及膏岩等。参照威尔逊所提出的碳酸盐岩微相标准类型及岩相组合模式，根据本区研究情况和邻区沉积模式研究情况，认为中央古隆起东侧奥陶系中组合为中央古隆起—潮上云坪—潮间灰云坪—膏岩洼地（潟湖）变迁模式。发育潮缘滩模式是古隆起东侧一个非常显著的特征，是中组合的重要勘探目标。

3. 盆地南缘奥陶纪沉积模式

根据鄂尔多斯盆地南缘生物礁的发育特征，建立了鄂尔多斯盆地南缘镶边台地边缘成礁模式（图 3-29）。

3.3.3　早古生代碳酸盐岩沉积的规律性与差异性

在盆地西北部，斜坡重力流发育，在台地边缘生物礁滩也有所发育。早奥陶世生物礁主要分布在天环地区台地边缘相带，桌子山组生物礁见于内蒙古乌海老石旦东山剖面，克

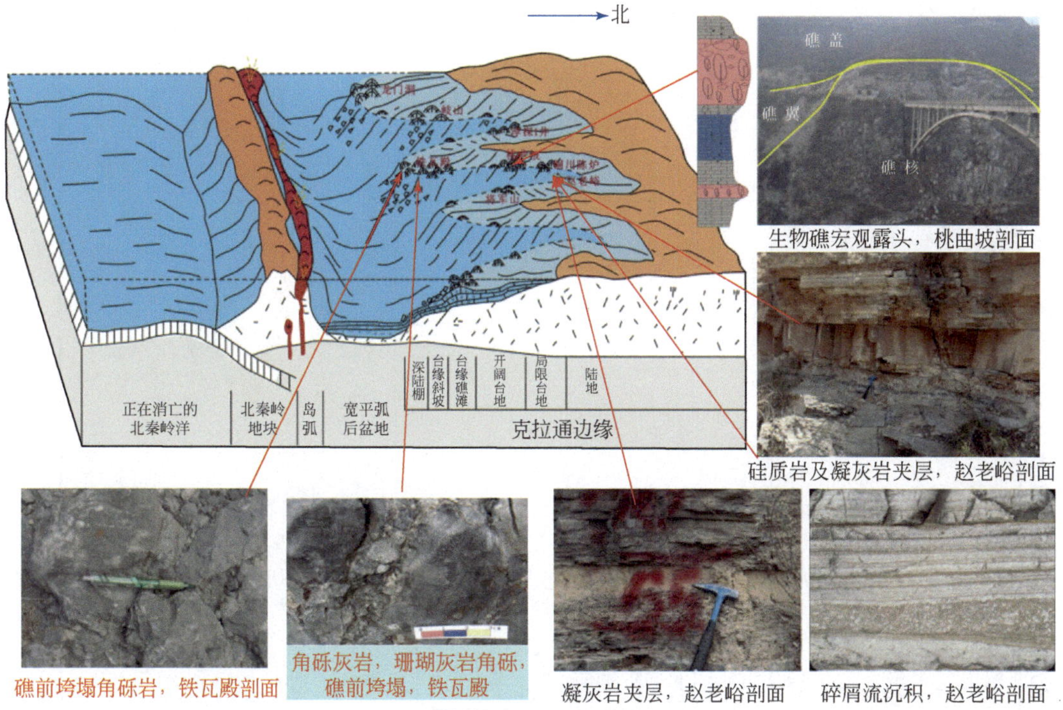

图 3-29　鄂尔多斯盆地南缘镶边台地边缘成礁模式

里摩里组生物礁见于棋探 1 井。碳酸盐岩储层主要发育层位为奥陶系克里摩里组，在该地区主要处于祁连海沉积范围，优质储层沉积环境为陆缘海背景下的开阔台地中的点礁、点滩微相，以棋探 1 井为代表。生物礁的造礁生物以海绵、珊瑚为主，并认为该地区的沉积模式为开阔台地边缘礁滩模式（表 3-3），礁及滩均为在低能背景下的沉积，填隙物以泥晶为主，因此储集性能一般较差。

在盆地东北部，研究区总体为局限台地环境，可划分出潮缘滩、云坪、灰云坪和潟湖（膏盐盆）4 个微相，具体表现为由西至东依次发育中央隆起区、云坪 / 潮缘滩、灰云坪、潟湖和膏盐盆。区内的沉积环境为典型的陆表海型碳酸盐台地。陆表海与开阔海的连通受古隆起影响，古隆起对水体具有阻隔作用，水动力条件中等，为半开阔半局限环境，以发育环隆潮坪和膏盐盆为特征。膏盐盆发育在克拉通内部拗陷，与开阔海距离远，因海水的向心浓缩作用而成。潮坪紧邻古隆起，因陆表海地势平缓，海平面升降变化会造成滨线大范围迁移，因此潮坪分布面积非常广阔，并且潮坪上发育沿古隆起分布的席状潮缘滩。潮缘滩形成的水动力和规模与典型的台地边缘滩相比，不容易被识别。它是陆表海上相对高能的环境，是古隆起东侧有利储层发育的沉积微相。

表 3-3　鄂尔多斯盆地不同地区奥陶纪沉积模式及差异性对比

不同地区		盆地西缘	盆地南缘	盆地东缘
发育层位		克里摩里组	平凉组	马家沟组马五 5—马五 10
沉积体系	相	开阔台地	台地边缘	局限台地
	亚相	点礁、点滩	台缘礁、滩	潮间—潮下带
	微相	颗粒滩，海绵礁	颗粒滩、珊瑚礁、层孔虫礁	潮缘滩
剖面结构		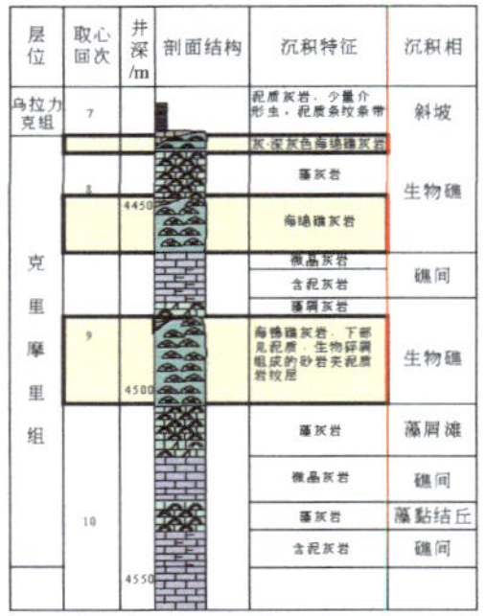	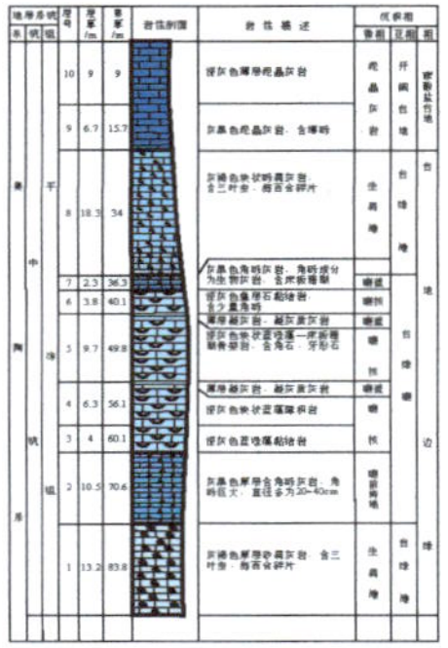	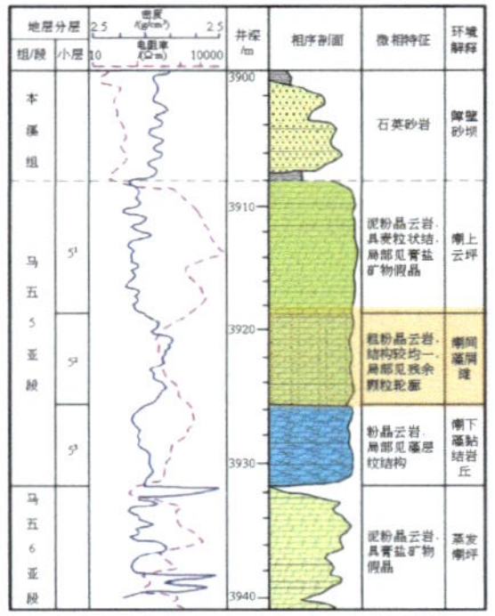
相模式		开阔台地边缘成礁模式 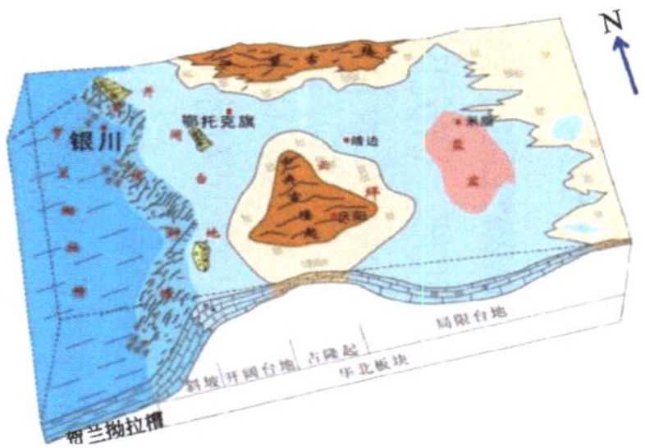	镶边台地边缘成礁模式 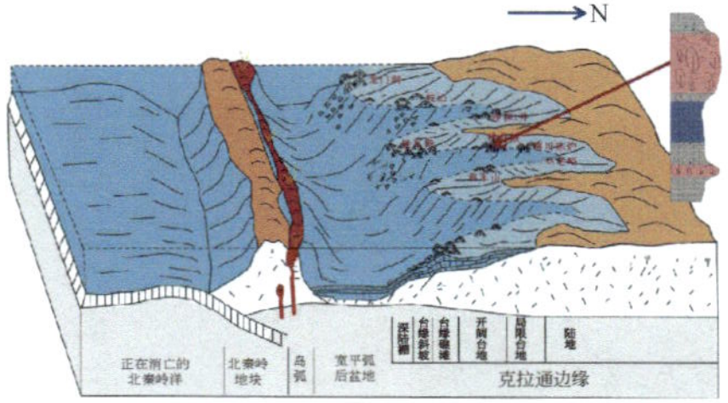	潮缘滩模式 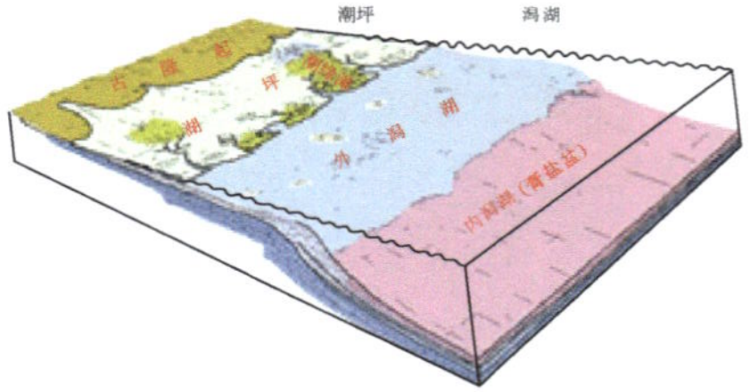

第 4 章　层序岩相古地理特征及其演化

层序岩相古地理研究是重建地质历史中海陆分布、构造背景、盆地配置和沉积演化的重要途径和手段。通过重塑沉积环境，研究沉积作用，了解地质历史演变及构造发育史，总结各时期的海陆变迁、古气候变化、沉积区及剥蚀区的古自然地理景观特征，分析不同沉积环境下沉积物的特征及其分布规律，从而达到评价油气资源、了解油气分布规律和预测油气远景的目的。本次研究是在沉积体系类型特征和层序划分对比的基础上，对盆地古生代展开的新一轮层序岩相古地理研究。

4.1　编图思路与成图单元

4.1.1　编图思路和方法

综观岩相古地理研究史，其编图指导思想和方法有：20 世纪 50 年代，Krumbein 和 Sloss（1955）运用生物古地理学理论和方法编制了美国概略古地理图；刘鸿允（1955）以生物地层学为基础编制了《中国古地理图》；70 年代初，岩相学派通过单因素、多因素和优势法编绘了小范围古地理图；80 年代，王鸿祯（1985）以构造活动论和发展阶段论为指导编制了《中国古地理图集》；90 年代初，刘宝珺等以板块构造理论和盆地分析原理为指导编制了《中国南方岩相古地理图集（震旦纪—三叠纪）》（地质矿产部成都地质矿产研究所，1994）等。上述诸方法对推动岩相古地理学的飞速发展具有重要意义，但仍存在共同的不足之处：一是怎样编制反映活动论的岩相古地理图；二是在二维平面图上怎样反映特定时间间隔内某地区的四维沉积发育史；三是古地理图件如何反映沉积盆地特征及其主控因素（板块构造格架、同沉积构造活动等）；四是如何更好地紧密结合油气勘探实际，将理论和应用有机地联系起来（丘东洲等，2009a；王国茹，2011）。这些问题涉及如何恢复古海洋、古大陆的位置及其变化历程，成图单元的划分、对比，以及编图的思路与工作方法，其焦点是怎样选择等时地质体或等时面来编制真正等时的岩相古地理图，即层序岩相古地理图。全球沉积对比计划和联合古陆计划的实施及层序地层学理论的实践和应用，为重建全球古地理、追踪全球沉积记录、编制高精度等时古地理图提供了理论依据。层序及体系域不但是年代地层段和等时地质体，且其顶底面是可确定的物理界面。显然，层序岩相古地理图更接近盆地沉积演化的真实性，以动态的变化反映盆地的充填史（付金华等，2017；张春林等，2017；刘晓光等，2012；任军峰等，2012；苏中堂等，2011a；陈洪德等，2010；刘宝珺和丘东洲，1995）。

4.1.2　成图单元

不同的岩相古地理研究方法，其成图单元不同，所编出的岩相古地理图反映的内容及其真实性不同。以层序地层学理论为指导编制的层序岩相古地理图，同样涉及成图单元的选择问题。沉积层序作为岩相古地理学研究的基本地层单位，选择成图单元的方法有二：一是以体系域为成图单元，采用体系域压缩法编制层序岩相古地理图；二是以相关界面如层序界面、最大海泛面或体系域顶或底界面作为成图单位进行编图，即瞬时编图法。其中方法一的等时性较差，但所编制的层序岩相古地理图是一个反映具体地质体的相对等时的岩相古地理图，在油气勘探、目标评选和远景预测中具有重要意义；方法二的等时性强，但仅揭示了地史中瞬时的古地理格局，缺乏相对具体的地质体，因而其勘探意义受到限制。

岩相古地理图图面上的主要古地理单元：一是陆地，二是海洋或海域。后者均以岩相和环境命名表示（张银德等，2014）。古陆和陆源区的区分和陆地上古地貌单元的性质较难确定，除依据沉积区的岩石类型、物质成分外，还取决于构造活动的性质和造山过程。前人在岩相古地理图上对陆源区均是概略地分为高山、丘陵、平原或山地等，且一律以古陆命名。古陆地的地貌特征应是盆山转换过程和其演化中构造活动性质的响应，为揭示盆山转换特征，我们分为古陆和后期隆起剥蚀区两种类型：古陆是指出露前寒武系变质岩基底的区域；后期隆起剥蚀区是指与构造运动相伴的隆起，遭受过侵蚀作用，但未出露基底的区域。

本次研究我们对早古生代以超层序为单元编制了盆地各个时期体系域的岩相古地理图件；同时对早古生代以层序（三级）为成图单元编制了层序岩相古地理图（表4-1）；另外也结合盆地勘探现状针对主要地区重点层段编制了沉积微相平面展布图（四级），各个级次层序的古地理特征分述如下。

表4-1　层序岩相古地理图名和相对应的岩石地层单元

<table>
<tr><th>二级层序编号</th><th>三级层序编号</th><th>图名</th><th>所对应岩石地层</th></tr>
<tr><td rowspan="6">SS1</td><td>ЄSQ1</td><td>鄂尔多斯盆地ЄSQ1层序岩相古地理图</td><td>辛集组</td></tr>
<tr><td>ЄSQ2</td><td>鄂尔多斯盆地ЄSQ2层序岩相古地理图</td><td>朱砂洞组</td></tr>
<tr><td>ЄSQ3</td><td>鄂尔多斯盆地ЄSQ3层序岩相古地理图</td><td>馒头组</td></tr>
<tr><td>ЄSQ4</td><td>鄂尔多斯盆地ЄSQ4层序岩相古地理图</td><td>毛庄组</td></tr>
<tr><td>ЄSQ5</td><td rowspan="2">鄂尔多斯盆地ЄSQ5—ЄSQ6层序岩相古地理图</td><td rowspan="2">徐庄组</td></tr>
<tr><td>ЄSQ6</td></tr>
</table>

续表

二级层序编号	三级层序编号	图名	所对应岩石地层
SS2	€SQ7	鄂尔多斯盆地€SQ7—€SQ8 层序岩相古地理图	张夏组
	€SQ8		
	€SQ9	鄂尔多斯盆地€SQ9—€SQ12 层序岩相古地理图	崮山组
	€SQ10		长山组
	€SQ11		凤山组
	€SQ12		
SS3	OSQ1	鄂尔多斯盆地 OSQ1 层序岩相古地理图	冶里组
	OSQ2	鄂尔多斯盆地 OSQ2—OSQ3 层序岩相古地理图	亮甲山组
	OSQ3		
SS4	OSQ4	鄂尔多斯盆地 OSQ4 层序岩相古地理图	马一段
	OSQ5	鄂尔多斯盆地 OSQ5 层序岩相古地理图	马二段
	OSQ6	鄂尔多斯盆地 OSQ6 层序岩相古地理图	马三段
	OSQ7	鄂尔多斯盆地 OSQ7 层序岩相古地理图	马四段
	OSQ8	鄂尔多斯盆地 OSQ8 层序岩相古地理图	马五段
	OSQ9	鄂尔多斯盆地 OSQ9 层序岩相古地理图	马六段
SS5	OSQ10	鄂尔多斯盆地 OSQ10—OSQ12 层序岩相古地理图	平凉组
	OSQ11		
	OSQ12		
	OSQ13	鄂尔多斯盆地 OSQ13—OSQ14 层序岩相古地理图	背锅山组
	OSQ14		

4.2　超层序岩相古地理特征

4.2.1　SS1 期

超层序 SS1 时限相当于沧浪铺期、龙王庙期、毛庄期及徐庄期，它是震旦纪末期海退事件之后，第一次海侵期、高位期形成的，其最大海泛面在徐庄阶。加里东运动早期以南北向的拉张为主，活动方式表现为垂直升降，接受了下寒武统辛集组—中寒武统徐庄组的沉积。

海侵早期：海水从东南、西南两个方向沿盆地南缘、西缘侵入盆地，以东南方向海侵为主，造成寒武纪地层从东南向西北超覆于震旦纪及前震旦纪地层之上，形成一套滨岸相沉积。沿盆地内石嘴山—磴口—克 1 井—定边—镇原—正宁—大宁一线的盆地西南缘沉积一套砂岩、钙质砂岩，向南、西沿富平—同心—银川一线逐渐过渡为陆棚环境，沉积一套泥岩、粉砂质泥岩（图 4-1）。

海侵晚期：为寒武纪第一次大规模海侵，沿盆地周缘，海水自北东、南东、南西方向侵入鄂尔多斯盆地，以南东方向为主，此时海水已经浸漫盆地大部分地区，盆地主体只有西南地区镇原—平凉一带的镇原古陆、盆地北部的伊盟古陆和东部的吕梁古陆露出水面，形成鼎立之势，而西北角海水从伊盟古陆与阿拉善古陆之间侵入与贺兰拗拉槽贯通。围绕这些古陆发育潮坪环境，形成一套白云岩沉积，在古陆之间水体局限形成局限台地沉积，发育以含泥白云岩为主的岩石组合，盆地西南缘发育台缘斜坡环境和陆棚—盆地的泥岩沉积。

高位期：海侵达到最大后，海平面开始下降，沉积环境趋于稳定，泥岩及页岩减少，沉积物以中薄层含泥白云岩和泥质白云岩为主。沉积格局较海侵中晚期变化不大，但古陆周缘的潮坪发育范围明显增大，盆地东北角不再发育台地相，被广泛的潮坪相所代替，局限—开阔台地相退居盆地西、南部，沿任 3 井—龙门洞剖面—岐山剖面—尧山剖面一线依旧为盆地边缘相，向外海转为陆棚—盆地相（图 4-2）。

4.2.2 SS2 期

超层序 SS2 时限相当于张夏期、崮山期、长山期及凤山期，它是寒武纪又一次海侵，最大海泛面在徐庄阶。该期的构造活动依然是加里东运动早期以南北向的拉张为主，活动方式表现为垂直升降，接受了中寒武世张夏期–晚寒武世崮山期、凤山期和长山期地层沉积，沉积范围与 SS1 期分布范围基本一致。

海侵期：为寒武纪又一次大规模海侵，海水自北东、南东、南西方向侵入鄂尔多斯盆地，以南东方向为主，北东方向海侵较第一次海侵有所减弱，海水虽依旧浸漫盆地大部分地区，但盆地北部的伊盟古陆范围扩大，从西北角伊盟古陆与阿拉善古陆之间侵入的海水量减少。围绕这些古陆发育潮坪环境，形成一套白云岩沉积，古陆之间水体局限形成局限台地沉积，发育以含泥白云岩为主的岩石组合，而盆地东南水体变得畅通，出现开阔台地沉积，盆地西南缘发育台地边缘滩和台缘斜坡—陆棚的泥岩及泥质砂岩沉积（图 4-3）。

高位期：海水侵入发生变化，以东部华北海为主，东部吕梁隆起没于水下，北部伊盟隆起与西南角镇原隆起贯通，形成中央古隆起，使东西海水分隔，沿中央古隆起发育潮坪

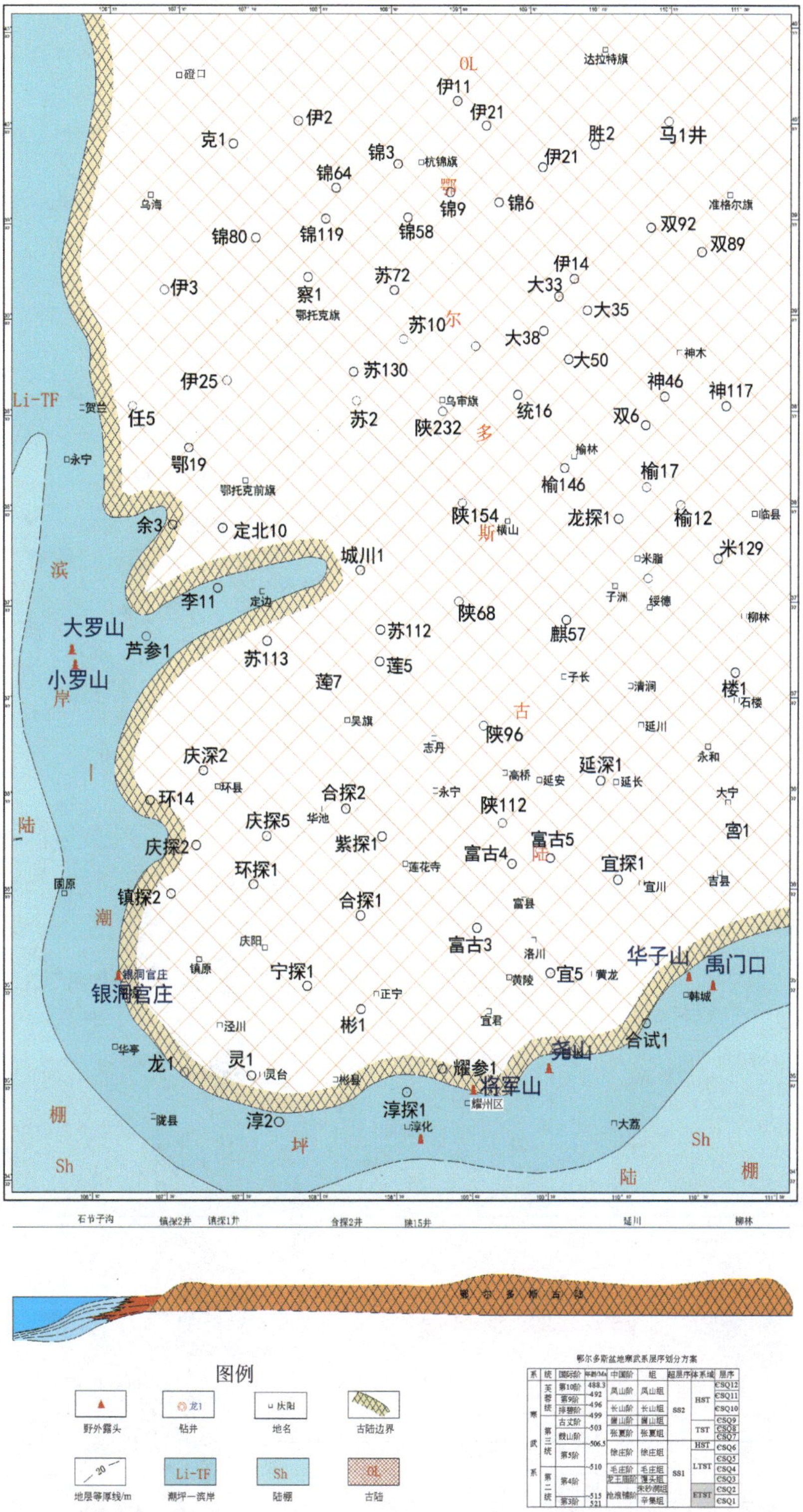

图 4-1　鄂尔多斯盆地下古生界超层序 SS1 海侵体系域早期岩相古地理

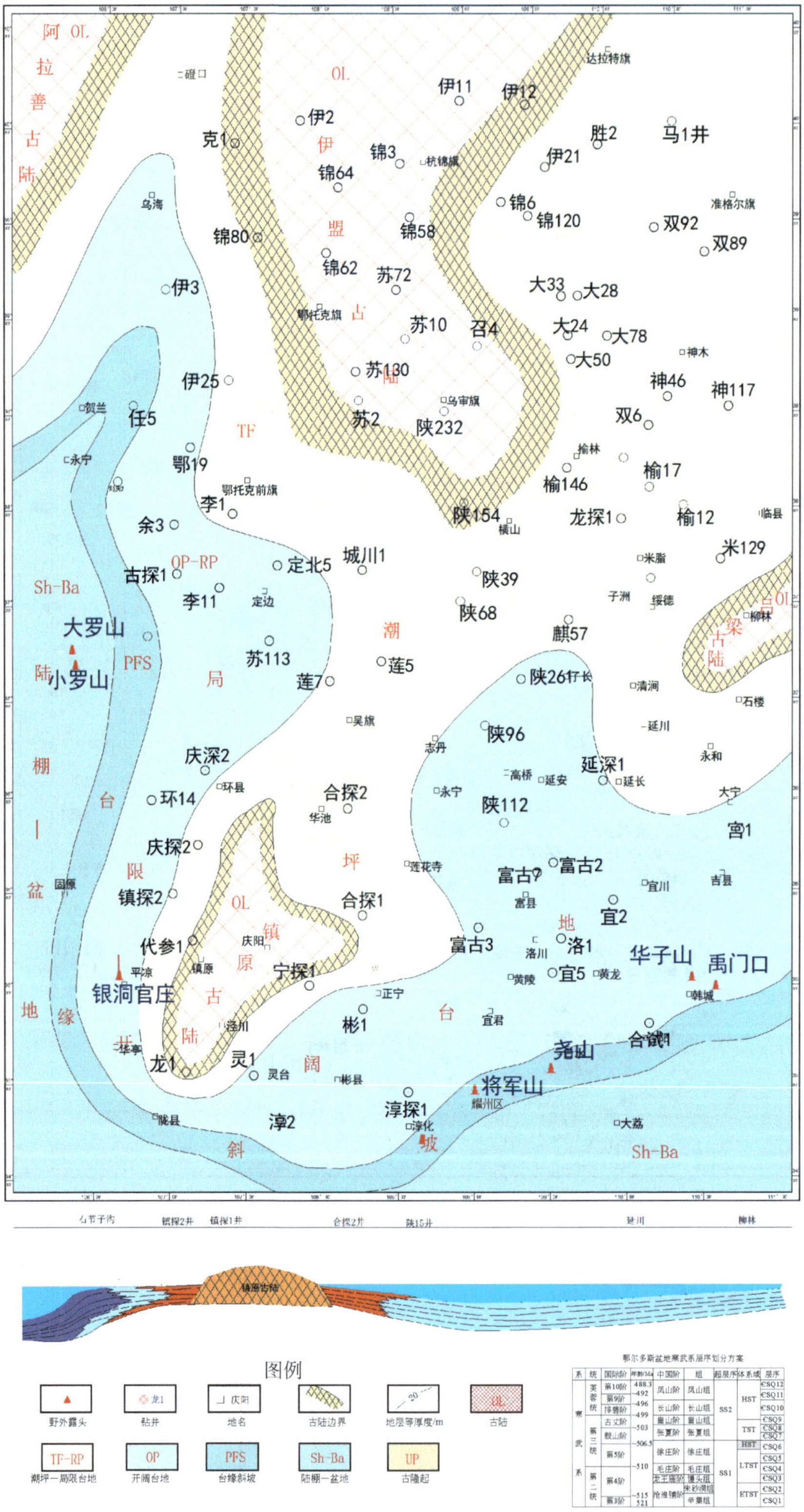

图 4-2　鄂尔多斯盆地下古生界超层序 SS1 高位体系域岩相古地理

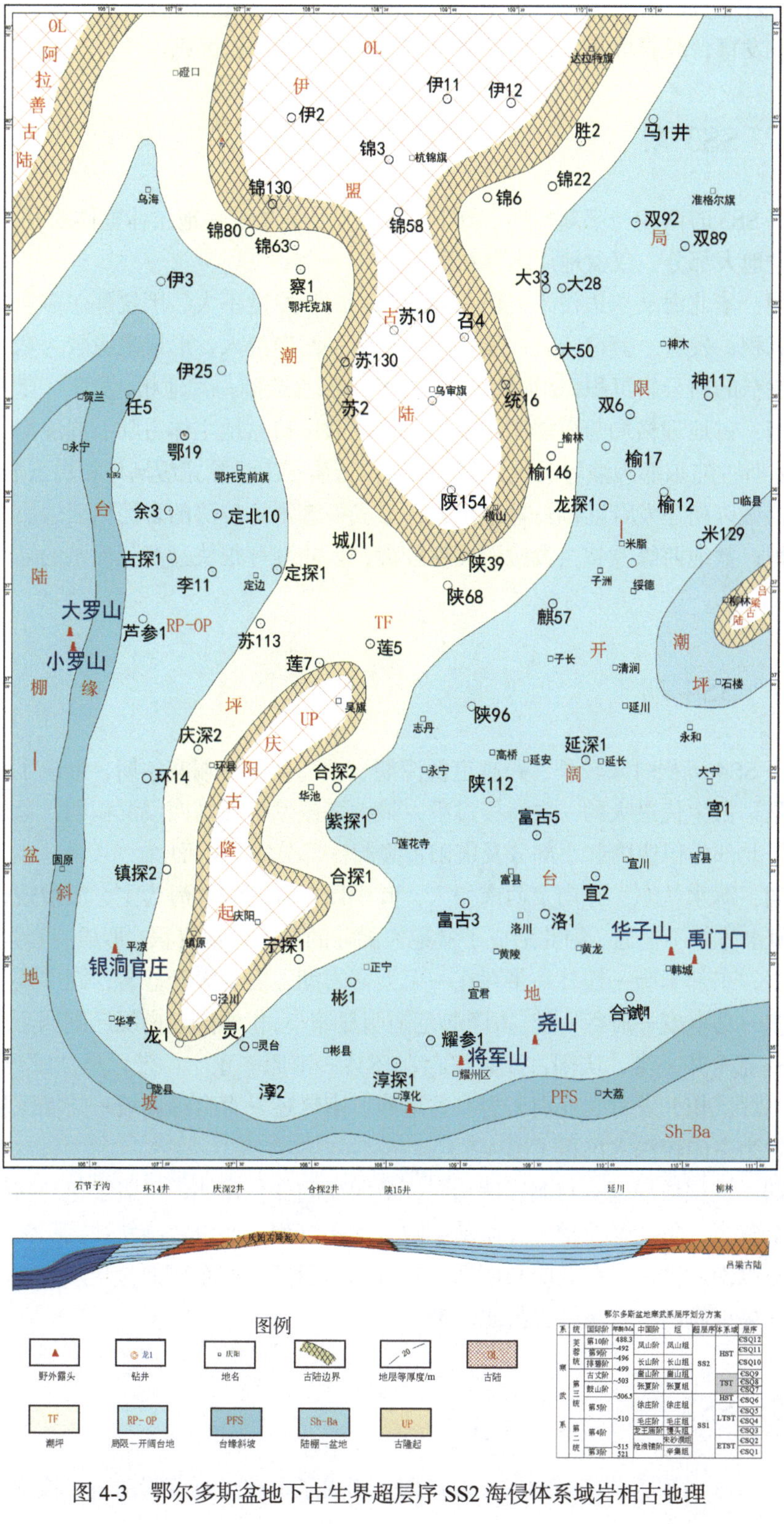

图 4-3　鄂尔多斯盆地下古生界超层序 SS2 海侵体系域岩相古地理

环境，向外逐渐过渡为局限台地—开阔台地环境，盆地西南缘沿银川—鄂托克前旗—固原—铜川一带，发育台缘斜坡灰岩，外推形成陆棚—盆地的泥岩沉积。

4.2.3　SS3 期

超层序 SS3 时限相当于新厂期，由于怀远运动的影响，盆地主体整体抬升，遭受剥蚀，海水退出盆地大部分，仅盆地周缘存在沉积。

海侵期：华北海从东边侵入，但水体不深，沉积厚度不大，围绕鄂尔多斯古隆起形成环陆潮坪沉积，发育一套白云岩；秦祁海从东南、西南侵入，形成南缘较为宽缓的潮坪；西缘为较狭窄的白云岩沉积，而向海方向，过渡为深水陆棚—盆地相，发育一套泥岩、页岩。

高位期：古地理格局与海侵期基本相同，依旧保持盆地主体古陆、周缘海洋环绕的分布，鄂尔多斯古陆东部为潮坪沉积，发育一套白云岩；南缘除宽缓潮坪相白云岩沉积之外，在铜川—韩城以南还发育陆棚—盆地沉积，形成一套水体较深的含泥白云岩、泥质白云岩到泥岩沉积；盆地西缘及贺兰拗拉槽坡度较大，环陆潮坪很快过渡到深水的陆棚—盆地沉积（图 4-4）。

4.2.4　SS4 期

超层序 SS4 沉积时限较长，跨越道堡湾期、大湾期及达瑞威尔期，形成了马家沟组沉积，该期是早古生代最大的一次海侵过程，最大海侵发生在马四段沉积期，盆地主体被海洋淹没，仅北部的伊盟隆起小部分及庆阳古隆起一部分露出水面。

海侵期：海水从东、东南及西南侵入，其中以东部的华北海为主，海侵规模大，东西部贯通，但水体并不畅通，因此形成了盆地大部分的局限台地沉积，形成一套含膏白云岩、膏质白云岩，东部米脂—榆林一带存在一个大膏岩湖，发育大套盐岩，湖岸线位于吉县—甘泉—吴旗—乌审旗—府谷一带。古隆起范围明显缩小，伊盟隆起南缘已缩回至准格尔旗—鄂托克旗—克 1 井一带，庆阳古隆起仅存在环县—镇原—正宁一带，呈“L”形，环古陆外侧形成潮坪沉积，发育含泥白云岩。盆地西、南缘还发育台缘斜坡—陆棚沉积，形成一套以泥灰岩为主的较深水沉积（图 4-5）。

高位期：沉积格局基本与海侵期相同，最明显的变化是北部伊盟隆起与阿拉善古陆连接成为一个整体，贺兰拗拉槽过补偿基本缺少深水沉积，而以台缘斜坡沉积为主，深水陆棚仅在同心以南、固原以西及陇县南部一带沉积；而高位期东部的膏盐湖范围减小，湖岸线在神木—乌审旗南—甘泉、吉县北一带。

4.2.5　SS5 期

超层序 SS5 时限为艾家山期—钱塘江期，形成了平凉组及背锅山组，该超层序是早古

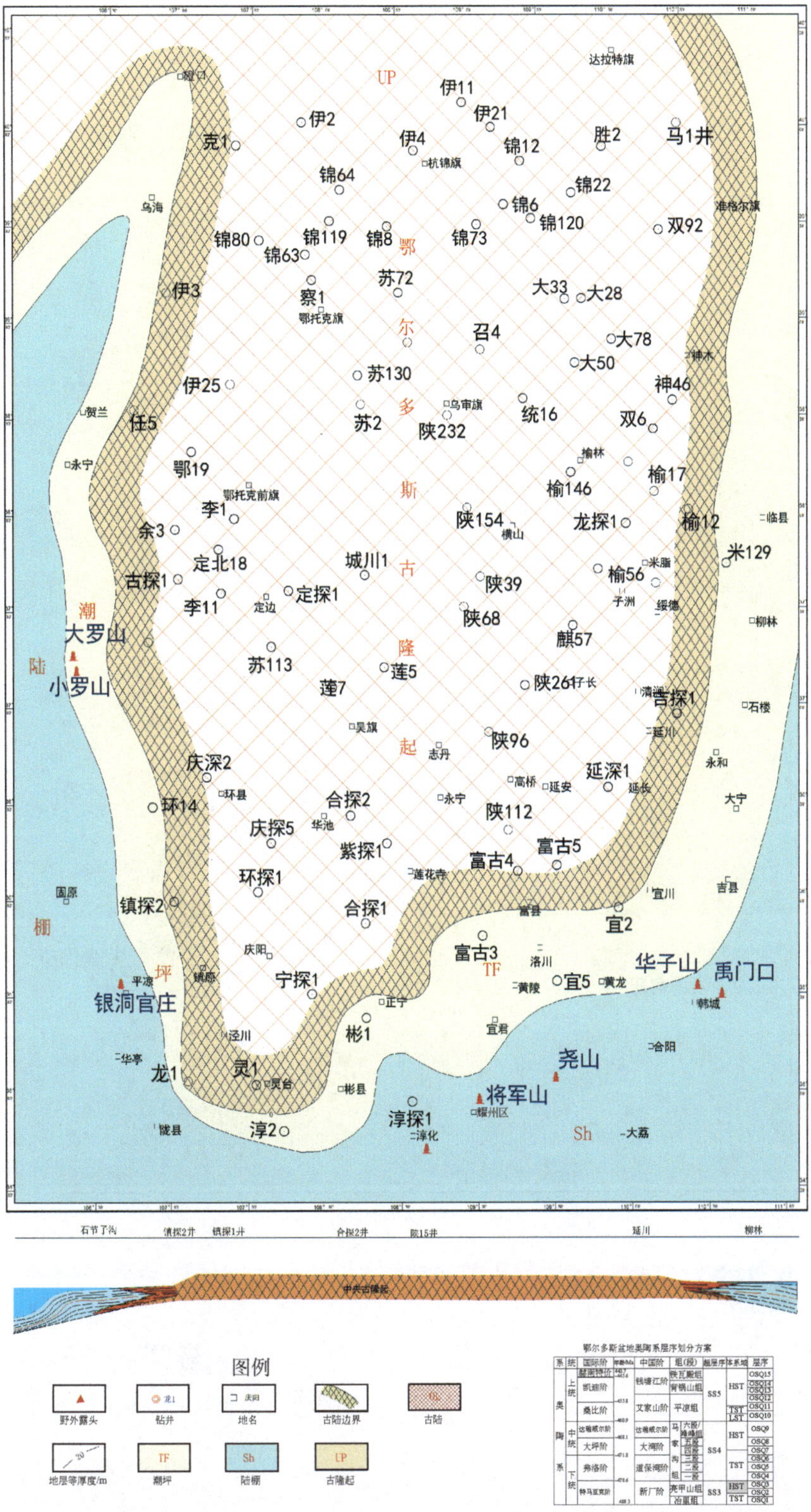

图 4-4　鄂尔多斯盆地下古生界超层序 SS3 高位体系域岩相古地理

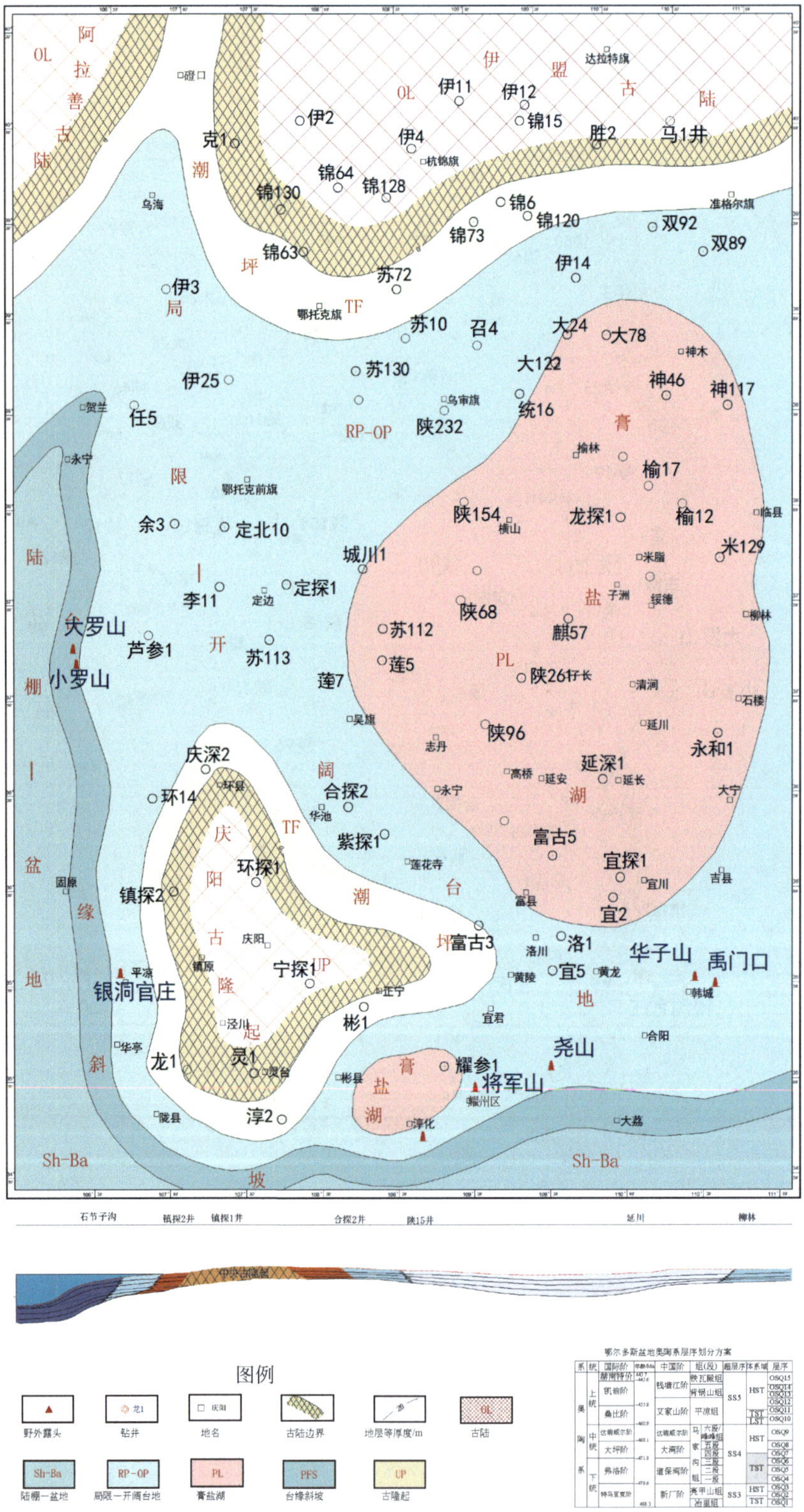

图 4-5　鄂尔多斯盆地下古生界超层序 SS4 海侵体系域岩相古地理

生代加里东运动造成盆地主体抬升隆起后最后一次海侵过程，最大海侵在平凉组沉积晚期，最典型的特征就是盆地西、南缘形成的斜坡扇及海底扇。

低位期：加里东运动主幕使得贺兰拗拉槽复活。在低位期，盆地西缘贺兰地区、西南缘陇县地区发育斜坡扇，在同心一带形成一个大的盆地扇。在盆地西缘，由于坡度较大，相带均较为狭窄，从盆地—深水陆棚—浅水陆棚范围仅有约 10 km，盆地南缘沿古陆周围还发育潮坪沉积，形成了一套白云岩（图 4-6）。

海侵期：海域面积扩大，海岸线位于鄂托克前旗—平凉—正宁—蒲城一带，西缘自陆到海依次发育碳酸盐斜坡、大陆斜坡及盆地相，依次沉积了一组灰岩、泥灰岩、泥岩；南缘沉积与之迥异，发育开阔台地、台缘礁滩及台缘斜坡沉积，向外过渡为盆地相。

高位期：此时的沉积范围与海侵期大致相同，只是盆地西南缘沉积环境不再分异，沿海岸线向深海盆地依次发育开阔台地、台地边缘及台缘斜坡—盆地沉积，在台地边缘以发育台缘礁为特征。

SS5 沉积之后鄂尔多斯盆地整体抬升，开始接受漫长的风化剥蚀，直到晚石炭世才再次接受沉积。

4.3　盆地层序（三级）岩相古地理特征

早古生代，鄂尔多斯盆地内部为华北海的一部分，西南缘为秦祁贺三叉裂谷系所夹持的裂谷陆缘，因此总的环境格局可分为面向秦祁贺裂谷海盆的裂谷边坡和稳定大陆架两大沉积单元。华北克拉通盆地西南缘经历了寒武纪—早奥陶世被动大陆边缘、中奥陶世—晚奥陶世主动大陆边缘两大构造发育阶段。前者以裂谷边翼缓坡—陆架边缘坡折—内陆架缓慢沉降台坪为特征，而后者则以裂谷边翼断陷斜坡—陆架边缘肩隆—内陆架拗陷盆地为特征。不同阶段、不同性质和不同方式的构造活动直接影响、控制了盆地内部的沉积建造和构造特征，总体使之在区域上呈现平缓的北高南低、隆拗相间的古构造格局。这种古构造格局控制了早古生代的古地理展布。

4.3.1　寒武系层序岩相古地理特征

1. ЄSQ1

层序ЄSQ1 时限相当于沧浪铺期早中期，为寒武纪早期的第一个充填层序，继承震旦系的发育特点，下寒武统辛集组发育一套以含磷滨海碎屑岩为代表的沉积，标志着早古生代海侵的开始，沉积物呈狭长带状展布于西缘贺兰山南段（苏峪口）及西南缘平凉—陇县—岐山一带，沉积厚度可达 30m，向古陆方向尖灭。辛集组古地理平面呈现出盆地南部与西

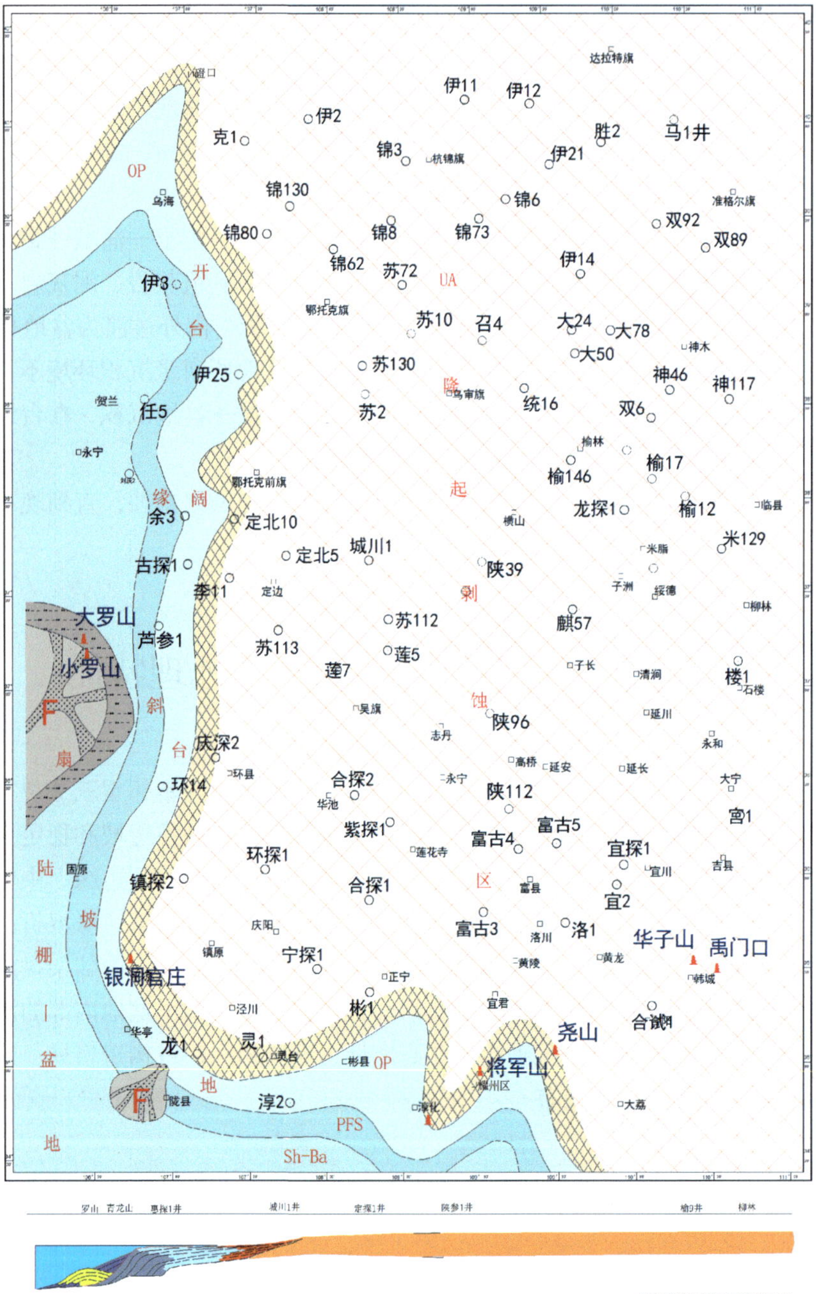

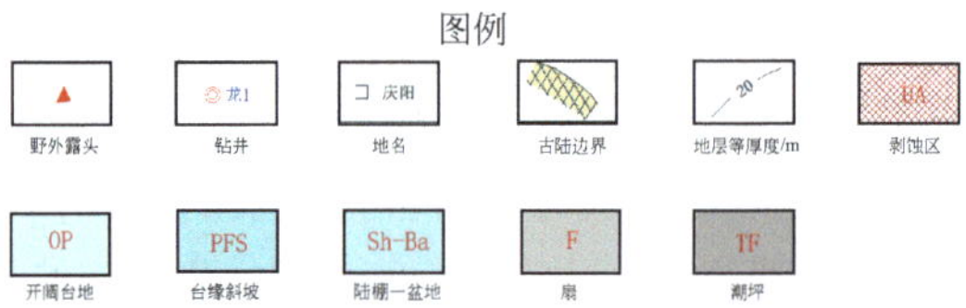

鄂尔多斯盆地奥陶系层序划分方案

系	统	国际阶	年龄/Ma	中国阶	组(段)		超层序	体系域	层序
奥陶系	上统	赫南特阶	443.7 445.6	钱塘江阶	铁瓦殿组		SS5	HST	OSQ15
		凯迪阶			背锅山组				OSQ14
									OSQ13
			455.8	艾家山阶	平凉组				OSQ12
		桑比阶						TST	OSQ11
								LST	OSQ10
	中统	达瑞威尔阶	460.9	达瑞威尔阶	马家沟组	六段/峰峰组	SS4	HST	OSQ9
		大坪阶	468.1	大湾阶		五段			OSQ8
						四段		TST	OSQ7
	下统	弗洛阶	471.8	道保湾阶		三段			OSQ6
						二段			OSQ5
						一段			OSQ4
		特马豆克阶	478.6	新厂阶	亮甲山组		SS3	HST	OSQ3
								TST	OSQ2
			488.3		冶里组				OSQ1

图 4-6 鄂尔多斯盆地下古生界超层序 SS5 低位体系域岩相古地理

部边缘地带是陆棚与滨岸相间分布，其余部分则为古陆。其中陆棚分布于盆地西部的银川—彭阳石节子沟一线，以及还有极少部分分布于盆地南部岐山二郎沟和平 1 井附近；滨岸相带则分布于伊 27 井—平凉—白水三眼桥一带（图 4-7）。

2. ЄSQ2

层序ЄSQ2 时限相当于沧浪铺期晚期至龙王庙期早期的朱砂洞组沉积期，是寒武纪初期海侵的持续，处于超层序 SS1 的缓慢海侵阶段。由层序ЄSQ1 的含磷碎屑岩沉积逐渐向碳酸盐岩—碎屑岩混合沉积环境转化，主要为一套砂岩、泥岩、砂质白云岩、泥质白云岩、白云岩沉积。朱砂洞组古地理平面与辛集组相似，除盆地南部与西部边缘地带是陆棚与滨岸相间分布外，盆地其余部分为古陆。其中陆棚分布于盆地西部的银川—平凉银洞官庄一线，以及还有极少部分分布于盆地南部岐山二郎沟和平 1 井附近；滨岸相带则分布于伊 27 井—平凉—白水三眼桥一带。

3. ЄSQ3

层序ЄSQ3 时限相当于龙王庙期中晚期的馒头组沉积期，该时期开始海侵作用加快。由于西、南、东三个方向海侵作用，隆起区明显缩小，沉积范围较之前有明显扩大，占研究区面积一半左右。滨线在西缘侵覆至乌海—鄂托克前旗—环县一带，东南缘侵覆至宁县—宜君—宜川附近。在西南缘龙门洞发育小型障壁沙坝，沉积物类型以碳酸盐岩夹泥岩为主，层序主要由南向北、由西向东超覆尖灭，为缓坡型的碳酸盐岩—碎屑岩混合沉积环境。馒头组古地理平面呈现出盆地南部与西部为陆棚与潮坪相间分布，盆地东北部为滨岸相，其余部分为古陆。其中陆棚分布于盆地西部的银川—彭阳石节子沟一线以西地区，以及盆地南部旬探 1 井—河津西磑口一线的东南方；潮坪相带则分布于乌海东山口—宜川一带和盆地东北部的神木—偏关鸭子坪一带，为混积坪微相。

4. ЄSQ4

层序ЄSQ4 时限相当于毛庄组沉积期。该层序是继ЄSQ3 晚期海平面短暂下降后的快速海侵，是加里东早期大规模海侵的继续。毛庄组古地理平面呈现出盆地西北部为陆棚、潮下带和潮间—潮上带相间分布，盆地东北部为潮下带和潮间带相间分布，盆地南部为陆棚、潮下带、潮间—潮上带和泥砂坪相间分布，其余部分为古陆。其中陆棚分布于盆地西北部的银川—同心大小罗山，以及盆地南部岐山剖面—韩城一线的以南地区；潮下带则分布于石嘴山陶思沟—平凉—韩城禹门口一带，为潮下混积坪微相，以及盆地东北部的神 74 井—神 93 井一带，为潮下坪微相；潮间—潮上带分布于乌海东山口—宜川一带以及神木—鄂尔多斯一带，为潮间—潮上混积坪微相；泥砂坪位于吴起—莲 1 井一带（图 4-8）。

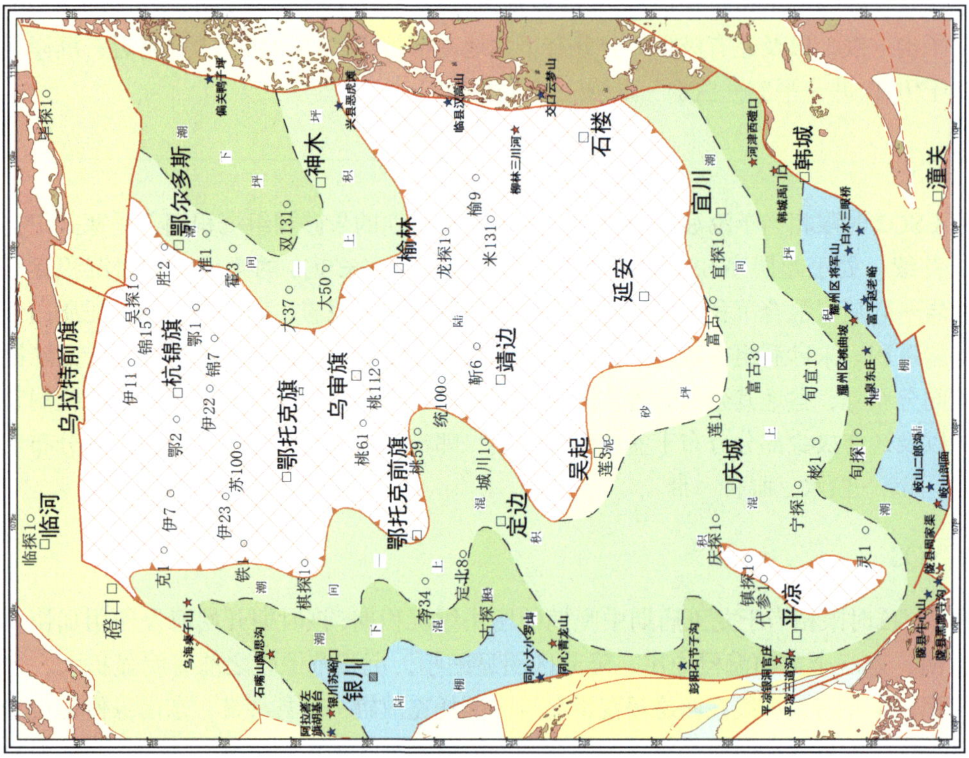

图 4-8 €SQ4 层序岩相古地理图

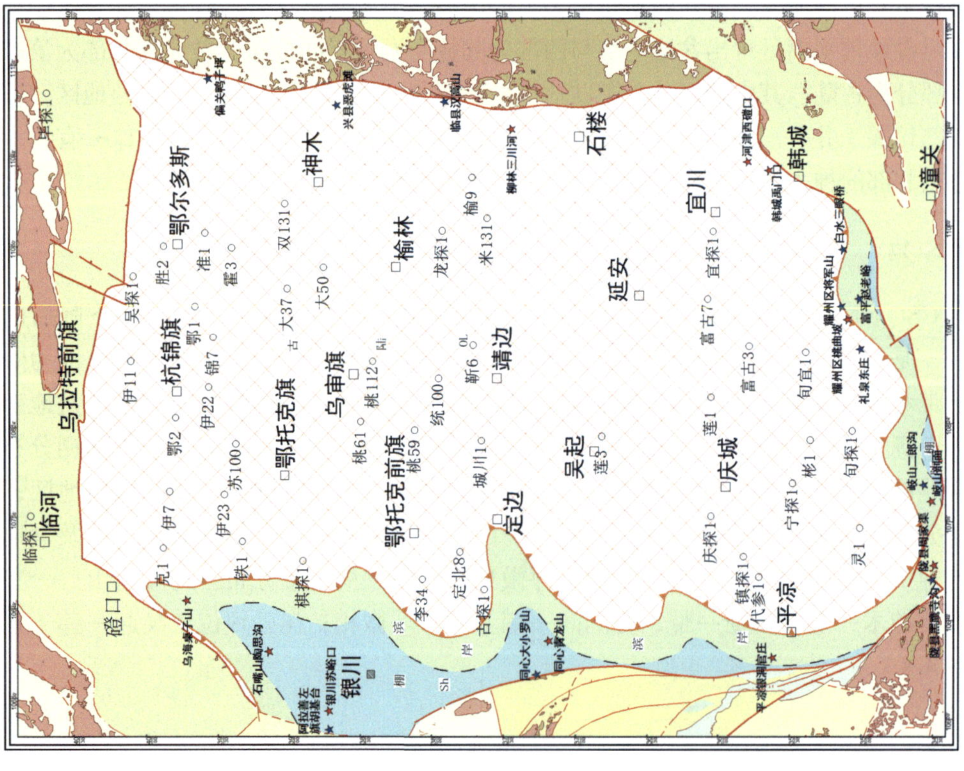

图 4-7 €SQ1 层序岩相古地理图

5. ∈SQ5—∈SQ6

层序∈SQ5—∈SQ6 时限相当于徐庄组沉积期。层序∈SQ5 和∈SQ6 的 TST 为处于超层序 SS1 的海侵晚期阶段，层序∈SQ6 的 HST 海平面先缓慢上升转而快速海退。徐庄组沉积中晚期，即层序∈SQ6 的海泛期，超层序 SS1 达到最大海泛。徐庄组古地理平面呈现出盆地南部与西部为陆棚、潮下带和潮间—潮上带相间分布，盆地东北部为潮下带与潮间—潮上带相间分布，同时在盆地北部与西南部分布有古陆的古格局。其中陆棚位于盆地西部银川—平凉一线与盆地南部岐山二郎沟—韩城禹门口一线；潮下带则位于盆地西部—南部一线的棋探 1 井—宜川一线，发育潮下坪微相，同时在其上分布有洼地，位于盆地南部的陕 15 井处，除此之外在盆地东北部的神木—神 93 井一带也有潮下带分布，其微相为潮下灰坪；潮间—潮上带则分布较广，位于盆地的乌海桌子山—庆城—榆林一带（图 4-9）。

6. ∈SQ7—∈SQ8

层序∈SQ7—∈SQ8 时限相当于张夏组沉积期，同下一个层序的 TST 共同构成超层序 SS2 的海侵体系域。张夏组古地理平面呈现出盆地南部与西部为陆棚、潮下坪相间分布，盆地中部与东部则广泛分布有潮云坪，同时在古陆周围发育泥云坪或潮坪的古格局。其中陆棚位于盆地西部银川一带和同心大小罗山一带以及盆地南部岐山二郎沟—富平赵老峪一线；潮下带则位于盆地西部的石嘴山陶思沟—平凉三道沟一线和南部一线的岐山二郎沟—河津西磴口一线，发育潮下坪微相；在盆地西南部与盆地东部的古陆周围则发育有潮坪；在盆地北部的古陆周围则发育泥云坪，大致位于鄂尔多斯—鄂托克旗一线以及鄂 6 井—统 100 井—桃 89 井一带呈环状分布；潮云坪则发育于盆地中部至东部的大部分地区（图 4-10）。

7. ∈SQ9—∈SQ12

层序∈SQ9—∈SQ12 时限相当于崮山期、长山期和凤山期。崮山期的海泛面对应于超层序 SS2 的最大海泛面。崮山期古地理平面呈现出盆地南部与西部为潮下带、潮间带与潮上带相间分布，盆地东部为潮间带与潮上带相间分布，同时在盆地中部与东部分布有古陆。其中潮下带位于盆地西部银川苏峪口—彭阳石节子沟一带以及盆地南部岐山二郎沟—白水三眼桥一带，发育潮下灰坪微相；潮间带则位于盆地西部的石嘴山陶思沟—陇县牛心山一线，盆地南部的黄深 1 井—河津西磴口一线以及盆地东北部双 158 井—偏关鸭子坪一线，发育潮间云坪微相；潮上带则发育于中部古陆两侧，发育潮上泥云坪微相。

长山期古地理平面总体呈现出潮下带、潮间带与潮上带相间分布，盆地东部分布有潮间—潮上带，盆地中部有古陆分布。其中潮下带位于盆地西部石嘴山陶思沟—彭阳石节子沟一带以及盆地南部岐山二郎沟—韩城禹门口一带，发育潮下灰坪微相；潮间带则位于盆地西部的乌海东山口—陇县牛心山一带，以及盆地东部的神木—延安—旬探 1 井—带，发育潮间云坪微相；潮上带则发育于中部古陆的西、南、东一侧，发育潮上泥云坪微相；潮间—潮上带发育于盆地东部的柳林三川河—临县汉高山一带。

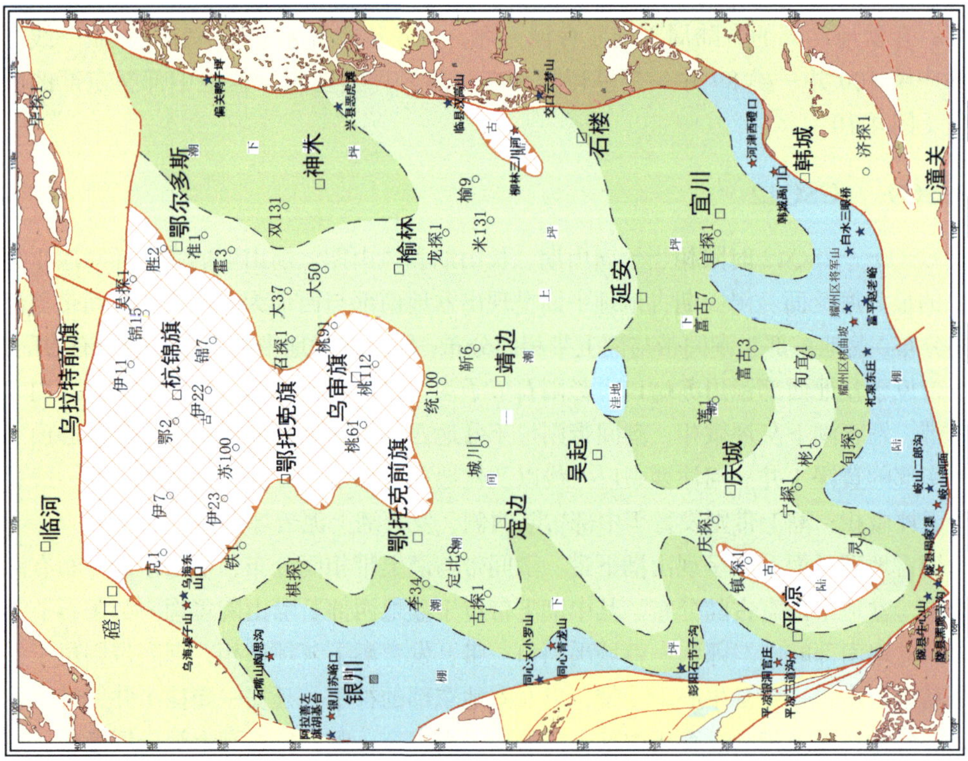

图 4-9 €SQ5—€SQ6 层序岩相古地理图

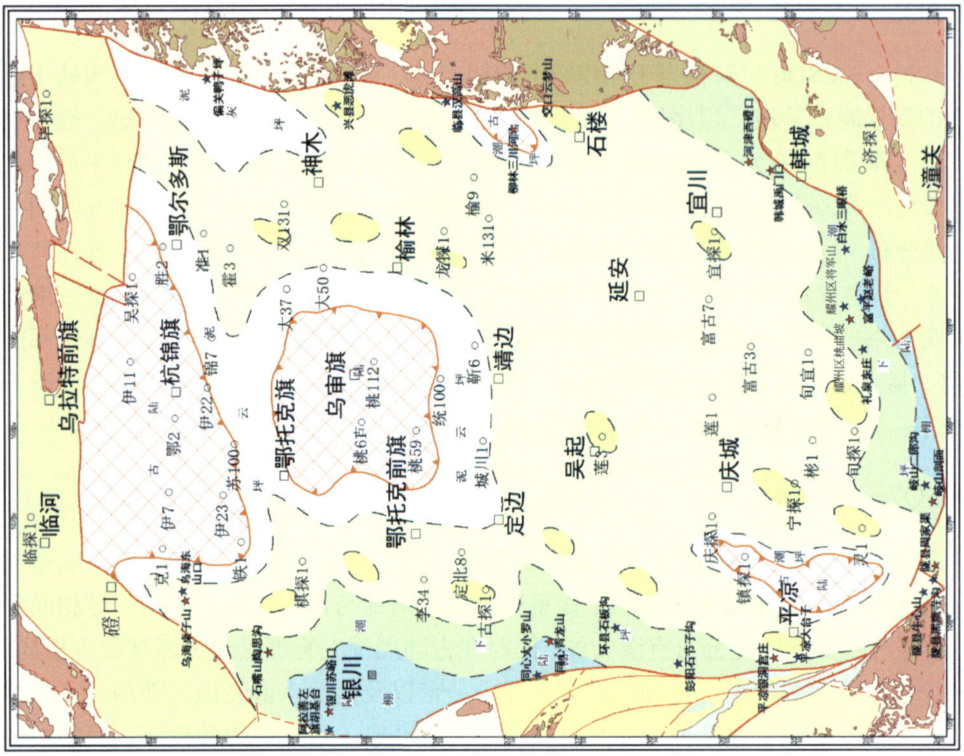

图 4-10 €SQ7—€SQ8 层序岩相古地理图

凤山期古地理平面呈现出盆地西部与东南部为潮下带、潮间带与潮上带相间分布，盆地东部为潮上带发育并存在一处古陆，同时在盆地中东部也有古陆的格局。其中潮下带位于盆地西部石嘴山陶思沟—同心大小罗山一带以及盆地东南部岐山二郎沟—河津西磑口一带，它们发育潮下灰坪微相；潮间带则位于盆地西部的乌海东山口—陇县牛心山一带以及盆地东南部的岐山二郎沟—宜川一带，发育潮间云坪微相；潮上带则发育于中东部古陆西、南、东一侧，为潮上泥云坪微相。

4.3.2　奥陶系层序岩相古地理特征

1. OSQ1

层序 OSQ1 时限相当于新厂期早期的冶里组沉积期。寒武纪末的太康运动，使鄂尔多斯地块抬升为陆，直到早奥陶世冶里组沉积期，海水从东、东南、西三个方向侵入，与 OSQ2 的 TST 共同构成了奥陶纪第一个超层序 SS3 的海侵体系域。但海侵范围局限，沉积区主要分布于鄂尔多斯古隆起周缘。冶里组古地理平面呈现出盆地西部与南部为潮下带、潮间—潮下带相间分布，盆地东部为潮间带发育的格局。其中潮下带位于盆地西部石嘴山陶思沟—平凉大台子一带以及盆地南部岐山二郎沟—河津西磑口一带；潮间—潮下带则位于盆地西部的乌海东山口—陇县牛心山一带、盆地南部的旬探 1 井—宜川一带以及盆地东部的偏关鸭子坪—石楼一带，其余广大部分则是剥蚀区。（图 4-11）。

2. OSQ2—OSQ3

层序 OSQ2—OSQ3 时限相当于新厂期中晚期的亮甲山组沉积期。古地理面貌与层序 OSQ1 沉积期相似，海水仍从东、东南、西三个方向侵入，为碳酸盐缓坡沉积环境。该时期由于构造差异升降的影响，陆棚区海水深度比上一时期明显加深，沉积了大量硅质结核或条带。海侵范围略有扩大，OSQ2 的海泛面为超层序 SS4 的最大海泛面，沉积区主要分布于鄂尔多斯古隆起周缘，层序厚度在南缘和西缘分别向南、向西增厚，因 OSQ3 末期的怀远运动致使快速海退，造成了不同程度的剥蚀，目前该时期地层在南缘的残留厚度为 0 ~ 120 m。亮甲山组古地理平面总体呈现出盆地西部与南部为潮下带、潮间带、潮上带相间分布，盆地东部为潮上带发育的格局。其中潮下带位于盆地西部石嘴山陶思沟—银川苏峪口一带以及盆地南部岐山二郎沟—河津西磑口一带；潮间带位于盆地西部的乌海东山口—陇县牛心山一带和盆地南部的淳探 1 井—宜川一带，发育潮间云坪微相；潮上带沿盆地剥蚀区外侧呈带状分布，发育含泥云坪微相。

3. OSQ4

OSQ3 末期的怀远运动造成了亮甲山组和马家沟组的沉积间断，使盆地南部褶皱变形并与上覆地层呈角度或微角度不整合接触。怀远运动标志着寒武系—下奥陶统沉积层序的成形，陆缘性质由之前的被动边缘转化为主动边缘。OSQ4 开始，随商丹洋向华北板块之下俯冲，引起了弧后地壳扩张，伸展变薄，地幔物质上侵就位，出现洋壳，并进一步发展为沟—弧—盆主动大陆边缘构造体系。鄂尔多斯盆地西南部位于弧后盆地位置，其显著构造特征是发育向洋倾斜的青铜峡—固原—宝鸡、石板沟—平凉—口镇和沙井子—龙门三条呈近南北向展布、阶梯状同生断裂带和近东西向的麟游—石桥—富平同生断裂带。受这些同生断裂的控制，在这些断裂以南和以西的地区沉积了深水碳酸盐岩，并伴以多期次火山凝灰岩的产出。克拉通边缘由于裂谷扩张在裂谷肩处发生翘升，形成“L”形中央古隆起，克拉通内部因均衡调节而伴生陕北拗陷，此后的构造格局以裂谷边翼断陷斜坡—陆架边缘肩隆—内陆架拗陷盆地为特征。

层序 OSQ4 相当于马一段沉积期，开始的超层序 SS4 的海侵主要来自东南、西和南三个方向，具有速度快、规模大的特点，来自盆地东南、南缘的海侵至鄂尔多斯中东部地区的乌审旗—定边—华池—彬县一线，来自西部的海侵达贺兰—平凉一线。“L”形中央古隆起在鄂托克前旗—环县—庆阳一线为水上隆起，未接受沉积。此时的华北地块已漂移至赤道附近，气候极度干旱炎热，海水含盐度高，越向华北地区西部的鄂尔多斯地区，含盐度越高。由于“L”形中央古隆起的隔挡作用，使隆起东西两侧沉积环境迥异。古隆起西侧为碳酸盐缓坡环境，东南侧为陆表海碳酸盐台地环境。马一段古地理平面呈现出东部为膏盐湖、膏云坪、含膏云坪和泥云坪带有规律环带分布，西部和南部为潮下带、潮间带与潮上带相间出现的格局。该时期为海退期之后的再次海侵过程，因受中央古隆起的影响，鄂托克旗—鄂托克前旗—庆城一线地区未能淹没，而其东西两侧地势较低以及南部自北向南地势逐渐降低，依次发育潮上带、潮间带和潮下带环境。潮下带广泛发育在伊 27 井—任 1 井—沙探 1 井以西以及礼泉上韩剖面以南；潮上带分布在棋探 1 井—惠探 1 井—平凉—白水三眼桥剖面以东一带，主要形成泥云坪微相；潮间带则位于以上两个带之间；而在盆地乌审旗—定边—庆城以东一带也广泛发育着潮上带环境，形成膏云坪、含膏云坪以及泥云坪微相，同时以榆 152 井为中心还发育有膏盐湖微相，这可能是由于存在中央古隆起且盆地东部地形相对封闭，当时处于相对干燥炎热的气候（图 4-12）。

4. OSQ5

层序 OSQ5 相当于马二段沉积期，处于超层序 SS4 的海侵期，古地理与前一个时期变化不大，海侵仍然主要来自东南、西和南三个方向。“L”形中央古隆起位置基本不变，在鄂托克前旗—环县—庆阳一线为水上隆起，未接受沉积。隆起西部为碳酸盐缓坡环境，陆缘为潮坪沉积，潮坪西侧为中缓坡的陆棚环境，主要为粉细晶云岩、灰岩夹泥岩沉积；东南部为陆表海型碳酸盐台地，台地内部主要为局限半局限环境。马二段古地理平面呈现出开阔台地与云坪相间的格局，开阔台地广泛发育于同心青龙山—环县石板沟一线以西地区，以及盆地南部铁瓦殿—白水三眼桥以南地区和兴县恶虎滩—韩城禹门口一带；云坪则位于铁 1 井—镇探 2 井一线与同心青龙山—环县石板沟一线之间以及中东部乌审旗—定边—宁探 1 井以东地区，并在其上发育有规模较大的洼地与滩相。

图 4-11 OSQ1 层序岩相古地理图

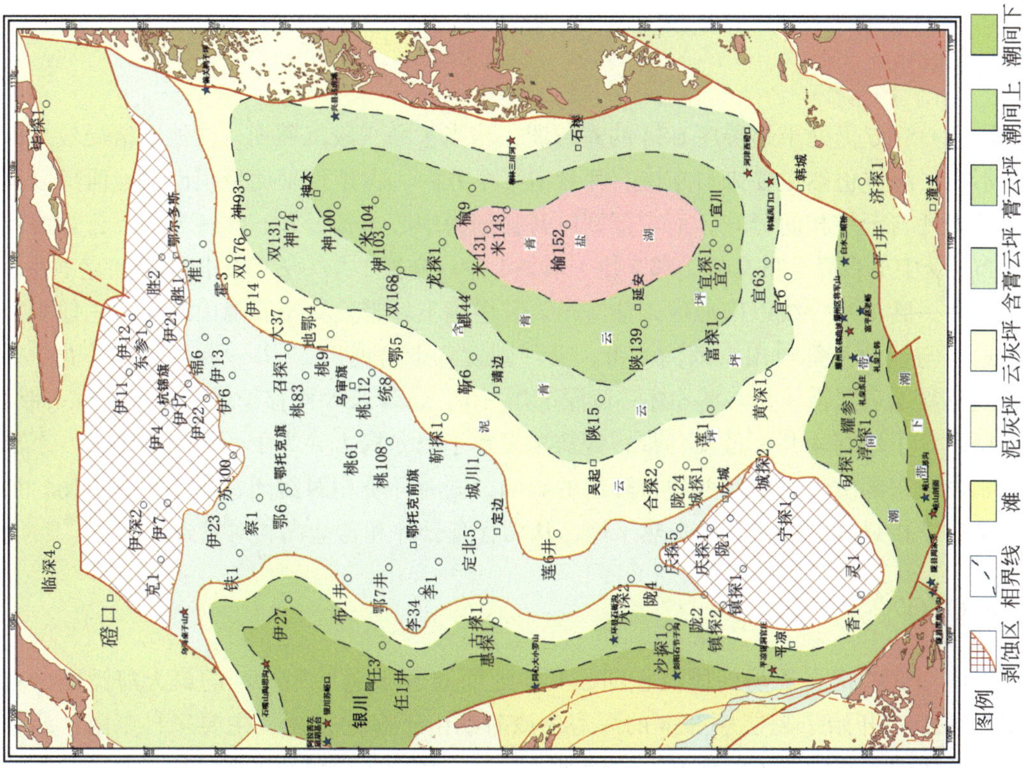

图 4-12 OSQ4 层序岩相古地理图

5. OSQ6

层序 OSQ6 仍处于超层序 SS4 的海侵期，相当于马三段沉积期，古地理格局较之前变化不大，海侵仍然主要来自东南、西和南三个方向。古地理平面呈现出盆地西部以及南部潮下坪与云坪相间分布，而东部则以膏盐湖为中心，膏云坪、含膏云坪、云坪成环型分布。受中央古隆起的影响，鄂 7 井—李华 1 井—合探 1 井一线的狭长地带和克 1 井—苏 100 井—胜 1 井一线以南地区未能淹没。其中潮下坪带发育于石嘴山陶思沟—任 1 井以西地区与盆地南部岐山二郎沟一带；云坪则发育于盆地伊 27 井—沙探 1 井—龙 1 井一带以及盆地东部霍 3 井—莲 6 井—黄深 1 井一带；含膏云坪发育于乌审旗—宜川一带；膏云坪发育于地鄂 4 井—延安一带；膏盐湖发育于以龙探 1 井为中心的封闭圈内。东部的岩相表征东部由于受到其西边古隆起的影响，同时环境相对封闭，海水流通不畅，加之其又处于相对海退期，气候炎热干燥，从而含膏云坪和膏盐湖相对发育。

6. OSQ7

层序 OSQ7 相当于马四段沉积期，其海泛面对应于超层序 SS4 的最大海泛面，自 OSQ7 的 HST 开始了超层序 SS4 的海退，该时期由于海泛作用，主要来自东南、西和南三个方向的海水侵覆了盆地绝大部分地区，“L”形中央古隆起大部分成为水下隆起，仅在庆阳地区为水上隆起，即庆阳古隆起。古地理平面呈现出盆地西部为陆棚、开阔海和泥云坪相间分布，东部主要为开阔台地与云灰坪相间分布，南部为泥云坪分布，而在剥蚀区周围有呈环状分布的泥云坪格局。其中陆棚发育于任 3 井—刘庆 7 井一带以西的地区，开阔海则发育于伊 27 井—惠探 1 井一带；在神木—榆林—延安一带则发育开阔台地，并在桃 89 井、靳 6 井和米 104 井附近发育滩相；在胜 1 井—城川 1 井—陕 139 井一带发育云灰坪；泥云坪发育于盆地中部鄂托克旗—鄂托克前旗—宜川一带以及盆地南部的旬探 1 井一白水三眼桥一带的地区；同时在盆地中部的鄂 6 井、定探 1 井、合探 2 井附近有滩相发育；剥蚀区位于镇探 1 井一宁探 1 井一带，其周围是呈环状的泥云坪带（图 4-13）。

7. OSQ8

层序 OSQ8 相当于马五段沉积期，由于南北秦岭和兴蒙洋壳的加速俯冲造成了南北向的相向挤压，鄂尔多斯盆地虽然继承了马四段沉积期的古地理格局，但区内整体表现为振荡性、间歇性的海退，海水明显变浅，陆表海由以马四段的开阔台地为主转变为以局限台地为特征。庆阳古隆起暴露范围有所扩大。陆表海内主体处于水循环状况较差的碳酸盐局限台地—潮坪沉积环境，以微晶白云岩、泥质白云岩和泥质灰岩沉积为主，沉积厚度在 80 ~ 200 m。陆表海内部的榆林、佳县、临县、绥德、柳林、米脂、子长、安塞、延安、延长地区，由于古隆起阻隔作用，海水不断浓缩，海水盐度不断升高，接受了含硬石膏、岩盐和粉晶白云岩的盐湖沉积，沉积厚度可达到 200 m 以上；苏峪口—平罗—吴忠—马家滩—惠安堡—泾县—岐山—三原—大荔—永济一带为台缘斜坡环境，为泥质灰岩、泥质云岩沉积，局部地区见角砾；斜坡外侧为陆棚—盆地环境，主要为泥页岩夹泥质灰岩沉积，在西部见有浊流沉积，沉积厚度在 150 m 左右（图 4-14）。

8. OSQ9

该时期相当于马六段沉积期，南北秦岭和兴蒙洋壳的俯冲挤压造成了鄂尔多斯地块进一步抬升，毛盖图—定边—环县—崇信以东和长武—正宁—宜君—韩城以北受到加里东运动的影响造成强烈整体抬升，为后期抬升剥蚀区。马六段古地理平面呈现出盆地西部和南部为开阔海与局限台地相间分布，东部为开阔海，中部为剥蚀区的总格局。其中开阔海位于靠近盆地边缘的棋探 1 井—环县石板沟—白水三眼桥一线以及鄂托克旗—定边—吴起一线的以东地区；局限台地则位于盆地西部的布 1 井—惠探 1 井一带，并在其上有滩相和潟湖发育，潟湖大致位于余探 1 井—惠探 1 井一带；另一处局限台地位于盆地南部的岐山二郎沟—礼泉上韩一线以北地区，其上有滩相发育；剥蚀区则位于杭锦旗—庆城一线（图 4-15）。

9. OSQ10—OSQ12

层序 OSQ10—OSQ12 相当于艾家山期平凉组沉积期。层序 OSQ10 开始了早古生代最后一个超层序充填，沉积了大套的泥页岩；层序 OSQ11 的海泛面为超层序 SS5 的最大海泛面，为一个全球海侵事件。

奥陶系沉积以后，加里东运动造成鄂尔多斯陆块整体抬升，乌海—毛盖图—定边—环县—平凉—灵台—澄城一线以东和以北的盆地大面积抬升并遭受长期风化剥蚀。

现在所保留的沉积物（残留）只在盆地的西缘和南缘，但西缘和南缘沉积环境截然不同，西缘为深水陆棚—大陆斜坡沉积，南缘为碳酸盐台地—陆棚—盆地沉积。其中剥蚀区边缘至汝其沟煤矿—马家滩—沙井子—华亭一线为碳酸盐内混积陆棚沉积区，为泥晶灰岩和泥岩互层沉积；该相带往西为斜坡—盆地环境，主要为厚层的泥页岩，厚度达 200 ~ 1000 m，并发育斜坡扇或盆地扇沉积，如桌子山、银川、定边西和环县西发育钙屑重力流和碎屑岩水下扇，黑鹰寺沟剖面发育深水复理石沉积；隆起剥蚀区南缘至彬县—浦城—永济一线为开阔台地环境，沉积厚度达 1000 m，主要为灰岩、藻灰岩和白云质灰岩沉积。该时期一个显著特点是在台地边缘有生物礁滩发育，如富平、铁瓦殿、桃曲坡等地，造礁生物主要有钙藻、苔藓虫、层孔虫及珊瑚。开阔台地相外侧的狭长区域为台地边缘斜坡相沉积，沉积物为泥微晶灰岩夹礁前垮塌或重力流沉积；斜坡南侧为盆地沉积（图 4-16）。

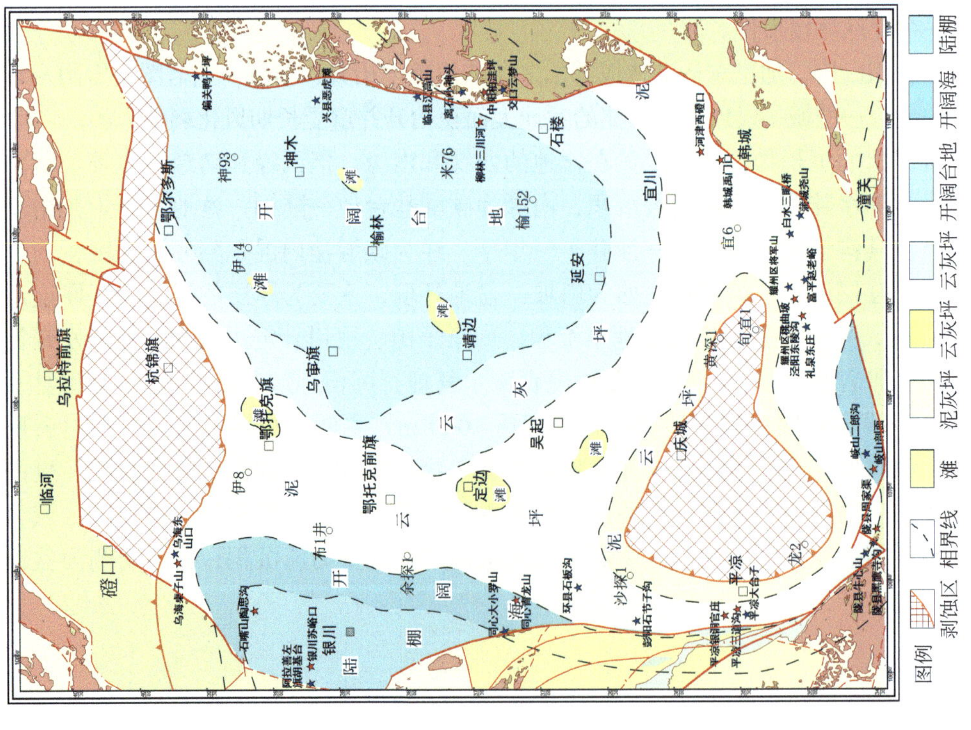

图 4-13 OSQ7 层序岩相古地理图

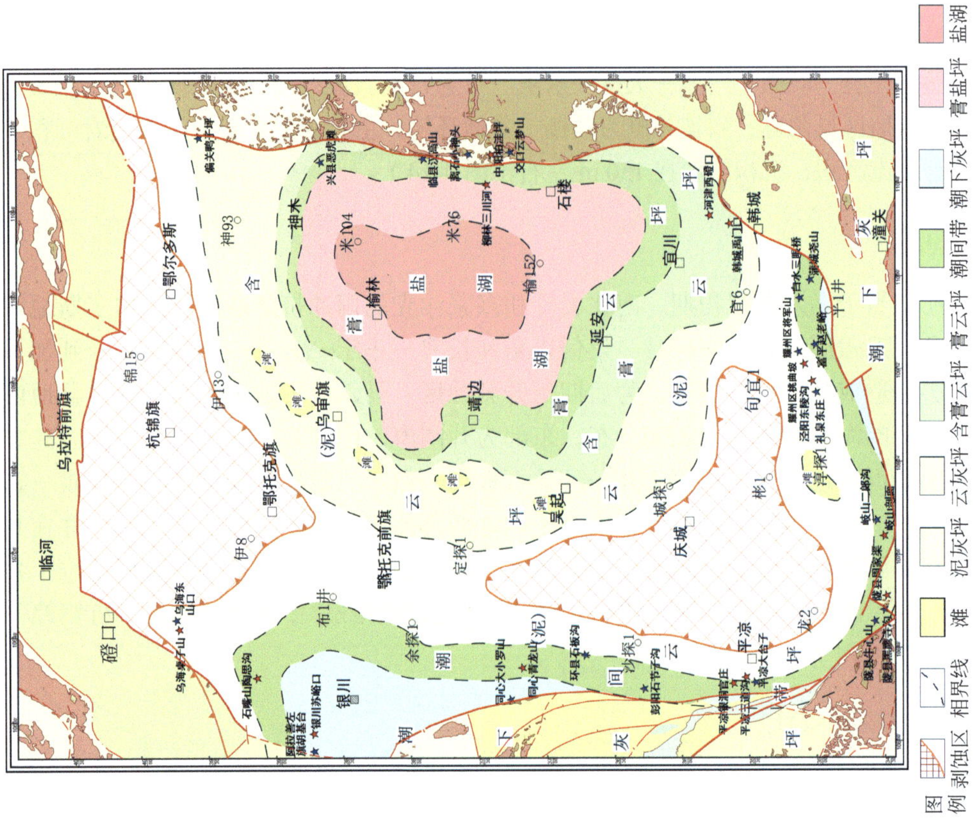

图 4-14 OSQ8 层序岩相古地理图

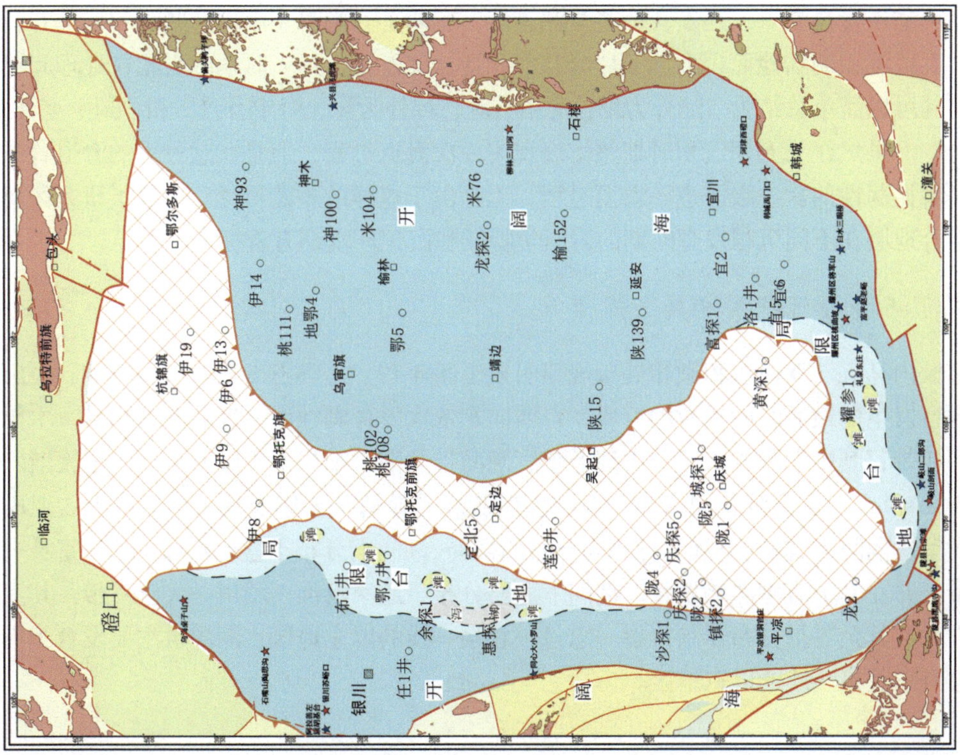

图 4-15　OSQ9 层序岩相古地理图

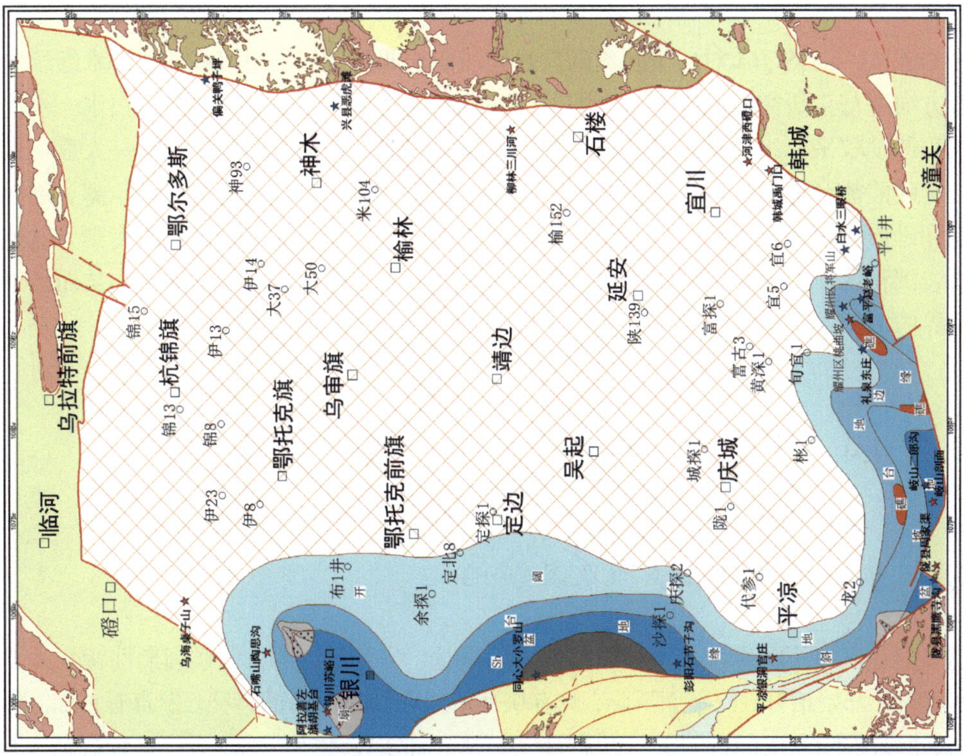

图 4-16　OSQ10—OSQ12 层序岩相古地理图

10. OSQ13 ~ OSQ14 期

层序 OSQ13 ~ OSQ14 对应于晚奥陶世钱塘江期早期的背锅山组沉积期，海水继续向西、向南方向退却，研究区西缘海水全部退出，南缘退至华亭—麟游—彬县—白水—永济一线，沉积厚度较平凉组明显减薄。在剥蚀区南缘的庄浪—陇县—岐山—铜川—大荔一带沉积了一套碳酸盐台地的灰岩；陇县背锅山和礼泉东庄等地区发育台地边缘礁，露头剖面上生物礁和礁前垮塌交互沉积。岐山、铁瓦殿以南过渡为深水斜坡沉积，再向南则为盆地相的泥页岩沉积区。上奥陶统背锅山组沉积以后，海水彻底退出鄂尔多斯地区，从而结束了下古生界的沉积。

4.4　主要地区重点层段沉积微相平面展布

4.4.1　盆地东部微相展布及其演化

鄂尔多斯地区在下奥陶统马家沟组第五段沉积时，华北地台的古气候周期性转变为干热，盆地基底又开始抬升，海平面下降，具有快速海侵和缓慢海退的特征。发育有古陆（阿拉善古陆、伊盟古陆和庆阳古陆）、云坪（环陆云坪、北部云坪和东部云坪）、膏盐湖（米脂膏盐湖和临汾膏盐湖），还发育一些滩和雏滩，有两个开阔海（南部开阔海和北部开阔海）。马五段沉积期陆地面积大、云坪分布广和膏盐湖发育。这一时期的岩相古地理和沉积构造格局可以简单总结为“陆外为坪，坪中有湖，坪外为海，海中有滩”和“湖中有膏，湖中有盐”。虽然在马五期沉积时期整体表现为一次海退过程，但是在这种大的海退背景之下存在着振荡性的次一级海进—海退过程，也是由于这样的振荡特性，造成了研究区奥陶系中组合地层在不同沉积发育时期的岩石学特征和沉积环境都有着极大的差异。

1. 马五 5 亚段沉积微相展布规律

研究区内马五 5 亚段沉积微相展布规律明显（图 4-17）。马五 5 亚段沉积时期，经历了华北地台发生的最后时间短暂的海侵，自西向东依次发育剥蚀区、近陆潮坪相带，主要发育潮坪相带，其中潮坪相带又分为潮上带、潮间带及潮下带。沉积厚度自西向东逐渐增厚，为 5 ~ 40 m，主要沉积泥微晶灰岩、生屑灰岩、粒屑灰岩以及灰云岩。马五 5 亚段沉积平面呈现潮间上、潮间下和潮坪相间分布的格局。潮间上分布于盆地东部吴起—富县—吉县一带，并在其上有潮滩相发育。潮间下主要分布于通岗浪沟—城川—大宁一带，其上有滩相发育，其余零星分布于乌审旗—志丹—甘泉一线的以东地区；潮坪也主要发育于乌审旗—志丹—甘泉一线的以东地区。

2. 马五 6 亚段沉积微相展布规律

研究区内马五 6 亚段沉积微相展布规律明显（图 4-18）。马五 6 亚段沉积时期为快速海退时期，中央古隆起处在水面之上，没有接受沉积，自西向东依次发育隆起剥蚀区、潮上云坪、潮间灰云坪和潟湖四个相带。沉积厚度 5 ~ 60 m 不等，主要沉积白云岩、灰云岩及含膏云岩。马五 6 段沉积平面呈现以盐湖为中心，膏盐湖、膏云坪、含膏云坪以及含泥云坪呈环型分布的格局。盐湖大致以龙探 1 井为中心，北至府 5 井附近，南至榆 152 井附近，西起麒 44 井附近，东至府 5 井—米 76 井一线；膏盐湖坪以环状分布于盐湖外侧，西边可达桃 42 井—靳 3 井一线，东至米 132 井东部地区，南达统 86 井—吉探 3 井一线，北至神 36 井一线；膏云坪呈环状分布于膏盐湖外侧，西至统 99 井—桃 39 井—统 87 井一线，东至该盆地东侧，北达统 99 井—神 74 井一线，南至统 87 井—宜参 1 井一线；含膏云坪北至双 131 井—府 1 井一线，南至莲 78 井—杨洛 1 井一带，西达桃 90 井—莲 52 井一线；含泥云坪在含膏云坪外侧，并在其上由北向南分布有滩相，分别位于桃 109 井、桃 84 井、桃 114 井、城川 1 井和莲 44 井附近，面积较小。

3. 马五 7 亚段沉积微相展布规律

研究区内马五 7 亚段沉积微相展布规律明显（图 4-19）。马五 7 亚段沉积时期也是在马五段大的海退背景下的又一个次级海侵期，自西向东依次发育剥蚀区、潮坪和潟湖三个相带，其中潮坪环境包括潮上云坪和潮间灰云坪，沉积厚度为 5 ~ 30 m，主要岩性为白云岩、灰云岩以及膏云岩。马五 7 段沉积平面呈现云坪与云灰坪相间分布的格局。云灰坪位于神木—米脂坪一线以东地区，并在其上部分布有灰质洼地，一处大致位于常家沟一带，另一处大致位于薛家茆一带；云坪则发育于云灰坪外围，位于鄂托克旗—华池一线以东地区，并在其上发育多个滩相微相，但都面积较小，同时其上还发育有云灰质洼地。

4. 马五 8 亚段沉积微相展布规律

研究区内马五 8 亚段沉积微相展布规律明显（图 4-20）。马五 8 亚段沉积时期是在马五段大的海退背景下的快速海退时期，同马五 6 亚段类似，这时中央古隆起在水平面之上，没有接受沉积，自西向东依次发育剥蚀区、潮上云坪、潮间灰云坪和潟湖四个相带。马五 8 段沉积平面与马五 6 段相似，也是以膏盐湖为中心，膏云坪、含膏云坪及含泥云坪呈环形分布的格局。膏盐湖大致以龙探 1 井为中心，北至神 100 井，南至统 86 井—榆 152 井一线，西起麒 17 井—统 78 井一线，东至府 5 井—米 76 井一线；膏云坪以环形分布于膏盐湖外侧，西起统 47 井—统 92 井一线，东至吴堡一带，南达陕 475 井—陕 465 井一线，北至统 51 井—神 36 井一线；含膏云坪呈环形分布于膏云坪外侧，西至桃 90 井—统 89 井一线，东至吉探 3 井—石楼一线，北达桃 90 井—盟 8 井一线，南至陕 139 井—吉探 3 井一线；含泥云坪分布于苏米图—杨井—富县一带，并在其上由北向南分布有滩相，分别位于桃 118 井、靳 11 井、城川 1 井和莲 13 井附近。

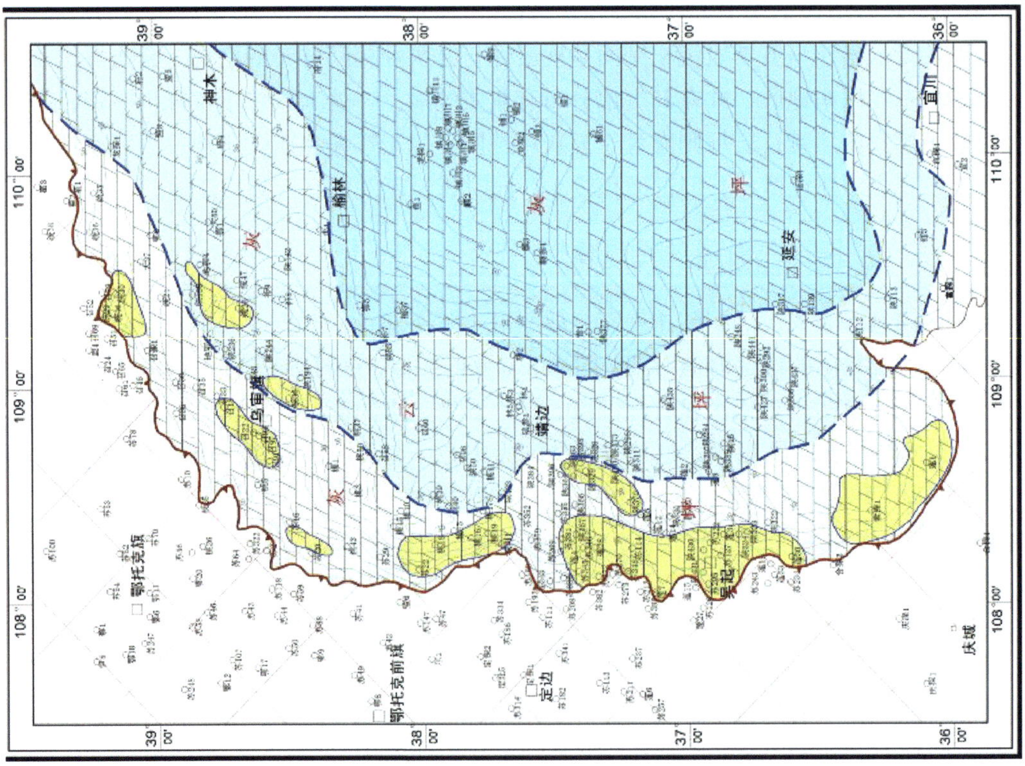

图 4-17 马五 5 亚段沉积微相展布图

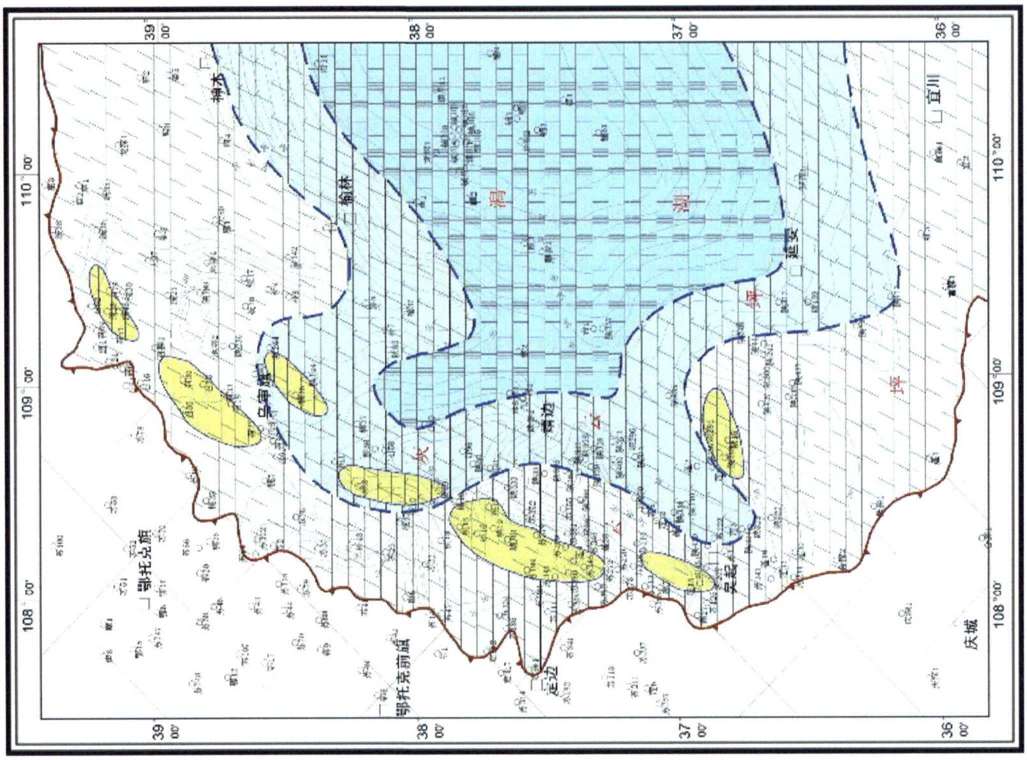

图 4-18 马五 6 亚段沉积微相展布图

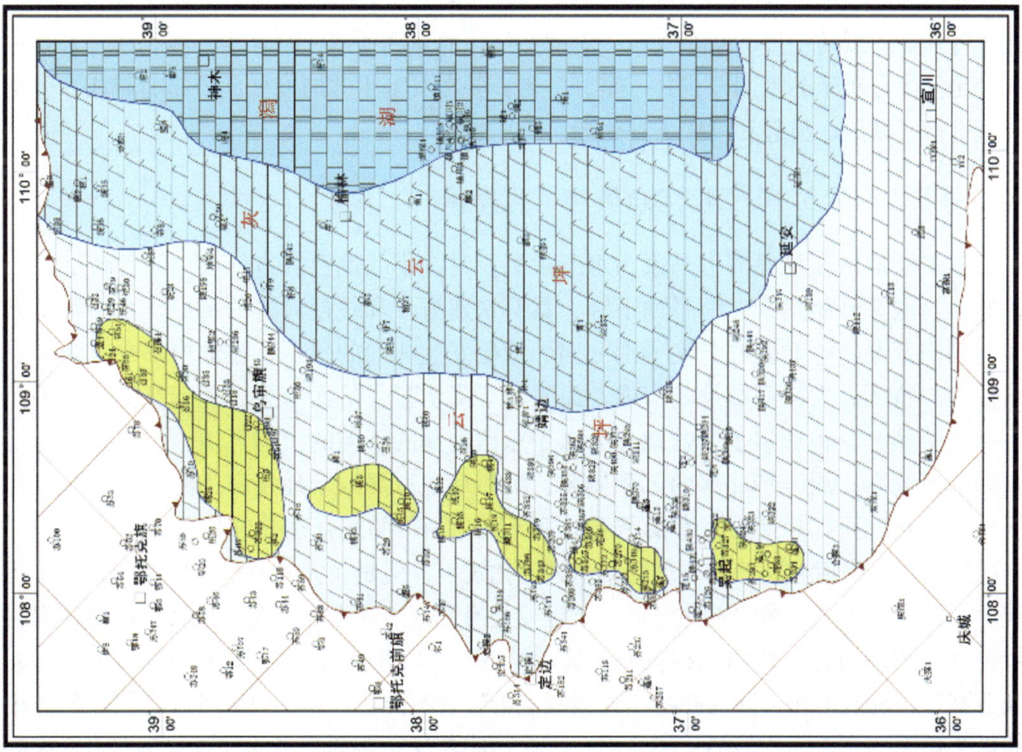

图 4-19　马五 7 亚段沉积微相展布图

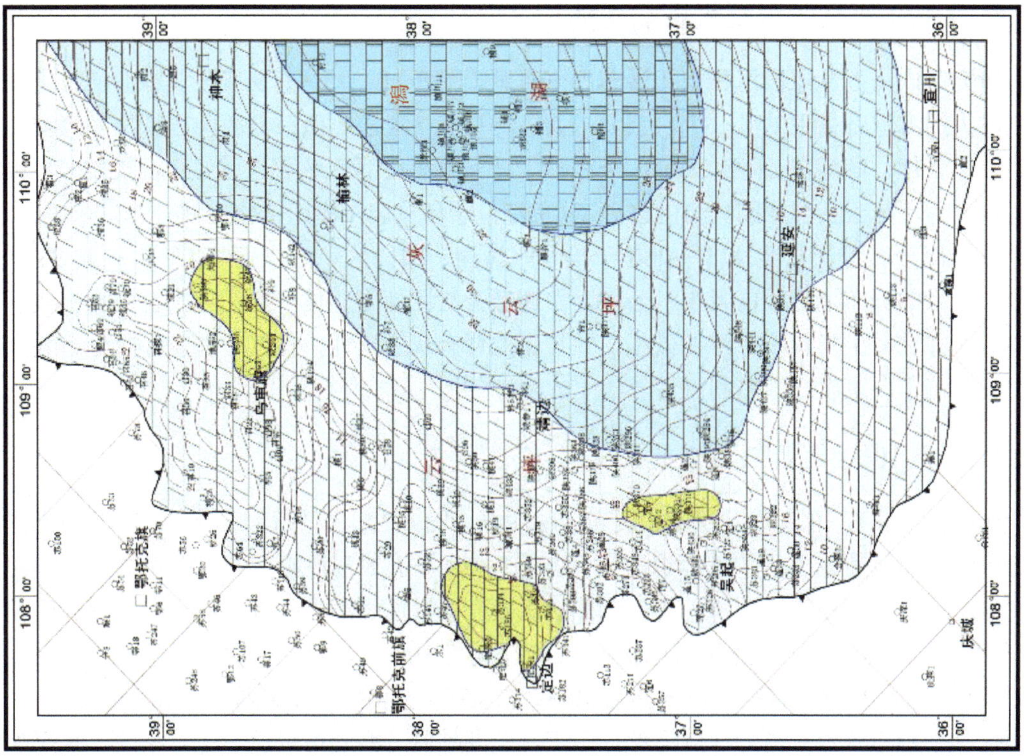

图 4-20　马五 8 亚段沉积微相展布图

5. 马五 9 亚段沉积微相展布规律

研究区内马五 9 亚段沉积微相展布规律明显（图 4-21）。马五 9 亚段沉积时期也是在马五段大的海退背景下的又一个次级海侵期，与马五 7 亚段类似，自西向东依次发育剥蚀区、潮上云坪、潮间灰云坪和潟湖四个相带。马五 9 亚段沉积平面与马五 7 亚段类似，也是呈现出云坪与云灰坪相间分布的格局。云灰坪位于乌拉庙—横山—化子坪一线以东地区，并在其上部分布有灰质洼地，一处位于榆林—清涧一线，另一处位于双 158 井—神 93 井一带，后者的分布范围较前者小；云坪则发育于云灰坪外围，位于鄂托克旗—华池一线以东地区，并在其上发育多个滩相微相，并且还发育有灰质洼地，在其外围呈环状分布有云灰坪，其位于乌审旗—沙尔利一带。

6. 马五 10 亚段沉积微相展布规律

研究区内马五 10 亚段沉积微相展布规律明显（图 4-22）。马五 10 亚段沉积时期是在马五段大的海退背景下的快速海退时期，与马五 6、马五 8 亚段类似，这时中央古隆起在水平面之上，并没有接受沉积，自西向东依次发育剥蚀区、潮上云坪、潮间灰云坪和潟湖四个相带。马五 10 亚段沉积平面呈现出以膏盐湖为中心，膏云坪、含膏云坪以及含泥云坪呈环形分布的格局。膏盐湖以米脂为中心，北至瑶镇，南至招安，西起榆林—安塞一线，东至佳县—延川一带；膏云坪以环形分布于膏盐湖外侧，西起可可盖—志丹一线，东至神木—吴堡一线，南达延安—延长一线，北至什汗水利；含膏云坪呈环形分布于膏云坪外侧西至巴音来登—纸坊一线，东至大宁—石楼一线，北达乌拉庙—常家沟一线，南至甘泉一线；含泥云坪分布于苏米图—杨井—富县一带，并在其上由北向南依此分布有滩相，分别位于苏里格、城川、吴起和紫探 1 井附近。

7. 马五 5—马五 10 亚段沉积微相演化规律

鄂尔多斯地区在早奥陶世马家沟组五段沉积时，华北地台的古气候周期性转变为干热，盆地基底又开始抬升，海平面下降，具有快速海侵和缓慢海退的特征。由于背部兴蒙洋壳同南部秦岭一起俯冲，使得南北向的地层发生相向的挤压，盆地内部在整体上表现出振荡的特征，发生间歇性的海退，海平面下降明显，从而中央古隆起暴露于海平面之上，遭受剥蚀，将鄂尔多斯盆地分为居于东西两侧的不同的沉积环境，以东地区也就是我们的研究区，属于华北海的沉积体系，沉积环境以局限台地发育为主，同时此时的气候干燥炎热，所以是膏岩发育的重要时期，沉积相带的发育也十分具有规律性。

虽然马家沟组第五期整体表现为海退的演化过程，但是在大的海平面后退的背景下所表现出的是次一级的振荡间歇性海退，所以使得研究区奥陶系中组合地层在不同时期岩石学特征和沉积环境存在规律也存在着差异，马五 5—马五 10 亚段沉积相带发育依次为剥蚀区、潮坪相和潟湖相；同时在各个亚段潮上带发育有滩相，但是马五 5 亚段沉积的滩相颗粒更为粗大，主要为粗粉晶—细晶白云岩，表明在这一时期海侵的程度较小，水体深度

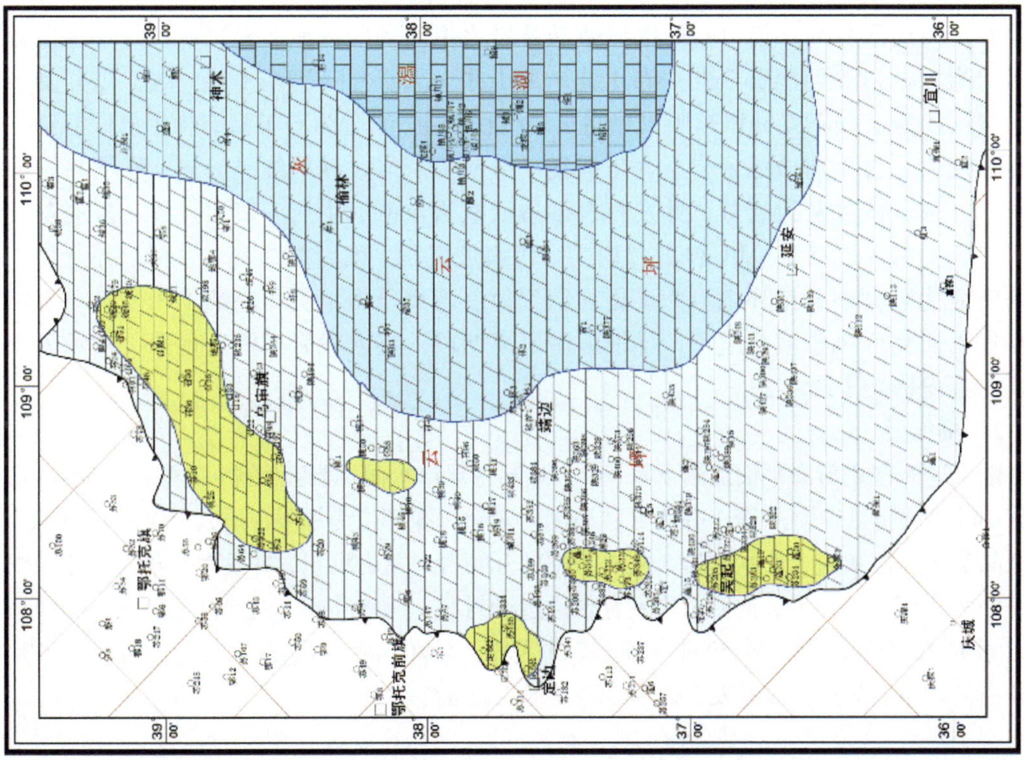

图 4-21　马五 9 亚段沉积微相展布图

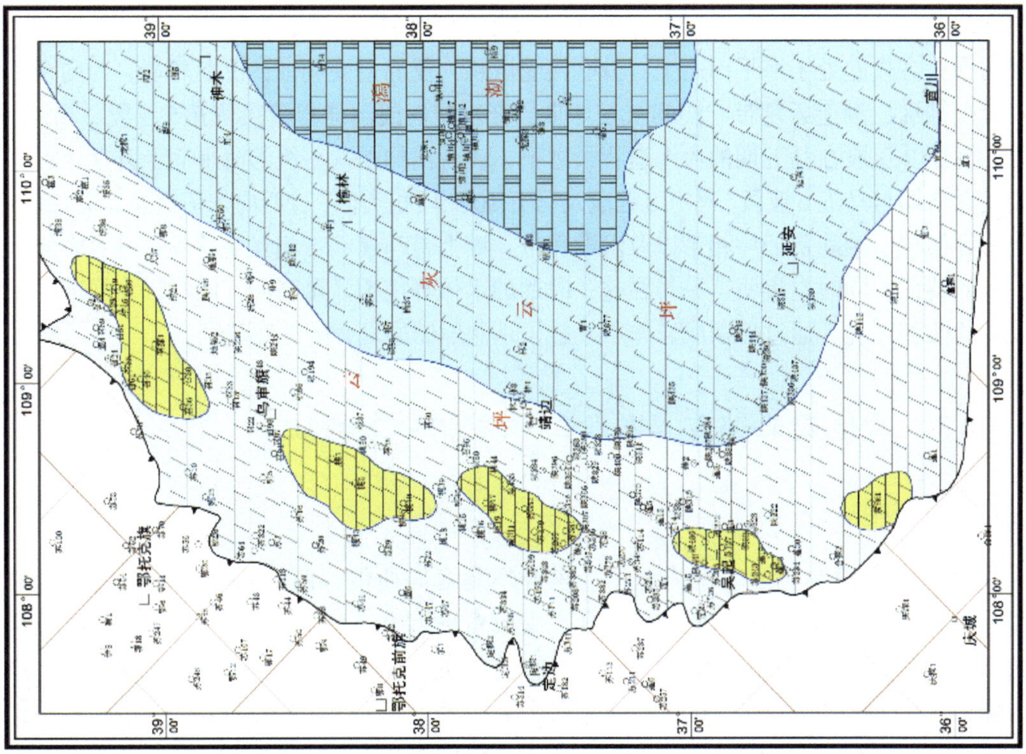

图 4-22　马五 10 亚段沉积微相展布图

较浅，从而使得水动力较强，滩相环境才更加发育；潟湖相带从马五6亚段至马五10亚段，面积逐渐减小；马五6亚段、马五8亚段和马五10亚段时期的海平面快速下降，气候干热，这时的中央古隆起处于海平面之上，没有接受沉积，反而遭受剥蚀，沉积环境自西向东依次发育剥蚀区、潮上云坪带、潮间灰云坪带、膏岩洼地或潟湖相带；马五5亚段、马五7亚段、马五9亚段在马五期的大海退背景之下，表现出的是次一级的海平面上升期，沉积微相发育格局与马五6亚段、马五8亚段及马五10亚段相类似，自西向东依次发育剥蚀区、潮上云坪微相、潮间灰云坪相带以及潟湖相带。潮上带与潮间带相互交替发育是古隆起东侧一带的特征，同时也表明这一带在这一时期的水体环境为浅水高能，同时，在局部地区所发育的滩相环境，通过后期成岩作用改造，是盆地储层发育的良好基础。

4.4.2　盆地西北部重点层段沉积微相分布特征

1. 桌子山组

桌子山组沉积期总体表现为海侵，东部华北海向西侵，西部祁连海向东侵，中央古隆起逐渐缩小，华北海与祁连海汇合，中央古隆起转为水下隆起，东西部贯通达到最大海泛面，但水体并不通畅。故以苏248井—苏367井为界，东侧为潮上云坪，西侧为碳酸盐台地环境。潮上云坪以细晶白云岩、残余砂屑结构细晶白云岩、富晶间孔白云岩、粉晶泥云岩、泥微晶白云岩沉积为主，发育砂屑滩。西至苏246井—苏356井—李1井，为局限台地环境，接受以泥微晶云岩为主的局限台地云岩沉积，并零星发育砂屑云岩滩。再往西至鄂3井—布1井—那1井—天2井—惠探1井一线，以开阔台地灰岩沉积为主。伊27井以东则以滩间灰岩沉积为主，其他岩石类型有含生屑砂屑细—微晶云灰岩、含生屑微晶云岩、含生屑细—微晶云灰岩、砂屑细晶云岩、砂屑粉—微晶灰岩、细—微晶灰云岩等，并发育有砂屑云灰岩点滩、生屑云灰岩点滩、砂屑灰云岩点滩、生屑灰岩点滩。伊27井以西为台缘斜坡沉积，发育微晶灰岩、微晶泥灰岩，向西转变为陆棚—盆地环境。为了更加细致地展现桌子山组沉积晚期（相当于马五段沉积期）研究区沉积演化过程，详细编制了桌四段—桌六段岩相古地理图，揭示了该时期的沉积格局（图4-23）。

1）桌四段

继快速海侵之后海平面逐渐下降，中央隆起带浮出水面。隆起西侧为碳酸盐台地环境，以苏246井—苏357井—李1井为界，东侧到隆起边缘部位为局限台地云岩沉积，西侧为以微晶灰岩、泥灰岩、块状灰岩、灰岩为主的开阔台地灰岩沉积，并发育云灰岩点滩。以布1井—余探1井为界，向西依次发育台地边缘斜坡、深水陆棚—盆地沉积环境。隆起东部以苏46井—鄂19井—苏49井—苏310井为界，为潮上泥云坪，以白云岩、粉晶泥云岩、细晶白云岩组合为主，零星发育砂屑云岩点滩（图4-24）。

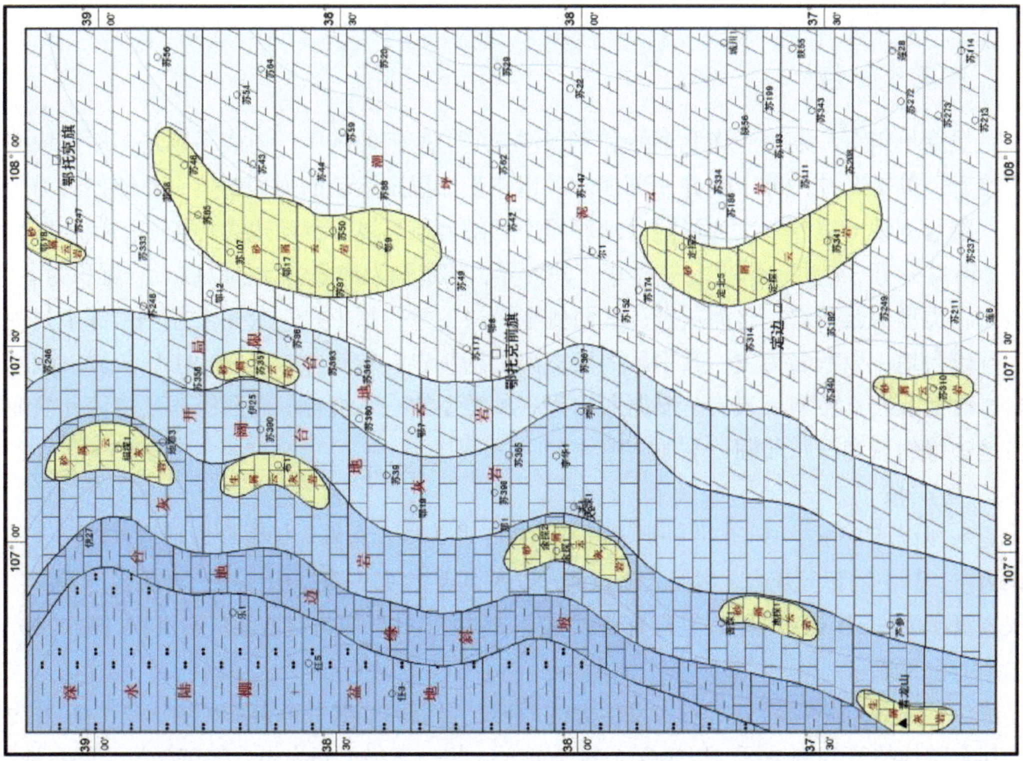

图 4-23 鄂尔多斯盆地天环及东部邻区桌子山组沉积微相分布图

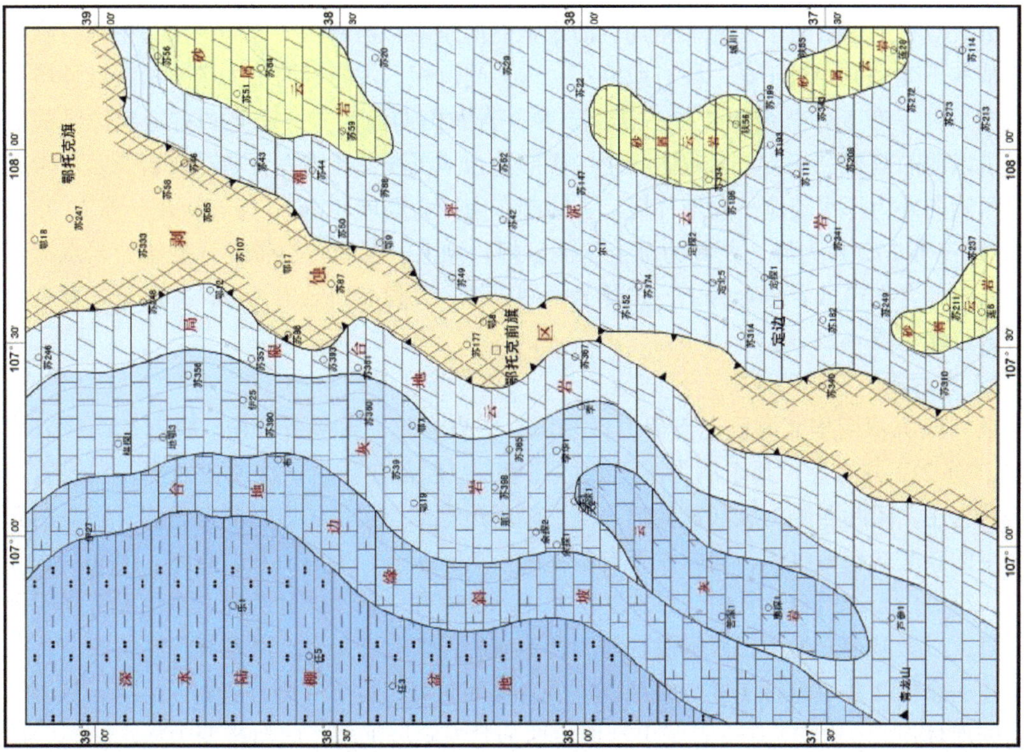

图 4-24 鄂尔多斯盆地天环及东部邻区桌四段沉积微相分布图

2）桌五段

桌五段古地理沿袭了之前的格局，海水依然向东南、西部两个方向退出，中央古隆起位置基本不变，但相对于桌一段有所缩小，未接受沉积。古隆起西侧为碳酸盐缓坡环境，以棋探1井—布1井—余探2井—苦深1井—青龙山剖面为界，东侧到古隆起边缘部位接受了以泥晶灰岩、灰岩、云灰岩为主的碳酸盐台地沉积，台内发育粉晶灰岩及云灰岩点滩，西侧向外为深水陆棚—盆地环境。古隆起东南缘为潮坪环境，以苏29井—苏22井—陕56井—苏272井为界，西侧为潮上含泥云坪，潮上、潮间转换带发育砂屑云岩点滩，以白云岩、含泥白云岩组合为主，东侧为潮间云坪，以粉晶白云岩为主，并零星发育有砂屑云岩点滩（图4-25）。

3）桌六段

桌六段沉积期华北海已退至研究区东缘，中央隆起不再接受沉积。隆起东南缘以苏20井、苏213井为界，其东侧为潮上云坪环境，以粉晶白云岩、泥质白云岩、白云质灰岩组合为主。隆起西侧为碳酸盐台地环境，隆起边缘部位接受了以微晶白云岩、粉晶白云岩为主的碳酸盐台地沉积，向外发育有零星的砂屑云灰岩、生屑云灰岩点滩，滩间沉积了灰岩、粉晶白云岩组合。其中，以苏246井—苏356井—苏367井为界，东侧发育局限台地云岩，以微晶云岩为主，西侧发育开阔台地灰岩，内有云灰岩点滩发育。在棋探1井—布1井—余探2井—惠探1井一线两侧，发育滩间灰岩，可见砂屑云灰岩、生屑云灰岩等类型的滩体沉积。伊27井—青龙山剖面以西为台缘斜坡沉积，向西转变为深水陆棚—盆地环境（图4-26）。

2. 克里摩里组

克里摩里组沉积期由于南北秦岭和兴蒙洋壳的加速俯冲挤压，造成了鄂尔多斯地块的迅速抬升，苏248井—苏177井—苏340井以东受加里东运动的强烈影响，整体抬升为剥蚀区。隆起剥蚀区以西依次为局限台地环境、开阔台地环境、台地边缘环境和陆棚环境。以苏246井—苏357井—鄂7井—李华1井为界，其东侧为局限台地，以白云岩沉积为主，其他岩石类型为云灰岩、含泥灰岩；其西侧至棋探1井—布1井—余探1井—苦深1井一线为开阔台地，以灰岩为主，其中区内发育海绵礁灰岩、砂屑含云灰岩、生屑灰岩、砂屑云岩、砂屑灰岩、生屑云灰岩、藻屑灰岩等多种类型的礁滩组合。向西沉积环境依此演变为台地边缘斜坡和深水陆棚—盆地（图4-27）。

1）克一段

克一段以苏356井—布1井—那1井—惠探1井为界，东侧为局限台地环境，以白云岩沉积为主，其中发育云灰岩、含泥云岩点滩；以西至伊27井—青龙山一线为开阔台地环境，以灰岩沉积为主，棋探1井附近发育有藻屑灰岩滩。伊27井以西为斜坡泥灰岩沉积（图4-28）。

2）克二段

克二段古地理格局较克一段未发生大的改变，仍以苏248井—苏177井—苏340井为界，其东整体抬升为剥蚀区。以棋探1井—苏356井—李华1井为界，其东侧为开阔台地，

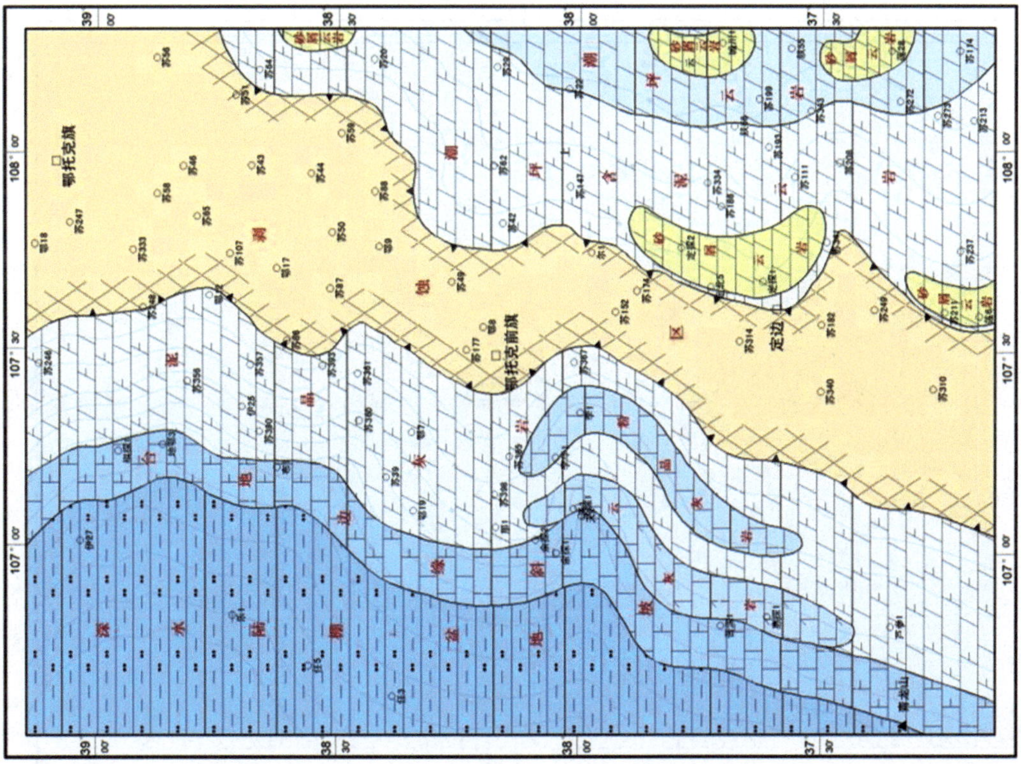

图 4-25　鄂尔多斯盆地天环及东部邻区桌五段沉积微相分布图

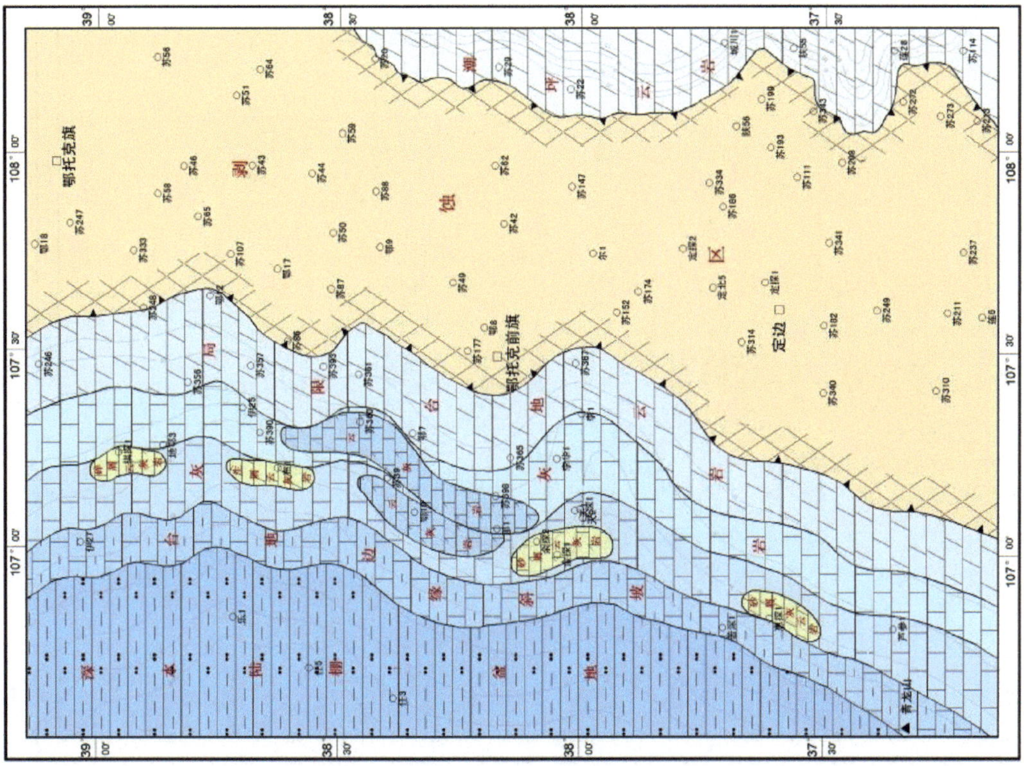

图 4-26　鄂尔多斯盆地天环及东部邻区桌六段沉积微相分布图

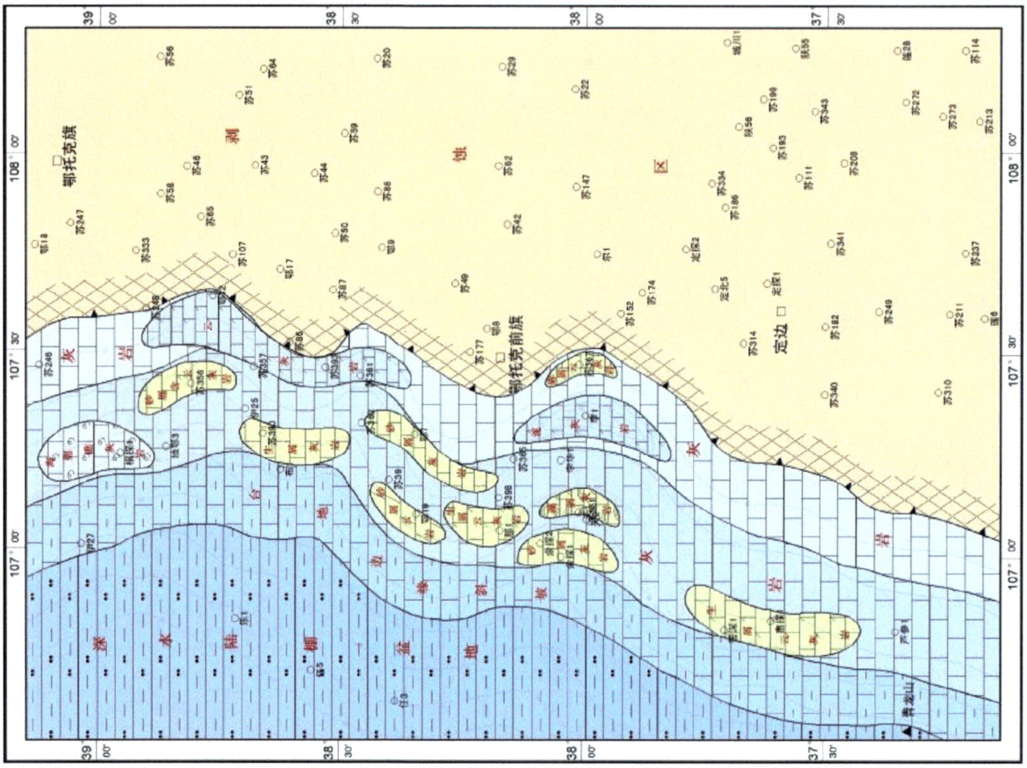

图 4-28 鄂尔多斯盆地天环及东部邻区克一段沉积微相分布图

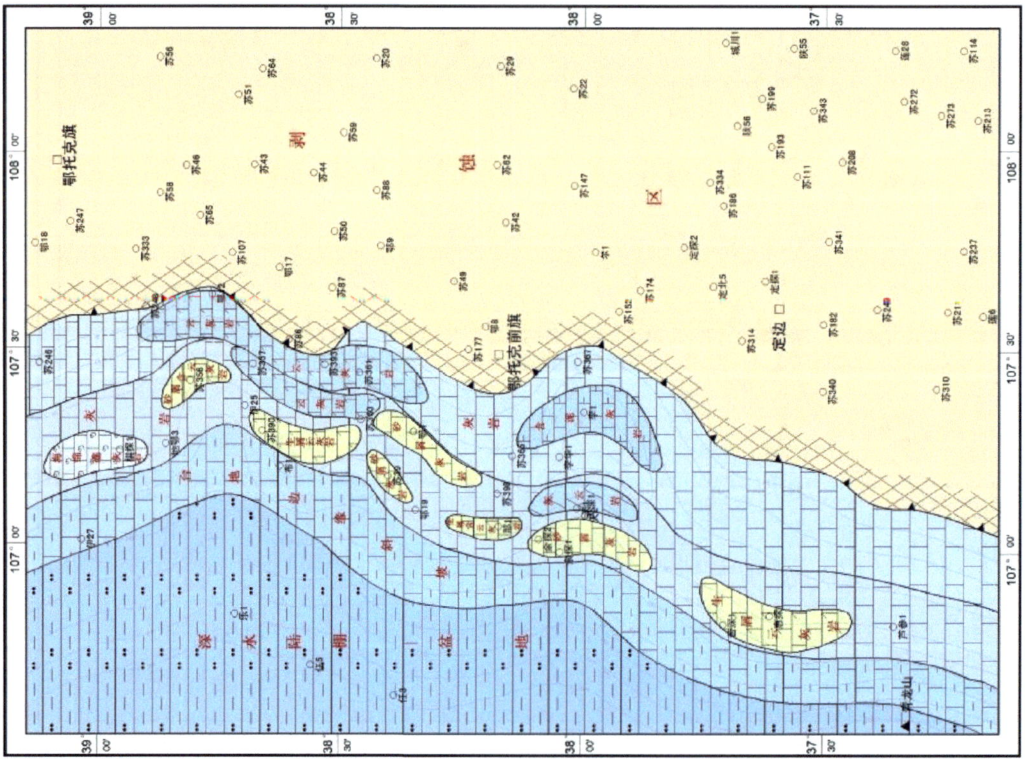

图 4-27 鄂尔多斯盆地天环及东部邻区克里摩里组沉积微相分布图

以灰岩沉积为主，区内发育含泥灰岩、白云岩、碎屑灰岩点滩；以西至伊 27 井—余探 1 井—苦深 1 井一线为台地边缘礁滩相带，以颗粒灰岩及含云灰岩沉积为主，棋探 1 井附近发育有藻灰岩滩，天深 1 井附近发育有生屑灰岩滩。伊 27 井以西依次发育台地边缘斜坡和陆棚环境（图 4-29）。

3）克三段

克三段古地理格局较克二段未发生大的改变，仍以苏 248 井—苏 177 井—苏 340 井为界，其东整体抬升为剥蚀区。以苏 246 井—苏 357 井—鄂 7 井—李华 1 井为界，其东侧为开阔台地，以灰岩沉积为主，其他岩石类型有云灰岩、泥灰岩，并发育碎屑云灰岩滩；其西侧至棋探 1 井—余探 1 井—苦深 1 井一线为台地边缘礁滩相带，以各种颗粒灰岩沉积为特征，如砂屑含云灰岩、生屑灰岩、砂屑云岩、砂屑灰岩、生屑云灰岩、藻屑灰岩等灰岩滩体，局部发育生物礁灰岩。其西依次为台地边缘斜坡及深水陆棚—盆地沉积环境（图 4-30）。

4.5　不同级次层序岩相古地理编图的优势及进展

在野外剖面、钻井岩心观察、室内薄片鉴定的基础上，结合测井综合解释资料、地震分析资料，针对盆地内寒武系、奥陶系不同级次层序岩相古地理图件，以求系统性、连续性更强地再现盆地沉积物质充填演化过程，揭示寒武纪、奥陶纪物质聚集分布规律，其中全盆地级别分别采用二级层序（超层序）体系域、三级层序为成图单元，重点区带则采用四级层序为成图单元编制沉积微相图。

以不同级次或周期变化的同一海平面升降或基准面旋回控制的地层成因记录为研究对象的层序地层学理论为指导，编制的层序岩相古地理图更具等时性、成因连续性和实用性。大块体内，以超层序体系域为成图单元编制小比例尺构造的层序岩相古地理图，反映了区域构造不同阶段的盆山耦合关系及沉积盆地各演化阶段的沉积充填序列响应特征，为评价沉积盆地油气勘探潜力和预测区域范围内的生、储、盖发育特征及其时空展布规律提供有力的依据。单一盆地或盆地内大区域范围内，以超层序体系域或长期基准面旋回层序相域为成图单元而编制中比例尺层序岩相古地理图，能够反映盆地充填韵律周期内沉积体系或沉积相的时空展布及变化特征，从而指导沉积盆地内勘探区块的优选，预测区块内的有利勘探区带。盆地中重点勘探区块内，以中周期基准面旋回相域为单元编制的大比例尺层序岩相古地理图，反映了中周期基准面变化控制下研究区沉积相或沉积微相的时空展布及变化特征，可更为准确地描述等时地层格架中的有利储集砂体的时空展布和演化规律，提高储层描述的准确性和油气藏预测评价的可靠性。因此，大、中、小尺度层序岩相古地理研究与编图已经成为油气勘探开发中的一项重要的并日趋成熟的技术，对指导油气勘探将发挥越来越重要的作用。

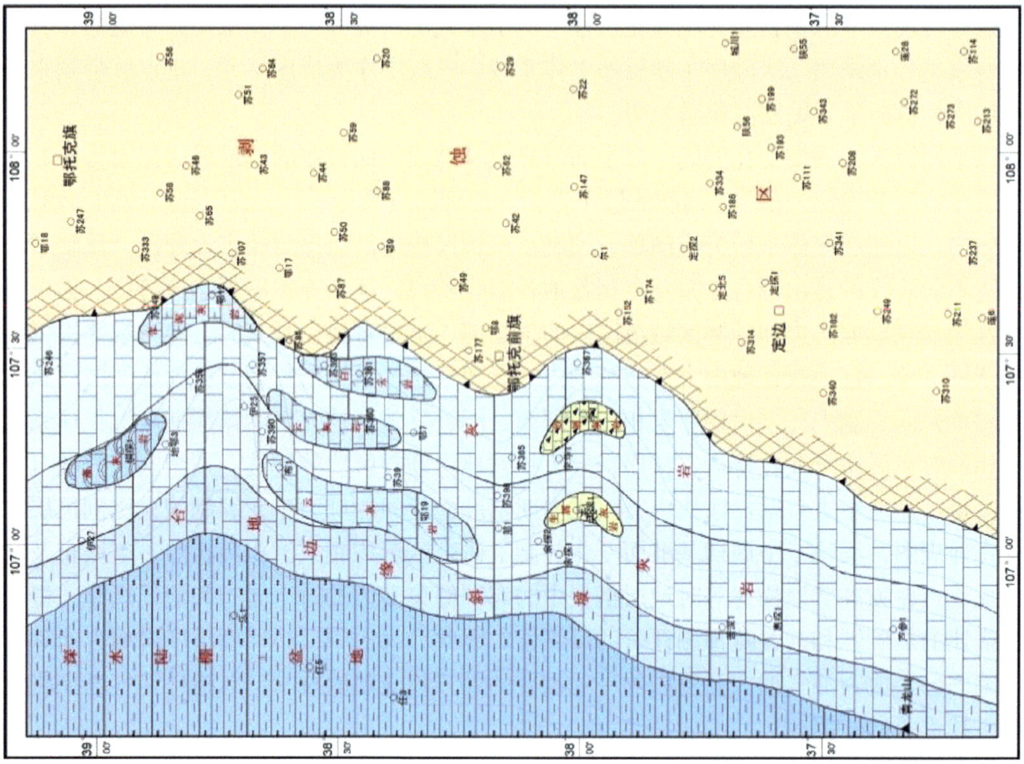

图 4-29　鄂尔多斯盆地天环及东部邻区克二段沉积微相分布图

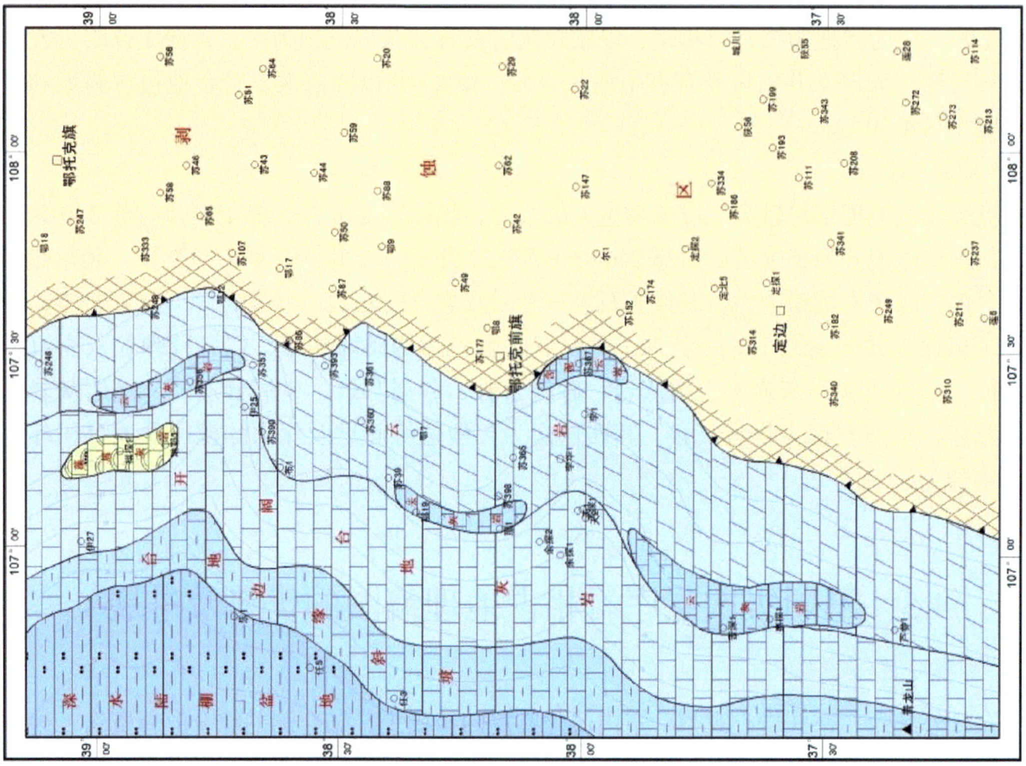

图 4-30　鄂尔多斯盆地天环及东部邻区克三段沉积微相分布图

第5章 储层特征及控制因素

5.1 储层类型划分

碳酸盐岩储层油气产量约占世界油气总产量的60%，可见碳酸盐岩储层的重要性。世界石油与天然气的剩余储量之比大约是1 ∶ 1，然而在中国却高达9 ∶ 1。对于碳酸盐岩储层来说，这个比值甚至更高，说明我国碳酸盐岩勘探开发程度比较低，具有非常大的潜力。我国海相碳酸盐岩层系具有时代老、埋深大、成岩作用强、原生孔隙不发育、受后期改造控制、非均质性强的特点，给碳酸盐岩油气勘探带来巨大挑战。与国外相较，我国的碳酸盐岩储层的物性总体上要比国外几大含油气盆地的物性要差。这些客观存在的地质事实给我国古老层系碳酸盐岩油气勘探带来了较大困难。近些年来，四川盆地、塔里木盆地及鄂尔多斯盆地碳酸盐岩油气勘探实践表明，古老碳酸盐岩地层成藏的关键是储层要素，因此储层表征成为我国碳酸盐岩油气勘探的关键。储层是指由岩石格架和相互连通的孔隙网构成的三维地质体，世界上常见的碳酸盐岩储层可归纳为常见的六类：①古岩溶储层；②白云岩储层；③滩相储层；④礁相储层；⑤白垩；⑥裂缝型储层（范嘉松和吴亚生，2005）。一些学者从储集空间角度出发，认为碳酸盐岩储层是一种多孔介质，有孔隙、洞穴和裂缝三种不同的储集空间，因此将碳酸盐岩储层划分为孔隙型储层、孔洞型储层及裂缝型储层三种，然后进一步划分出若干类不同孔隙组合而成的复合型储层类型（Duggan et al.，2001；Lønøy，2006；强子同，2007；李振宏和胡健民，2011；马永生等，2011；杨华等，2013；张军涛等，2016；包洪平等，2017）。这种以孔隙类型进行储层分类的方法易于使用，能解释岩石、孔隙和岩石物性特征之间的成因关系，还有助于预测储层流动单元的空间分布。其实在长期的地质作用过程中，岩石属性与孔隙特征往往密不可分，具有某种联系，因此，现在更多的学者倾向于将岩石信息和孔隙成因结合起来采用成因分类对储层进行划分，通常划分为三种主要的储层类型：①沉积成因的储层；②成岩成因的储层；③裂缝型储层。从我国碳酸盐岩油气勘探实践来看，我国古老碳酸盐岩储层形成过程极其复杂，按照任何一种划分方法都不能准确涵盖储层的特征，因此通常综合考虑岩石成因和储集空间特征对储层进行综合划分，根据目前在西部三大碳酸盐岩盆地中发现的大型油气田储层特征，通常分为礁滩型、白云岩型和古岩溶型三大类，再按照储层成因类型进一步划分为若干亚类进行详细研究（Fu et al.，2019；付金华等，2018；Chen et al.，2018；魏新善等，

2017；苏中堂等，2015；陈洪德等，2013；郝哲敏等，2012；马春生等，2011；贾承造等，2003）。

鄂尔多斯盆地储层发育类型多样（表5-1），主要存在白云岩型、古岩溶型和礁滩型三种，目前取得油气勘探突破的是岩溶型储层和白云岩型储层，礁滩型储层有油气显示，但未取得突破。岩溶型储层按照岩溶机理分为风化壳岩溶储层和顺层岩溶储层，前者以靖边气田为代表，系相对成熟的储层类型，后者主要指盆地西缘克里摩里组顺层岩溶。白云岩型储层主要指白云岩化作用强烈改造以晶粒结构为主的白云岩，不包括典型台地边缘礁滩相经白云岩化作用改造的白云岩（这类划为礁滩型储层）和萨布哈含膏白云岩受溶蚀改造的泥粉晶白云岩，这类储层是鄂尔多斯盆地目前最现实的勘探类型，主要发育在马家沟组中下组合和桌子山组，马家沟组中组合也目前见产，认为是新类型储层勘探领域。白云岩型储层按照成因机理分为渗透回流白云岩储层和埋藏白云岩储层，前者主要发育在马家沟组中下组合，后者主要发育在桌子山组。礁滩型储层按照沉积相分布分为台内礁滩储层和台地边缘礁滩储层两类，前者主要分布在盆地西缘克里摩里组，后者主要分布在盆地南缘平凉组和背锅山组。礁滩型储层受限于沉积时间和较有利成岩作用的深度改造，目前未发现油气藏，但倾覆礁滩体具有较好的勘探潜力，是值得深入研究、寻找潜在目标的储层类型。

表5-1 鄂尔多斯盆地储层类型划分表

类型划分		发育层位	分布地区	代表性区带
礁滩型	台地边缘礁滩储层	平凉组、背锅山组	盆地南缘	好畤河、桃曲坡
	台内礁滩储层	克里摩里组、寒武系	盆地西缘	棋探1井
白云岩型	渗透回流 白云岩储层	马家沟组中下组合	古隆起东缘	中组合成藏带
	埋藏白云岩储层	桌子山组、马六段	古隆起西缘、南缘	鄂29井、旬探1井
古岩溶型	风化壳岩溶储层	马家沟组上组合、寒武系	盆地中东部、古隆起边缘	靖边气田
	顺层岩溶储层	克里摩里组 马家沟组	盆地西缘、东南部	余探1井、余探2井

5.2 白云岩储层特征及主控因素

5.2.1 奥陶系白云岩储层特征

1. 盆地中东部白云岩储层特征

1）储层岩石学特征

鄂尔多斯盆地马家沟组中下组合发育白云岩、含灰云岩、灰质白云岩、石膏、含膏白云岩及灰岩，能够作为储层的主要为含灰云岩及各类白云岩，其岩石学特征如下。

a. 粗粉晶含灰白云岩

这种储层岩石原岩为含膏白云岩，具细—粉晶结构，岩石经溶蚀作用改造，发生去膏化，形成粗粉晶含灰白云岩，膏溶孔和溶缝为主要的储集空间，面孔率为 4% ~ 7%，最大可达到 14%［图 5-1（a）］，部分膏溶孔被方解石及石英充填，主要发育在中组合马五 6 亚段，为重要的储集岩类之一。

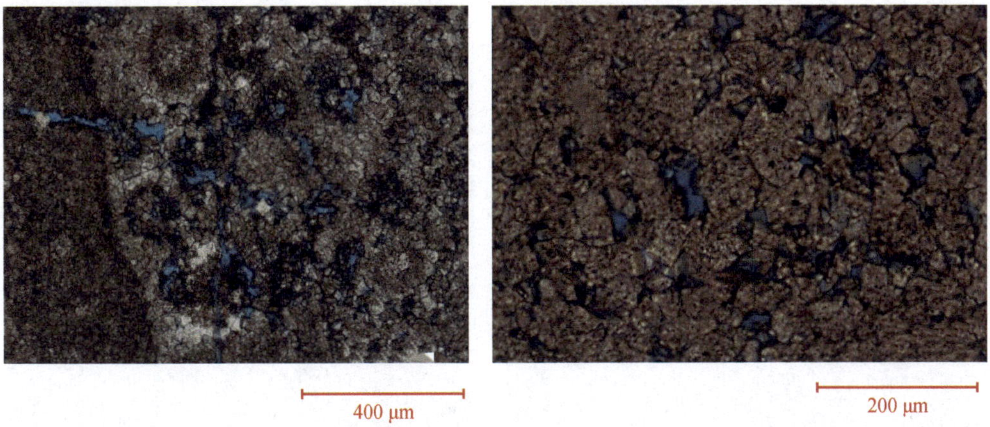

(a)具膏溶孔去膏化硅化细—粉晶含灰云岩，具膏溶孔和溶缝，面孔率14%，(−)，3238.54m，马五6亚段，召30井　(b)具晶间孔的细晶白云岩，面孔率8%，(−)，4029.3m，马五6亚段，苏345井

图 5-1　晶粒云岩微观特征

b. 细晶白云岩

岩石具细晶结构，白云石晶体为 0. 1 ~ 0.3 mm，岩石相对致密，晶体多为自形和半自形，也可见他形，表面往往不干净，有时因白云石化晶体内含有方解石包体，使得染色薄片中显红色。细晶白云岩的岩石相对干净，晶体为曲面他形时，晶体彼此间镶嵌接触；晶体为半自形、自形时，晶体多为贴面接触。该类岩石面孔率通常为 5% ~ 8%［图 5-1（b）］，是中下组合常见岩石类型之一，为主要的储集岩类之一。

c. 鲕粒白云岩

该类岩石中的鲕粒多为真鲕，核心及圈层构造明显［图 5-2（a）］，鲕粒间主要为亮晶白云石胶结，部分鲕粒未被胶结，形成了可观的粒间孔隙，也有被溶蚀形成的粒间溶孔。该类岩石保留有原生粒间孔隙，面孔率可达 5% ~ 7%，主要见于中组合马五 9 亚段，可成为重要的储集岩类之一。

d. 残余砂屑白云岩

该类岩石原岩应为砂屑灰岩，经白云岩化作用形成残余砂屑白云岩，砂屑粒度一般为 0.02 ~ 15 mm，大的砾屑一般还包括一些小的分散的砂屑，砂砾屑通常为粉—细晶结构的白云石，砂屑往往与生物屑伴生，常见海百合、腕足类等，粒屑间被亮晶—微亮晶胶结物充填，甚至发育两期胶结。这类白云岩是中下组合最重要的储集岩石，发育晶间孔及晶间溶孔，面孔率为 5% ~ 10%，最高可达 18%，晶间孔内常见马鞍状白云石及自生石英充填［图 5-2（b）~（d）］，该类岩石主要见于中组合马五 5 亚段、马五 6 亚段、马五 7 亚段、马五 9 亚段等地层内，为水动力条件较强的潮缘滩环境产物。

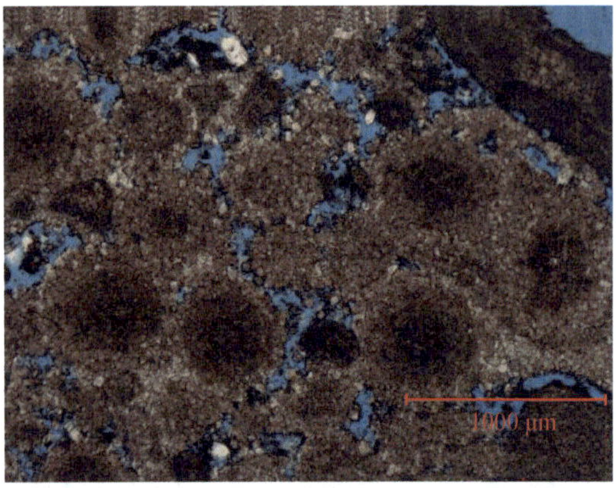

(a)具粒间孔的粉晶鲕粒白云岩,鲕粒粒间孔部分被石英充填,(-),3612m,马五9亚段,桃38井

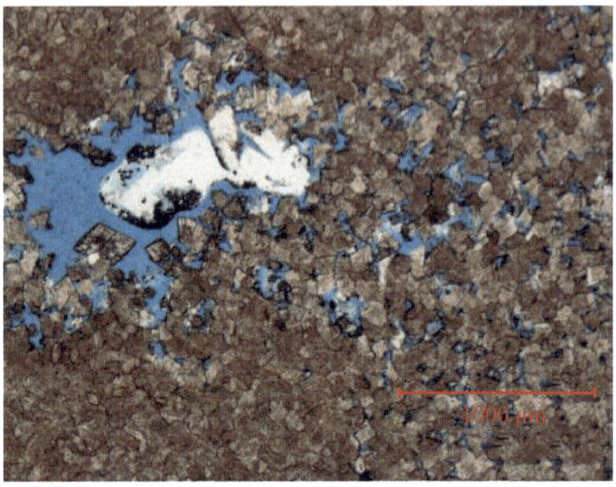

(b)细晶残余砂屑白云岩,扩大的晶间孔部分被石英充填，面孔率8%,(-),3631.2m,马五10亚段,桃38井

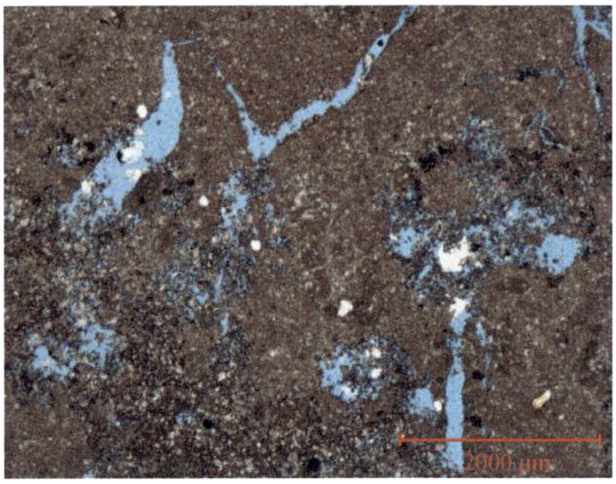

(c)去白云石化富溶孔溶缝的残余砂屑粉晶含灰白云岩,发育溶孔、溶缝(蓝色)，面孔率18%,(-),4031.3m,马五7亚段,莲30井

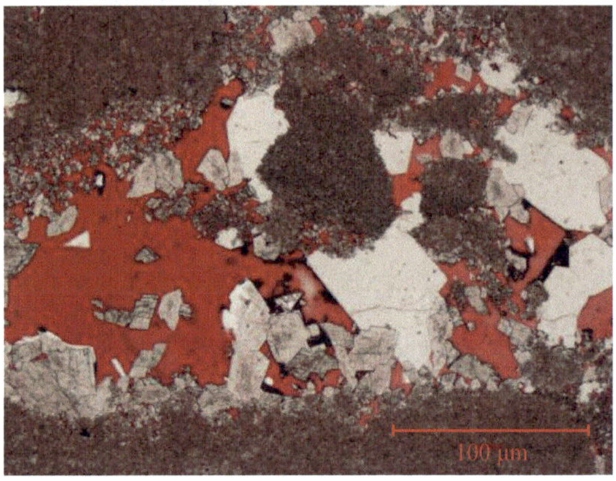

(d)富溶孔、晶间孔的粉晶砂砾屑白云岩，热液溶孔中部分被马鞍状白云石和自生石英及有机质充填,(-),3921.25m,马五5—2亚段,苏203 井

图 5-2　残余颗粒云岩微观特征

2）储集空间类型及其特征

根据铸体薄片的镜下鉴定、阴极发光、电镜扫描分析及岩心观察，发现该类储层的储集空间原生孔隙极少，仅见少量的粒间孔，主要孔隙类型为次生孔隙，包括：白云岩晶间孔，溶蚀作用改造的各种溶孔、溶缝，构造作用形成的构造缝，以及成岩过程形成的收缩缝。各种孔隙分布频率如图 5-3 所示，中组合以晶间孔和溶缝为主，二者分布频率分别为 31.07% 和 20%，其次为溶孔、张开缝及膏溶孔；下组合主要为晶间孔，出现频率达到了 40% 左右，其次为溶缝及收缩缝，出现频率均为 10%（图 5-4）。

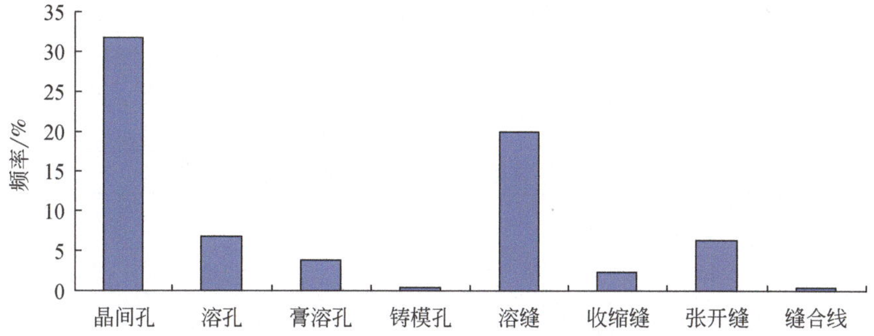

图 5-3 鄂尔多斯盆地马家沟组中组合孔隙类型分布频率图

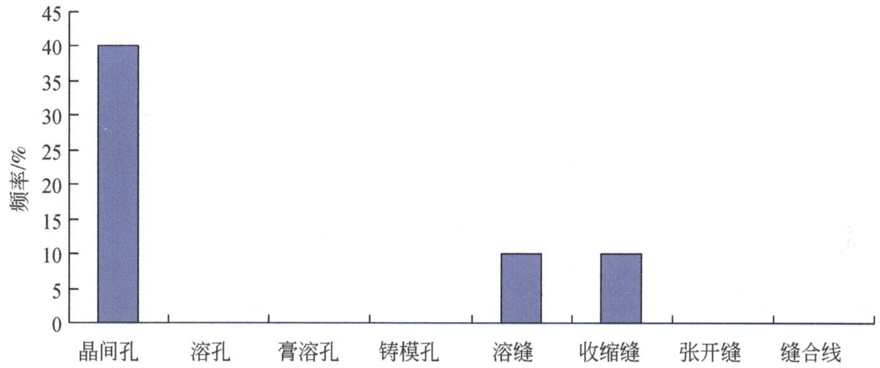

图 5-4 鄂尔多斯盆地马家沟组下组合孔隙类型分布频率图

各种孔隙特征如下。

a. 残余粒间孔

粒间孔隙指碳酸盐岩颗粒（鲕粒、砂屑、生物屑、球粒）之间的孔隙，主要见于粉晶砂屑云岩中，其次为颗粒白云岩中［图 5-5（a）、（b）］。充填在颗粒间的亮晶方解

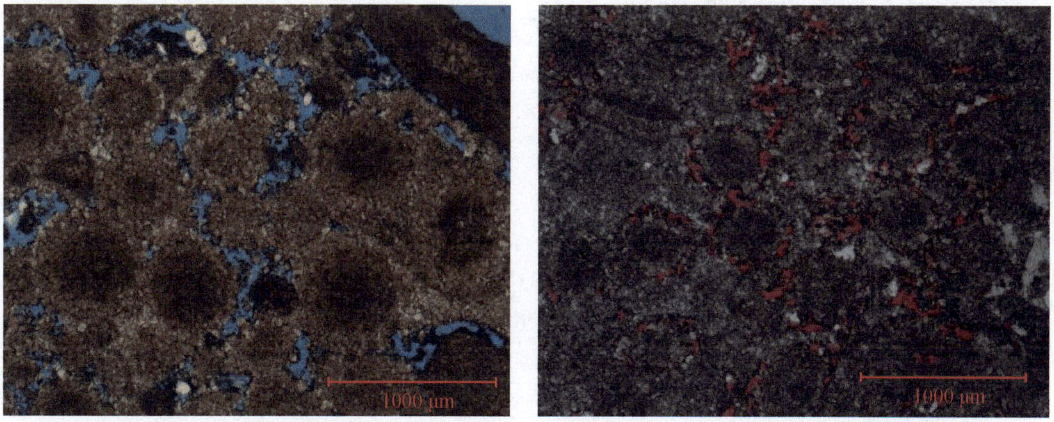

(a)具粒间孔的粉晶鲕粒白云岩,鲕粒粒间孔部分被石英充填,(-),3612m,马五9亚段,桃38井

(b)粉晶砂屑白云岩,砂屑间的贴粒孔缝(红色铸体充填)，面孔率7%,(-),3612.03m,马五9亚段,桃38井

图 5-5 原生粒间孔特征

石或白云石胶结物或灰泥的溶蚀，并部分伴有颗粒的溶蚀，多呈孤立状不均匀分布，部分为裂缝相连，形状不规则，一般未充填。铸体薄片分析结果显示，这类储集岩的面孔率在5% ~ 7%（表 5-2），且在研究区内并不广泛发育。

表 5-2　鄂尔多斯盆地马家沟组中下组合储集空间类型

成因		孔隙类型	特征	面孔率 /%	分布层位
原生孔隙		残余粒间孔	分布在鲕粒云岩、砂屑云岩中，伴有少许溶蚀现象	5 ~ 7	马五 9 亚段
次生孔隙	孔	晶间孔	粉—粗晶白云岩中，多呈三角形或规则多边形	5 ~ 8	中下组合
		晶间溶孔	边缘不规则，晶间孔溶蚀后形成晶间溶孔，分布不太均匀，多未被充填	6 ~ 10	中下组合
		铸模孔	呈圆形或长短轴相近的椭圆形，主要发育于细—粉晶白云岩中	4 ~ 7	中组合
	缝	溶缝	纵横交错网状分布，宽窄不一，形态弯曲，缝壁明显具有溶蚀痕	5 ~ 11	中下组合
		构造缝	边缘比较平直，沿一定方向有规律地分布，延伸较远	1 ~ 5	中下组合
		收缩缝	多平行于层面分布，缝面弯曲，形状不规则	1 ~ 3	中下组合

b. 晶间孔

晶间孔是本区白云岩储层中最主要的储集空间类型，多见于晶粒较大的白云岩中，如粉细晶白云岩、中粗晶白云岩中，经白云岩化或重结晶作用形成。孔隙分布于自形较好的晶粒结构白云石晶体之间，显微镜下的形状多呈三角形或规则多边形，局域内连通性较好。面孔率通常为 5% ~ 8%（表 5-2），平均面孔率为 6.47%，最大可达 18%［图 5-6（a）、（b）］。孔间的连通性较好，是白云岩中最常见的孔隙类型。

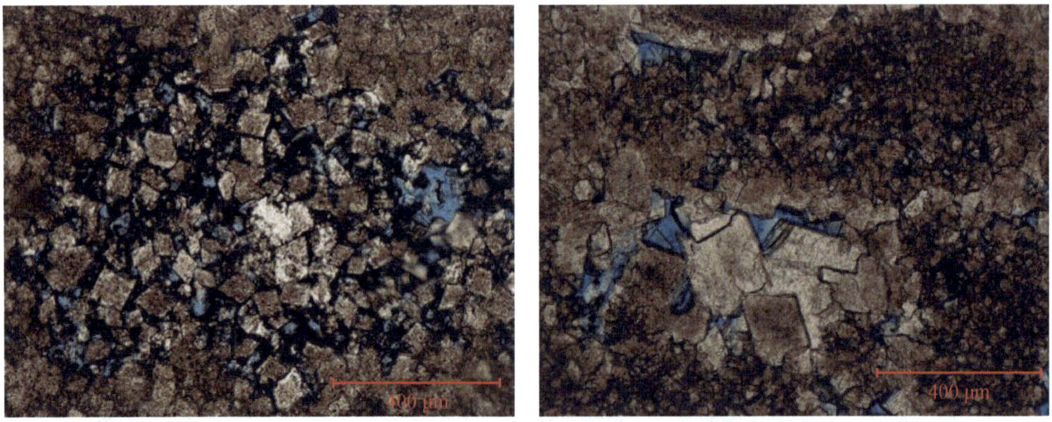

(a)白云石晶间孔及部分被有机质充填，面孔率6%，(−)，3977m，马五5亚段，莲30井

(b)富晶间孔细晶残余砂屑白云岩，晶间孔，面孔率10%，(−)，3383.73m，马三段，召探1井

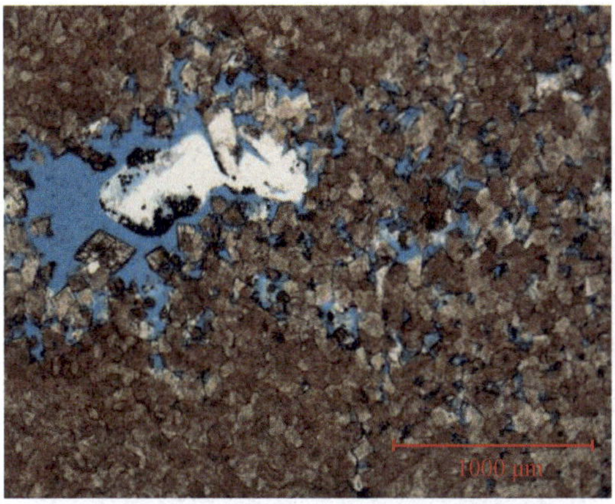

(c)细晶残余砂屑白云岩,扩大的晶间孔部分被石英充填,面孔率8%,(-),3631.2m,马五10亚段,桃38井

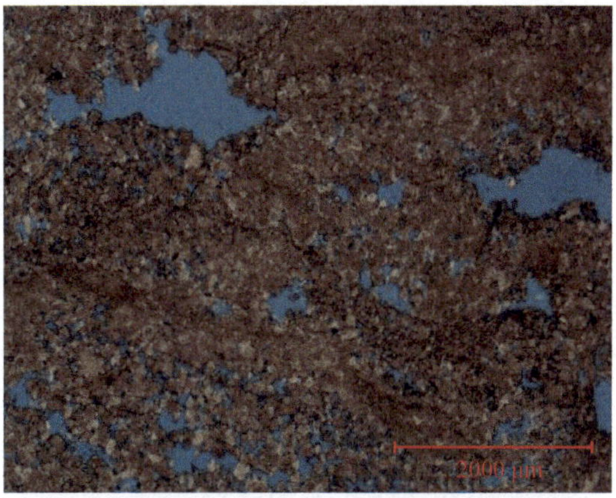

(d)具晶间孔、溶孔的残余砂屑细晶白云岩,晶间溶孔及晶间孔,面孔率9%,(-),3189.8m,马家沟组,召探1井

图 5-6　晶间孔、晶间溶孔特征

c. 晶间溶孔

晶间溶孔是溶蚀孔隙中的一种，溶蚀孔隙是由溶蚀作用形成的大小和形状都不规则的孔隙，也是研究区碳酸盐岩主要孔隙类型。按成因可分为组构选择性溶蚀孔隙与非组构选择性溶蚀孔隙。其中组构选择性溶蚀孔隙主要有晶间溶孔、膏晶铸模孔等，其成因主要与早表生期的间歇性暴露有关；非组构选择性溶蚀孔隙主要为针状、斑状的晶内溶孔及粒间溶孔、溶洞等。

晶间溶孔广泛发育于本区白云岩储层中，由晶间孔和晶间微孔的溶蚀扩大而成。晶间孔经表生—晚成岩期溶蚀作用改造后扩孔，局部边缘不规则，或溶蚀后晶间孔彼此连通形成了晶间溶孔，分布不太均匀，多未被充填，面孔率通常在6% ~ 10%，平均面孔率为8.3%，最大可达 12% [图 5-6（c）、（d）]，是白云岩型储层中另一重要的储集空间类型。

d. 铸模孔

铸模孔是由组构选择性溶蚀作用而形成的具有原颗粒外形的孔隙。研究区最常见的铸模孔为膏溶孔。目前绝大多数的石膏均被溶蚀交代，仅存原石膏受溶解交代后的假象轮廓，一般呈圆形或长短轴相近的椭圆形，主要发育于细—粉晶白云岩中 [图 5-7（a）、（b）]。膏溶孔具有很好的储集空间，一般发育于膏云坪环境条件下的含膏泥晶白云岩、细粉晶白云岩中。石膏晶体一般在早表生期（准同生暴露期间）已被亮晶方解石交代，形成石膏假晶，所以其原始晶形结构一般都能在后期的成岩过程中被继承和保留，经过表生成岩作用和埋藏溶解作用改造后，形成良好的储集空间。

e. 裂缝

裂缝在盆地中东部广泛发育，按成因可分为溶缝、构造缝。

溶缝与抬升暴露条件下的节理有关，受到风化淋滤作用的改造，通常为交错分布的网状微缝，宽窄不一，形态弯曲，缝壁明显具有溶蚀痕迹 [图 5-8（a）]，部分为再度沉积埋藏后的后生方解石充填，部分为风化残积的铁泥质充填。溶缝为研究区内发育最为广泛的裂缝，其发育层位与加里东期构造抬升的风化剥蚀阶段对应。构造缝形成于岩石成岩后的构造应力条件下，一般呈组系产出，其镜下特征为裂缝边缘比较平直，沿一定方向有规律地分布，延伸较远，可过渡为断层或节理。镜下观察，本区构造缝多被方解石充填或半充填［图 5-8（b）］，顺层构造缝则未充填或半充填，储集性不佳。

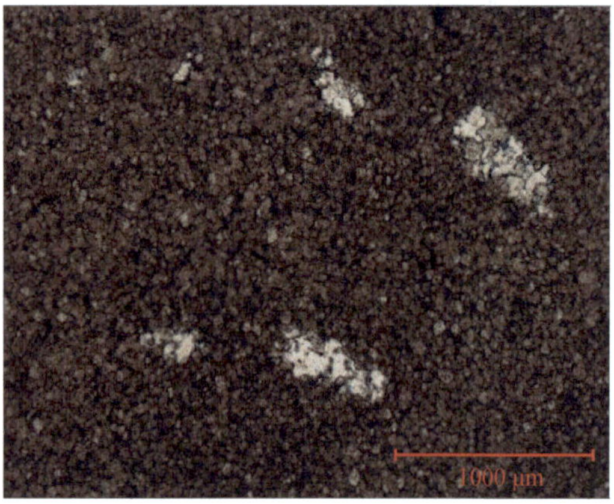

(a)去膏化细晶白云岩,膏模孔被自生石英和马鞍状白云石充填,面孔率4%,(–),3980.4m,马五5亚段,苏345井

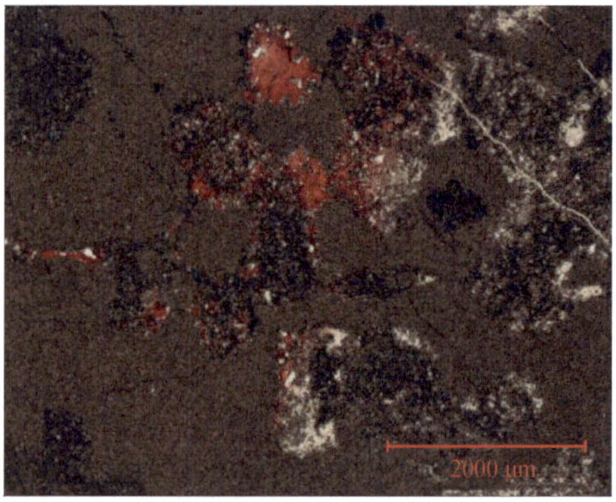

(b)具膏溶孔去膏化粉晶白云岩,石膏和白云质石膏结核的去膏化大部分变成了方解石,面孔率7%,(–),3387.8m,马五5亚段,召94井

图 5-7　铸模孔特征

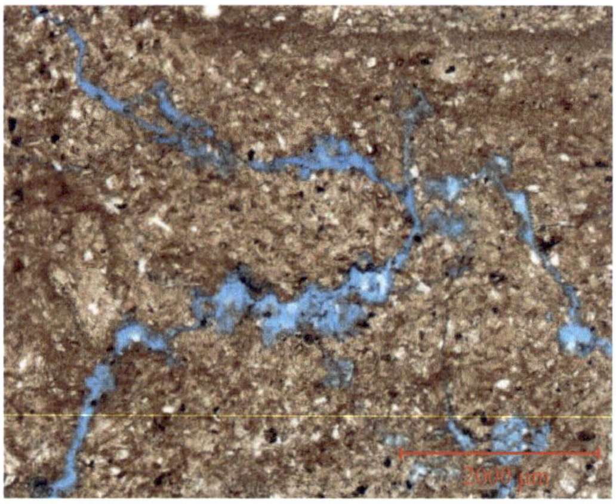

(a)水云母化晶屑岩屑凝灰岩,溶蚀缝(蓝色铸体),面孔率5%,(–),3881m,马五5亚段,紫探1井

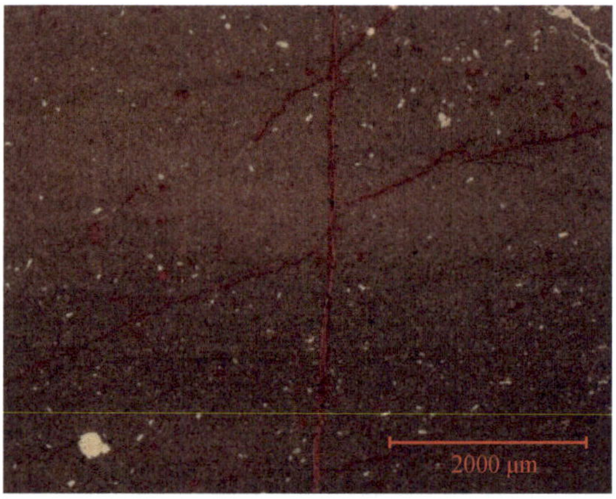

(b)岩溶角砾去膏化灰质白云岩,纹层构造,具构造缝,被方解石充填,(–),4168.64m,马五6亚段,陕431井

图 5-8　裂缝特征

3）储层物性特征

a. 孔隙度

在研究区内收集马家沟组中组合岩石孔隙度测试数据 2287 个，从孔隙度分布频率图（图 5-9）可知，该层位岩石孔隙度主要集中于 1% ~ 5%，其中孔隙度平均值介于 0.5% ~ 1% 的有 2 口井，数据 27 个，在孔隙度分布频率图中为 1%；孔隙度平均值介于

1% ~ 2% 的有 9 口井，数据 1177 个，在孔隙度分布频率图中为 51%；孔隙度平均值介于 2% ~ 5% 的有 23 口井，数据 997 个，在孔隙度分布频率图中为 44%；孔隙度平均值介于 5% ~ 8% 的有 4 口井，数据 86 个，在孔隙度分布频率图中为 4%；孔隙度平均值 <0.5% 及 >8% 的数据都为 0 个。

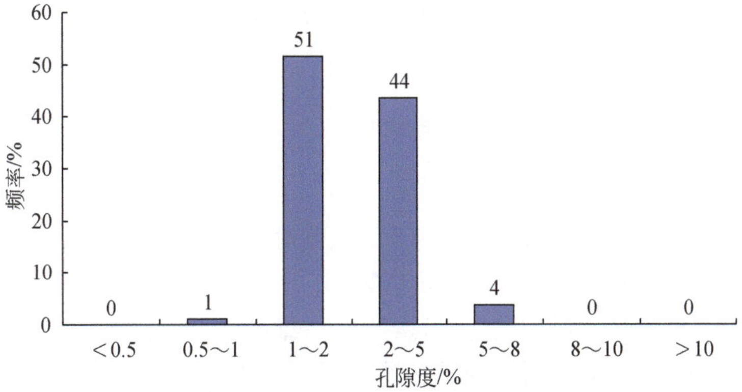

图 5-9　鄂尔多斯盆地马家沟组中组合孔隙度分布频率图

b. 渗透率

在研究区内收集马家沟组中组合岩石渗透率测试数据 2235 个，从渗透率分布频率图（图 5-10）可知，该层位岩石渗透率主要集中分布于 0.01×10^{-3} ~ $0.5\times10^{-3}\ \mu m^2$ 及 1×10^{-3} ~ $5\times10^{-3}\ \mu m^2$，其中渗透率平均值小于 $0.01\times10^{-3}\ \mu m^2$ 的有 2 口井，33 个数据，在渗透率分布频率图中为 1%；渗透率平均值介于 0.01×10^{-3} ~ $0.05\times10^{-3}\ \mu m^2$ 的有 8 口井，330 个数据，在渗透率分布频率图中为 15%；渗透率平均值介于 0.05×10^{-3} ~ $0.1\times10^{-3}\ \mu m^2$ 的有 14 口井，697 个数据，在渗透率分布频率图中为 31%；渗透率平均值为 0.1×10^{-3} ~ $0.5\times10^{-3}\ \mu m^2$ 的有 19 口井，585 个数据，在渗透率分布频率图中为 26%；渗透率平均值介于 0.5×10^{-3} ~ $1\times10^{-3}\ \mu m^2$ 的有 3 口井，40 个数据，在渗透率分布频率图中为 2%；渗透率平均值为 1×10^{-3} ~ $5\times10^{-3}\ \mu m^2$ 的有 7 口井，550 个数据，在渗透率分布频率图中为 25%；渗透率平均值 $>5\times10^{-3}\ \mu m^2$ 数据为 0 个。

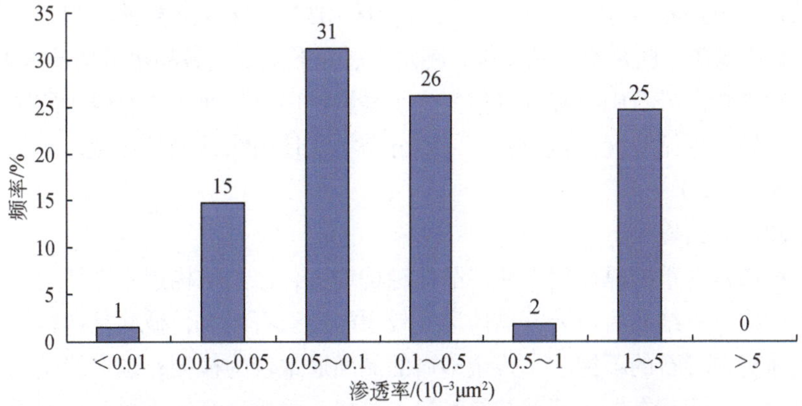

图 5-10　鄂尔多斯盆地马家沟组中组合渗透率分布频率图

中组合28口钻井的孔隙度和渗透率的平均值投点在平面上具有明显的非均质性，高孔分布区与高渗展布区有较大面积的重合，但并不完全一致，反映出两者具有一定的相关性。对比而言，孔隙度和渗透率在靖边—榆林以西的环形区带较好，且相对高孔高渗的区域主要分布在乌审旗西北一带、靖边西北与乌审旗以南和靖边南部、西南部三个区域，在榆9井一带也有一个相对高孔高渗的区域。这种分布实际上与中组合沉积相带展布及成岩相的分布有一定的关系，即中组合这种平面非均质性受控于沉积相和成岩相。

2. 盆地西部桌子山组白云岩储层特征

1）储层岩石学特征

鄂尔多斯盆地桌子山组发育微晶白云岩、粉细晶白云岩、中粗晶白云岩及少量含生物碎屑微晶灰岩，在此基础上对残余结构进行区分，主要为残余砂屑细—粉晶白云岩；对孔隙类型进行区分，主要为具晶间孔、晶间溶孔中—细晶白云岩。能够作为储集岩的主要为含灰云岩及各类白云岩，其岩石学特征如下。

a. 微—粉晶白云岩

该类岩石在镜下可见藻纹层或泥质纹层。晶体通常较为细小，颗粒含量很少，通常<5%。此类岩石主要有较为纯净的微晶白云岩和含水平纹层的微晶白云岩，大多数岩石的孔隙结构不发育。该类岩石中常可见一些黏土质和少量自生矿物，如黄铁矿、石英等。局部可见重结晶成为晶面平直、自形程度较好的粉晶白云石。岩石通常较为致密，局部可见针状溶孔，连通性差、渗透率低，难以形成良好的储层。此外，在少部分微晶云岩中发育鸟眼构造［图5-11（a）］。

b. 粉—细晶白云岩

岩石具粉—细晶结构，白云石晶体大小为0.01 ~ 0.25 mm，岩石相对致密，晶体多为自形和半自形，可见他形，表面不干净，有时因晶体内含有方解石包体，使得染色薄片中显红色。细晶结构白云岩岩石相对干净，晶体为曲面他形时，晶体间彼此镶嵌接触；晶体为半自形、自形时，晶体多贴面接触［图5-11（b）］。

c. 生屑微晶灰岩

微晶结构，方解石含量达80%、白云石含量<15%，含少量黄铁矿和石英。生物种类较为丰富，有瓣鳃类、腹足类、棘皮类、腕足类、介形虫等。微晶灰岩局部发生白云石化，呈豹斑状。豹斑状白云石中有部分疑似发生了马鞍状白云石化。岩石较为致密，镜下未见孔隙。此外，局部可见溶缝。该类岩石主要分布于盆地西缘的局部区域，多与生物礁的发育相关［图5-11（c）］。

d. 残余砂屑白云岩

该类岩石通常在重结晶作用下使得晶体结构增大，原始结构遭受破坏而不能清晰地分辨出原岩的结构。重结晶后白云石晶体通常较原岩白云石粗大，彼此呈颗粒或镶嵌接触。由于成岩流体对白云石的不饱和，残余砂屑的晶面通常较为模糊；也可能是成岩流体中溶入有机质或泥质，使其在白云石重结晶时混入晶格。受成岩流体和白云石不同程度的重结晶影响，岩石砂屑间经常会形成溶孔或晶间孔缝，使得其孔隙度和渗透率大为提高；但部分溶孔可能会被后期方解石、白云石或其他自生矿物所充填［图 5-11（d）］。

e. 晶粒白云岩

该类岩石具有强烈的交代和重结晶作用，形成的白云石晶体较大。粉晶、细晶、中晶、粗晶白云石都可能见到。粉—细晶白云岩的原岩多为泥微晶白云岩，重结晶后的白云石晶体为自形、半自形或曲面他形。当白云石晶体为曲面他形时，晶体生长空间有限，彼此间多呈镶嵌状接触，通常不发育晶间孔，但晶体表面可见微溶孔。细—中晶白云岩的结构分异度较大，细晶白云石结晶中心多但空间有限，使晶体多为曲面他形，呈镶嵌状接触；中晶白云石多在成岩流体作用下缓慢结晶，重结晶作用强烈，加上流体先期可能存在的溶蚀作用造成的孔缝和白云石交代的缩体积效应，有充足的空间提供白云石结晶，形成的白云石往往比较干净，晶面多平直，自形程度较高。细—中晶白云岩中多发育晶间孔，可形成有效储层。晶粒白云岩在研究区较为常见，各岩心中均可见到［图 5-11（e）～（g）］。

(a)微一粉晶白云岩,(-),×4, 3768.70m,鄂18井

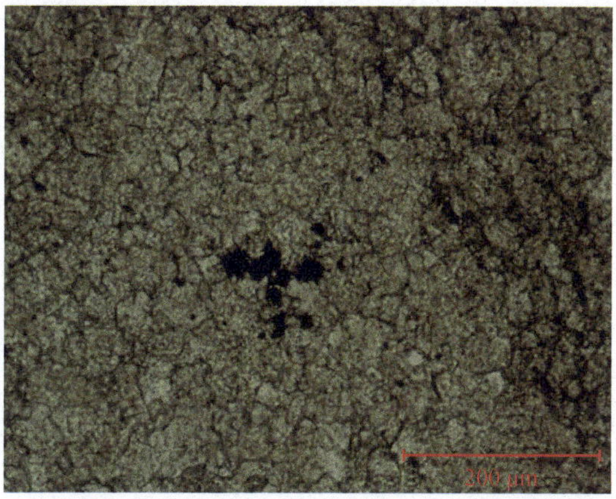

(b)粉一细晶白云岩,(-),×20, 5043.42m,惠探1井

(c)生屑微晶灰岩,(+),×4, 4114.00m,那1井

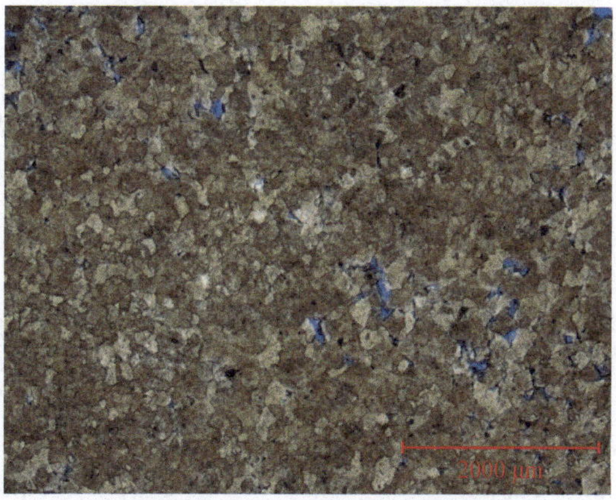

(d)残余砂屑,(-),×2, 3915.30m,鄂17井

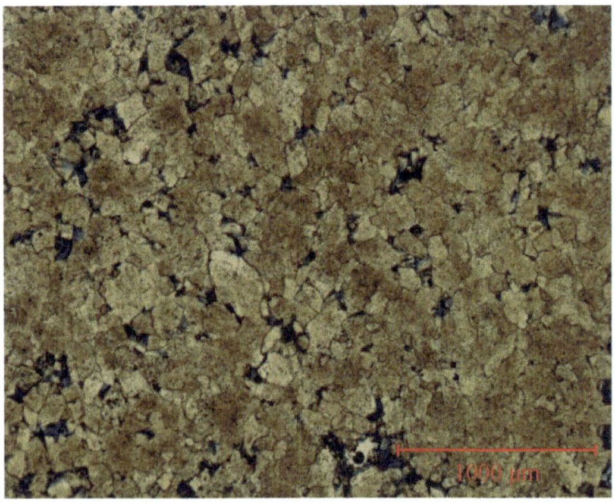

(e)细—中晶白云岩,(–),×4, 3842.90m,鄂9井

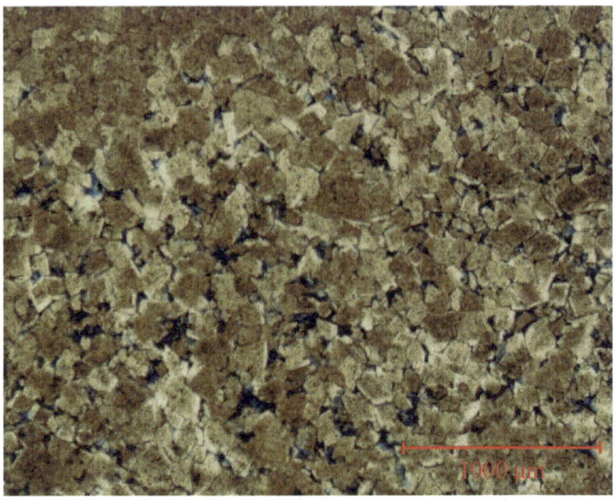

(f)中晶白云岩,(–),×4, 3914.24m,鄂9井

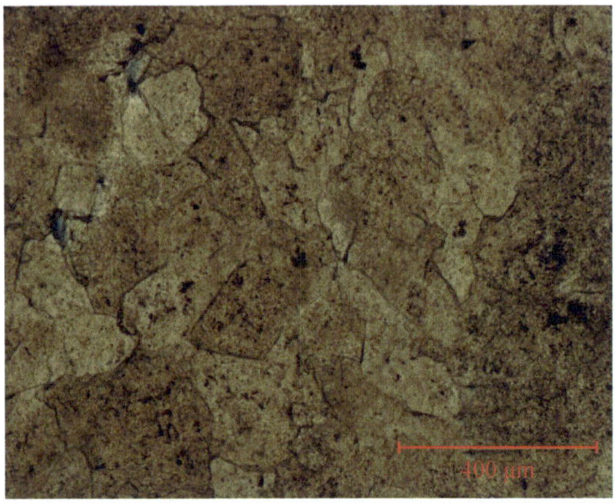

(g)中—粗晶白云岩,(–),×10, 3919.84m,鄂9井

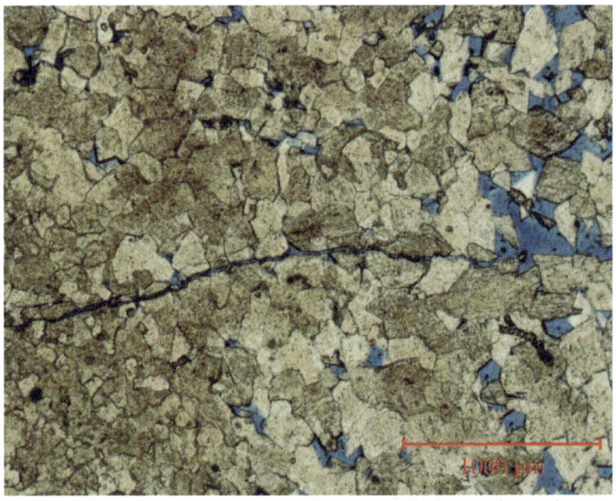

(h)溶缝、晶间孔,(–),×4, 3887.76m,鄂9井

图 5-11　晶粒云岩特征

f. 具溶孔（溶缝）晶粒白云岩

该类岩石遭受不同程度的岩溶作用改造，使得角砾粒径差距较大，大部分呈棱角状，角砾成分主要为泥—微晶白云岩、颗粒白云岩，填隙物多为次生白云石和石英等，溶孔中多发育伊利石等，在岩石溶缝处有机质和泥质组分局部富集。该类岩石孔隙不太发育，孔隙度一般为 1% ~ 2%，受自生矿物伊利石等影响连通性很差。这类岩石通常不能满足理想的储层要求［图 5-11（h）］。

2）储层储集空间类型

根据铸体薄片的镜下鉴定、阴极发光、电镜扫描分析及岩心观察，发现研究区储集空间原生孔隙极少，见少量的粒间孔，主要为次生孔隙，包括：白云岩晶间孔，溶蚀作用改造的各种溶孔、溶缝，构造作用形成的构造缝，以及成岩过程形成的收缩缝（表 5-3）。各种孔隙分布频率如图 5-12 所示，桌子山组以晶间孔和溶缝为主，二者分布频率分别为 17% 和 8%，其次为溶孔、晶间溶孔、张开缝及收缩缝。

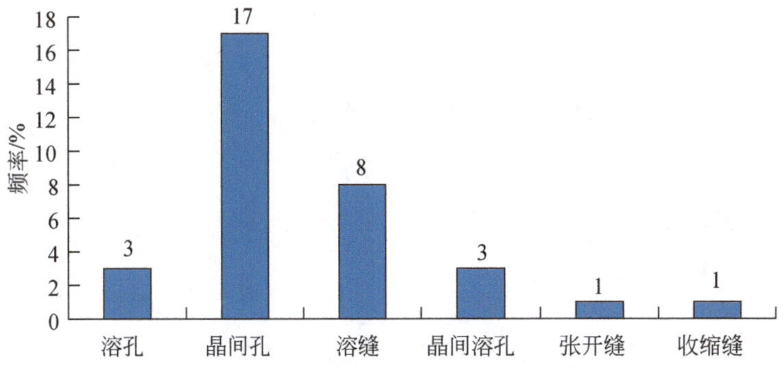

图 5-12　鄂尔多斯盆地桌子山组孔隙类型分布频率图

表 5-3　鄂尔多斯盆地桌子山组储集空间类型

成因		孔隙类型	特征	面孔率 /%	分布层位
次生孔隙	孔	晶间孔	粉—粗晶白云岩、砂屑云岩中，伴有少许溶蚀现象，多呈三角形或规则多边形	5 ~ 15	桌子山组
		晶间溶孔	边缘不规则，晶间孔溶蚀后形成晶间溶孔，分布不太均匀，多未被充填	3 ~ 12	桌子山组
		溶孔	多是沿成岩孔隙、构造解理扩大溶蚀形成的，分为晶间溶孔、晶内溶孔	3 ~ 5	桌子山组
	缝	溶缝	纵横交错网状分布，宽窄不一，形态弯曲，缝壁明显具有溶蚀痕	5 ~ 11	桌子山组
		张开缝	受张力影响，裂缝逐渐增大	1 ~ 2	桌子山组
		收缩缝	多平行于层面分布，缝面弯曲，形状不规则	1 ~ 3	桌子山组

各种孔隙特征如下。

a. 晶间孔

晶间孔是本区白云岩储层中最主要的储集空间类型，多见于晶粒较大的白云岩中，如粉细晶白云岩、中粗晶白云岩中，经白云岩化或重结晶作用形成。孔隙分布于自形度较好的晶粒结构白云石晶体之间，显微镜下的形状多呈三角形或规则多边形，局域内连通性较好。面孔率通常为 6% ~ 9%，平均面孔率为 7.5%，最大可达 15%。孔间的连通性较好，是白云岩中最常见的孔隙类型［图 5-13（a）、（b）］。

b. 晶间溶孔

晶间溶孔广泛发育于天环地区白云岩储层中，由晶间孔或晶间微孔溶蚀扩大而成。晶间孔经表生—晚成岩期溶蚀作用改造后扩孔，局部边缘不规则，或溶蚀后晶间孔彼此连通形成了晶间溶孔，分布不太均匀，多未被充填，面孔率通常在 6% ~ 10%，平均面孔率为 8.3%，最大可达 12%，为白云岩型储层中另一重要的储集空间类型［图 5-14（a）、（b）］。

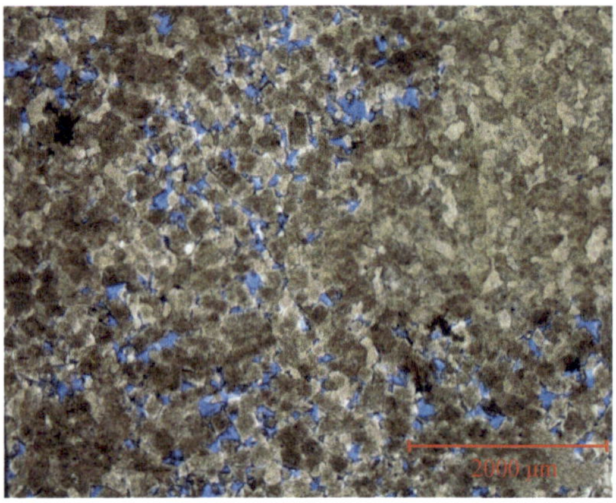

(a)晶间孔，面孔率6%,(–),3822.60m,鄂17井

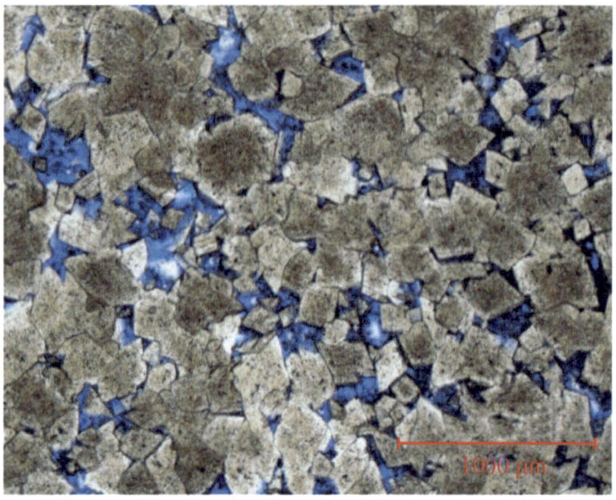

(b)晶间孔,面孔率10%,(–),×4, 3924.80m,鄂8井

图 5-13 白云岩晶间孔特征

(a)晶间溶孔,面孔率5%, (–),×10,3842.90m,鄂9井

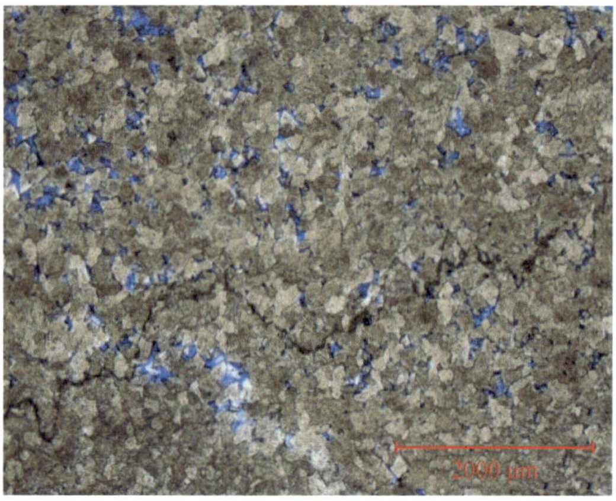

(b)晶间溶孔,面孔率8%,(–),3915.30m,鄂17井

图 5-14 白云岩晶间溶孔特征

c. 裂缝

裂缝在本区中广泛发育，按成因可分为溶缝、构造缝。

溶缝与抬升暴露条件下的节理有关，受到风化淋滤作用的改造，通常为交错分布的网状微缝，宽窄不一，形态弯曲，缝壁明显具有溶蚀痕迹，部分为再度沉积埋藏后的后生方解石充填，部分为风化残积的铁泥质充填。溶缝为研究区内发育最为广泛的裂缝，其发育层位与加里东期构造抬升的风化剥蚀阶段对应［图 5-15（a）］。构造缝形成于岩石成岩后的构造应力条件下，一般呈组系产出，其镜下特征为裂缝边缘比较平直，沿一定方向有规律地分布，延伸较远，可过渡为断层或节理。镜下观察，本区构造缝多被方解石充填或半充填，顺层构造缝则未充填或半充填，储集性不佳［图 5-15（b）］。

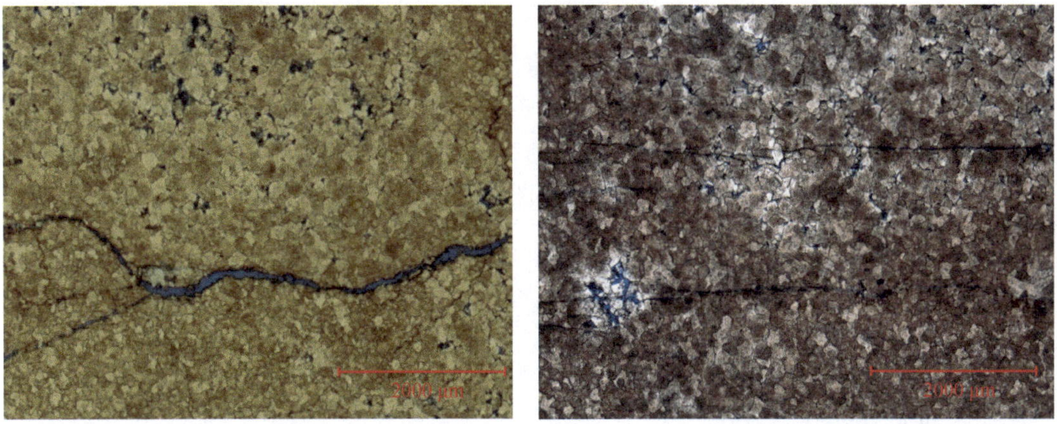

(a)溶缝,(-), 3857.70m,鄂9井，面孔率3%　　(b)构造缝,(-), 3768.20m,鄂18井

图 5-15　裂缝特征

3）储层物性特征

a. 孔隙度

在研究区内收集桌子山组岩石孔隙度测试数据 172 个，从孔隙度分布频率图可知，该层位岩石孔隙度主要集中于 1% ~ 2%，其中孔隙度平均值介于 0.5% ~ 1% 的有 3 口井，53 个数据，在孔隙度分布频率图中为 31%；孔隙度平均值介于 1% ~ 2% 的有 4 口井，84 个数据，在孔隙度分布频率图中为 49%；孔隙度平均值介于 2% ~ 5% 的有 2 口井，12 个数据，在孔隙度分布频率图中为 7%；孔隙度平均值介于 5% ~ 8% 的有 1 口井，4 个数据，在孔隙度分布频率图中为 2%；孔隙度平均值 <0.5% 的数据为 19 个，在孔隙分布频率图中为 11%；孔隙度平均值 >8% 的数据为 0 个（图 5-16）。

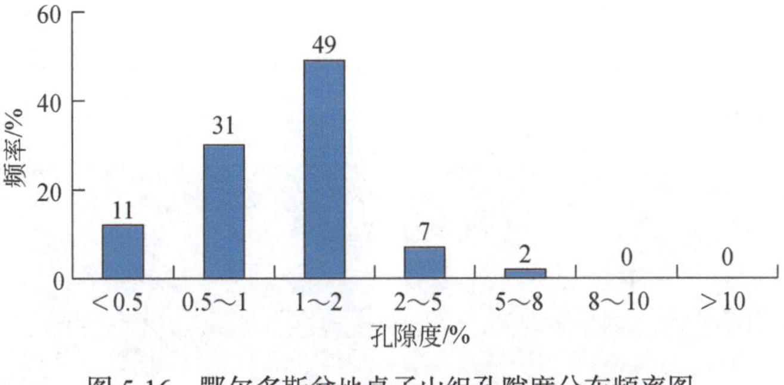

图 5-16　鄂尔多斯盆地桌子山组孔隙度分布频率图

b. 渗透率

在研究区内收集桌子山组岩石渗透率测试数据 147 个，从渗透率分布频率图（图 5-17）可知，该层位岩石渗透率主要集中分布于 $<0.01\times10^{-3}\ \mu m^2$ 及 0.01×10^{-3} ~ $0.05\times10^{-3}\ \mu m^2$，其中渗透率平均值 $<0.01\times10^{-3}\ \mu m^2$ 的有 3 口井，93 个数据，在渗透率分布频率图中为 63%；渗透率平均值介于 0.01×10^{-3} ~ $0.05\times10^{-3}\ \mu m^2$ 的有 3 口井，26 个数据，在渗透率

分布频率图中为18%；渗透率平均值介于$0.05\times10^{-3}\sim0.1\times10^{-3}\mu m^2$的有4口井，7个数据，在渗透率分布频率图中为5%；渗透率平均值为$0.1\times10^{-3}\sim0.5\times10^{-3}\mu m^2$的有4口井，16个数据，在渗透率分布频率图中为11%；渗透率平均值介于$0.5\times10^{-3}\sim1\times10^{-3}\mu m^2$的有3口井，3个数据，在渗透率分布频率图中为2%；渗透率平均值为$1\times10^{-3}\sim5\times10^{-3}\mu m^2$的有1口井，2个数据，在渗透率分布频率图中为1%；渗透率平均值>$5\times10^{-3}\mu m^2$的数据为0个（图5-17）。

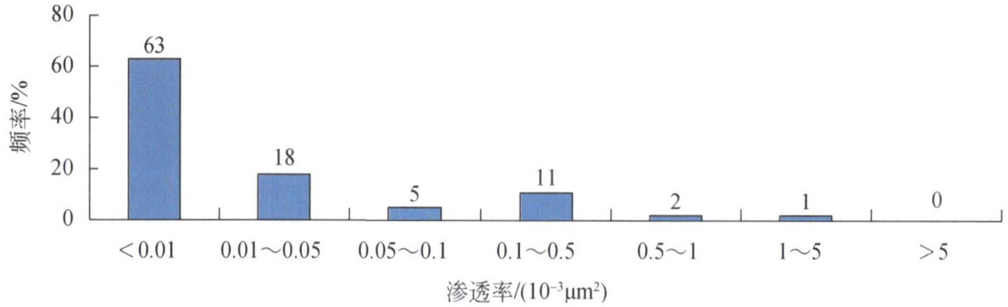

图5-17 鄂尔多斯盆地桌子山组渗透率分布频率图

3. 盆地南部马六段白云岩储层特征

1）储层岩石学特征

a. 晶粒白云岩

晶粒白云岩是指原岩结构不保存的白云岩，盆地南部马六段该类白云岩以细晶白云岩居多，少数为中—细晶结构或粉—细晶结构，晶体表面较脏[图5-18(a)]，晶体为半自形—自形，晶体边界平直，晶体间多为贴面接触，晶体边缘往往较中心干净，具“雾心亮边”特征［图5-18（b）］，亮边内往往含包裹体，在反射光下，可见白云石晶体间被有机质充填［图5-18（c）］，表明经历过油气充注过程。该类岩石通常发育晶间孔、晶间溶孔及溶孔，甚至形成溶渣状晶间孔[图5-18(d)]，因此，该类岩石面孔率较高，通常在5%～8%，

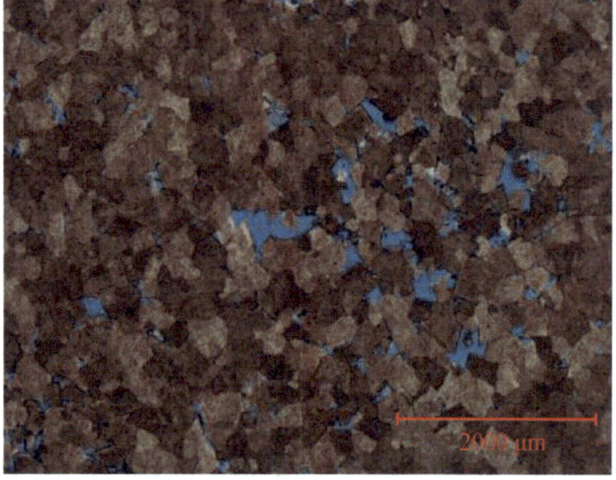

(a)具晶间孔中—细晶白云岩，面孔率8%，(–)，3301.62 m，马六段，旬探1井

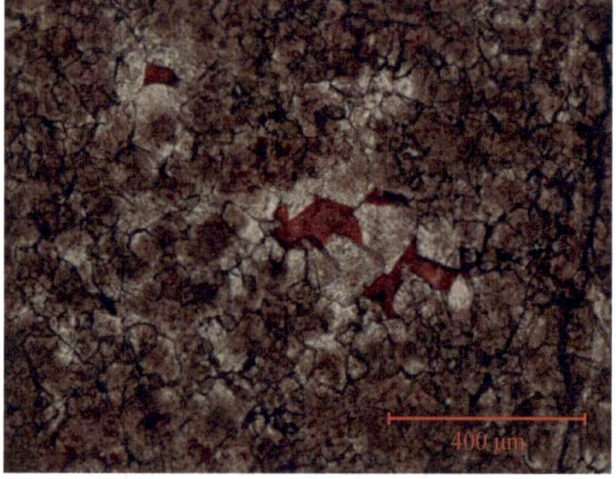

(b)细晶残余砂屑白云岩，粒间、晶间孔被方解石充填，面孔率1%，(–)，2710m，马六段，淳探1井

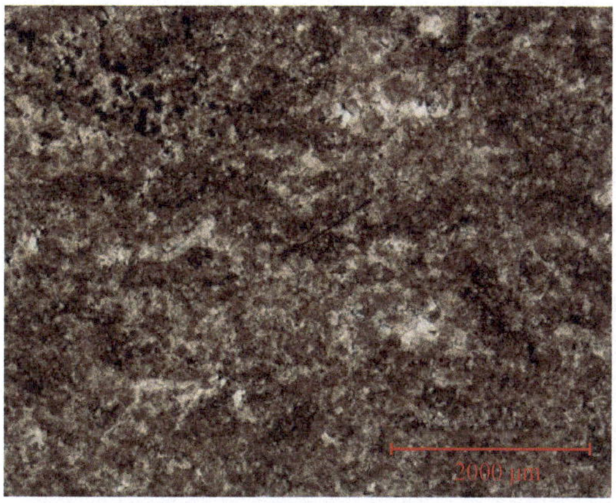

(c)细晶残余砂屑白云岩，残余藻纹层构造，(-)，4274.28m，马六段，淳2井

(d)溶渣状晶间孔及溶孔，孔隙率14%，(-)，马六段，陕西千阳

图 5-18　白云岩岩石学特征

溶蚀作用发育时面孔率可达 12% 左右，是马六段白云岩型储层的主力储集岩石。

b. 残余砂屑白云岩

该类白云岩中白云石达细晶级，白云石晶体表面较脏，半自形，晶体边界非直面，彼此近贴面接触，残余晶间孔周边白云石具亮边，白云石晶体间可见黑色有机质充填，这类白云岩发育少量晶间孔，面孔率 1% ~ 2%，可成为有效储层。另外一类具残余结构的白云岩为残余藻纹层残余砂屑白云岩，白云石晶体为细晶级，半自形，晶体边界曲面—直面，晶体近贴面接触，残余砂屑间多为亮晶白云石胶结，可见颜色稍暗的残余藻纹层，该类岩石较少见晶间孔［图 5-18（d）］。残余结构白云岩表明马六段沉积时应为相对高能的环境，该岩石系砂屑灰岩或藻纹层砂屑灰岩经白云岩化改造而成。

2）储集空间类型及特征

对盆地南部马六段所遇白云岩的陕西千阳大桥奥陶系剖面、淳探 1 井、淳 2 井及旬探 1 井 34 块铸体薄片进行观察，见孔薄片 30 片，遇孔率 88.23%，主要为晶间孔、溶孔、溶缝和裂缝，它们遇孔率分别为 52.9%、17.6%、8.8% 和 8.8%，这说明白云岩化作用形成的白云岩晶间孔，以及在此基础上经大气淡水改造的溶孔是主要的孔隙类型，并伴有溶缝和裂缝，共同构成了盆地南部马六段的孔隙系统。各种孔隙分布频率如图 5-19 所示，其特征见表 5-4。

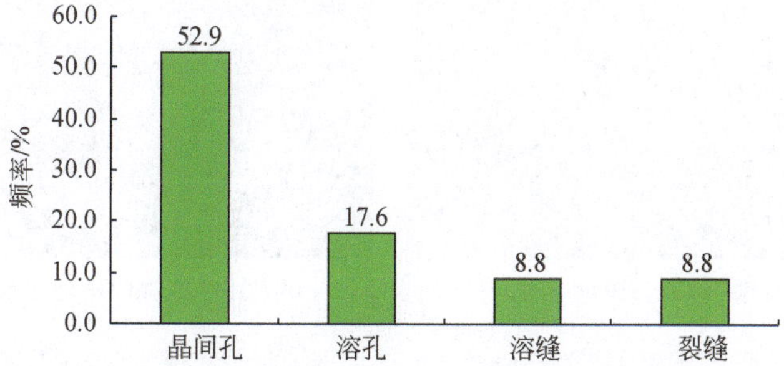

图 5-19　鄂尔多斯盆地南部马六段白云岩孔隙类型分布频率图

表 5-4 鄂尔多斯盆地南部马六段白云岩储集空间类型

成因		孔隙类型	特征	分布层位
次生孔隙	孔	晶间孔	呈圆形或长短轴相近的椭圆形，主要发育于粉—细晶白云岩、细晶白云岩和残余生屑粉晶白云岩中	马六段
		溶孔	包括晶间溶孔和进一步扩大的溶孔，发育在晶粒白云岩和残余生屑粉晶白云岩中，常如晶间孔一样呈不均匀斑状分布	
	缝	溶缝	呈纵、横分布，宽窄不一，形态弯曲，缝壁明显具有溶蚀痕	

a. 晶间孔

晶间孔是盆地南部内白云岩储层中主要储集空间之一，发育于粉—细晶白云岩、细晶白云岩和残余生屑粉晶白云岩中。大多数白云石镶嵌状接触，晶间孔细小。孔隙主要分布于自形度较好的晶体之间，白云石晶粒越大，晶间孔越发育。显微镜下，见晶间孔多呈三角形或规则多边形，为不均匀斑状分布或零星分布。部分被自生石英、方解石、黄铁矿和有机质（沥青）等后生矿物充填，面孔率最大可达 5%［图 5-20（a）、（b）］。

b. 溶孔

因受到不同因素的溶蚀作用而形成的不规则孔隙，是盆地南部碳酸盐岩另一个重要的次生孔隙类型。研究区内经早期淡水溶蚀和晚成岩阶段的埋藏岩溶作用，部分白云石晶粒被溶蚀，形成分布不均匀的晶间溶孔，局部溶孔被后期的细—中晶方解石、白云石等充填。其中，部分溶孔又经进一步溶蚀改造成为更大的晶间溶孔［图 5-20（c）、（d）］，扩大后的溶孔边缘不规则，可连通之前邻近的分散的溶孔，有的甚至可达溶洞级别，孔隙率最大可达 10%，大大地提高了孔隙率，成为良好的储集空间。

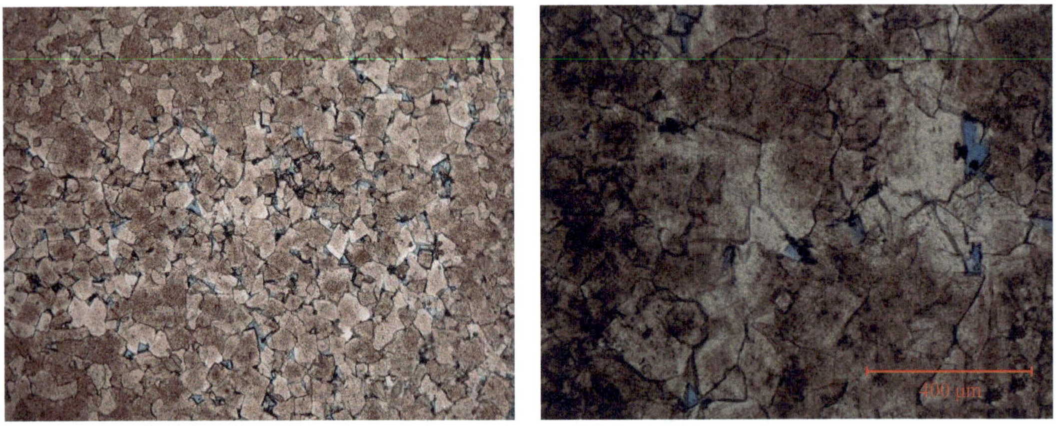

(a)细晶白云岩,面孔率4%~5%,3200m,旬探1井

(b)细晶白云石晶间孔,面孔率2%,4274.28m,淳2井

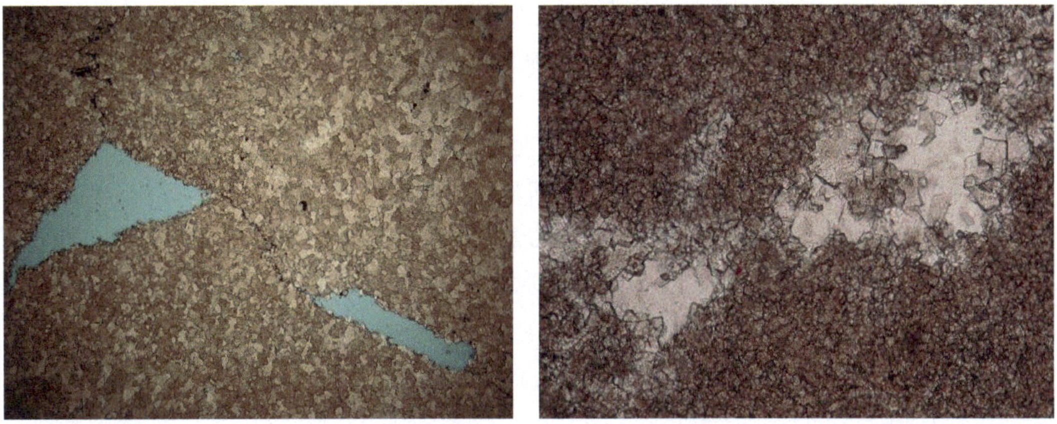

(c)细晶白云岩溶孔,面孔率6%~7%,3145.05m,旬探1井　(d)微—粉晶云岩溶孔,2937.58m, 淳探1井

图 5-20　储集空间特征

c. 溶缝

溶缝与盆地内地层的抬升暴露有关，地层暴露于地表遭受风化淋滤，流体在构造作用产生的破裂缝［图 5-21（a）］中流动，使裂缝两侧岩石组分遭受溶蚀，显微镜下具有明显的溶蚀痕。其形态弯曲，数量不等，宽窄不一，通常为交错分布的网状造型［图 5-21（b）］，常与溶孔伴生。随着地层再度沉积埋藏，溶缝部分被后生方解石充填成为方解石脉或部分被残存的铁泥质、自生石英等物质充填，在一定程度上阻碍了流体的渗流，降低了孔渗率。

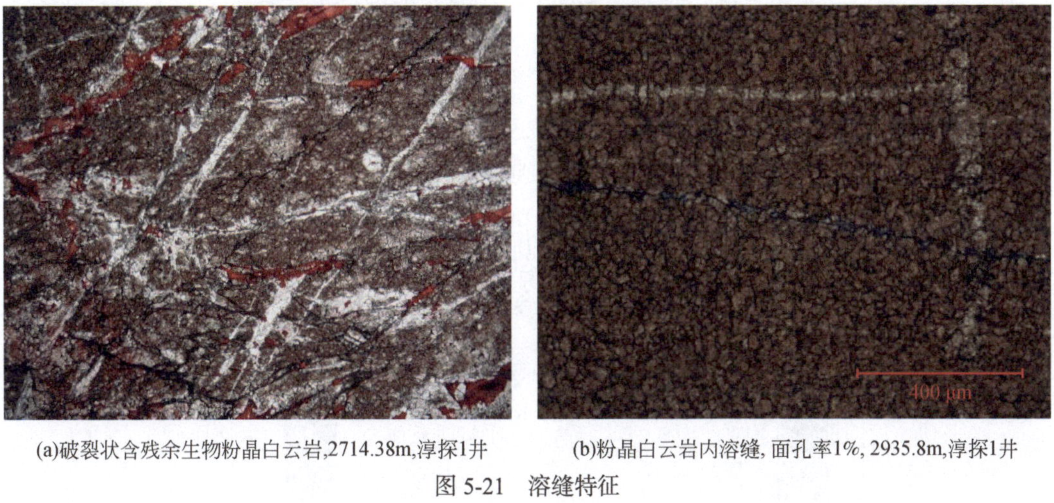

(a)破裂状含残余生物粉晶白云岩,2714.38m,淳探1井　(b)粉晶白云岩内溶缝, 面孔率1%, 2935.8m,淳探1井

图 5-21　溶缝特征

3）储层物性特征

鄂尔多斯盆地马六段沉积在全盆地，多为厚层块状的灰岩，但在盆地西南部局部区域因特殊的沉积环境而发生白云岩化，形成了一套白云岩储集体，成为油气田勘探关注的区域之一。在陕西岐山苜蓿河马六段和陕西千阳马六段白云岩中分别采集样品进行分析，同时收集长庆油田淳 2 井马六段分析测试结果，共 38 组数据，来研究盆地南部礁滩的潜力。

总体而言，盆地南部马六段孔隙度、渗透率均好于生物礁（滩），属于低孔低渗型储层，在这套白云岩内可见残存藻丝体，实质为藻礁（滩）白云岩化的结果，具体物性特征如下。

a. 孔隙度

南缘马六段白云岩孔隙度数据共 38 个，其中剖面 6 个，钻井 32 个，最大值 12.1%，最小值 0.2%，平均值 1.54%。从测试数据所做的分布频率图来看，孔隙度为 0.5% ~ 1% 的数据 19 个，占 50%；孔隙度为 1% ~ 2% 的数据 7 个，占 18.4%；孔隙度 >2% 的数据有 6 个，占 15.8%；其余孔隙度 <0.5%，出现频率为 15.8%（图 5-22），这表明盆地南部马六段白云岩孔隙度比礁滩型储层孔隙度高，但比较而言相对偏低，属低孔储层。

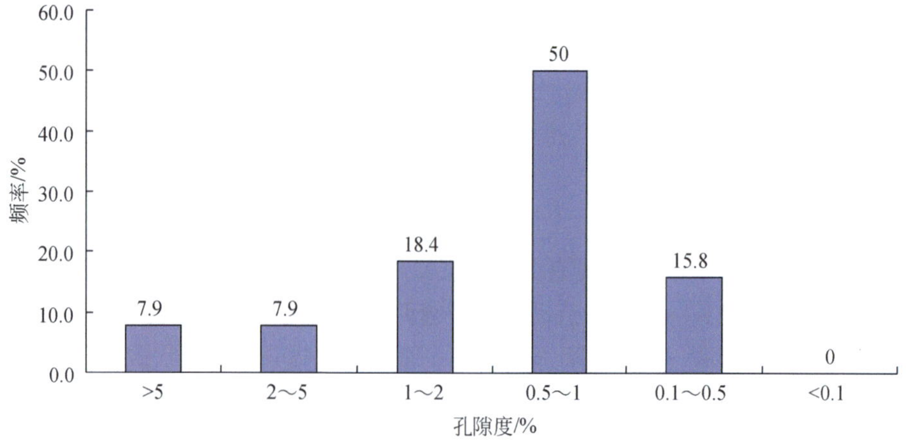

图 5-22　鄂尔多斯盆地南部马六段孔隙度分布频率图

b. 渗透率

受样品限制，4 个样品未测到渗透率，且有 4 个样品因裂缝影响，渗透率异常，剔除这些数值，马六段白云岩渗透率最大为 $2.914 \times 10^{-3}\ \mu m^2$，最小为 $0.001 \times 10^{-3}\ \mu m^2$，平均为 $0.266 \times 10^{-3}\ \mu m^2$。从所做的渗透率分布频率图来看，白云岩渗透率主要集中分布于（0.005 ~ 0.001）$\times 10^{-3}\ \mu m^2$ 和 $>0.05 \times 10^{-3}\ \mu m^2$ 两个区间，前者出现频率 35.3%，后者 41.2%，其余分布于二者之间（图 5-23）。这表明盆地南部马六段白云岩渗透率相对礁滩型储层要高，但相对优质储层偏低，属于低渗透储层，具有一定的勘探潜力。

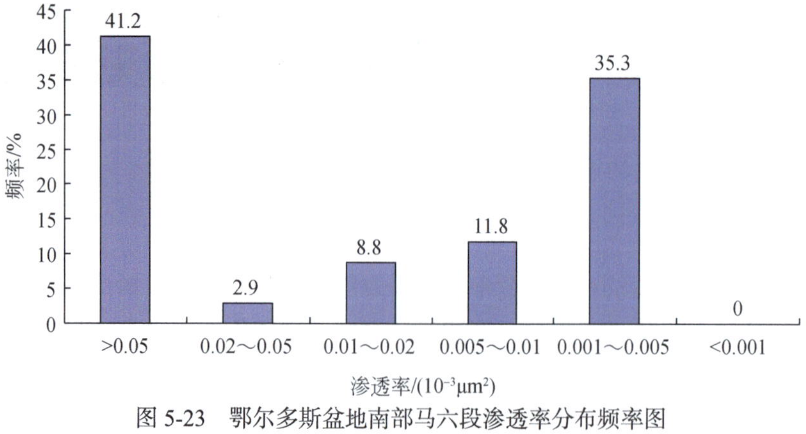

图 5-23　鄂尔多斯盆地南部马六段渗透率分布频率图

5.2.2　寒武系白云岩储层特征

1. 岩石学特征

根据岩石结构，寒武系白云岩可以进一步划分为以下几类。

1）泥微晶白云岩

可分为泥晶白云岩、泥质白云岩、砂屑白云岩、粉屑白云岩，呈纹层状互层，有较大的黄铁矿结核，少见生物，基本上无裂缝与孔洞，可能为潮上带产物。

2）晶粒白云岩

粉—细晶白云岩中白云石含量超过 90%，颗粒大小为 0.03 ~ 0.25mm，白云石晶形较好，多为菱形，说明白云岩化作用和重结晶作用较强，可见白净的白云石斑块，原岩结构已经看不清楚，晶间孔大多已被充填。张夏组细晶白云岩的白云岩化作用强烈，含方解石包裹体，生物碎屑主要可见腹足类和瓣鳃类碎片，发育有构造缝、晶间孔，孔缝部分被黄铁矿、有机质、白云石充填，部分薄片上可见经过白云岩化作用被方解石交代，白云岩部分可以看到部分残余砂屑结构，之前可能为砂屑灰岩，因岩溶作用强烈故残余结构不太明显。

细—中晶白云岩晶粒大小在 0.06 ~ 0.25mm，白云石含量大于 90%，白云岩化作用和重结晶作用强烈，白云石晶体较大但非自形，说明结晶速度较快，原岩结构不清楚，无有效孔隙，偶见缝合线和少量去白云岩化的方解石脉和斑块。

3）残余结构白云岩

细晶残余鲕粒白云岩、鲕粒灰岩经过白云岩化作用、重结晶作用后，形成细晶残余鲕粒白云岩，白云石含量最高可达 94%，残余鲕粒结构约占到 65% 以上，几乎看不到生物。黄铁矿也可以交代鲕粒，热液作用较强，可以见到马鞍状白云石斑块，在镜下呈波状消光，残余的粒间孔被黄铁矿和有机质充填，经过较为强烈的压实压溶作用，孔隙发育较差。

（含）生物碎屑细—粉晶（灰）白云岩，白云石含量在 60% 以上，其他矿物组分有方解石、泥质、黄铁矿，有强烈的白云岩化作用，但依然有残留的方解石，故方解石有时也会参与岩石定名。见磷质腕足类，中间被方解石脉充填，亮晶，见晶粒结构瓣鳃类和腹足类、单晶结构的海百合；斑块白云岩化，斑块中白云石晶间有黄铁矿，残留有方解石，无有效孔隙。

残余砂屑白云岩，当原岩经过白云岩化作用后，方解石含量极少，可以见到残余砂屑结构，白云石晶间有部分被有机质充填。

竹叶状砾屑白云岩，该类岩石白云石含量超过 90%，其他矿物组分有黏土质和黄铁矿，镜下鉴定中岩石为竹叶状砾屑结构，竹叶边上有缝合线，竹叶之间有溶缝、溶孔，竹叶状砾屑大小为 1 ~ 3cm，砾屑含量超过 60%。

鲕粒白云岩中白云石含量可达 94% 以上，可见残余鲕粒结构，形状已经被磨圆，由于强白云岩化作用、重结晶作用，同心纹层已经看不出，颗粒大小已经为细晶。

2. 储层储集空间类型

通过在宏观上对研究区进行野外剖面观测和岩心观察，在微观上进行镜下薄片鉴定工作，将二者相结合，统计出盆地张夏组和三山子组储集空间主要有以下几种类型：①洞，主要为溶洞；②孔，包括晶间孔、晶间溶孔、粒内溶孔、粒间溶孔等；③缝，包括溶蚀缝和构造缝等。碳酸盐岩孔隙类型可划分为原生孔隙和次生孔隙两大类（表 5-5）。

表 5-5　鄂尔多斯盆地寒武系储集空间类型

孔隙类型	亚类
原生孔隙	粒间孔、粒内孔、生物骨架孔、砾间孔、鸟眼孔、生物钻孔孔隙
次生孔隙	粒间或晶间溶孔、晶间孔、粒内溶孔、铸模孔、窗格孔、岩溶角砾孔、溶沟、溶洞、洞穴溶缝、构造缝

通过观察研究区内碳酸盐岩储层孔隙类型及特征，结合前人的分类方案，在镜下薄片观察中，能看到的原生孔隙主要为粒间孔，次生孔隙的类型较多，主要包括晶间孔、溶孔、溶洞、溶缝及构造缝。

1）粒间孔

该类孔隙主要存在于砂砾屑白云岩及残余鲕粒白云岩中，原为砂砾屑灰岩和鲕粒灰岩发育在砂砾屑和鲕粒之间的原始孔隙，经过白云岩化，未被完全充填和破坏继而保留下来的孔隙。由于受后期成岩作用，包括充填作用、交代作用等影响，孔隙与孔隙之间连通较少，大多数都被黄铁矿等充填。

2）晶间孔（含晶间溶孔）

晶间孔在盆地内广泛发育，为主要的储集空间。晶间孔是发育在晶粒与晶粒之间的孔隙，属于次生孔隙。从镜下薄片中发现，在细晶—中晶的晶粒均发育较好的白云岩中，容易发现大量的晶间孔，同时，也伴生有很多古生物，如腹足动物、头足动物。龙探 1 井的三山子组井段，在镜下观察时发现了高达 22% 的面孔率，白云石晶体发育较好，通过扫描电镜发现，白云石晶体几乎都呈标准的菱形立方体，晶体与晶体之间孔隙发育较好，孔隙与孔隙之间的连通也很好。

3）溶洞

溶洞是发育在岩层中由肉眼就能观察到的溶蚀孔隙，孔径基本上都大于 2mm。溶洞基本上都是伴随表生成岩作用而生成的。碳酸盐岩沉积成岩后，受到构造作用抬升而暴露地表，接受大气降水和浅层渗透水、地下水的淋滤作用，发生溶蚀，这种情况下形成的溶孔分布不规律，且大小相差巨大，溶孔一次一次受到淡水溶蚀的改造，越来越大，进而变成肉眼可看见的溶洞。虽然伴随发生一些交代充填作用，但总体上，溶洞的大部分孔隙都会被保留下来，成为有效的储集空间，有利于原始岩层成为优质储层。

4）溶缝

鄂尔多斯盆地碳酸盐岩地层的裂缝主要为溶缝，推测是由构造作用形成的裂缝，伴随溶蚀作用所形成。裂缝宽度基本上都在 0.05 ~ 0.2mm，充填程度从未被充填到完全充填都有发育。在裂缝中能观察到的充填物主要有白云石、泥质、石英、沥青等，怀疑跟埋藏时期的热液活动有关，而且伴随形成的还有被扩容的孔洞，孔洞里经常能观察到充填马鞍状白云岩及沥青，也有裂缝里只看见透明的蓝色铸体。

3. 储层物性特征

1）孔隙度

盆地寒武系中上统的储集岩物性整体较差，191 件张夏组和三山子组孔隙度测试样品显示，孔隙度介于 0.05% ~ 6.76%，均值为 0.68%，只有 24 件样品孔隙度超过 2%（图 5-24），占样品总数的 12%。其中，张夏组岩石物性样品共计 48 件，探井样品 40 件，分别为城探 1 井 3 件、龙探 1 井 2 件、龙探 2 井 35 件；剖面样品 8 件，分别为苏峪口剖面 3 件、鸽堂沟剖面 4 件、柏洼坪剖面 1 件。48 件样品中，孔隙度分布范围为 0.12% ~ 4.03%，平均值为 1.6%，而孔隙度大于 2% 的样品有 13 件，占样品总数的 27%。三山子组岩石物性样品共计 17 件，其中探井样品 10 件，分别为城探 1 井 3 件、龙探 1 井 7 件；剖面样品 7 件，分别为鸽堂沟剖面 1 件、柏洼坪剖面 1 件、三川河剖面 2 件、恶虎滩剖面 3 件。17 件样品中，孔隙度分布范围为 0.31% ~ 5.9%，平均值为 2.37%，其中，孔隙度大于 2% 的样品有 9 件，占样品总数的 53%。总体而言，研究区内目标层位孔隙度的大小随着分布频率的增大而减小，属于低孔型储层。

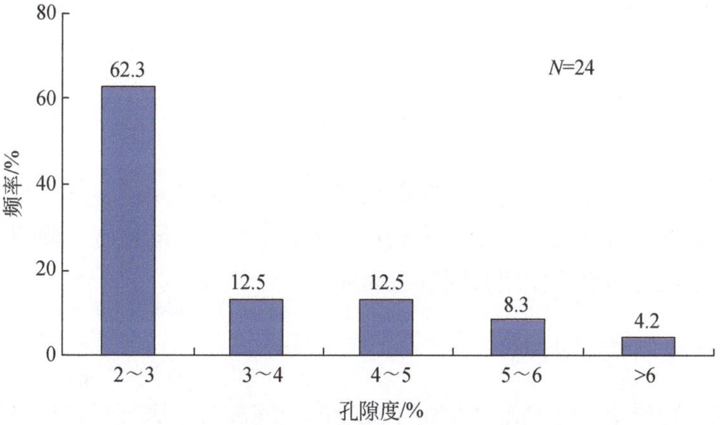

图 5-24　张夏组和三山子组岩心孔隙度≥ 2% 的分布频率图

2）渗透率

据目前已有盆地张夏组和三山子组储层物性分析资料，160 件样品中渗透率介于 0.004×10^{-3} ~ $41.4\times10^{-3}\mu m^2$，平均值为 $1.16\times10^{-3}\mu m^2$，14 个样品的渗透率大于 $1\times10^{-3}\mu m^2$，分布频率为 8.8%（图 5-25）。

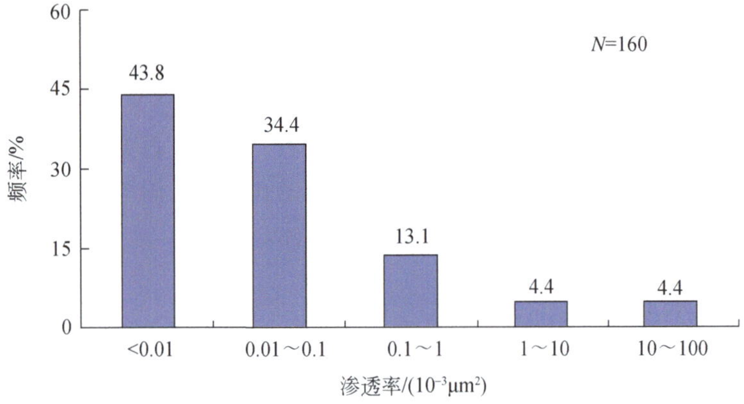

图 5-25　张夏组和三山子组岩心渗透率分布频率图

岩石显微镜下鉴定发现，张夏组灰岩溶孔、溶洞及溶缝较为发育，但广泛发育的充填作用也降低了其孔隙度，而张夏组白云岩具有较低的孔隙度和渗透率，因此张夏组的优质储层为岩溶灰岩储层，属低孔中高渗型储层。三山子组白云岩显微镜下观察发现，粉—细晶白云岩具有较好的晶间孔发育，孔隙度与渗透率呈正相关关系，因而三山子组优质储层为粉—细晶白云岩储层，属中孔中低渗型储层，当岩石发生溶蚀作用时，可显著提高储层质量。

白云岩在埋藏过程中不易受后期成岩作用的改造，会较好地保留储集空间的性能，因此三山子组更好地保存了岩石的原有孔隙，表明在（深）埋藏期前三山子组岩石已发生白云石化；反之，张夏组以灰岩为主，白云岩孔隙度、渗透率较灰岩更低，表明其白云岩化作用可能发生在埋藏期的压实—压溶作用之后。

5.2.3　白云岩储层发育的主控因素

鄂尔多斯盆地白云岩型储层属于古隆起周缘白云岩体成藏系统，其储集层形成、发育过程极为复杂，总体而言受沉积作用、成岩作用和岩溶作用共同控制。储层发育受沉积微相、白云岩化作用及后期岩溶作用共同改造而成。

1. 沉积微相控制储层基础

沉积相是储层物质形成的基础，决定了储层的空间展布，而沉积微相更加细分沉积环境，能够反映出一定时间范围内相对均一的岩石特征，因此对于储层分布研究更加精细。以盆地中组合白云岩储层为例，沉积微相分析结果表明其沉积环境为潮坪环境中的潮间—潮上亚相，进一步可识别出潮缘滩、潮间云坪、灰云坪和潟湖等微相。

潮间云坪微相岩石以粉—细晶白云岩为主，其间夹少量潮上云坪含泥云岩及含膏云岩，形成晶间孔、晶间溶孔、溶孔及溶缝等储集空间。潮缘滩发育中组合典型的残余砂屑白云岩及少量鲕粒白云岩，晶体达到粗粉晶—细晶，这种相对高能环境下形成的沉积物易被白云岩化，从而形成面孔率较高的晶间孔和晶间溶孔。灰云坪处于潮间云坪与潟湖相的过渡带，岩石以含灰白云岩、灰质白云岩为主，主要成岩作用包括白云岩化及去膏化，由于上覆上组合地层的影响，溶蚀作用不太明显，主要发育晶间孔及少量铸模孔和溶孔。

统计中组合不同沉积微相物性数据（图 5-26）表明，各种不同的沉积微相物性存在差异，潮缘滩微相共统计孔隙度分析数据 1336 个，最大值 17.207%，最小值 0.06%，平均值 2.313%；潮间云坪分析数据 139 个，孔隙度分布在 0.3% ~ 8.1%，平均值 2.19%；灰云坪和潟湖微相分别统计数据 228 个和 19 个，分布范围 0.17% ~ 13.81%、0.1% ~ 7.1%，平均值分别为 2.013% 和 1.912%。从潮缘滩—潮间云坪—灰云坪—潟湖，孔隙度呈逐渐降低的趋势，表明沉积微相对孔隙度有一定的控制作用。渗透率统计数据反映的规律跟孔隙度的规律相似，但差异性更加明显，表明沉积微相对渗透率也具有明显的控制作用。

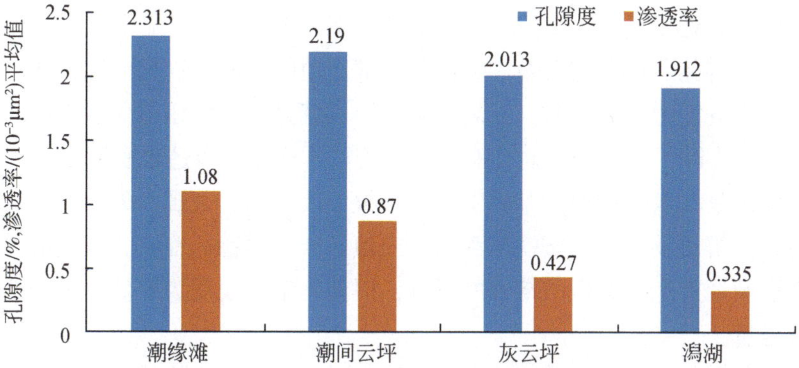

图 5-26　马家沟组中组合不同沉积微相物性差异

沉积微相决定了储集岩石类型及组合，不同的岩石类型具有不同的储集空间类型，不同的沉积微相具有差异的储层物性，表明中组合沉积微相对储层发育有控制作用，潮缘滩、潮间云坪是相对有利的沉积微相类型。

2. 白云岩化决定储层规模

白云岩化作用是鄂尔多斯盆地白云岩型储层形成的关键要素之一，盆地相对优质储层发育于潮间云坪粉—细晶白云岩和潮缘滩残余砂屑白云岩中，白云岩化程度较低的灰云坪与潟湖内储层质量明显较差，表明白云岩化作用对于白云岩型储层规模具有明显的控制作用。

例如，中组合白云岩内白云石多为粗粉晶—细晶，少数为中晶，半自形—他形，晶体边界非平直—弯曲，发暗棕色光或不发光，晶体边缘较中心稍显“干净”。X 射线衍射表明白云石具有较高有序度，平均 0.81，电子探针能谱反映核心跟边缘各地化数据相似，微量元素 Na-Sr 投点处于埋藏白云岩区，C-O 同位素投点多落在高温区，Sr 同位素值分布在 0.708725 ~ 0.710802，大部分落在奥陶纪原始海水区间内，包裹体均一温度（未校正）平均值为 97℃。岩石学及地球化学证据表明，白云岩应为埋藏成因，在浅埋藏时经渗透回流发生规模白云岩化，深埋藏期间重结晶并过度生长形成较为干净的边缘。

目前研究认为，中组合白云岩在浅埋藏时期就已由海源流体发生白云岩化，确定了储层规模和原始储集空间，且这时期的白云岩化增强了抗压实能力，有利于前期晶间孔的保存。后期再次深埋以后发生重结晶作用及过度生长形成亮边，同时形成了鞍状白云石的充填，其实对储层发育不利。而桌子山组与马六段白云岩为埋藏期间经白云岩化作用形成，由于形成温度高，晶体有足够时间生长，白云石以曲面他形晶为主，导致晶体孔隙性较差。因此，对于白云岩型储层中白云岩化作用需要分类评估其贡献，并非都有利于储层发育。

3. 溶蚀改造影响储层质量

溶蚀作用对盆地白云岩储层改造发生在表生期和埋藏期。奥陶纪末华北地台整体抬升，使得中组合白云岩处于大气淡水直接淋滤溶蚀环境，形成了溶蚀孔洞系统，表现为白云岩被溶蚀形成晶间溶孔，以及方解石和铁泥质局部充填的溶缝，这期溶蚀提高了白云岩储层的储集能力和渗透能力，如东非白云岩的储层形成就是溶蚀作用起关键作用。而上覆地层覆盖区储层不发育除了与未白云岩化有关外，溶蚀作用无法改造也是原因之一。

埋藏期溶蚀是在表生期溶蚀基础上进一步叠加改造的，表现为先期淡水方解石被溶蚀后形成一些铁方解石及少量的黄铁矿和沥青充填。岩石学特征证实，该期溶蚀的存在，有上覆煤系地层及烃类产生有机酸溶蚀的条件，但储集空间表现为原储集系统的扩溶，其溶蚀程度较难考量。

对孔隙演化分析而言，溶蚀作用不同程度地增加了岩石储集能力，它可使孔隙度增加8% ~ 20%，另外晶间溶孔相互连通，溶缝使孔隙发育区相互贯通，均提高了岩石的渗透能力。因此，溶蚀作用明显提高了白云岩储层质量，对盆地白云岩型储层的形成起到较为关键的作用。

5.3 奥陶系礁滩型储层特征及主控因素

5.3.1 储层岩石学特征

1. 生物灰岩

这类岩石是组成盆地南缘生物礁（滩）型储层的重要岩石类型，岩石中生物含量>50%，主要是一些造礁生物，常见的生物包括海绵、珊瑚、层孔虫，见少量的藻类和水螅虫［图 5-27（a）~（d）］，生物间主要被亮晶方解石胶结，表明其形成于相对高能的沉积环境，白云岩化作用不发育，或仅发生斑点状白云岩化。该类岩石原生孔隙少见，常见到后期溶孔，面孔率通常为1% ~ 3%，局部地区溶蚀作用发育，溶孔面孔率可达5% ~ 8%，且伴有溶缝沟通，这类岩石可成为有效储集岩类。

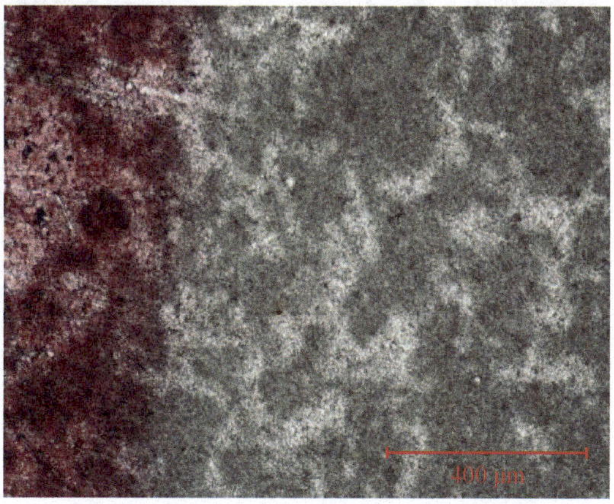

(a)亮晶胶结海绵礁灰岩,(-),平凉组,铜川陈庐

(b)具溶孔的珊瑚礁灰岩,(-),背锅山组,礼泉东庄

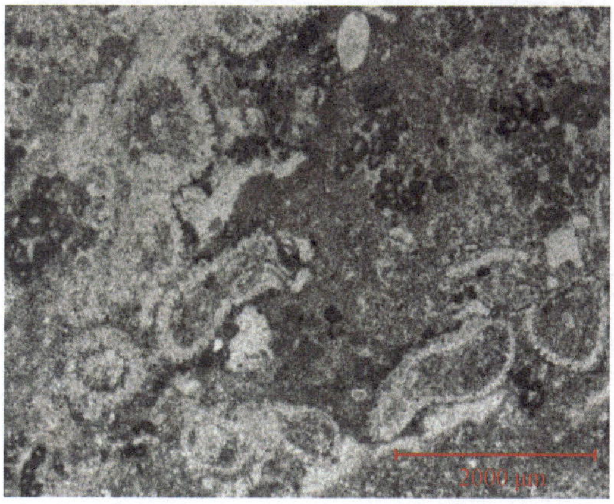

(c)指状层孔虫,(-),背锅山组,陇县龙门洞

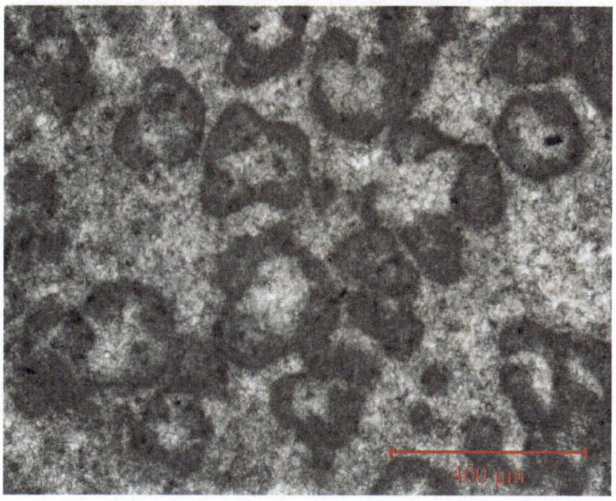

(d)水螅虫,(-),背锅山组,陇县龙门洞

图 5-27　造礁生物灰岩特征

2. 粒屑灰岩

这类灰岩最常见砂屑灰岩和藻砂屑灰岩，碎屑含量在 50% ~ 80%，见少量生物碎屑灰岩及含生屑砂屑灰岩，灰岩内砂屑分选性和磨圆度都较好，往往是亮晶胶结，一些剖面内还可见有机质沿溶缝充填（图 5-28），表明这类岩石也形成于高能环境，而且往往与生物礁灰岩伴生，是盆地南部中—上奥陶统礁滩型储层中常见岩石之一。但这类岩石中原生孔隙也不发育，而且溶孔较生物灰岩而言也欠发育，面孔率通常 <2%。

5.3.2　储集空间类型及特征

通过铸体薄片镜下鉴定及扫描电镜分析，盆地南部中—上奥陶统礁滩灰岩原生格架孔几乎不发育，储集空间较少，在所有 204 块薄片中，见孔隙的薄片 40 片，其中发育晶间

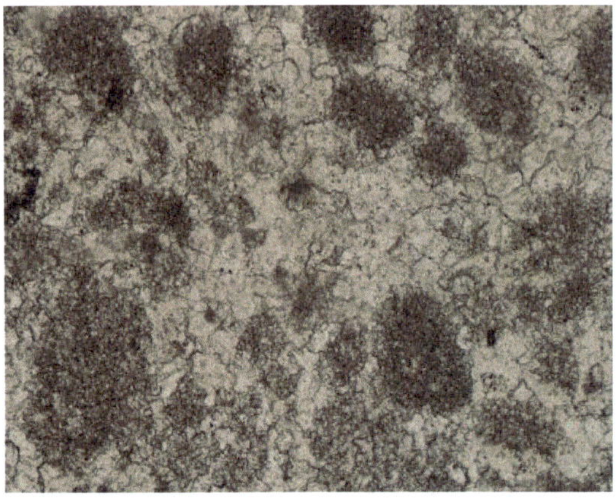

(a)细晶藻砂屑灰岩,(−),平凉组,麟游好畤河

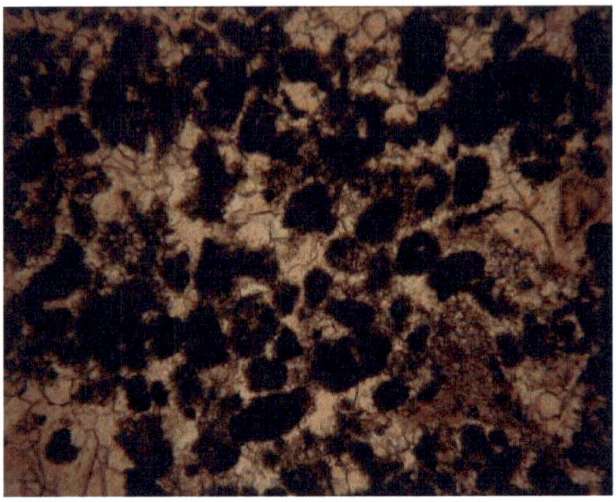

(b)藻砂屑灰岩,(−),背锅山组,淳化铁瓦殿

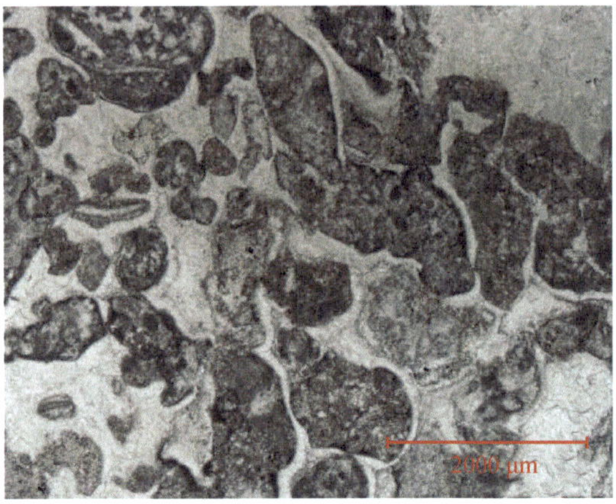

(c)亮晶砂屑灰岩,(−),平凉组,淳化徐家山

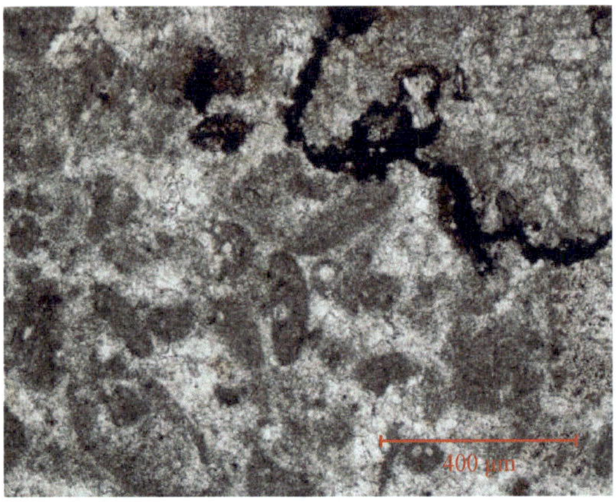

(d)亮晶砂屑灰岩,(−),平凉组,富平将军山

图 5-28　粒屑灰岩特征

孔的薄片 7 块，占 3.4%，见溶孔的薄片 16 块，占 7.8%，发育溶缝的薄片 17 块，占 8.3%，总体孔隙率为 19.6%，面孔率 1% ~ 5%。孔隙类型相对单一，孔隙率较低，主要为溶蚀作用改造形成的溶孔和溶缝及晶间孔等次生孔隙，其分布频率如图 5-29 所示。

1. 晶间孔

晶间孔为礁滩灰岩中发育较少的孔隙类型，在泾阳徐家山生物碎屑灰岩、苜蓿河马家沟组礁灰岩中均可见。主要分布于自形较好的方解石晶体之间，这种方解石系重结晶作用或生物自身矿物同质类相转换而成，多呈三角形或规则多边形，很少单独存在且零星分布，一般与晶间溶孔伴生［图 5-30（a）］。少部分分布在经白云岩化形成的白云岩斑点中，形成晶形较好的细晶白云岩，这种白云岩内发育一些晶间孔，孔隙率约为 1%，若经后期溶缝或裂缝沟通可成为有效的储集空间［图 5-30（b）］。

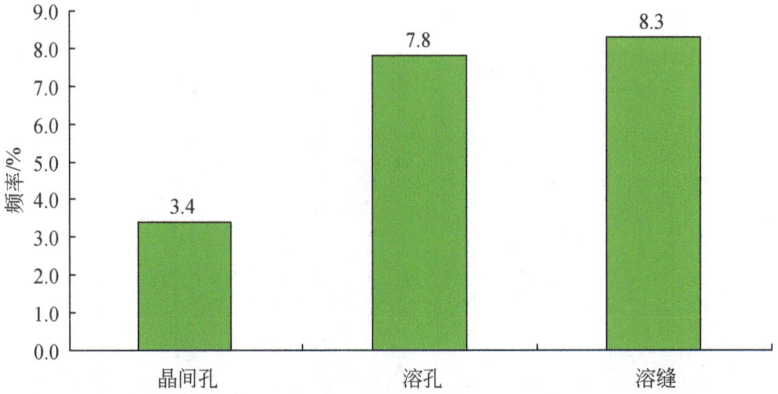

图 5-29　鄂尔多斯盆地南部礁滩灰岩孔隙类型分布频率图

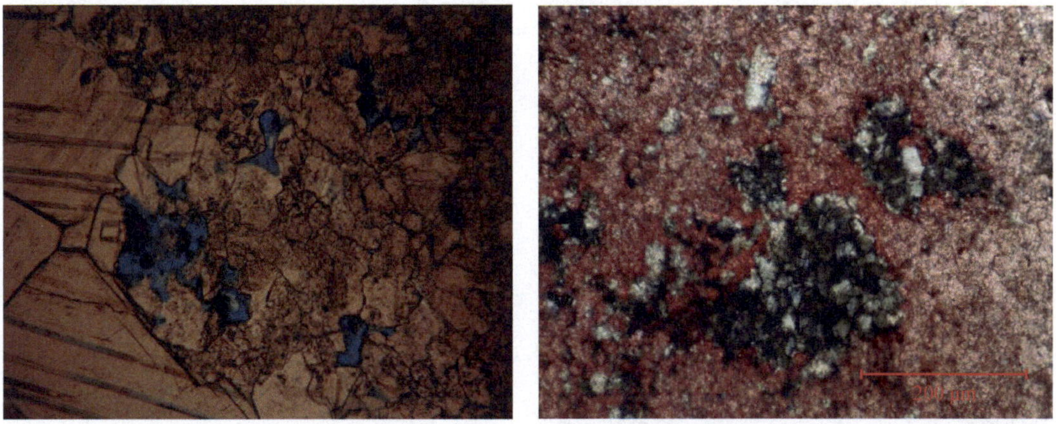

(a)生物灰岩内溶孔,泾阳徐家山　(b)白云岩化斑块中的晶间孔,孔隙率1%,耀州区桃曲坡

图 5-30　礁灰岩内储集空间特征

2. 溶孔

因受到不同因素的溶蚀作用改造，溶孔成为礁滩相沉积最重要的储集空间类型，这种溶蚀作用主要是加里东期的大气淡水溶蚀，其次为后期的有机酸溶蚀。部分方解石晶粒被溶蚀形成晶内溶孔或方解石晶间被溶蚀形成分布不均匀的晶间溶孔，如陕西耀州区桃曲坡生物礁剖面溶孔率最大可达 5%，局部溶孔被后期的方解石、铁泥质等充填。其中，部分溶孔又经进一步溶蚀改造成为更大的晶间溶孔，扩大后的溶孔边缘不规则，可连通之前邻近的分散溶孔，大大提高了孔隙率，为形成良好的储集空间起到了建设性作用（图 5-31）。

3. 溶缝

溶缝与盆地内地层的抬升暴露有关，地层暴露于地表遭受风化淋滤，流体沿破裂缝顺层溶蚀，使裂缝两侧岩石组分遭受溶蚀，显微镜下具有明显的溶蚀痕。溶缝形态弯曲，数量不等，宽窄不一，通常为交错分布的网状造型（图 5-32）。岩石中溶缝发育很好，极少被其他矿物充填，能较好地保持下来，对于孔隙度有着积极的建设性作用。

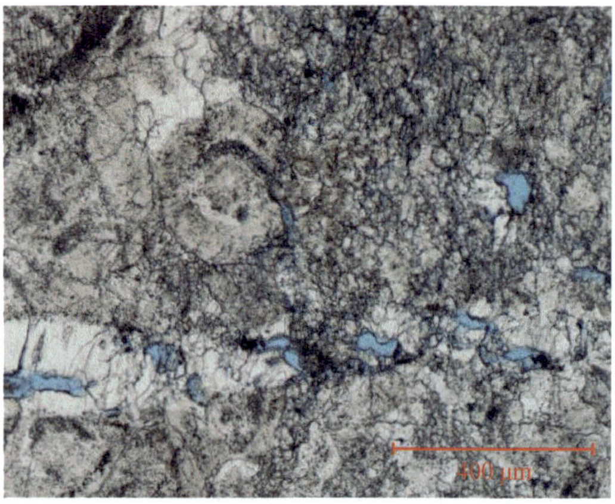

(a)珊瑚及溶孔，孔隙率5%，陕西耀州区桃曲坡

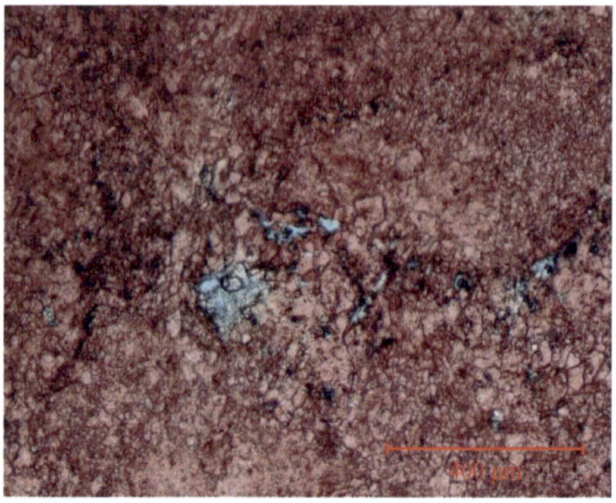

(b)床板珊瑚藻灰岩内晶间孔和溶孔，孔隙率1%，平凉组

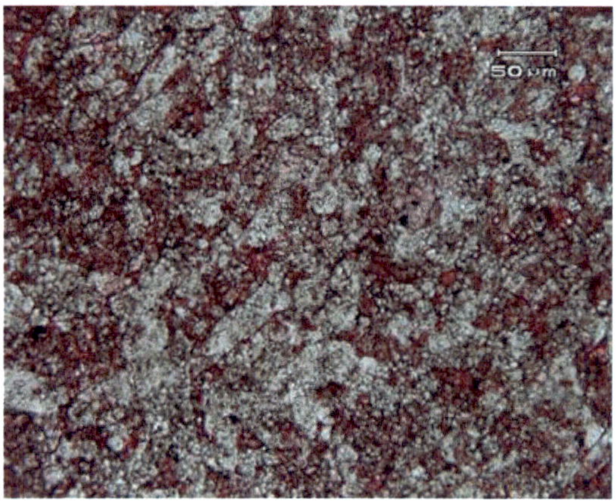

(c)海绵礁灰岩骨架孔，4450m，克里摩里组，棋探1井

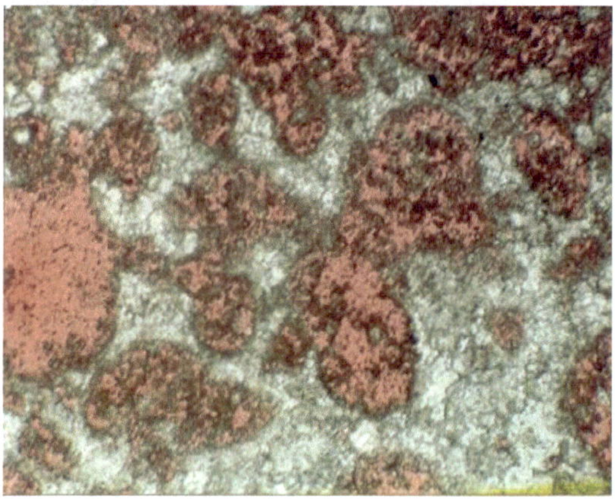

(d)藻屑灰岩具藻屑溶孔，3936m，克里摩里组，天1井

图 5-31　礁灰岩内溶孔特征

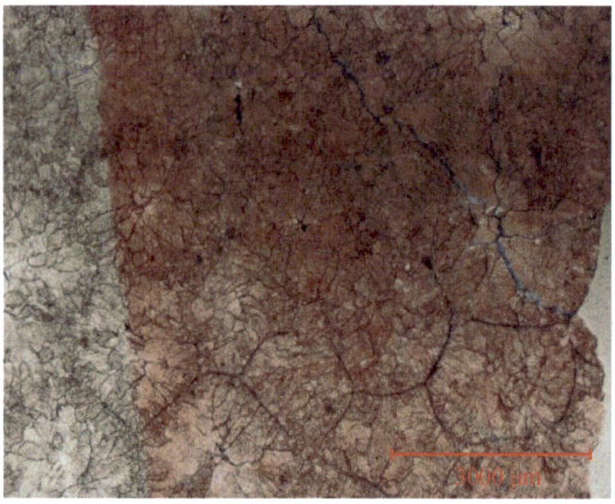

(a)珊瑚灰岩内溶缝，平凉组，好畤河

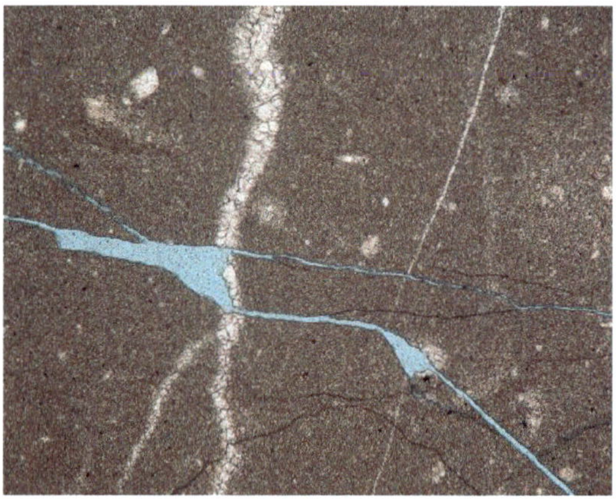

(b)含生屑泥晶灰岩内溶缝，桌子山组，惠探1井

图 5-32　生物灰岩内溶缝特征

5.3.3 储层物性特征

为了分析盆地中—上奥陶统生物礁（滩）型储层的物性特征，对生物礁采样做孔隙度、渗透率测试，同时参照叶俭等（1995）的研究成果共同分析这套储层的物性特征。总体而言，中—上奥陶统生物礁（滩）的孔隙度、渗透率均偏低，就样品所揭示的特征分析，该套储层的物性不太理想，究其原因，主要为礁滩生物格架内几乎全部被方解石充填，同时很少发生白云岩化，从而使得这套储层储集性能偏差，现有的孔隙主要是生物灰岩经溶蚀改造形成的溶孔，发育一些溶缝，但研究发现生物礁向盆地北侧有倾伏现象，这些埋藏的生物礁（滩）从后期成岩角度来看，更容易遭受奥陶纪末期加里东运动大气淡水的改造，有望形成良好的储层。具体物性特征如下。

1. 孔隙度

自测生物礁物性数据 15 个，收集前人研究数据 14 个，共 29 个，孔隙度最大为 5.12%，最小为 0.1%，平均为 0.82%。对孔隙度进行分布频率统计，岩石孔隙度主要集中于 0.1% ～ 0.5%，有 17 个数据，出现频率达 60.5%；孔隙度介于 0.5% ～ 1% 的数据有 4 个，占 14.5%；而 >1% 的数据有 6 个，频率仅为 21.5%；孔隙度 <0.1% 的数据 3 个，频率为 3.5%（图 5-33）。这表明盆地南部生物礁（滩）储层孔隙度较低，几乎接近致密状，属超低孔储层。

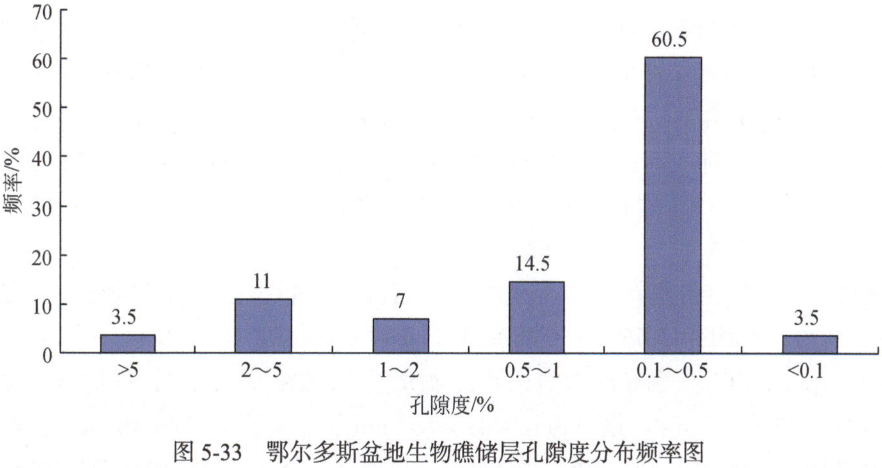

图 5-33　鄂尔多斯盆地生物礁储层孔隙度分布频率图

2. 渗透率

与孔隙度共同测试的渗透率数据同样为 29 个，以测试数据为基础做出渗透率分布频率图，表明生物礁渗透率分布于 $<0.001\times10^{-3}\ \mu m^2$ 的数据有 11 个，占 39%；介于 0.01×10^{-3} ～ $0.02\times10^{-3}\ \mu m^2$ 的数据有 8 个，占 29%；$>0.02\times10^{-3}\ \mu m^2$ 的数据有 5 个，占 18%；其余介于 0.001×10^{-3} ～ $0.01\times10^{-3}\ \mu m^2$，分布频率为 14%（图 5-34）。这表明盆地南缘生物礁储层的渗透率较低，属于超低渗储层，该岩性在目前技术条件下达不到储层要求。

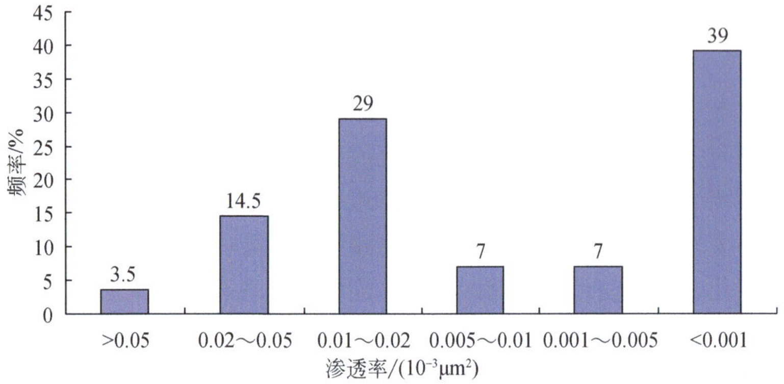

图 5-34 鄂尔多斯盆地生物礁储层渗透率分布频率图

5.3.4 储层主控因素

1. 台地边缘相带控制礁滩型储层的空间展布

礁滩型储层形成于台地边缘高能相带，其空间展布受控于台地边缘相带的展布，在该相带不同的微相内礁滩型储层储集性能不同，表现出一定的相控性。从礁滩型储层岩石学特征分析看出，该类储层储集岩体为生物礁灰岩或颗粒灰岩，一方面盆地中—晚奥陶世具备形成台地边缘相带的地质条件，使得这种岩石形成于高能环境（多为亮晶胶结），从沉积学角度而言，这类岩石往往具有发育良好原生孔隙的先决条件；另一方面高能相带形成的碳酸盐岩往往比较纯（造架生物、颗粒滩）且岩石渗透性好，导致这种岩石在溶蚀流体作用下更加容易发生溶蚀。换言之，南部礁滩型储层的形成首先受控于沉积微相，高能台地边缘相带内的台缘滩、台缘礁是最有利的微相，开阔台地内的点滩、点礁次之。

根据10口钻井213个岩石孔渗样品分析结果，礁滩型储层孔隙度介于10.35% ~ 0.1%，平均为1.45%，渗透率为（0.01×10^{-3} ~ $14.28\times10^{-3}μm^2$，平均为$1.24\times10^{-3}μm^2$。不同的微相物性条件存在差异：81个生物礁灰岩样品分析显示其孔隙度最大为2.76%，最小为2.57%，平均为2.66%，渗透率介于（0.0008×10^{-3} ~ $0.22\times10^{-3}μm^2$，平均为$0.017\times10^{-3}μm^2$；107个颗粒滩相岩样孔隙度介于5.212% ~ 0.43%，平均为1.345%，渗透率最大为$3.53\times10^{-3}μm^2$，最小为$0.0043\times10^{-3}μm^2$，平均为$0.332\times10^{-3}μm^2$；25个滩间灰岩样品孔隙度最大为1.12%，最小为0.4%，平均为0.7536%，渗透率介于0.0018×10^{-3} ~ $0.151\times10^{-3}μm^2$，平均为$0.022\times10^{-3}μm^2$。生物礁具最好的孔隙度，但其渗透性能不佳；滩间灰岩孔隙度和渗透率均不好；颗粒滩孔隙度介于二者之间，渗透率最好（图5-35），表明不同的沉积微相其物性条件存在差异。另外，部分发生溶蚀作用的岩石样品其孔隙度可达10.35% ~ 5.26%，表明溶蚀作用能够改善礁滩型储层的物性条件。

2. 溶蚀作用决定储层质量

为了分析成岩作用与孔隙演化的关系，我们引入负孔隙度并结合成岩演化过程共同分

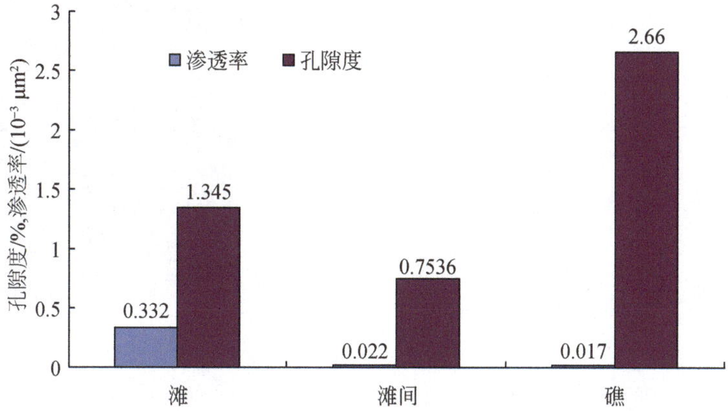

图 5-35　台地边缘不同沉积微相孔隙度、渗透率分布直方图

析成岩过程中孔隙演化过程及最终有效孔隙的形成，下面为典型薄片分析。

以野外剖面 O_2XJ-2 薄片为例（图 5-36），平凉组。

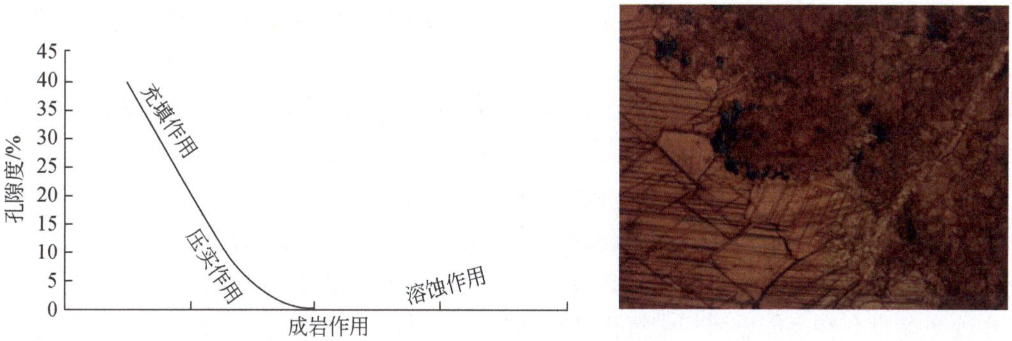

图 5-36　成岩作用对具溶孔溶缝的珊瑚礁灰岩的孔隙演化影响

岩石定名：具溶孔溶缝的珊瑚礁灰岩，有效孔隙度达 3%。

矿物成分：方解石 99%，铁质 1%。

负孔隙度 = 珊瑚内原体腔孔约占 40%。

成岩作用对孔隙演化的影响：①成岩阶段亮晶方解石充填体腔孔，减少孔隙度 35%；②压实作用导致体腔孔减少孔隙度 5%；③表生溶蚀作用增加溶缝溶孔，增加孔隙度 3%。

故残余有效孔隙度：40%–35%–5%+3%=3%。

以野外剖面 G_2-g08-HSH05-96 薄片为例（图 5-37），平凉组。

岩石定名：具溶孔粉—细晶藻砂屑灰岩，有效孔隙度达 2%。

矿物成分：方解石 96%，泥质 1%，铁质 3%。

负孔隙度 = 砂屑间的灰泥的软泥水 16%。

成岩作用对孔隙演化的影响：①成岩阶段重结晶作用减少 12% 的孔隙度；②压实作用减少 4% 的孔隙度；③退后生表生溶蚀作用增加孔隙度 2%。

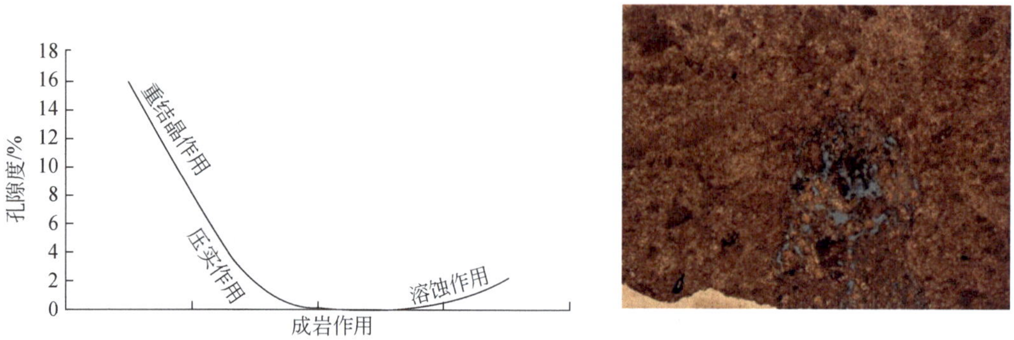

图 5-37　成岩作用对具溶孔粉—细晶藻砂屑灰岩的孔隙演化影响

故残余有效孔隙度：16%–12%–4%+2%=2%。

通过上述典型薄片及大量薄片鉴定分析，结合前人研究成果，本书认为鄂尔多斯盆地礁滩型储层，原始沉积的礁灰岩经早期压实作用孔隙度减少 5% ~ 8%，而后早成岩阶段亮晶方解石的充填作用使孔隙度锐减 15% ~ 25%，表生阶段大气淡水溶蚀作用产生溶孔和溶缝，使孔隙度增加 2% ~ 4%，随后地层再次沉积，进入埋藏中—晚成岩阶段仅白云岩化作用增加了 3% 左右的孔隙度，强重结晶作用、胶结作用、充填作用使得孔隙度急剧减少 10% 左右，因此最终残存的孔隙度通常为 1% ~ 3%，个别充填胶结较少的地区孔隙度可达 6% 左右。也就是说该类储层最有利的成岩作用为溶蚀作用，少量的白云岩化也有利于储层物性的改善，而压实、充填、胶结及重结晶作用使原本可观的孔隙度锐减，对优质储层的形成十分不利。从国内外重要礁滩型储层形成的条件来看，必备两个条件：①具备高能条件的沉积物；②所形成的礁或滩必须经过白云岩化作用和溶蚀作用的改造。鄂尔多斯盆地中晚奥陶世存在高能礁滩相带沉积已得到公认，但目前尚未找到突破意义的发现，原因是该套潜在沉积体除少数地方斑点状白云岩化外都未经过大面积白云岩化作用的改造，仅经历了溶蚀作用的改善，而且溶蚀作用强度小。

礁滩型储层为各种生物灰岩和颗粒灰岩，其中颗粒灰岩中最常见砂屑灰岩，主要的储集空间为溶蚀孔、缝，储层发育受沉积相和溶蚀作用共同控制。根据岩石学特征分析鄂尔多斯盆地西南缘礁滩形成于不同的背景，我们以低能型和高能型区分。低能型礁滩发育在克里摩里组，分布于西缘天环凹陷一带，礁的类型主要为海绵礁和珊瑚礁，礁内主要为灰泥基质充填，颗粒滩有生物碎屑滩、砂屑滩，颗粒之间为灰泥充填，非亮晶胶结，我们用台地—斜坡模式来解释该时期该地区的沉积环境。高能型礁滩发育在中—上奥陶统平凉组和背锅山组，生物礁主要为珊瑚礁、层孔虫礁和海绵礁，颗粒滩以砂屑滩和藻屑滩为主，颗粒间为亮晶胶结，形成于台地边缘高能环境，我们用经典的镶边台地模式来解释该时期该地区的沉积环境。这套储层虽然有良好的储集岩类，但由于未发生白云岩化，加上胶结致密原生孔隙消失殆尽，所以储集空间并不发育，主要为受溶蚀作用改造的溶蚀孔、缝系统。

因此，我们认为盆地礁滩型储层有一定的勘探潜力（存在斑点状白云岩化和溶蚀孔隙），要想取得勘探突破，需要通过地震手段找到潜伏礁滩体，然后分析成岩变化条件，在可能同时发生白云岩化和溶蚀改造的地区进行油气勘探。

5.4　古岩溶储层特征及主控因素

5.4.1　岩溶类型及特征

自发现靖边气田以来，都是以马五 1 亚段—马五 4 亚段含石膏结核微粉晶白云岩为勘探目的层，储层在平面上受古岩溶地貌控制，优质储层发育于盆地中部岩溶斜坡带，纵向上受岩溶旋回控制，主力产层为马五 1 亚段、马五 2 亚段第 2 小层和马五 4 亚段第 1 小层，通常情况下认为马五 5 亚段黑色微晶灰岩是风化壳底板。因此，古岩溶储层勘探的重心着眼于精细刻画古地貌和岩溶残丘，并取得了一些勘探新突破，在靖边气田西侧岩溶斜坡带、气田东部岩溶斜坡—盆地岩溶残丘带发现了含气新区带，扩大了靖边气田天然气储量。

然而，近几年在大牛地马五 5 亚段致密灰岩段钻遇放空、井涌，多口井获得工业气流，表明存在岩溶作用，进一步分析认为是表生期形成的裂缝—孔洞型储层，突破了前人对盆地奥陶系风化壳岩溶的认识。在盆地东南宜川—黄龙地区，尚残存马六段灰岩地层，但钻井揭示马五段内也存在与靖边地区相同岩性的古岩溶储层，多口井获得了工业气流，显然用裸露风化壳岩溶理论也无法解释这套储层的形成机理。盆地西缘克里摩里组余探 1 井获得工业气流，重燃石油勘探家自天 1 井之后在盆地西缘寻找岩溶气藏的信心，但缝洞体分布与靖边地区明显不同且难以预测，表明存在不同的岩溶作用。

详细分析鄂尔多斯盆地表生期岩溶作用及其特征，认为盆地表生岩溶阶段古岩溶作用除了风化壳岩溶外，还发育顺层岩溶，依据岩溶作用发育载体不同又各划分为白云岩型和灰岩型四个亚类（表 5-6）。

表 5-6　鄂尔多斯盆地奥陶系表生期岩溶类型划分表

岩溶类型	岩溶亚类		岩溶特征		实例
风化壳岩溶	白云岩型	含膏云岩型	构造抬升后长期风化淋滤，形成不整合接触，可划分岩溶旋回	蜂窝状溶孔、各种溶缝及多种岩溶角砾岩，形成溶洞—缝系统	盆地中东部马家沟组上组合
		晶粒云岩型		均匀针状溶孔，少量溶缝，扩溶晶间孔，形成晶间孔—晶间溶孔系统	盆地中部马家沟组中组合
	灰岩型			溶缝为主，伴有溶洞，形成裂缝系统	大牛地马五 5 亚段
顺层岩溶	白云岩型		发育于地形较陡地层区，不整合面补给岩溶水，强度递减	组构选择，蜂窝状溶孔，见溶缝、岩溶角砾，旋回单一，形成溶洞—缝系统	宜川—黄龙地区马家沟组
	灰岩型			组构选择，大溶洞，少量溶缝	西缘克里摩里组

1. 白云岩型风化壳岩溶

这类岩溶进一步可细分为两种不同类型，岩溶载体分别为含膏微—粉晶白云岩和晶粒白云岩。前者为靖边气田岩溶储层的主要类型，岩溶作用主要表现为蜂窝状的膏溶孔洞，黑色、白色方解石、白云石多期充填、半充填，高角度的溶蚀缝、各种岩溶角砾岩及暗河充填物［图 5-38（a）、（b）］，可划分出至少三期岩溶旋回，形成孔—洞—缝储集系统。后者为中组合储层的主要类型，岩溶作用宏观上有别于前者，多表现为针状溶孔，偶见溶洞，看不到明显的岩溶角砾岩，微观上表现为晶粒白云岩晶间孔被溶蚀扩大或者溶缝沟通晶间孔及晶间溶孔［图 5-38（c）、（d）］，形成晶间孔—晶间溶孔储集系统，构成受到风化壳岩溶作用改造的白云岩储层。

2. 灰岩型风化壳岩溶

这种类型在鄂尔多斯盆地是突破传统认识的新发现，岩溶作用发育于距地表较深的马五 5 亚段黑色泥微晶灰岩内，主要表现为相互交织的高角度溶缝或垂直溶缝，被方解石充填或半充填，溶缝将原岩分割成可以拼合的角砾岩［图 5-38（e）］，局部伴有溶洞，是

(a)膏溶粉晶云岩,3760.11m,马五4^1,s356井

(b)白云石半充填溶孔,3465.6m,马五1^3,s273井

(c)溶孔,4030.5m,马五7,l30井

(d)溶孔、溶缝,3238.14m,马五6,z30井

(e)方解石充填的溶缝,3012.8m,马五5^1,D48井

(f)膏溶粉晶白云岩,2635 m,马五1^2,yc1井

(g)洞穴角砾充填,4055.3m,克里摩里组,yt1井

(h)藻屑灰岩,3936m,克里摩里组,t1井

(i)颗粒灰岩,4007m,克里摩里组,yt2井

图 5-38 鄂尔多斯盆地奥陶系表生岩溶作用特征

渗流带垂直溶蚀的结果，构成了溶缝—孔洞系统。

3. 白云岩型顺层岩溶

这种岩溶作用发育于古地形较陡且有上覆灰岩的地区，盆地内主要见于东南部残存马六段的宜川—黄龙地区。古岩溶作用于马五 1 亚段—马五 3 亚段含石膏结核粉微晶白云岩内，多见石膏选择性溶蚀形成的蜂窝状溶孔［图 5-38（f）］，伴有溶洞和少量被白色方解石胶结的岩溶角砾岩，偶见溶缝，微观薄片常见晶间溶孔和少量溶洞，部分被白色方解石半充填，向盆地拗陷中心方向（北东向）溶蚀作用有减弱趋势，形成与靖边气田储集系统相似的溶孔—洞系统，系大气淡水自近古隆起裸露区沿较陡古地层向古沟槽扩散选择溶蚀而成。

4. 灰岩型顺层岩溶

该类岩溶发育于盆地西缘克里摩里组灰岩中，西缘古地形较陡，地层从东到西逐渐被乌拉力克组覆盖，为一套由内碎屑灰岩、生物碎屑灰岩、藻灰岩及泥微晶灰岩组成的开阔台地—斜坡相地层。岩溶作用形成一些大溶洞，具体可分为垮塌半充填型、暗河角砾充填型、暗河泥质充填型三种，岩溶基岩多为颗粒灰岩［图 5-38（g）～（i）］，且岩溶洞穴层在克里摩里组顶部可以横向对比，是表生期大气淡水沿裸露地层及加里东期裂隙渗流扩散选择性溶蚀而成，构成溶洞—溶缝岩溶体系。

上述岩溶特征表明：鄂尔多斯盆地奥陶系表生期岩溶存在差异，风化壳型岩溶作用实质上为非组构选择性岩溶，是大气淡水对裸露岩石长期溶蚀改造的结果，形成具有明显旋回性的复杂孔—洞—缝系统，构成以靖边气田、大牛地气田为代表的典型岩溶储层气田；而顺层岩溶作用发生在古地形较陡地区，被溶蚀地层部分裸露且存在岩石组构差异，大气淡水从裸露区进入地层对其进行组构选择性溶蚀，实质上属于内幕岩溶类型。

5.4.2　前石炭纪岩溶古地貌具明显的分带性

加里东晚期鄂尔多斯地区构造抬升后，经历了长达 1.4 亿～1.5 亿年的风化剥蚀作用，在奥陶系碳酸盐岩层系的顶部形成淋滤溶蚀、侵蚀沟槽切割的风化壳岩溶古地貌。由于受早古生代古隆起构造的继承性影响，风化壳岩溶古地貌在横向上也具有明显的分带性，由西向东可依次划分为岩溶高地、岩溶斜坡、岩溶盆地三大岩溶古地貌单元（古岩溶系统，图 5-39）。

岩溶高地：主体位于早古生代中央古隆起的分布范围及其邻近地区。奥陶系抬升剥蚀最为强烈，马五段在岩溶高地区基本剥蚀殆尽，主要剥露马四段，西南部地区（中央古隆起的核部附近）则剥露至马三段—马一段，乃至寒武系地层，至中央古隆起的核部则整个下古生界均已剥蚀殆尽。该区奥陶系岩性以大段厚层的白云岩为主，其顶部的岩溶作用以垂向淋滤为主，而且岩石结构的均质性较强，差异溶蚀作用较弱，导致侵蚀沟槽及淋溶孔隙的发育程度并不是很高。

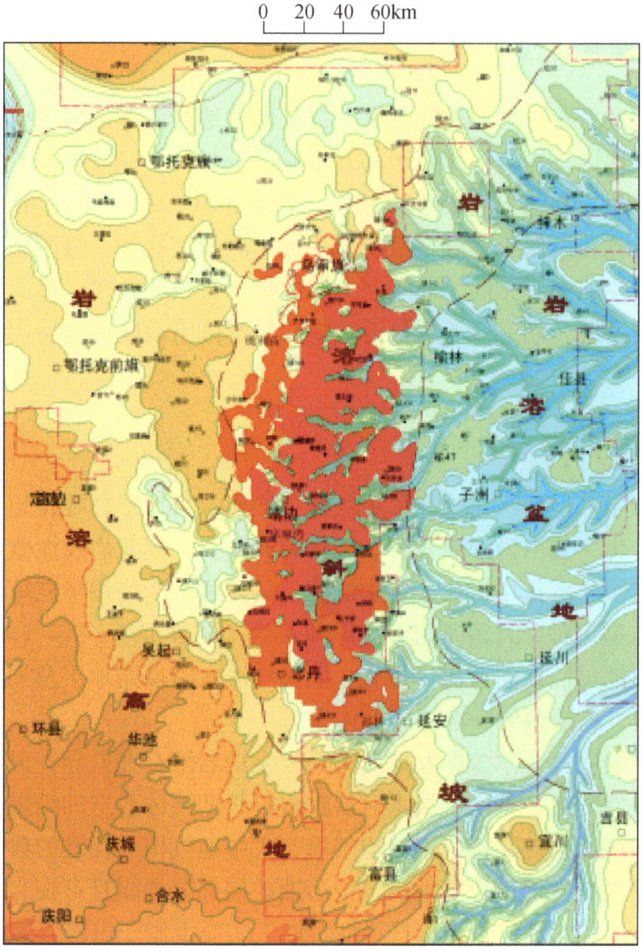

图 5-39 鄂尔多斯盆地前石炭纪岩溶古地貌图

岩溶斜坡：整体处于盆地中部的志丹—靖边—乌审旗地区，大致呈沿古隆起边侧外围的半环状分布。奥陶系抬升剥蚀也较为强烈，马五段大部分得以保留，仅在靖边西侧靠近古隆起的地区马五段上部有不同程度的剥缺。该区奥陶系顶部岩性多以膏云互层或含膏质结核的非均质白云岩为主，致使其顶部的岩溶作用以垂向淋滤与侧向侵蚀并重，而且岩石结构的非均质性强，差异溶蚀作用强烈，侵蚀沟槽及选择性溶蚀的淋溶孔隙极为发育。

岩溶盆地：主要处于盆地东部的地形洼地分布区，大体位于奥陶系沉积期的东部盐洼沉积区。奥陶系抬升剥蚀作用较弱，奥陶系顶部的马五段保留较全，局部还零星保留有马六段石灰岩。该区奥陶系顶部岩性也多以膏云互层或含膏质结核的非均质白云岩为主，顶部的岩溶作用以垂向淋滤与侧向侵蚀为主，侵蚀沟槽也较发育，但整体处于岩溶系统的较低洼地带，在岩溶作用同期近地表的交代充填作用也较为强烈，导致大部分的淋溶孔隙的后期充填程度均较高。

5.4.3　岩溶古地貌对风化壳储层发育的控制作用

1. 岩溶剥蚀强度决定了有利储集层段的保留程度

加里东构造抬升古风化壳期，由于长期的风化剥蚀作用，奥陶系顶部地层大多遭受了不同程度的剥蚀，且由于构造抬升强度的不同，不同地区奥陶系顶部地层的剥蚀程度也各有不同。总体而言，岩溶高地区剥蚀最为强烈，岩溶斜坡区次之，岩溶盆地区则剥蚀较弱。

靖边地区古风化壳气藏的勘探实践表明，有利风化壳溶孔储层的发育受沉积相带及沉积微相的控制，具明显的层控性，主力储集层段主要发育在马五 1^3 小层、马五 2 亚段及马五 4^1 小层含膏云坪沉积相带中，而这些层段在靖边地区及其以东的岩溶斜坡及岩溶盆地区大多被较完整地保留。而在靖边以西的岩溶斜坡区，马五 1 亚段与马五 2 亚段多已剥蚀殆尽，因此缺失有利风化壳储层发育的沉积层段；但由于马五 4^1 小层含膏云坪有利层段的剥露，也可经淋溶作用改造而形成有效的风化壳溶孔型储集层段。在岩溶高地区，由于有利风化壳溶孔型储层发育的马五段上部地层多已剥蚀殆尽，奥陶系顶面剥露地层主体以大段厚层较均质的白云岩为主，风化壳溶孔发育程度并不太高，而代之以局部层段分布的白云石晶间孔型储层，其孔隙的成因主要与沉积后的白云岩化作用有关，与风化壳溶蚀作用没有太大关系。

因此，单纯从岩溶古地貌对有利储集层段地层的保留与否看：岩溶斜坡的下部及岩溶盆地均有利于主力储集层段地层的有效保留；而岩溶斜坡的上部及岩溶高地则对于主力储集层段地层的保留大为不利。

受区域地层分布及前石炭纪岩溶古地貌的控制，在靖边气田及其以西地区，马五 1 亚段—马五 10 亚段—马四段自东向西逐渐被剥露，与上古生界石炭系—二叠系直接接触（图 5-40）。

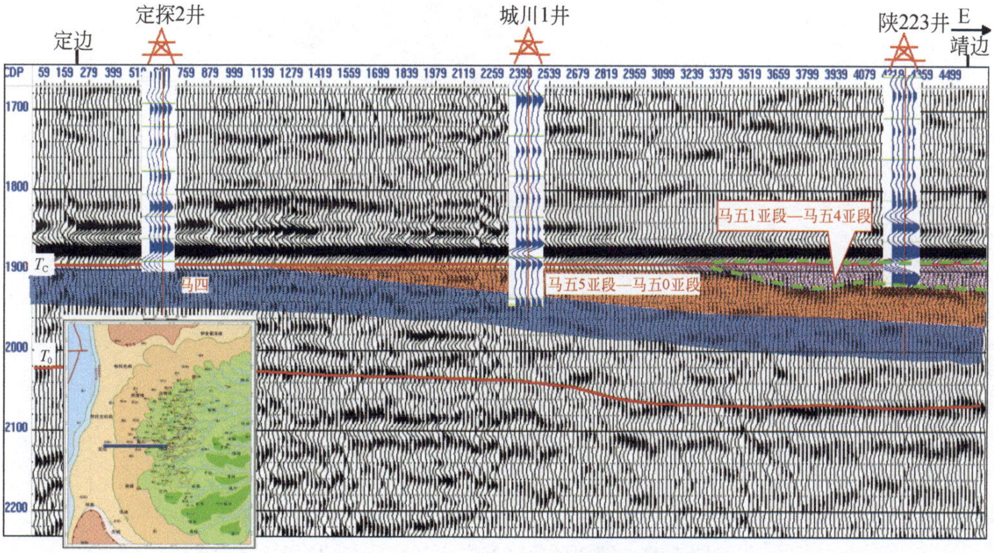

图 5-40　定探 2 井—陕 223 井下古生界地震拼接解释大剖面

早期曾认为临近古隆起及古岩溶高地，靖西地区风化壳主力气层马五 1 和 2 亚段“秃顶”，地层向西缺失。通过近些年来对该区地震资料的精细处理与解释，重新对下古生界马家沟组沉积构造格局进行恢复，深入研究靖边潜台向中央古隆起方向的沉积及抬升剥蚀的演化规律，发现靖西地区马五 1 和 2 亚段主力地层厚度虽然整体变薄，但仍然存在主力气层保存较全的有利部位。并据此优选出了乌审旗、席麻湾和高桥三个有利目标（图 5-41）。

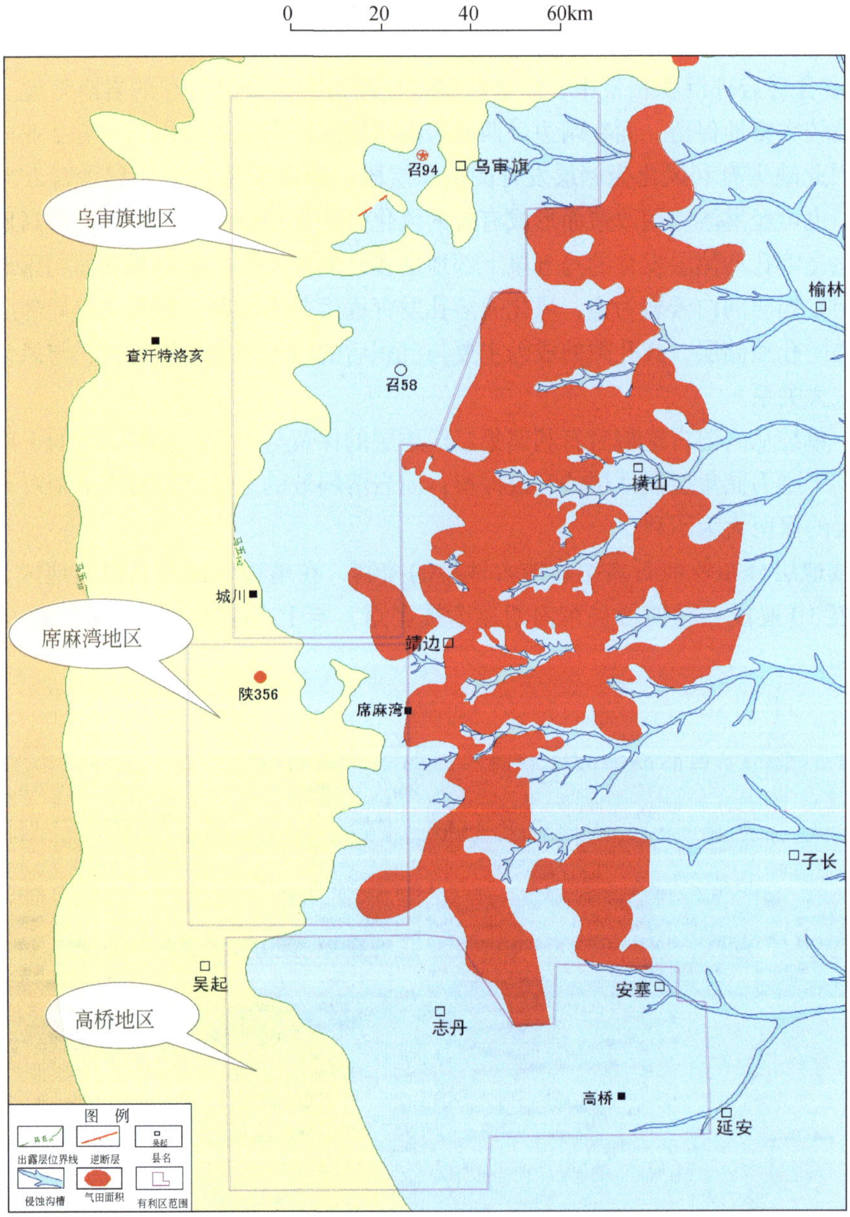

图 5-41　靖西风化壳有利含气区分布预测图

其中，北部乌审旗地区马五段顶部出露的地层与靖边气田本部类似，都以马五 1 和 2 亚段为主，但地层分布以残丘状为主。中部席麻湾地区局部已经有马五 4 亚段及其以下的地层被剥露；南部高桥地区地层保存齐全，局部残留有马六段。

2. 岩溶古地貌控制风化壳储层孔隙充填程度的差异

加里东构造抬升的古风化壳期，在长期的风化淋滤作用过程中，奥陶系顶部的风化壳层段除了遭受不同程度的溶滤成孔及剥蚀改造外，也会在部分地区发生一定程度的孔隙充填作用，使得风化壳储层的孔隙发育程度在横向上存在较大的不同，这突出表现在岩溶斜坡和岩溶盆地两大古地貌单元主力风化壳储层段孔隙性的差异上。

大量储层岩石结构及孔隙性的显微观察研究分析表明，在盆地奥陶系顶部的风化壳储层中，孔隙充填物存在白云石、方解石、自生石英等单一矿物充填及混合充填等多种充填类型，且多以白云石单一矿物充填或白云石与方解石、白云石与自生石英的混合充填为主。且当孔隙充填为白云石单一矿物充填或白云石与自生石英混合充填时，这种充填状态往往为半充填；而当孔洞充填物以白云石—方解石、方解石—硅质（石英）组合为主时，孔隙充填程度则往往较高。因而，具有不同的充填物组合特征的白云岩储层，其孔隙发育情况、储集性能也有很大差异。

在盆地中部的岩溶斜坡区（即靖边气田及其西侧的邻近地区），孔隙充填物类型总体以白云石为主，其次为方解石及方解石与白云石混合充填（图 5-42），但靖西地区方解石充填物的含量显著较靖边气田本部有一定上升，而白云石充填物含量又有一定下降，总体孔洞充填程度（70%）相对靖边气田（67%）略高，导致风化壳储层具有更强的非均质性，孔隙度也相应降低。以白云石为主的充填多以半充填孔隙为特征，白云石一般充填于孔洞

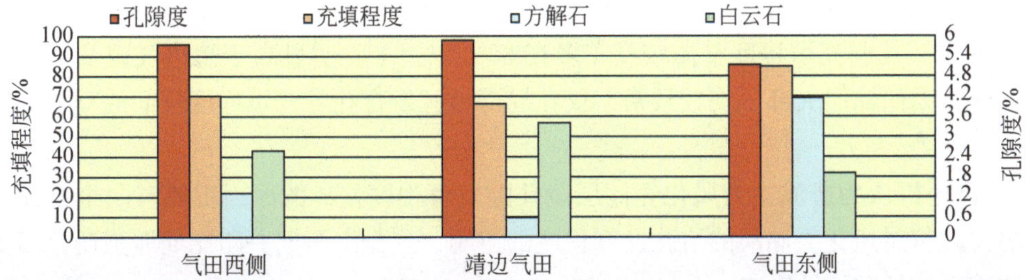

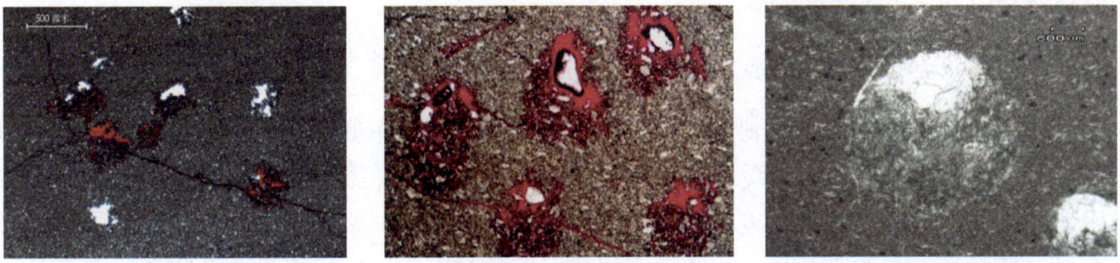

(a)桃50井,3367.01m,
马五1亚段2小层, 靖西地区

(b)陕参1井,3454.70m,
马五1亚段, 靖边气田

(c)米7井,2238.25m,
马五1亚段3小层,盆地东部

图 5-42 岩溶斜坡区（靖西与靖边气田）与岩溶盆地区（盆地东部）风化壳储层孔隙填充特征对比图

的中下部，混杂有较多尘状物质，同时晶间孔较为发育，储集性能好。白云石充填主要发生在成岩作用的早期，晶粒一般为粉晶—细晶级，较孔洞周边围岩中的白云石晶粒粗。

在以白云石—硅质（石英）组合为主的充填物充填于孔洞中，白云石充填于中下部，上部发育自由生长的晶形完好的硅质（石英）（图 5-43），储集性较好；若局部被硅质充填，储集性能则明显降低。白云石—硅质（石英）组合充填为明显的两期充填，首先是白云石充填，其次是硅质（石英）在白云石充填后的孔隙中继续充填，由于硅质（石英）能在孔洞中自由生长，所以晶形较好。

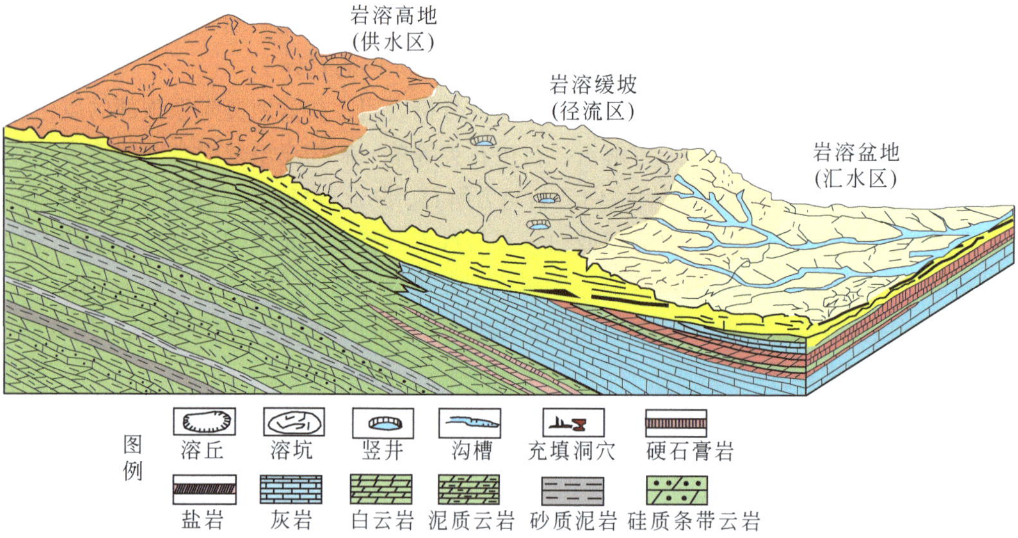

图 5-43　鄂尔多斯盆地中东部前石炭纪岩溶古地貌发育模式图

而在盆地东部的岩溶盆地区，孔隙充填物类型则多以方解石充填及方解石与白云石混合充填为主，孔洞充填程度整体较高（多在 80% 以上），明显高于靖边气田及靖西等岩溶斜坡区，因而储层大部分均较致密，仅在局部地区发育孔隙充填程度较低的有效风化壳储层。

综合分析认为造成主力风化壳储层段孔隙发育程度差异的原因主要有两个方面，一是岩溶古地貌对风化壳储层的溶孔发育程度的控制，二是海西期—印支期埋藏期充填受岩溶古地貌高低的继承性影响。

3. 岩溶古地貌对风化壳储层的溶孔发育程度控制

在长达 1 亿多年的风化剥蚀作用过程中，受当时西高东低古构造格局的影响，由西向东依次发育岩溶高地、岩溶缓坡、岩溶盆地等古地貌单元（图 5-43），奥陶系顶面岩溶作用强度也具有由西向东依次减弱的特征。靖边—横山之间的南北向带状区域因主体处于岩溶斜坡区，马五 1 亚段—马五 2 亚段大部分保存较齐全，岩溶作用强度也较大，在马五 1^3 小层、马五 2^1 小层等（有利孔隙发育的）含膏云坪相带形成的沉积层段中形成较好的有效孔隙层段，在较大的范围内连续稳定分布，形成靖边气田的主力储集层段。而横山—安塞以东的盆地东部地区则主体处于岩溶盆地，马五 1 亚段等主力储集层段的岩溶作用强度则明显减弱，大部分地区处于中—弱溶蚀区。

靖西地区岩溶风化壳主要处于岩溶台地向岩溶斜坡（岩溶阶地）的过渡部位，岩溶作用强烈，对风化壳溶孔储层的发育也极为有利。

靖边地区风化壳作用的影响深度一般在 60 ~ 80 m（以硬石膏矿物的出现深度为风化壳的底界），而在盆地东部地区则多在 30 ~ 50 m，也反映出由西向东风化及岩溶作用强度依次减弱的变化趋势。

4. 海西期—印支期埋藏期充填受岩溶古地貌高低的继承性影响

在经历了加里东构造抬升期后，到海西中期（晚石炭世）鄂尔多斯地区又开始整体沉降，接受石炭纪—二叠纪沉积并一直延续到印支期（三叠纪末期）。

由于受海西期及其后印支期埋藏成岩作用的影响，部分风化壳期形成的溶孔又被后期成岩矿物所充填，降低了孔隙层段的储渗能力，部分地区的主力孔隙层段甚至因孔隙的成岩矿物充填而基本丧失了有效储渗性能。综合分析表明，埋藏期孔隙充填的矿物主要为方解石（部分为含铁方解石）、淡水白云石，其次为自生石英，另外还可见少量萤石、黄铁矿、硬石膏及地开石等。付金华等（2018）曾根据孔隙充填物产出世代的不同将孔隙充填作用分为表生成岩期充填、浅埋藏期充填、深埋藏期充填三个主要的充填作用阶段（表 5-7）。

表 5-7 鄂尔多斯盆地风化壳储层白云岩基质与孔隙充填期次及特征

充填阶段	表生成岩期充填	浅埋藏期充填（<1000 m）	深埋藏期充填（>2000 m）
主要成岩作用	去盐化、云膏化	硅化、高岭石化	去云化、黄铁矿化、方解石化、埋藏白云化
地下水特征	大气淡水	孔隙酸性压释水	有机质脱羟基作用产生的压释水
充填期次	第一期	第二期	第三期
主要填充物	淡水方解石、淡水白云石、泥质、砂质及机械破碎物	石英、高岭石、黄铁矿	黄铁矿、方解石、有机质、铁方解石、铁白云石

埋藏充填矿物的分布在平面上也具一定的规律性。靖边气田及其邻近的东侧地区以白云石充填为主，孔隙充填程度较低（图 5-44）；而盆地东部地区则以方解石充填为主，充填程度较高，局部可使先成孔隙充填殆尽而丧失了储集性。研究认为该区风化壳储层的埋藏期孔隙充填作用主要受石炭纪—二叠纪沉积期的古地形控制，而该期的古地形又受风化壳期岩溶古地貌的继承性影响，也主要呈西高东低的分布格局，致使石炭纪—二叠纪埋藏期的上覆地层成岩压释水更有利于向盆地东部地区的奥陶系风化壳孔隙层段汇聚，而造成

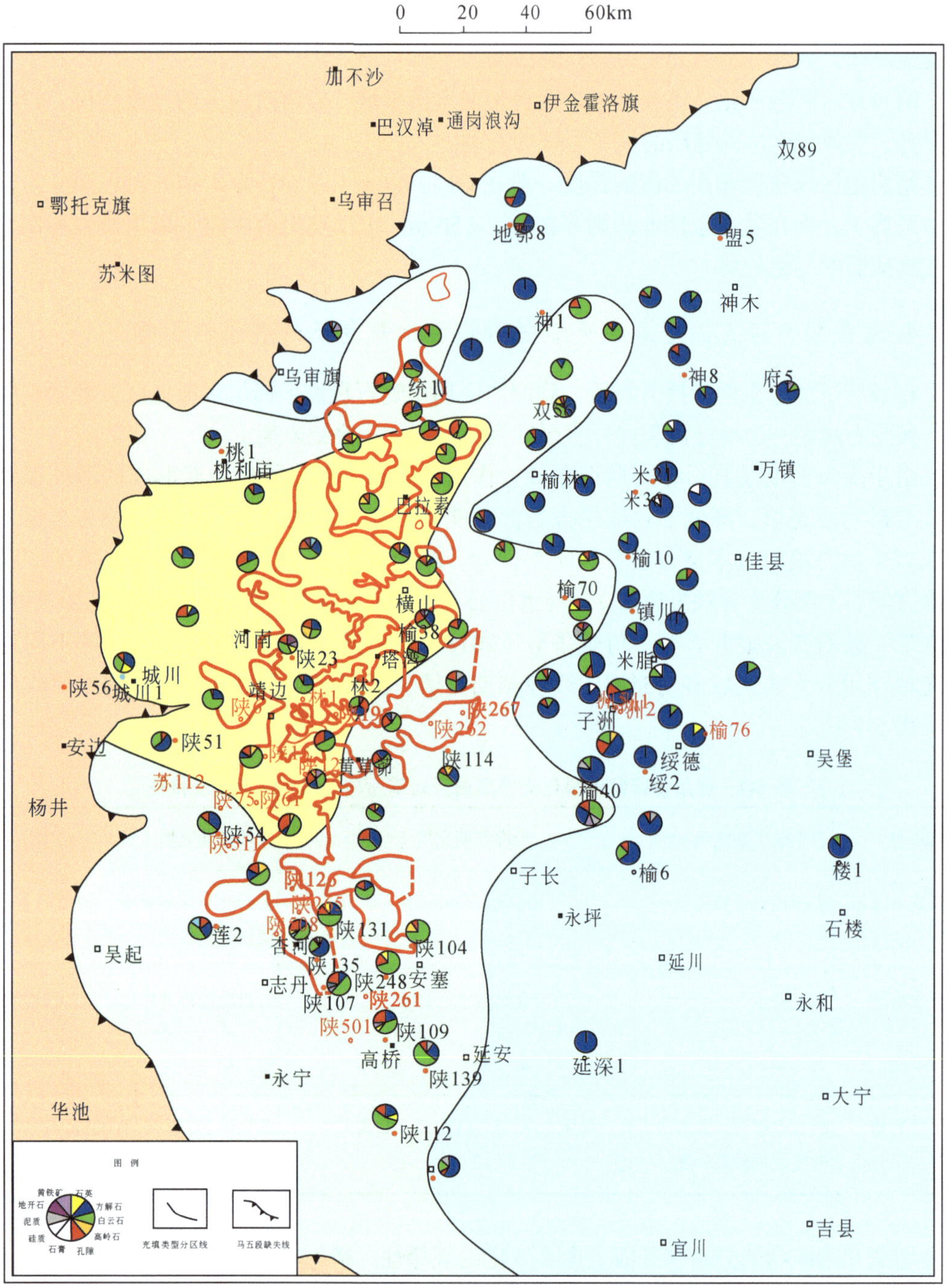

图 5-44 盆地奥陶系顶部风化壳储层充填物类型分布图

方解石在奥陶系孔隙层段中大量沉淀，降低了先期孔隙层段的储渗性能。

盆地东南部的埋藏充填可能主要发生在晚侏罗世—早白垩世的主成藏期，因为根据该区宜6井等探井的包裹体分析结果，孔隙充填方解石的包裹体均一温度基本都在

90 ~ 170℃，大致可分为 90 ~ 130℃、140 ~ 170℃两个区间，前者按地温梯度和埋藏增温速率计算对应晚三叠世，后者对应侏罗纪—早白垩世。拉曼光谱分析可见伴随有烃类气体的气液相包裹体，表明其孔隙充填矿物的形成与烃源岩生排烃高峰期大体一致。

5.5　储层发育形成机理

5.5.1　隆—拗分异控制有利沉积（岩溶）相带

目前鄂尔多斯盆地碳酸盐岩现实储层主要发育在奥陶系内，碳酸盐岩沉积期中央古隆起与伊盟古隆起、米脂一带古洼地等隆—拗构造分异格局控制了奥陶系储层沉积相带，使得沉积相呈半环带状分异，形成了有利储层发育的储集体。例如，马家沟组上组合岩溶风化壳地层受海退期蒸发环境改造形成富含石膏结核的潮上带沉积，表生期储层发育关键的含石膏结核泥微晶白云岩与微—粉晶白云岩，主要分布在岩溶斜坡分布区［图 5-45（a）］。而在以马五 5 亚段为代表的短暂海侵期，受前述古构造地形影响，环古隆起形

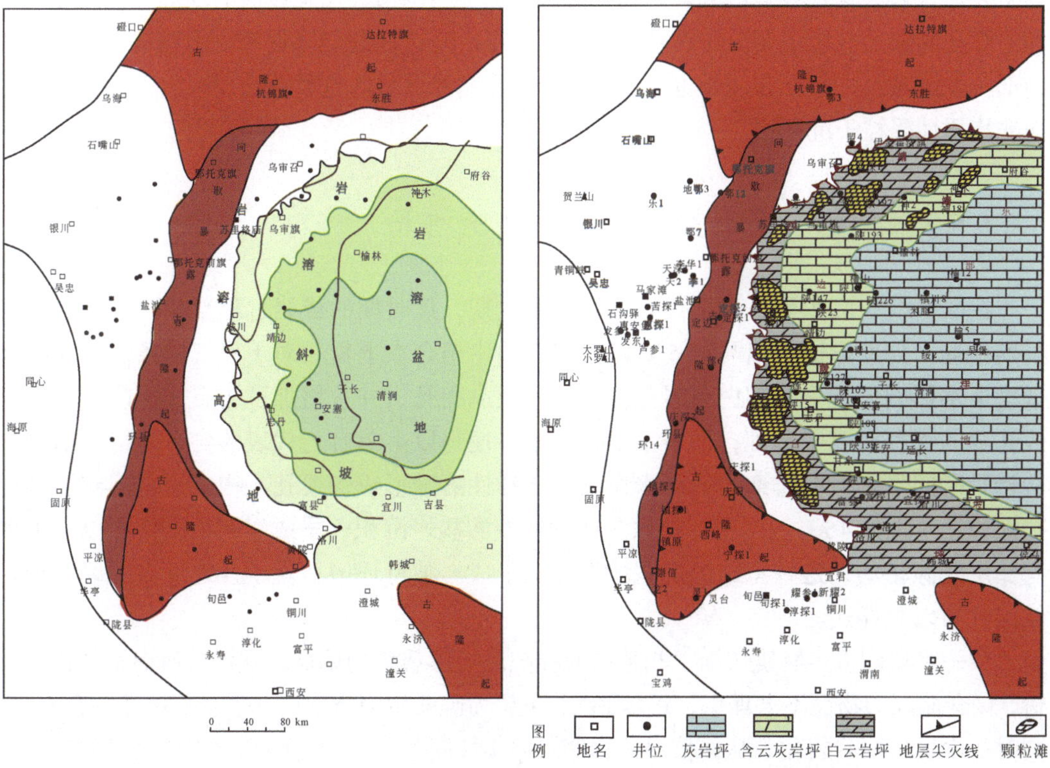

(a)马五4^1小层　　(b)马五5亚段

图 5-45　鄂尔多斯盆地奥陶系马家沟组岩相古地理图

成相对高能的砂屑滩沉积，这些砂屑滩经白云岩化作用改造后成为中组合重要的储集体［图 5-45（b）］。因此可以看出盆地碳酸盐岩沉积期隆—拗分异格局控制了沉积相带展布，而不同沉积相带则是主要储集体发育的可靠背景，显现出明显的相控性特点。

盆地西北部礁滩型储层主要发育在下奥陶统桌子山组、克里摩里组，此时是盆地西南边缘处于由被动大陆边缘向主动大陆边缘转化的时期，高能的台地边缘相带为礁滩型储层发育创造了沉积条件，不同时期礁滩大多数灰岩未发生白云岩化，总体上物性条件不佳，但经溶蚀作用组分选择性改造后孔隙度可明显提高。

盆地南部在平凉组、背锅山组、马六段发育有礁滩型储层，主要发育在局限台地边缘。生物灰岩、粒屑灰岩是组成盆地南缘生物礁（滩）型储层的重要岩石类型，岩石中生物含量 >50%，主要是一些造礁生物，常见生物包括海绵、珊瑚、层孔虫，碎屑含量在 50% ~ 80%。见少量生物碎屑灰岩及含生屑砂屑灰岩，灰岩内砂屑分选性和磨圆度较好，往往是亮晶胶结，一些剖面内还可见有机质沿溶缝充填，表明这类岩石也形成于高能环境，而且往往与生物礁灰岩伴生，是盆地南部中—上奥陶统礁滩型储层中常见岩石之一。储集空间主要为溶蚀作用改造形成的溶孔和溶缝及晶间孔等次生孔隙。

鄂尔多斯盆地东北部奥陶系马家沟组主要为一套潮坪—潟湖沉积。马家沟组中下组合岩石类型有白云岩、含灰云岩、灰质白云岩、石膏、含膏白云岩及灰岩，能够作为储集岩的主要为含灰云岩及各类白云岩。孔隙度和渗透率在靖边—榆林以西的环形区带较好，且相对高孔高渗的区域主要分布在乌审旗西北一带、靖边西北与乌审旗以南和靖边南部、西南部三个区域，在榆 9 井一带也有一个相对高孔高渗区域。这种分布反映出中组合这种平面非均质性受控于沉积相。

5.5.2　沉积—早成岩奠定早期孔隙格局

在碳酸盐岩沉积后，进入浅埋藏期及表生期，该时期的成岩过程影响到了有效储层早期格局：先期形成的以马五 5 亚段为代表的中组合在上覆相对干旱气候条件形成的高盐度卤水影响下发生早期白云岩化作用，形成晶间孔，并且增加了岩石抗压能力，为先成孔隙的保存奠定了基础；而表生期盆地抬升使得以上组合为代表的含石膏结核的碳酸盐岩长时间暴露，在长期大气淡水作用下选择性溶蚀形成膏模孔，构成了岩溶储层早期孔隙体系（图 5-46）。可见，鄂尔多斯盆地碳酸盐岩沉积—早成岩期地质作用奠定了现有储层孔隙格局，这种特殊的沉积背景加上早成岩独特环境造就了盆地现在的碳酸盐岩储层分布宏观样式。

中—晚奥陶世生物礁（滩）相地层的孔隙度、渗透率均偏低，就样品所揭示的特征分析，该套储层的物性不太理想，究其原因，主要为礁滩生物格架内几乎全部被方解石充填，同时很少发生白云岩化，从而使得这套储层储集性能偏差，现有的孔隙主要是生物灰岩经溶蚀改造形成的溶孔，发育一些溶缝，但研究发现生物礁向盆地北侧有倾伏现象，这些埋藏的生物礁从后期成岩角度来看，更容易遭受奥陶纪末期加里东运动大气淡水的改造，有望形成良好的储层。因此，我们认为盆地南部礁滩型储层有一定的勘探潜力（存在斑点状白云岩化和溶蚀孔隙），要想取得勘探突破，需要通过地震手段找到潜伏礁滩体，然后分析成岩变化条件，在可能同时发生白云岩化和溶蚀改造的地区进行油气勘探。

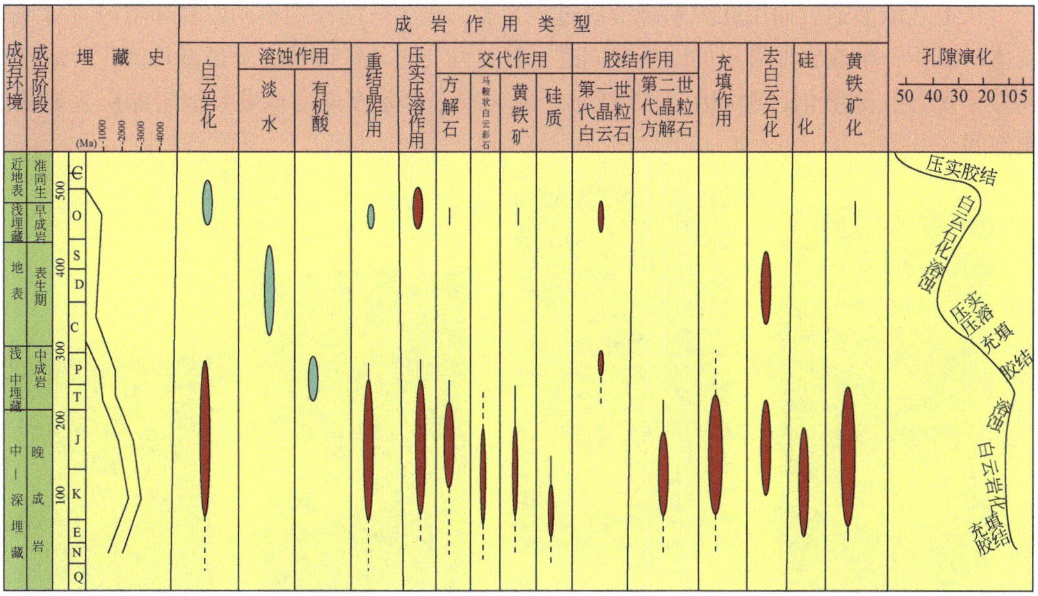

注：⬭长度代表延续时间，宽度代表强度；--- 代表可能或很少出现；浅绿色代表建设性成岩作用；红色代表破坏性成岩作用

图 5-46　鄂尔多斯盆地碳酸盐岩成岩作用与成岩阶段

5.5.3　水 – 岩作用定格晚期孔隙

鄂尔多斯盆地以马家沟组为代表的碳酸盐岩储层在沉积—早成岩阶段定格孔隙格局后，进入了长期的暴露剥蚀期，而后煤系地层再次覆盖，进入漫长的埋藏改造期，最终形成现今的孔隙系统。其特殊的成岩演化过程，可分为以下两大阶段。

表生期大气淡水改造阶段：这一时期主要的成岩流体是大气淡水，马家沟组上组合含膏云岩储集体及由东向西间次出露的中、下组合与寒武系碳酸盐岩均受到大气淡水不同程度的改造，大气淡水不断扩溶、改造早期选择性溶蚀孔隙，形成上组合岩溶孔—洞—缝系统，并在表生晚期对不同岩溶地貌单元早期形成的孔隙系统进行充填，形成不同的充填物质，成为现今盆地碳酸盐岩主力储层体系；中、下组合及寒武系碳酸盐岩，大气淡水从天窗渗入，对白云岩晶间孔扩溶形成晶间溶孔，与晶间孔一起构成了现有储集体最终的孔隙系统。岩溶作用对盆地西北部克里摩里组储集岩灰岩和白云岩进行改造，形成溶洞、溶孔及溶缝，构成洞穴型储层重要的储集空间类型，优质储层形成机理主要为层间岩溶作用和埋藏白云岩化作用，西缘的礁滩型储层、古岩溶储层物性较差，储层物性非均质性强。

中深埋藏成岩阶段：该阶段上覆煤系地层有机质成熟排烃，形成大量有机酸性流体，这种流体受地层压力和重力驱动向下运移，进入碳酸盐岩孔洞体系，对前期已有孔隙进行扩溶改造、沉淀充填，改变了原有孔隙系统的有效性；后期构造调整过程中形成大量裂隙，沟通原有孔隙系统，增加孔隙连通性和渗流能力，最终形成现有孔隙系统。

从上述碳酸盐岩储层孔隙系统形成过程来看，表生—埋藏期不同成岩环境内特有地质流体对沉积—早成岩期形成的储集空间进行建设性与破坏性改造，经过漫长演化形成现有孔隙系统，孔隙演化过程如图 5-47 所示，成为现今鄂尔多斯盆地碳酸盐岩储层主要的储集空间。

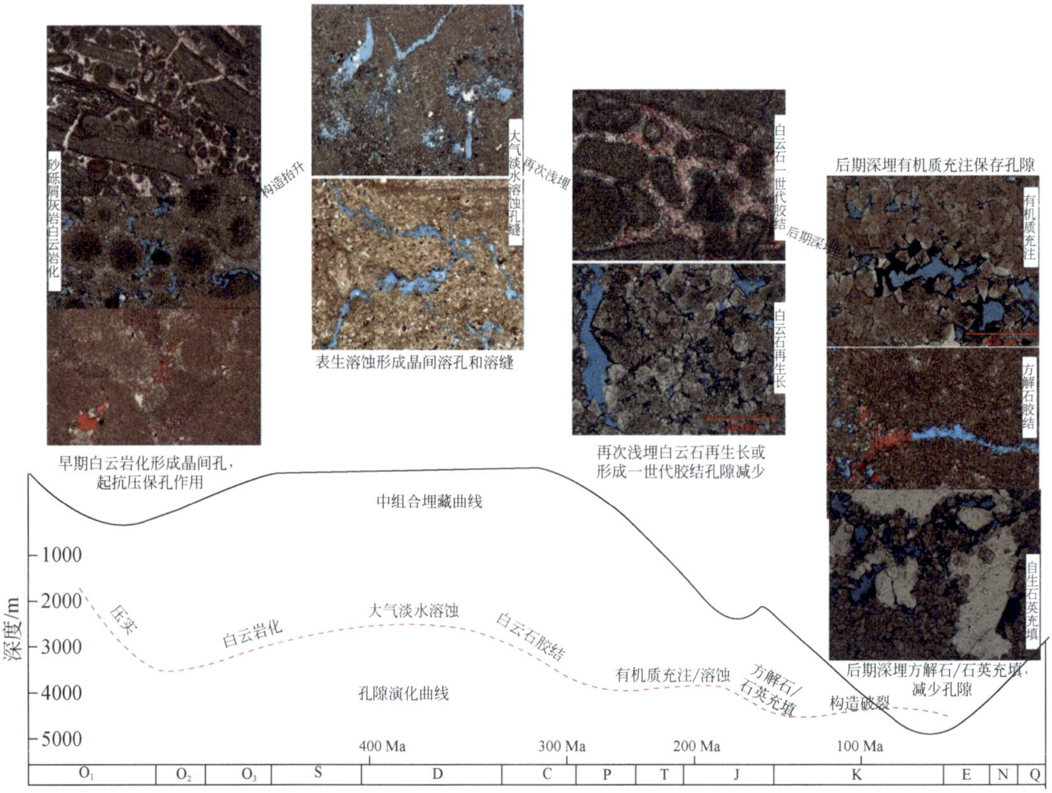

图 5-47 鄂尔多斯盆地碳酸盐岩孔隙演化过程

第 6 章　海相烃源岩发育分布特征

6.1　海相烃源岩基本特征

鄂尔多斯盆地早古生代海相烃源岩主要发育于中—上奥陶统，盆地奥陶系发育两个烃源岩灶，一是盆地西南缘中—上奥陶统深水斜坡—盆地相烃源岩，二是盆地中东部马家沟组的碳酸盐岩—膏盐岩层系烃源岩。关于鄂尔多斯盆地奥陶系自身海相烃源岩的生烃潜力，以及奥陶系风化壳气藏的气源问题的认识，长期以来一直存在较大的分歧（Li et al.，2018；郭彦如等，2016；李军等，2016；赵靖舟等，2015；陈义才等，2014；王传刚，2012；杨华等，2009；夏新宇和戴金星，2000；陈安定，1994），争论的焦点主要是奥陶系烃源岩有机碳含量普遍偏低，能否形成具有工业价值的工业气藏。近年来，长庆油田在盆地中东部奥陶系深层盐下天然气取得突破，多口井获得工业气流（姚泾利等，2015）；此外，在盆地西缘古探 1 井克里摩里组发现裂缝性碳酸盐气，并在忠 4 井乌拉力克组发现裂缝性页岩气，试气获工业气流，进一步证实了奥陶系低丰度烃源岩可以作为有效烃源岩，能形成规模的天然气聚集。

6.1.1　有机质丰度

鄂尔多斯盆地西南缘奥陶系烃源岩分布较为广泛，层系多，厚度大，盆地西缘烃源岩主要分布于克里摩里组及平凉组（乌拉力克组 + 拉升仲组），盆地南缘主要发育于背锅山组和平凉组。统计分析表明：盆地西缘克里摩里组 128 个样品平均总有机碳含量 0.52%，总有机碳含量大于 0.3% 的样品占 65.6%，局部层段具有较好的烃源岩发育；平凉组 294 个样品（乌拉力克组 + 拉升仲组）平均总有机碳含量 0.42%，总有机碳含量大于 0.3% 的样品占 54%（图 6-1）。

盆地南缘平凉组 79 个样品平均总有机碳含量 0.62%，总有机碳含量大于 0.3% 的样品占 83.5%；背锅山组平均总有机碳含量 0.48%，总有机碳含量大于 0.3% 的样品占 77.3%（图 6-2）。总体来说，盆地西南缘烃源岩有机质丰度中等偏差，具有较好的生烃潜力。

盆地中东部马家沟组发育碳酸盐岩—蒸发岩旋回，内部发育泥质白云岩、白云质泥岩薄夹层。对 289 个有机碳样品统计分析表明，平均总有机碳含量 0.32%，总有机碳含量大于 0.3% 的样品占 47%。烃源岩有机质丰度较差，具有一定的生烃能力（图 6-3）。

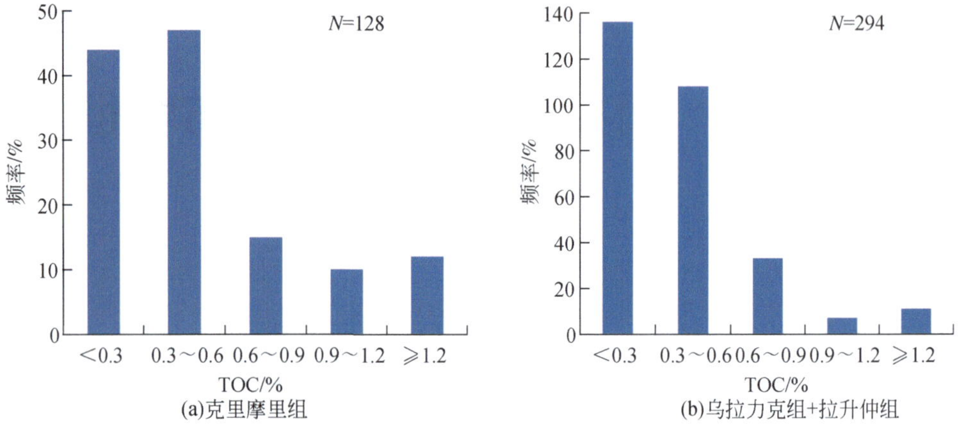

图 6-1　盆地西缘奥陶系烃源岩总有机碳含量直方图

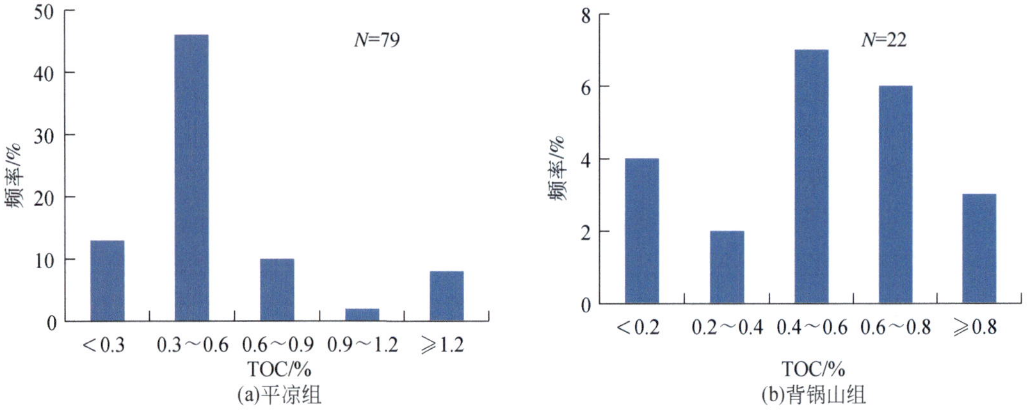

图 6-2　盆地南缘奥陶系烃源岩总有机碳含量直方图

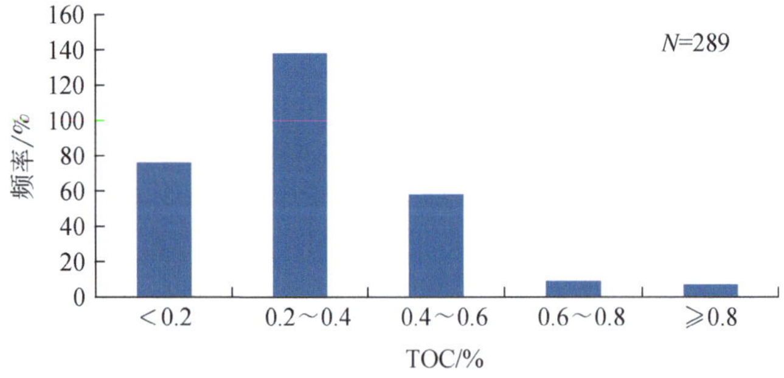

图 6-3　盆地中东部马家沟组烃源岩总有机碳含量直方图

6.1.2　有机质类型

干酪根的显微组分直接反映了烃源岩有机质的母质类型，可以确定干酪根类型。通过岩心干酪根组分分析鉴定结果研究表明，鄂尔多斯盆地西南缘及盆地中东部干酪根有机质显微组分以腐泥组无定型有机质为主，其含量多为 66% ~ 100%，平均值为 95.01%，海相镜质组含量为 0% ~ 34%，惰质组和壳质组为 5.0% ~ 14.6%，类型指数平均为 90.83%，说明干酪根类型主要为 I 型干酪根。

从干酪根分类三角图（图 6-4）中可以看出，盆地中上奥陶统各组碳酸盐岩样品中的有机质组分以腐泥组为主，海相镜质组次之，缺乏惰质组和壳质组，因此奥陶系烃源岩有机质属于腐泥型有机质，生烃母质为 I 型干酪根，只有少量样品以海相镜质组为主，为 II_1 型干酪根。

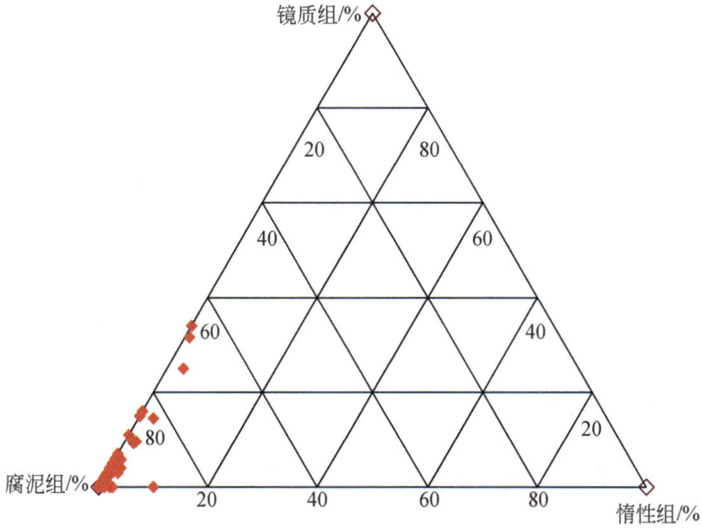

图 6-4　烃源岩干酪根显微组分三角组成图

其次通过干酪根碳同位素也可以简单判定烃源岩母质类型特征，奥陶系马家沟组干酪根 δ^{13}C 介于 −29.65‰ ~ −25.34‰，平均为 −27.86‰。干酪根 δ^{13}C 是划分有机质类型的重要指标，典型的藻类腐泥型 I 型干酪根的 δ^{13}C 在 −30‰ ~ −28‰，II 型干酪根 δ^{13}C 在 −28‰ ~ −25‰（图 6-5），陆相高等植物来源的 III 型干酪根 δ^{13}C 较重，一般小于 −25‰。统计了鄂尔多斯盆地奥陶系 36 个干酪根碳同位素数据表明，小于 −28‰ 的占比 47%，介于 −28‰ ~ −25‰ 的占比 53%，由此可知，盆地奥陶系烃源岩干酪根类型以 I 型及 II_1 型为主。

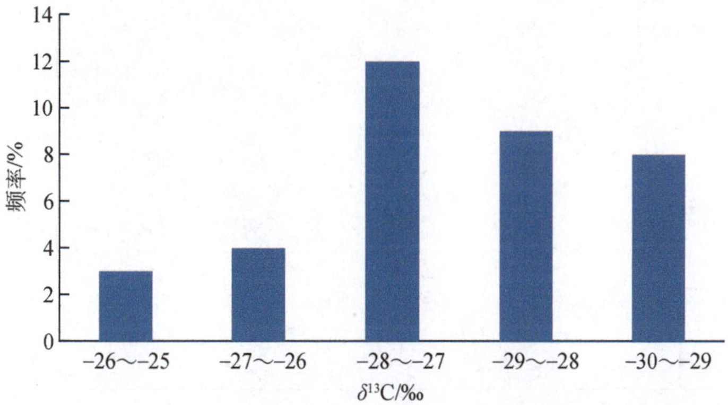

图 6-5　鄂尔多斯盆地烃源岩干酪根碳同位素直方图

6.1.3　有机质成熟度

通过奥陶系沥青镜质体反射率研究表明，鄂尔多斯盆地奥陶系烃源岩有机质成熟度总趋势是东高西低、北低南高。盆地西缘成熟度相对低，处于生油和湿气生成阶段；盆地中东部和南部奥陶系有机质成熟度较高，一般在 1.8% ~ 2.3%，说明盆地中东部奥陶系烃源岩处于高热后期—过成熟的干气阶段，热演化程度最高的地区主要分布在旬探 1 井—延安—宜川一带，向东向南略有降低，向北向西明显降低（图 6-6）。

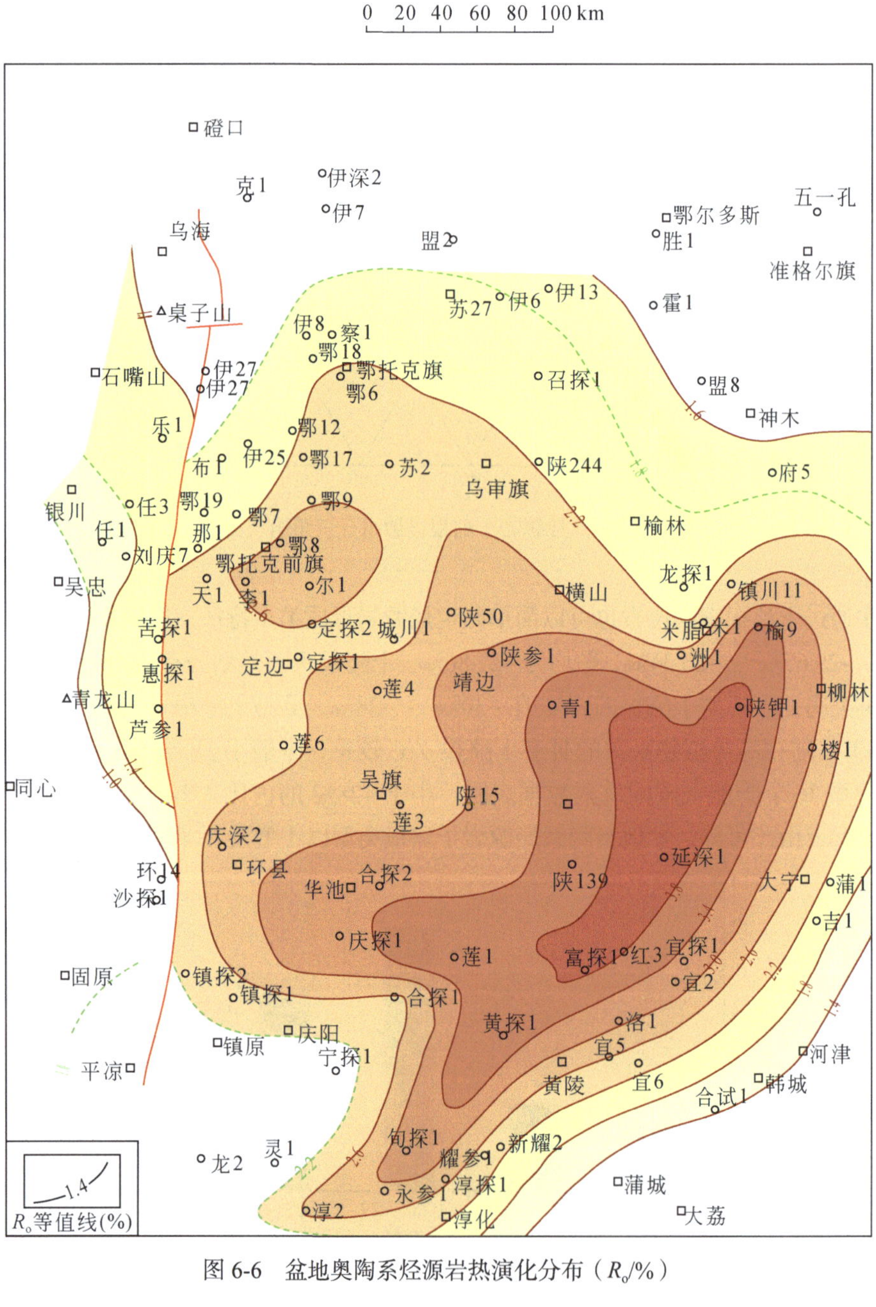

图 6-6　盆地奥陶系烃源岩热演化分布（R_o/%）

6.2　海相烃源岩发育的层控特征

鄂尔多斯盆地奥陶系海相烃源岩发育具有明显的层控特征，受海平面周期性升降影响，盆地西南缘中—上奥陶统海相烃源岩与盆地中东部马家沟组碳酸盐岩—膏盐岩旋回烃源岩具有明显的差异性，盆地西南缘主要发育于海侵沉积期，而盆地中东部主要发育于海退沉积期，其内部又发育次一级的海侵—海退旋回，海侵期烃源岩岩石类型以碳酸盐岩为主，海退期烃源岩岩石类型以膏质泥岩、云质泥岩为主，具有明显的区位性。

6.2.1　盆地西南缘奥陶系烃源岩层控特征

鄂尔多斯盆地西南缘奥陶系烃源岩总体受海平面影响较为明显，中—晚奥陶世，克里摩里组沉积晚期的“海泛事件”促进了烃源岩的发育，垂向上自下而上岩性相变明显，由克里摩里组沉积早期的碳酸盐岩转变为晚期的碳酸盐岩与暗色泥岩交互沉积，再到平凉组的笔石页岩沉积。横向上由克里摩里组沉积早期的台地相沉积，逐渐转变为晚期的深水斜坡，再到平凉组沉积期的大陆斜坡—盆地相沉积，反映了整个盆地由被动大陆边缘逐渐向活动大陆边缘转换的过程，关键构造转换期对盆地西南缘海相烃源岩的发育具有较强的控制作用。构造的挤压、板块的抬升、台地边缘带的裂陷，为烃源岩发育提供了陆源物质输送的条件，为暗色泥岩的发育提供了物质基础。其次，伴随台地的裂陷，水体深度进一步加深，由弱氧化环境转变为强还原环境，有利于生烃物质的保存和聚集。如图 6-7 所示，

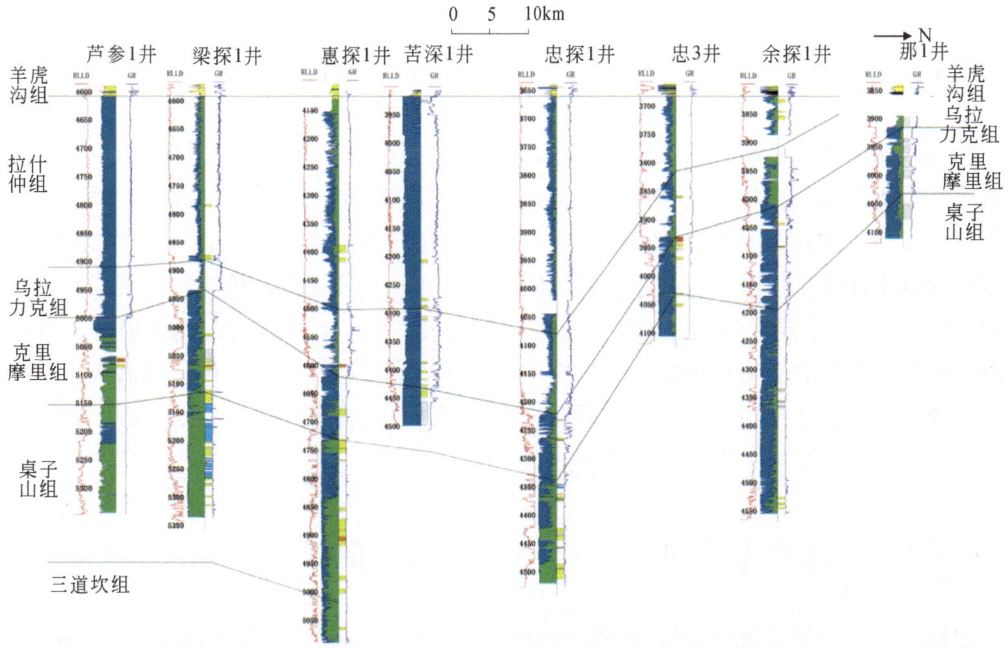

图 6-7　盆地西缘奥陶系地层对比图

从烃源岩发育的层位来看，盆地西南缘海相烃源岩主要发育于活动陆缘构造层系，即克里摩里组晚期及平凉组沉积期（乌拉力克组＋拉升仲组），克里摩里组有效烃源岩以泥灰岩为主，平凉组以灰质泥岩、笔石页岩为主。

6.2.2 盆地中东部奥陶系烃源岩层控特征

盆地中东部主要发育海侵—海退旋回，海侵期以碳酸盐岩沉积为主，海退期以膏盐岩沉积为主，不同旋回烃源岩沉积类型具有明显的差异性。海侵期烃源岩以碳酸盐岩为主，烃源岩干酪根同位素偏轻，介于 −29‰ ～ −27‰；海退旋回以富泥质烃源岩为主，主要为膏质泥岩、云质泥岩，干酪根同位素偏重，介于 −25‰ ～ −23‰，富泥质烃源岩发育层段纵向上表现为明显的非均质性，并与蒸发岩共生，单层厚度较薄，横向上分布不连续。富泥质烃源岩在海退期沉积的马五段、马三段、马一段较海进期沉积的马四段、马二段更为发育富集，说明海退期较海侵期更有利于有效烃源岩的发育。有效烃源岩发育层段主要集中于马五上段，其次为马五中—下段（主要为马五 6 亚段，其次为马五 8 亚段和马五 10 亚段）、马三段、马一段和马二段部分层段。以龙探 1 井马三段为例，纵向上发育数十个盐岩—泥质灰岩的短期旋回，泥质云灰岩单层厚度一般 2 ～ 4 m，平均总有机碳含量 0.42%（图 6-8），具有一定的生烃能力。

6.3 海相烃源岩发育的有利沉积环境

6.3.1 盆地西南缘奥陶系斜坡—盆地相烃源岩

盆地西南缘奥陶系海相烃源岩主要发育于斜坡—盆地相环境，受盆地构造转换影响，盆地边缘逐步裂陷，发育斜坡相重力流沉积并伴有规模性的火山喷发。在盆地西南缘平凉组可见几十厘米到几厘米不等的火山凝灰岩沉积，说明中—晚奥陶世盆缘构造较为活跃。盆地西南缘水体逐步加深，有利于烃源岩的发育，岩性主要为深灰色泥岩、灰泥岩及笔石页岩（图 6-9）。不同区带烃源岩特征存在明显差异，如乌海一线天剖面克里摩里组及平凉组主要为黑色笔石页岩；平凉银洞官庄主要为灰岩夹薄层页岩，并伴有碎屑流及浊流沉积；盆地南缘陇县平凉组主要为粉砂质泥岩夹砾屑灰岩；富平赵老峪主要为深水海槽硅质岩及薄层灰岩和凝灰岩，生烃能力较差。

6.3.2 盆地中东部奥陶系台内潟湖相烃源岩

奥陶系马家沟组有效烃源岩单层厚度在数十厘米到数米不等，岩性为深灰色、灰黑色、

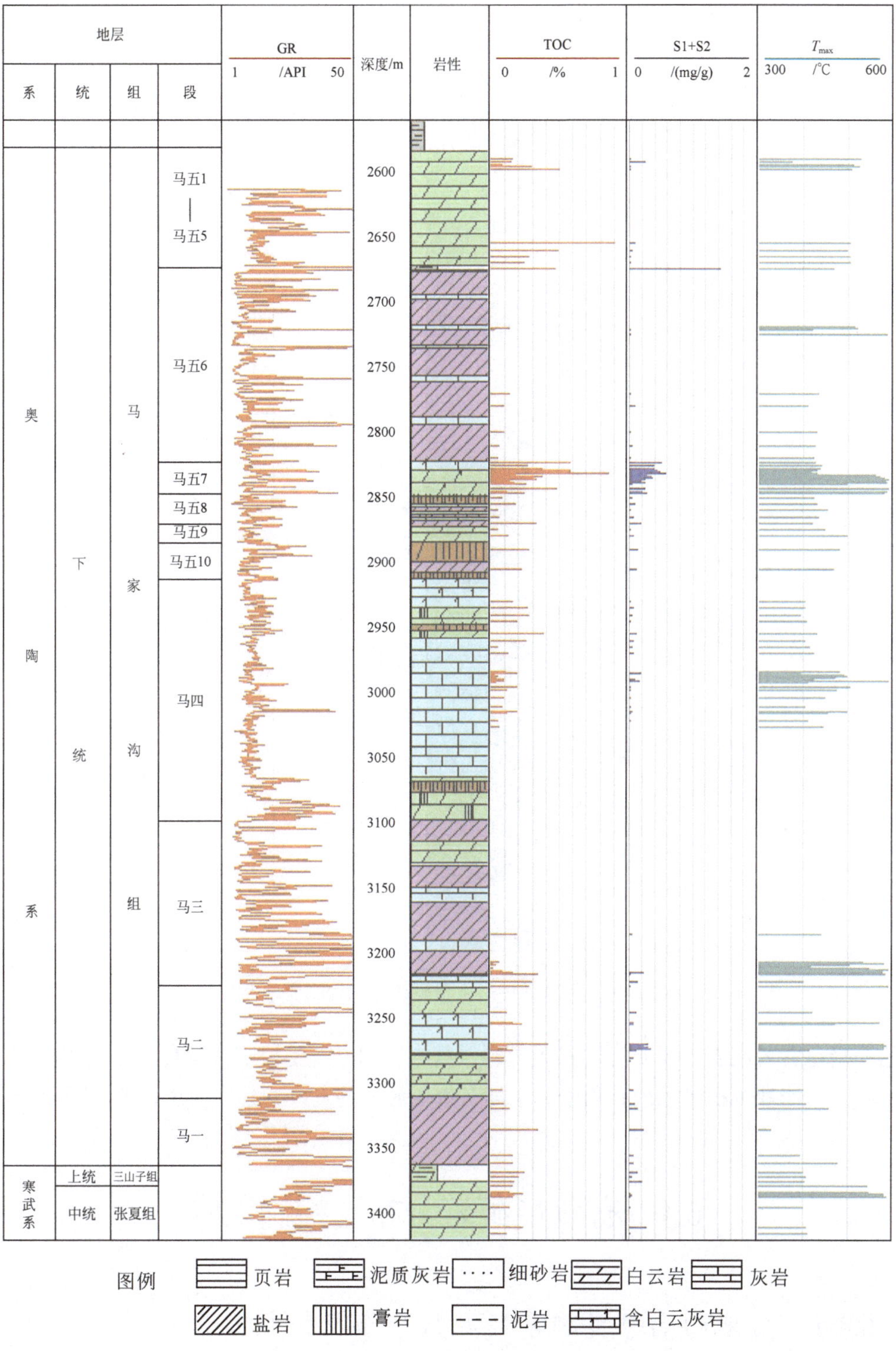

图6-8　龙探1井马家沟组有机相综合评价图

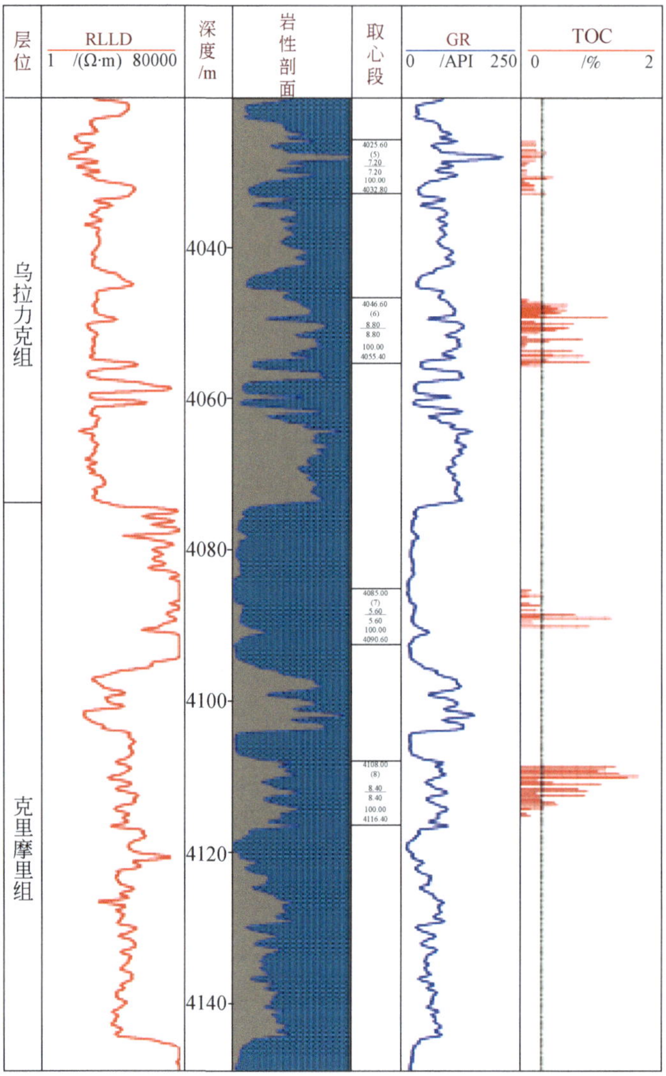

图 6-9　鄂 29 井中—上奥陶统有机相综合评价图

黑色等暗色含云泥岩、云质泥岩和泥云岩，其岩性和厚度受控于其发育时的沉积微相，含云泥坪、云泥坪沉积微相最有利于高丰度有效烃源岩的发育，其次为泥云坪沉积微相。

6.4　有效烃源岩分布及控制因素

6.4.1　盆地西南缘奥陶系烃源岩分布及控制因素

盆地西南缘烃源岩主体围绕“L”形中央古隆起分布，中—晚奥陶世自东向西依次发育斜坡—盆地相沉积，纵向上烃源岩受海侵旋回控制，主要发育于克里摩里组上部及平凉组、背锅山组，生烃生物以浮游藻类为主；平面上烃源岩发育不均衡，在西缘平罗、灵武及南缘陇县、淳化存在多个沉降中心，烃源岩厚度较大，可达 200 m 以上（图 6-10）。盆地西南缘烃源岩发育主要受控于古构造、海平面升降和沉积环境，中—晚奥陶世鄂尔多斯盆地构造转换，由被动大陆边缘逐渐转换为活动大陆边缘，盆地西南缘构造背景为类前陆盆地，沉积环境由浅水台地转变为深水斜坡—盆地沉积环境，台地边缘逐渐沉降，水体相对加深，相对海平面上升有利于烃源岩的发育。以忠 3 井为例，富有机质的烃源岩层段主要发育于克里摩里晚期，纵向上发育灰岩与灰泥岩互层（图 6-7），其中泥灰岩平均总有机碳含量达到 1.45%，具有较好的生烃潜力。

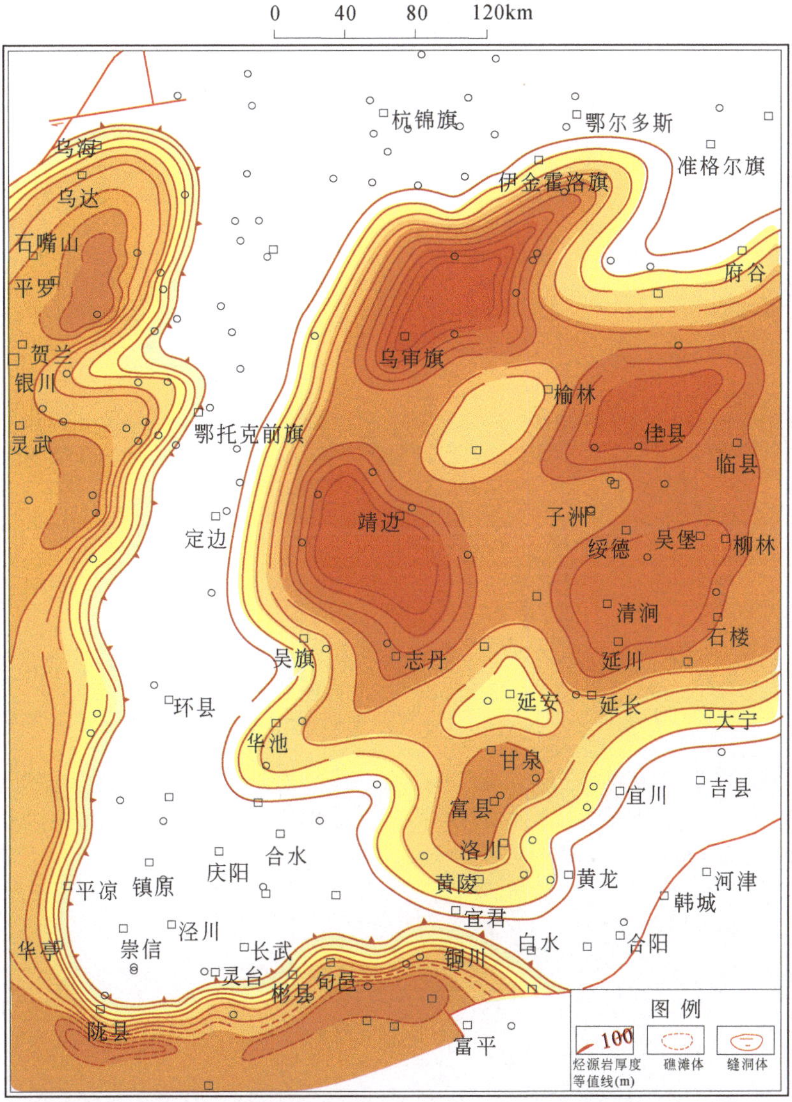

图 6-10　鄂尔多斯盆地奥陶系烃源岩等厚图

6.4.2 盆地中东部奥陶系烃源岩分布及控制因素

盆地中东部奥陶系烃源岩主要发育于海退蒸发岩旋回，主要见于马一段、马三段及马五段，岩性以白云质泥岩、泥质灰（云）岩为主，垂向上与硬石膏岩、盐岩共生，单层厚度一般1 ~ 2 m，累计厚度20 ~ 35 m，主要分布于佳县、米脂、乌审旗及靖边等地（图6-10）。烃源岩分布主要受沉积环境及盐度控制，马家沟组沉积时期盆地中东部为克拉通内凹陷，海退期水体循环不畅，发育厚层膏盐岩沉积，自西向东岩性由含膏云岩—膏云岩—云质膏盐、膏岩、盐岩过渡，表明自西向东海水的盐度逐渐升高。盆地中东部生烃物质主要为适盐性微生物，随着盐度的升高，适盐性生物种群的类型及数量均逐渐变少，影响有机质的规模聚集。

第 7 章　盆地构造—沉积分异作用与大型天然气聚集带形成

构造分异指克拉通盆地受构造应力、先存构造、地幔热能聚散动力学机制等因素的影响，形成差异性构造变形及其有规律变化，主要表现为克拉通盆地的块断活动、隆升与剥蚀、基底断裂多期活化等，形成了诸如克拉通内裂陷、古隆起、古拗陷、深大断裂带等构造单元，及其对地层层序、沉积作用、岩相古地理及油气成藏要素的控制（汪泽成等，2017；杨华等，2011；马永生，2007；马永生等，2006）。构造—沉积分异作用是指克拉通盆地构造分异引起沉积作用分异，造成不同构造背景下发生不同沉积过程，从而形成不同沉积样式的现象。在盆地演化不同阶段，克拉通盆地受构造动力学机制改变的影响，使盆地内发生一系列构造活动，致使克拉通盆地内形成不同的构造单元，这些构造单元控制了盆地内地层层序格架、沉积分异及其岩相古地理展布，进一步控制了油气成藏要素和地质物质宏观分配，从而形成不同的油气聚集带。

7.1　构造—沉积分异作用对大型天然气聚集带的控制

鄂尔多斯盆地碳酸盐岩沉积期是典型的克拉通盆地，油气勘探实践证明，盆地内油气田的形成、分布受构造—沉积分异作用控制。鄂尔多斯盆地碳酸盐岩发育形成过程中，盆地内部受古隆起、古凹陷、盆地边缘变化影响，在盆地的中东部、西部和南部形成差异的地质条件，构成了特点各异的油气成藏聚集带：盆地中东部主要表现为挤压背景下形成的“古隆起”及与之对应调整形成的“凹陷”，这种“隆—凹”格局整体上控制着盆地中东部天然气成藏地质条件，无论是古岩溶风化壳气藏还是近些年不断取得突破的“中组合”气藏，实质上都体现出环带地貌控制的特点（张永生等，2013）。盆地西缘碳酸盐岩天然气聚集分布规律实质上受贺兰拗拉槽继承性裂陷与继承性马家滩古隆起（何登发等，2018）共同控制，这种构造背景下形成较弱水动力条件下的礁滩体气藏和顺层岩溶性气藏。盆地南缘挤压背景下发育弧后镶边台地以及基底断裂活化形成的内裂陷槽，控制南缘礁滩体与深水烃源侧向接触样式，形成岩性圈闭气藏。

7.2 盆地中东部大型天然气聚集带成藏地质条件

7.2.1 烃源条件

前人已对下古生界奥陶系气源（上组合、中组合）做了大量研究，尽管存在争议，有的认为以奥陶系来源气为主（陈安定，1994；黄第藩和杨俊杰，1996），也有的认为以石炭系来源气为主（张文正和昝川莉，1997；夏新宇等，1998），但较为一致的看法都认为是“二元混合气”，以上古生界气源为主（图 7-1）。

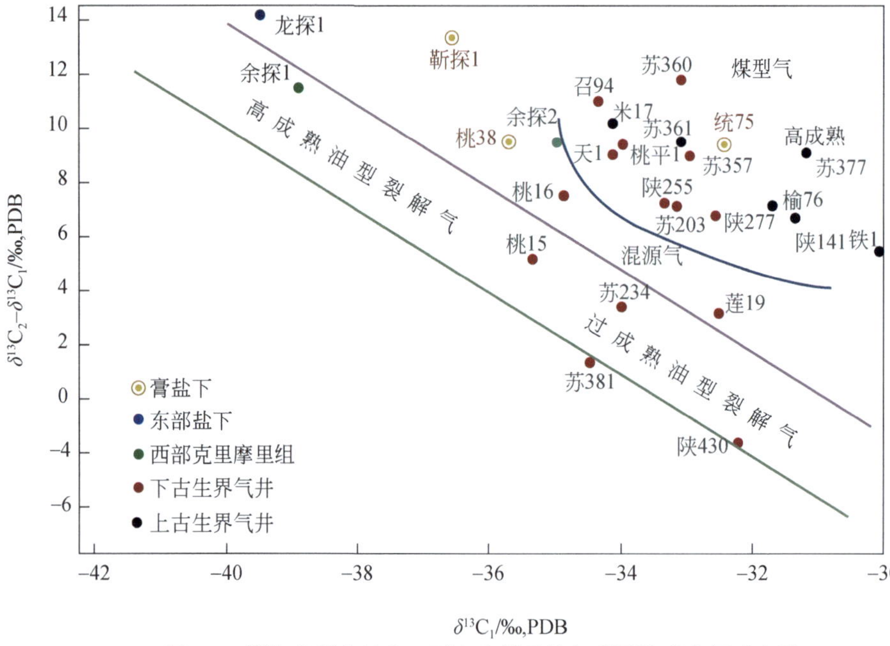

图 7-1 鄂尔多斯盆地上、下古生界天然气碳同位素分析对比图

鄂尔多斯盆地东部马家沟组“半环形”天然气聚集带位于上古生界烃源岩，生烃强度为 $20\times10^8\sim30\times10^8\ m^3/km^2$，通过不整合面及剥蚀沟槽、裂缝等沟通上古生界的气源，气源条件好（图 7-2）。

7.2.2 储集条件

1. 上组合“岩溶储集体”

鄂尔多斯盆地下古生界勘探的最大突破是靖边气田，通过近几年靖边气田的不断扩边，探明储量不断扩大，靖边气田的主力层为马五 1 和 2 亚段。靖边气田主要产气层段马五 1

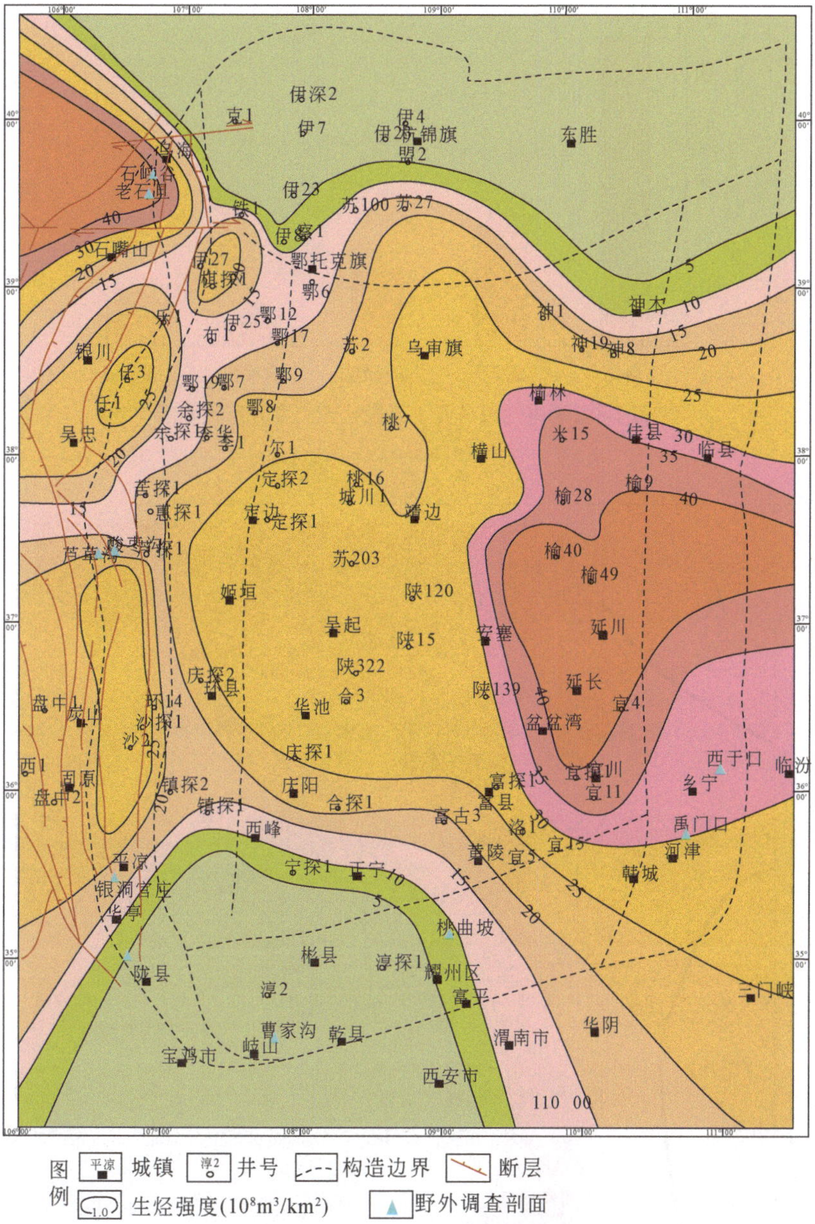

图 7-2　鄂尔多斯盆地上古生界烃源岩生烃强度分布图

亚段岩性以泥—细粉晶白云岩为主，约占马五 1 亚段总厚度的 85%，岩石成分中白云石含量占 90% 以上。气层中以细粉晶白云岩面孔率和孔隙度最高，泥晶白云岩和粒屑白云岩次之。其中马五 1^3 小层、马五 1^4 小层分布最广。其次上组合突破的层位为马五 4^1 小层。马五 4^1 小层与马五 1 亚段和 2 亚段的储层孔隙类型一样，主要为溶孔（图 7-3），是含膏白云岩溶蚀形成的孔隙。因此，有利的沉积岩相是形成含膏溶蚀孔隙的物质基础，上组合马五 1^3 小层有利的沉积岩相最发育，其次为马五 4^1 小层［图 7-4、图 5-45（a）］。

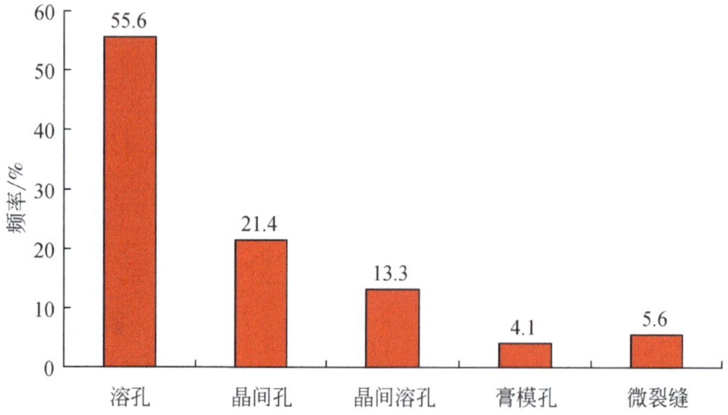

图 7-3 靖边气田马五 1 亚段孔隙类型分布频率图

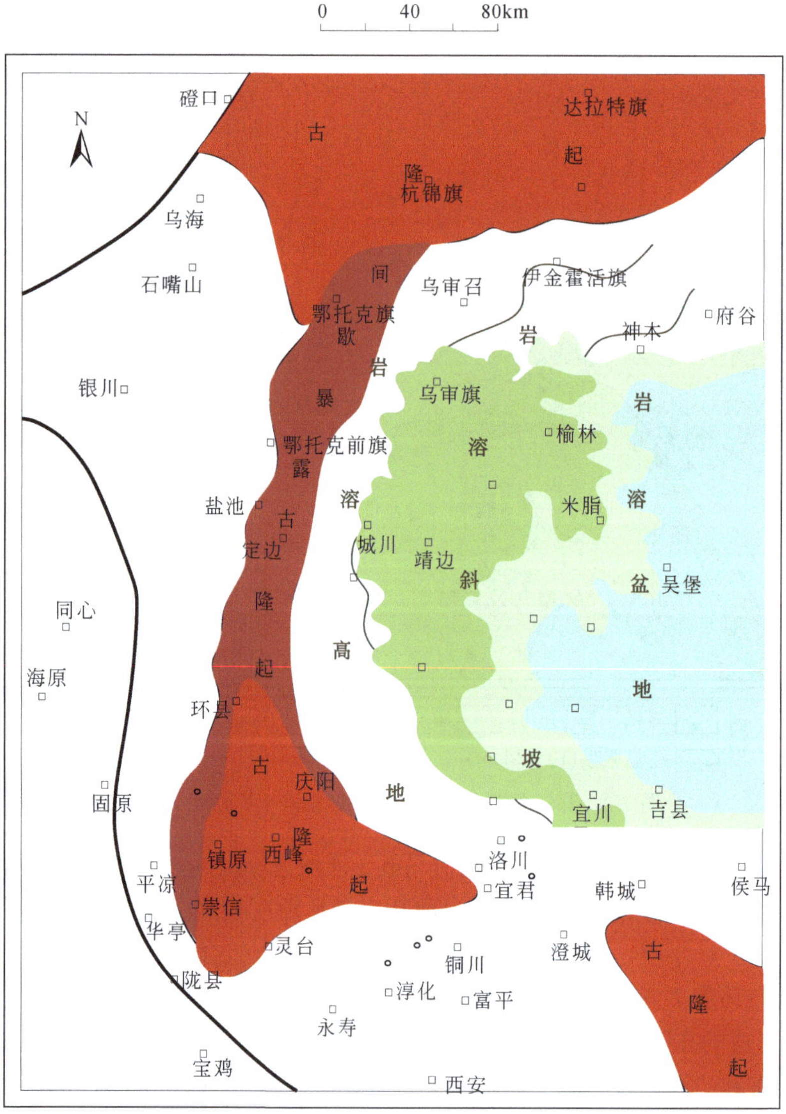

图 7-4 鄂尔多斯盆地奥陶系马家沟组马五 1^3 小层岩相古地理图

因此处于有利沉积相带和岩溶斜坡古地貌单元的含硬石膏白云岩坪相带分布范围基本与加里东风化壳期岩溶斜坡位置一致，经历风化壳期淋滤溶蚀，易于形成溶蚀孔洞型储层，此外，岩溶盆地中岩溶古残丘排水较为通畅区，也发育溶蚀孔洞层，如神 12 井、米 22 井（图 7-5）。

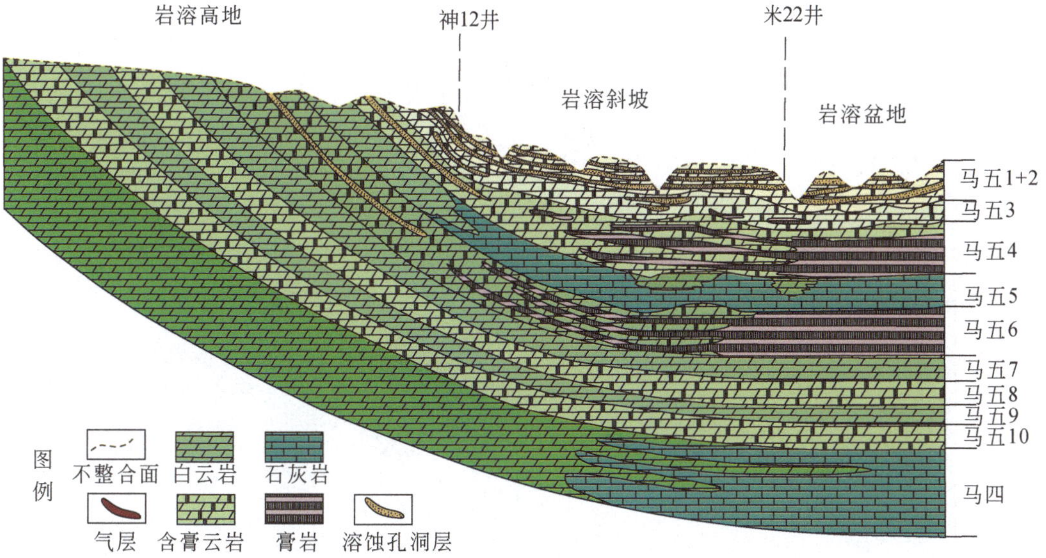

图 7-5　鄂尔多斯盆地马五段岩溶发育模式图

2. 中组合“白云岩储集体”

中组合“白云岩储集体”见 4.4.1 节内容。

7.2.3　封盖条件

古沟槽的侵蚀切割和上覆石炭系、二叠系的沉积充填，构成了古岩溶储集体的主要封堵条件。既具有良好的物性封盖，又具有过剩压力与烃浓度封闭相配置。其中物性封盖可进一步分为区域封盖层和直接封盖层。区域封盖层主要为二叠系上石盒子组湖相泥质岩，厚度为 240 ~ 350 m，分布较为广泛，具有较好的封盖性，而且发育“欠压实”区域性异常高压封闭，更加强化了区域封盖能力。直接封盖层主要为本溪组底部的铝土质泥岩、灰质泥岩及含砂泥岩，封盖性能好。中石炭统底部的铝土岩是靖边气田奥陶系古风化壳气藏的最好直接盖层。该铝土岩由菱形、团粒状三铝水石组成。铝土岩盖层主要分布在鄂尔多斯地区的中东部，由于是在奥陶系风化面上堆积的，底面凹凸不平。根据钻井资料和地面剖面观察，这套铝土岩段（包括少量泥岩、含碳质泥岩）厚度一般为 8 ~ 15 m，最大可达 30 m；自下向上铝土质含量逐渐减少，依次过渡成铝土质泥岩、泥质岩。靖边气田铝土岩厚度在 2 ~ 10 m，以 2 ~ 8 m 为主（图 7-6），其上部分布太原组和本溪组 40 ~ 60 m 厚的泥岩封盖（图 7-7）。

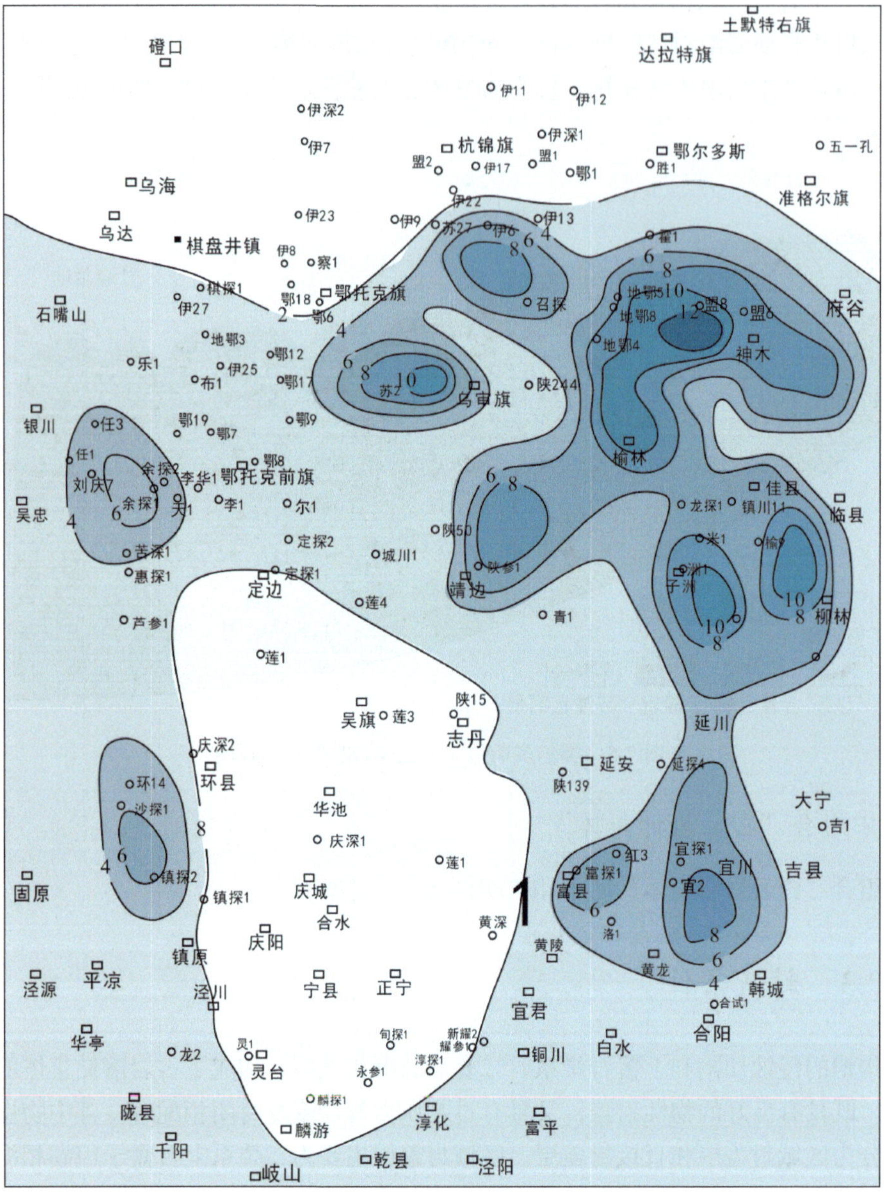

图 7-6　鄂尔多斯盆地本溪组铝土岩等厚图（刘全有等，2012）

7.2.4　圈闭条件

靖边气田圈闭主要有古地貌（地层）圈闭、古地貌—成岩圈闭、差异溶蚀透镜体圈闭和构造－成岩圈闭 4 种基本类型（图 7-8）。需要指出的是，每个单一圈闭内，由于气层间隔层一般较薄，裂缝又较发育，往往形成同一含气单元。

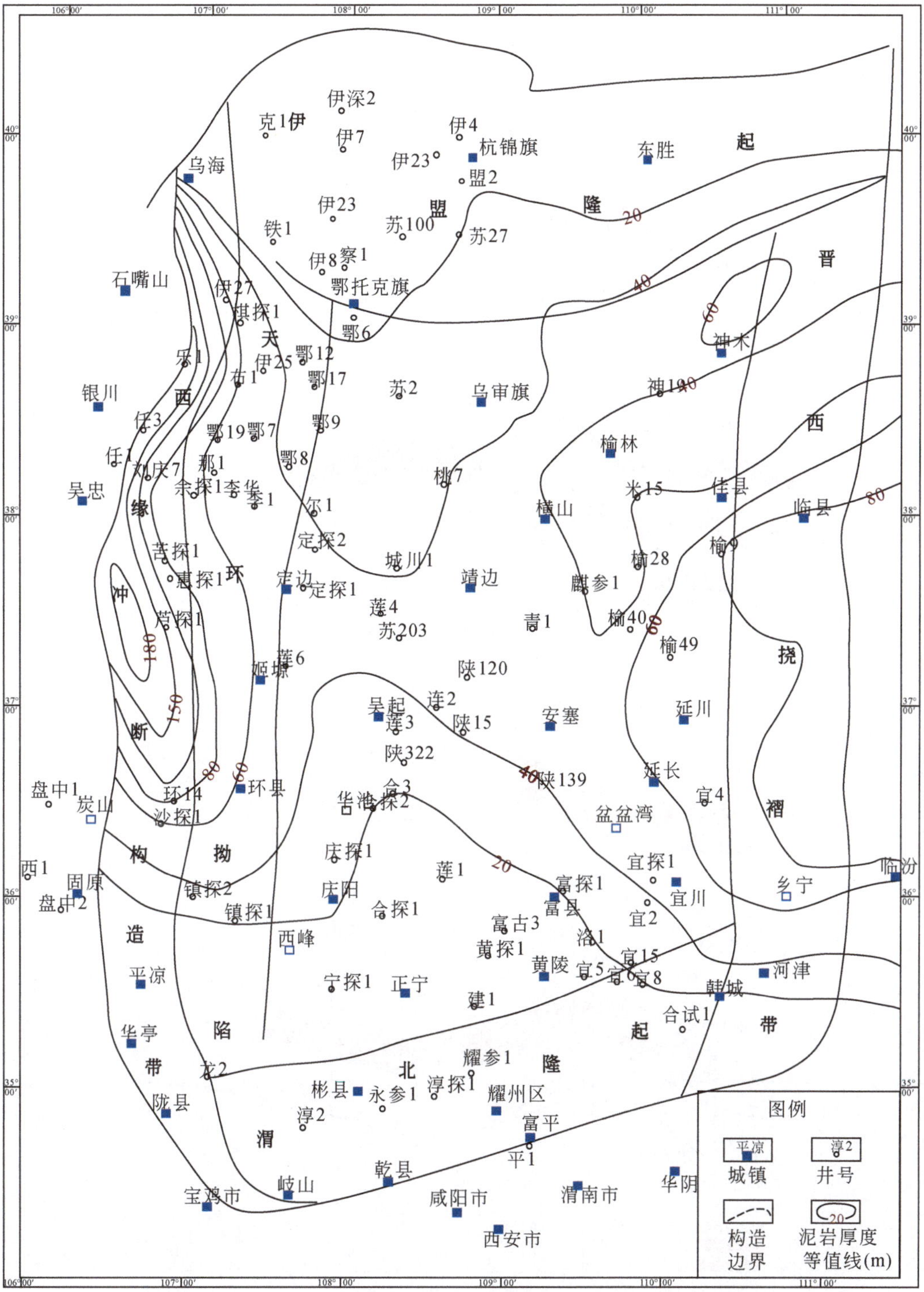

图 7-7　鄂尔多斯盆地上古生界（本溪组 + 太原组）泥岩等厚图

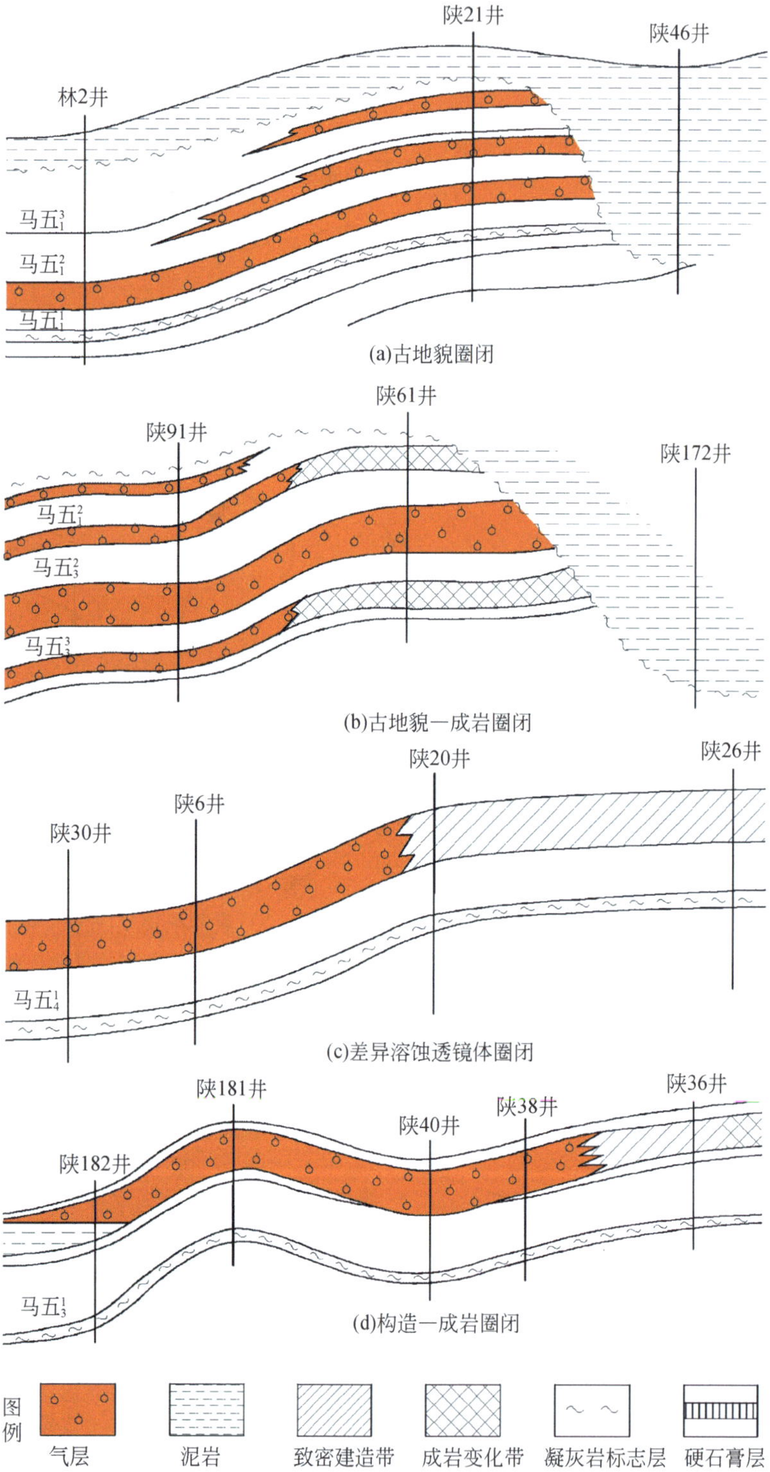

图 7-8　奥陶系风化壳圈闭类型（杨华等，2006）

就盆地中东部而言，其成藏距上古生界煤系地层较近，上古生界煤系地层为主要的烃源岩，其发育的储层类型主要有风化壳古岩溶储层和白云岩储层，区域性上古生界煤系地层也构成成藏的盖层条件，其形成的圈闭类型主要为古地貌地层圈闭和白云岩岩性圈闭两种类型。燕山期的构造反转有利于油气保存，其成藏模式为顶部风化壳古岩溶圈闭成藏模式和中组合的白云岩岩性圈闭成藏模式（张道锋等，2016）。

7.3　盆地西部大型天然气聚集带成藏地质条件

7.3.1　烃源条件

盆地内的天环地区发育下古生界海相烃源岩和上古生界的煤系烃源岩，对于西缘地区下古生界碳酸盐岩层系的天然气成藏都有一定的贡献。

1. 下古生界海相烃源岩

盆地内下古生界较好的海相烃源岩主要为发育在盆地西部（包括西缘地区）中奥陶统乌拉力克组—拉什仲组—下奥陶统克里摩里组的海相烃源岩。

1）下古生界烃源岩有机质丰度

中—上奥陶统在盆地西部分布广泛（300 ~ 700 m），烃源岩主要为中奥陶统乌拉力克组—拉什仲组斜坡相—深水盆地相的泥岩、泥质灰岩、含泥灰岩，以及下奥陶统克里摩里组泥质灰岩、含泥灰岩。乌拉力克组—拉什仲组泥质岩从东向西依次增厚，最厚可达 240 m，烃源条件有利。

中—上奥陶统烃源岩的总有机碳含量普遍大于 0.3%，其中泥质岩类的总有机碳含量明显较高，大于 0.5%，最高可达 2.17%，灰岩、泥灰岩和白云岩的总有机碳含量一般为 0.14% ~ 0.45%，大部分属于有效烃源岩（表 7-1）。

表 7-1　天环北段下古生界烃源岩地球化学参数统计表

层位	岩性	任 3 井		鄂 7 井		天深 1 井		鄂 19 井	
		TOC /%	生烃潜量 /（mg/g）	TOC /%	生烃潜量 /（mg/g）	TOC /%	生烃潜量 /（mg/g）	TOC /%	生烃潜量 /（mg/g）
中奥陶统	泥岩	0.5		2.17	0.61	0.55	0.28		
	泥灰岩					0.35	0.30	1.80	0.16
	灰岩	0.35	0.82	0.31	0.17	0.31	0.18		
下奥陶统	泥灰岩			0.45		0.42	0.38	2.40	0.80
	灰岩	0.14	0.05	0.15		0.29	0.12	0.22	0.10
	云岩	0.25	0.07	0.11		0.25	0.10		

续表

层位	岩性	任 3 井		鄂 7 井		天深 1 井		鄂 19 井	
		TOC /%	生烃潜量 /（mg/g）	TOC /%	生烃潜量 /（mg/g）	TOC /%	生烃潜量 /（mg/g）	TOC /%	生烃潜量 /（mg/g）
寒武系	灰岩	0.13		0.31		0.09			
	云岩	0.12		0.18		0.09	0.02		

该区奥陶系泥质烃源岩厚度 15 ~ 30 m，碳酸盐岩烃源岩厚度 350 ~ 450 m。该区下古生界有机质热演化程度较高，R_o 为 1.53% ~ 2.32%，已达到过成熟—干气阶段，具有一定的生烃能力。

克里摩里组—乌拉力克组—拉什仲组泥岩烃源岩约占泥岩样品数的 85.7%，以较好—好烃源岩为主，占 65.7%；碳酸盐岩烃源岩占碳酸盐岩样品数的 76.5%，以中等烃源岩为主，占碳酸盐岩样品数的 48.0%，中等烃源岩和好烃源岩占总样品数的 63%；桌子山组及以下层段碳酸盐岩烃源岩占总样品数的 54.7%，非烃源岩达 45.3%，烃源岩以差烃源岩为主，其次为中等烃源岩（表 7-2）。

表 7-2　天环地区奥陶系有机质丰度评价表

地层段	岩性	各类烃源岩比例				统计样品数
		非烃源岩 /%	差烃源岩 /%	中等烃源岩 /%	较好—好烃源岩 /%	
克里摩里组—乌拉力克组—拉什仲组	泥岩	14.3	11.4	8.5	65.7	35
	碳酸盐岩	23.5	13.5	48.0	15.0	200
桌子山组—三道坎组	碳酸盐岩	45.3	27.5	23.7	3.6	338

盆地西部、南部中—上奥陶统烃源岩在盆地西部由东向西增厚，厚度 20 ~ 80 m；而在盆地南部，烃源岩厚度由北向南增厚，厚度 20 ~ 120 m。烃源岩最厚可达 200 m 以上（图 7-9），烃源条件较为有利。2010 年完试的余探 1 井在奥陶系克里摩里组试气获得低产气流，其天然气的碳同位素分析结果证实属于奥陶系自生自储型气藏，进一步说明盆地西缘的中—上奥陶统具有较好的生烃潜力。

2）下古生界烃源岩热演化特征

盆地西缘成熟度相对低，处于湿气生成阶段，如平凉地区的奥陶系平凉组烃源岩 R_o 仅 0.76%，但在西缘中段却又明显增高，如忠 1 井羊虎沟组 R_o 达 1.98% ~ 2.36%，推测其下伏的奥陶系烃源岩成熟度应该更高，至少对应的 R_o 在 2.0% 以上。

2. 上古生界煤系烃源岩

盆地西缘总体都处于上古生界煤系烃源岩的有效分布区范围内。西缘发育乌达、韦

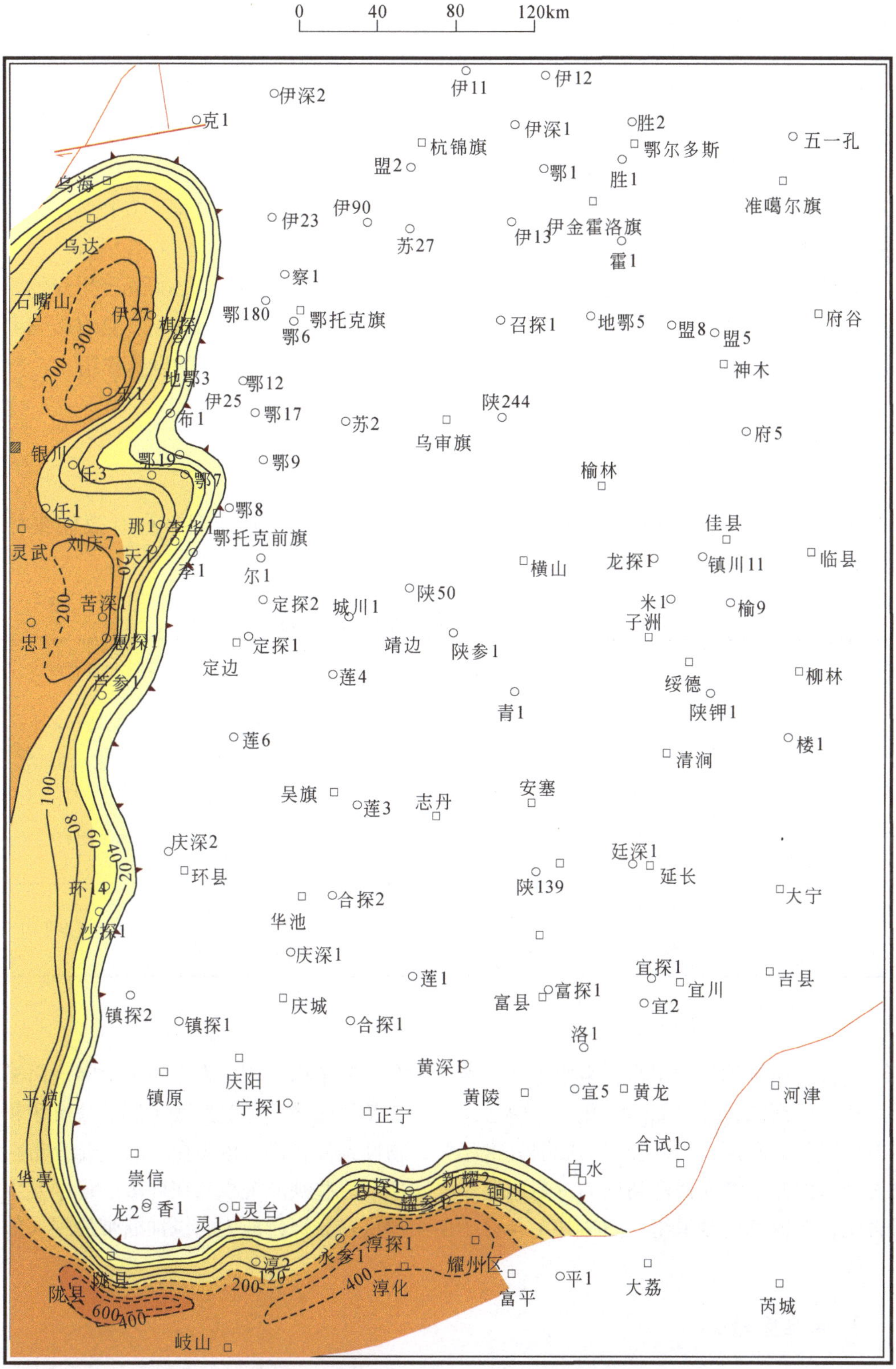

图 7-9　盆地西南缘中上奥陶统烃源岩分布图

洲（太阳山）等多个上古生界聚煤中心，煤岩厚度 10 ~ 20 m。上古生界暗色泥岩主要在石炭系—二叠系的羊虎沟组、太原组和山西组中，在盆地西部石嘴山—银川—环县一带发育一近南北向的厚带，暗色泥岩厚度普遍大于 100 m，中心部位暗色泥岩厚度大于 300 m，这是由于该区在石炭纪—二叠纪时期，位于贺兰海槽区，地势较低洼，在上古生界填平补齐沉积阶段发育了较厚的地层，相应暗色泥岩厚度也较大。地球化学分析结果显示，暗色泥岩总有机碳含量达 2% ~ 10%，氯仿沥青含量为 0.037% ~ 0.12%，总烃为 163.76 ~ 361.6 μg/g，也是较好的烃源岩之一。

盆地西缘石炭系羊虎沟组—二叠系山西组暗色泥岩厚度为 100 ~ 500 m，生烃物质基础雄厚；有机质热演化程度高，达到成熟生气阶段（R_o 为 1.6% ~ 2.0%），具有较强的生烃能力，因此上古生界的煤系烃源岩对西缘下古生界的成藏应有较好的供给作用。

7.3.2　储集条件

鄂尔多斯盆地天环地区主要发育白云岩型、岩溶型、礁滩型三种有效储集体类型（表 7-3），各种类型均有探井钻遇。

表 7-3　鄂尔多斯盆地天环地区奥陶系储集体类型及特征表

储集体类型	岩石类型	储集空间类型	孔隙成因	发育层位
白云岩型	细—中晶白云岩	晶间孔、晶间溶孔	埋藏白云岩化 溶蚀作用	桌子山组 克里摩里组
岩溶型	灰岩	孔洞、洞穴及裂缝	表生期 岩溶作用	克里摩里组
礁滩型	颗粒灰岩及 礁灰岩	溶孔、骨架孔	台缘礁滩体 早表生期溶蚀	克里摩里组

1. 白云岩储集体

白云岩储集体的储层岩石主要为细—中晶残余砂屑结构的白云岩，储集空间为白云石晶间孔（局部同时发育晶间溶孔）。白云岩晶间孔及晶间溶孔主要形成于碳酸盐沉积物发生白云岩化的同期，与白云岩的成因紧密相关，物性条件较好。该类白云岩主要分布在中央古隆起西侧或者向西部拓展的古高地上，先期形成一些潮滩沉积，在埋藏过程中发生白云岩化，形成克里摩里组（图 7-10）与桌子山组厚层白云岩，成为西缘冲断带最现实的勘探领域。

2. 礁滩储集体

该类储集体的储层岩石主要是台缘礁滩相带内的石灰岩，其储集空间为海绵礁骨架

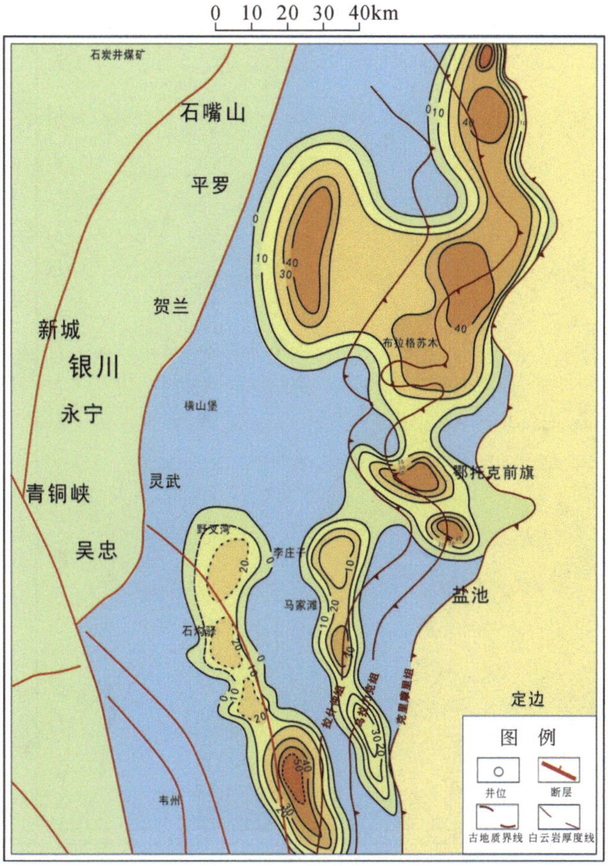

图 7-10 盆地西部克里摩里组白云岩厚度图

孔和组构选择性溶孔。组构选择性溶孔主要发育于高能的颗粒滩相碳酸盐沉积中，孔隙大小及形态受特殊碳酸盐结构组分控制，基本保留原始颗粒组分形态。格架孔为保留生物礁体骨架结构的架状孔隙，由原始生物礁体格架结构间的原有孔隙成岩演化残留。这类沉积体主要分布在局域拗陷形成的相对深水潟湖（图 7-11）两侧，严格受沉积相带控制，若能在礁滩发育区域叠加白云岩化作用，推测可形成良好的储集体，成为油气勘探的新领域。

3. 岩溶储集体

岩溶储集体主要发育在石灰岩地层中，石灰岩由于其易溶性，附以构造抬升引起的张裂作用，极易在风化壳期形成较大规模的岩溶缝洞体系（包括地下暗河等）。储集空间主要有未充填洞穴、洞穴充填角砾间孔（表 7-4）及岩溶裂缝等。该类储层在西缘广泛发育于天 1 井、余探 1 井、余探 2 井等，但岩溶作用的复杂性导致预测难度大，稳产能力弱，给油气勘探带来挑战。

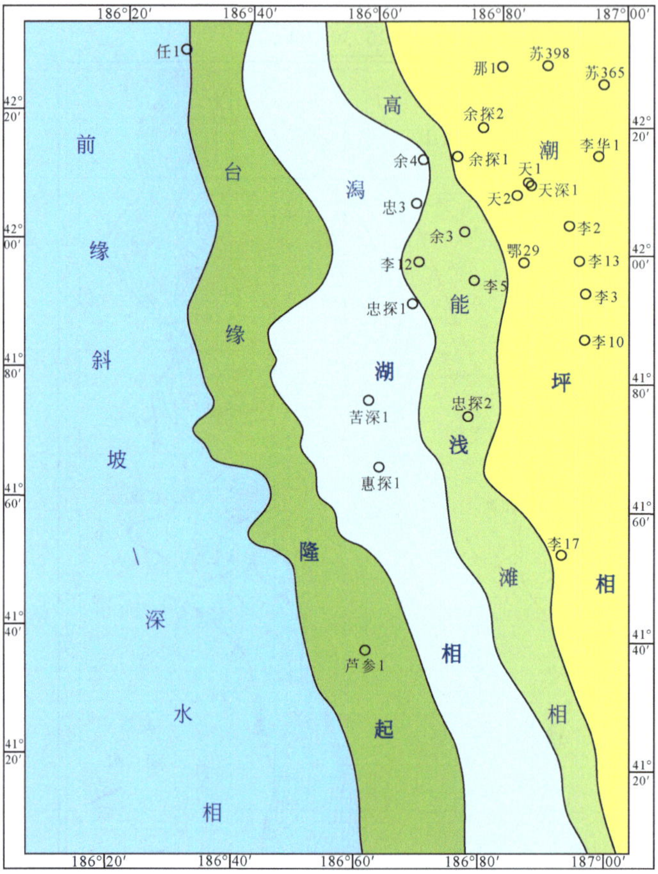

图 7-11 盆地西部克里摩里组第一段沉积格局图

表 7-4 鄂尔多斯盆地西缘洞穴类型及特征（苏中堂等，2016）

洞穴类型		测井响应特征	地震响应特征	钻井、录井特征	岩性特征	模式示意图	代表井
垮塌半充填型		低中自然伽马，低电阻，低密度，高声波时差，扩径严重	中强振幅反射，对应为波峰	钻时加快，放空泥浆漏失	以洞穴塌积岩、洞穴冲积岩、洞穴淀积岩为主	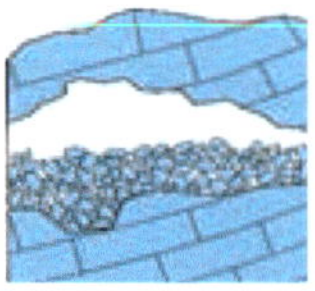	天 1 井
暗河充填型	角砾充填	高自然伽马，高声波时差，电阻率差异明显，扩径不明显	地震响应明显，为短轴状强反射，对应为波谷	钻时跳跃	以垮塌角砾岩为主	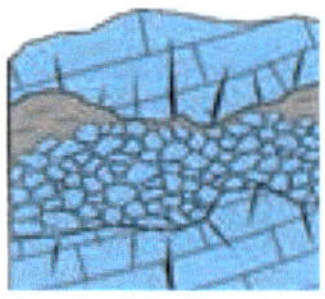	余探 1 井、余探 2 井
	泥质充填	高自然伽马，高声波时差，电阻率差异明显，扩径	地震响应不明显，对应为波谷	钻时加快	以暗河充填泥岩为主	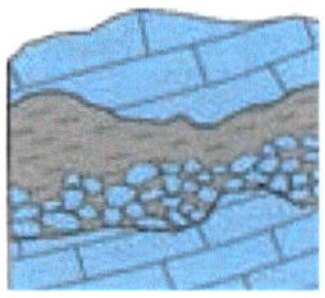	鄂 19 井

7.3.3　圈闭条件

盆地西部烃源岩上下古生界双向供烃，由泥质岩、钙质泥岩、泥晶灰岩等与白云岩、颗粒灰岩及洞穴体在横向、纵向上形成岩性地层圈闭。同时西部地层形成后受西缘推覆体挤压改造，可形成构造—岩性地层圈闭。

盆地西北部成藏受上古生界煤系地层和下古生界乌拉力克组两套烃源岩供给，储层发育类型有生物礁滩型、岩溶缝洞型和白云岩型三种类型，盖层主要为区域性煤系地层，其形成的圈闭主要有岩性圈闭、构造—岩性圈闭，保存条件主要受燕山晚期—喜马拉雅期地层反转影响，有利于形成圈闭保存。存在两种不同的成藏模式，即白云岩型圈闭成藏模式和岩溶缝洞体圈闭成藏模式。

7.4　盆地南部大型天然气聚集带成藏地质条件

7.4.1　烃源条件

总体上，通过层序格架内的烃源岩对比分析表明，下古生界烃源岩主要发育在古隆起西南缘的深水斜坡—盆地相，以及古隆起内侧的开阔台地相，岩性主要为灰黑色泥页岩、暗色碳酸盐岩，海侵体系域，特别是海泛面附近是烃源岩最有利的发育部位，即 SS1 的馒头组、毛庄组—徐庄组，SS4 的 TST 的马家沟组中下部，SS5 的 TST 的平凉组。可能向下古生界供烃的烃源岩还包括与之相关的下伏地层中的烃源岩——蓟县系藻白云岩和上覆的石炭系—二叠系地层（表 7-5）。

表 7-5　鄂尔多斯盆地烃源岩发育层系

<table>
<tr><th>源岩层</th><th colspan="2">层位</th><th>岩性</th></tr>
<tr><td rowspan="4">中元古界及下古生界海相碳酸盐岩</td><td colspan="2">中元古界蓟县系</td><td>开阔台地白云岩、藻白云岩</td></tr>
<tr><td rowspan="3">下古生界</td><td>寒武系馒头组、毛庄组、徐庄组、张夏组</td><td>盆地边缘暗色碳酸盐岩、页岩</td></tr>
<tr><td>下奥陶统马家沟组</td><td>盆地边缘及碳酸盐台地暗色碳酸盐岩</td></tr>
<tr><td>中奥陶统平凉组</td><td>台地边缘及陆棚泥页岩</td></tr>
<tr><td>上古生界过渡相碎屑岩</td><td>上古生界</td><td>本溪组、太原组、山西组</td><td>海陆过渡相暗色泥岩、碳质泥岩、煤层</td></tr>
</table>

1. 下古生界烃源岩

奥陶纪时，鄂尔多斯西南缘普遍发育有深水沉积环境，这非常有利于烃源岩的发育，研究也认为，早古生代鄂尔多斯盆地克拉通内坳陷的次级坳陷和边缘坳陷有利于烃源岩发育。西南缘拗陷沉积快、厚度大，并伴有斜坡—盆地深水沉积，也有利于烃源岩发育。

奥陶系烃源岩主要发育在 SS4（马家沟组）和 SS5（平凉组）。超层序 SS4 烃源岩主要发育在马家沟组中下部，主要为局限台地和开阔台地沉积的暗色碳酸盐岩和台缘斜坡—盆地的暗色泥晶灰岩和泥晶白云岩。该套烃源岩生烃能力较好，分布范围基本遍及整个研究区，单位排烃量较高的地区仍然在西南缘深水沉积区，如西缘的天深 1 井和南缘的耀参 1 井。

奥陶纪是下古生界烃源岩发育的重要时刻，马家沟组沉积时期，研究区频繁经历了海侵和海退旋回，不同地区马家沟组样品的 Fe^{2+}/Fe^{3+} 值和 V/（V+Ni）值相关性如图 7-12 所示。马家沟组烃源岩沉积时，沉积水体氧化—还原条件为弱还原性—还原性，在研究区鄂尔多斯西南缘均有还原性较好的沉积环境存在。

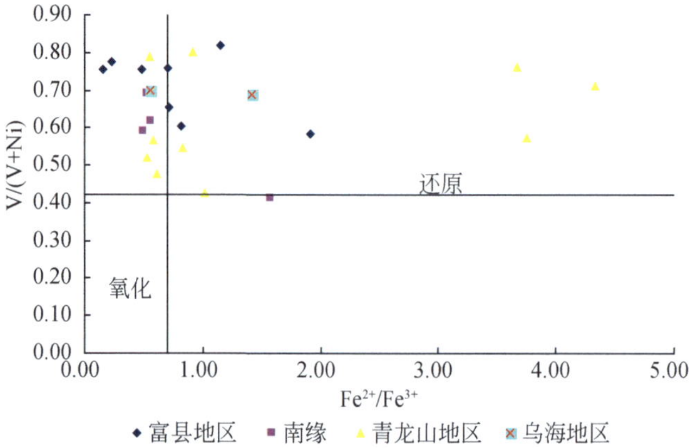

图 7-12 鄂尔多斯盆地西南缘马家沟组样品微量元素相关图

鄂尔多斯盆地马家沟组碳酸盐岩相对泥岩的厚度较大，一般为 400 ~ 1000 m。灰岩中总有机碳含量最为丰富，而白云质泥岩、泥质白云岩和白云岩这三类的总有机碳含量相对次之。根据盆地马家沟组 12 口井 165 个灰岩烃源岩总有机碳含量统计，平均值为 0.208%，其中分布于 0.1% ~ 0.2% 的数据占到 55% 左右，0.2% ~ 0.3% 的数据占到 27% 左右。马家沟组 158 个白云岩烃源岩总有机碳含量统计结果与灰岩基本相似，平均值为 0.196%，其中分布于 0.1% ~ 0.2% 的样品占到 60% 左右，0.2% ~ 0.3% 的数据占到 20% 左右。马家沟组烃源岩厚度、有机质丰度分布明显受中央古隆起控制（图 7-13、图 7-14），烃源岩基本沿古隆起周缘展布，且厚度由古隆起内侧向外侧递增，靠近古隆起的厚度较薄，远离古隆起的厚度较厚。桌子山—天深 1 井—银洞官庄—耀参 1 井—榆林—神木一线烃源岩厚度在 150 m 上下。在古隆起的西缘银川—吴忠一带厚度达 300 m 以上；东缘陆表海内米脂地区厚度在 200 m 以上；北缘乌审旗厚度为 100 m 左右；南缘富平一带厚度在 250 m 左右。

超层序 SS5 的烃源岩发育在平凉组，主要为深水陆棚—盆地的暗色泥页岩和泥灰岩。该套烃源岩与全球海侵事件密切相关，总有机碳含量为 0.05% ~ 1.41%，生烃能力好，分布于盆地的西缘和南缘，单位排烃率由盆地向西向南增高。好的生烃区排烃量占总排烃量的 46%。

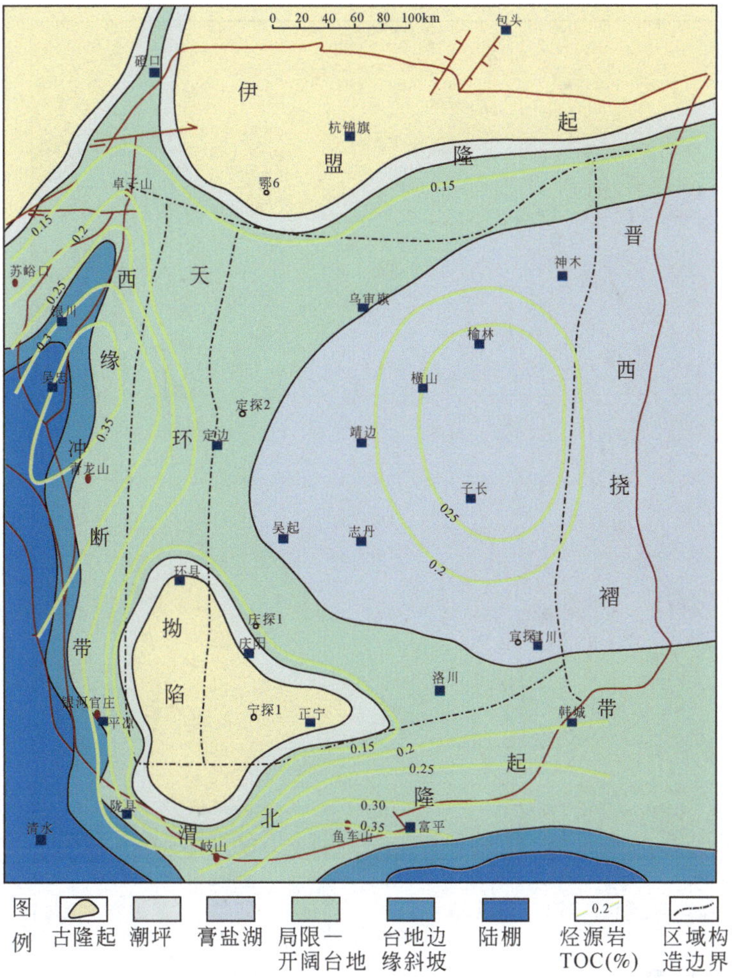

图 7-13　鄂尔多斯盆地中央古隆起及周缘马家沟组碳酸盐岩烃源岩总有机碳含量分布图

平凉组烃源岩分布区域有限，从沉积相带来看，非常有利于烃源岩的发育，平凉组不同地区样品的 Fe^{2+}/Fe^{3+} 值和 V/（V+Ni）值相关图显示（图 7-15），平凉组沉积时，沉积水体处于弱还原性—还原性环境。

平凉组碳酸盐岩烃源岩总有机碳含量在平面上的变化较小，总体上为由中央古隆起向西缘和南缘总有机碳含量逐渐升高。平凉组烃源岩厚度分布受中央古隆起控制，靠近古隆起的厚度较薄，远离古隆起的厚度较厚（图 7-16、图 7-17）。

其中，泥质烃源岩在远离剥蚀区西侧的银川—青龙山一线厚度最高可达 90 m，南侧清水—岐山—富平一线厚度可达 110 m，而靠近剥蚀区的环县—银洞官庄—旬探 1 井普遍较低，仅在 10 m 左右。该时期碳酸盐岩烃源岩在远离剥蚀区西侧的吴忠等地厚度在 200 m 以上，南侧清水—岐山地区外侧厚度也在 200 m 以上，而靠近剥蚀区的环县—耀参 1 井一线普遍较低，仅在 10 m 左右。总体上看以深海盆地相烃源岩厚度最大。同时，有机质丰

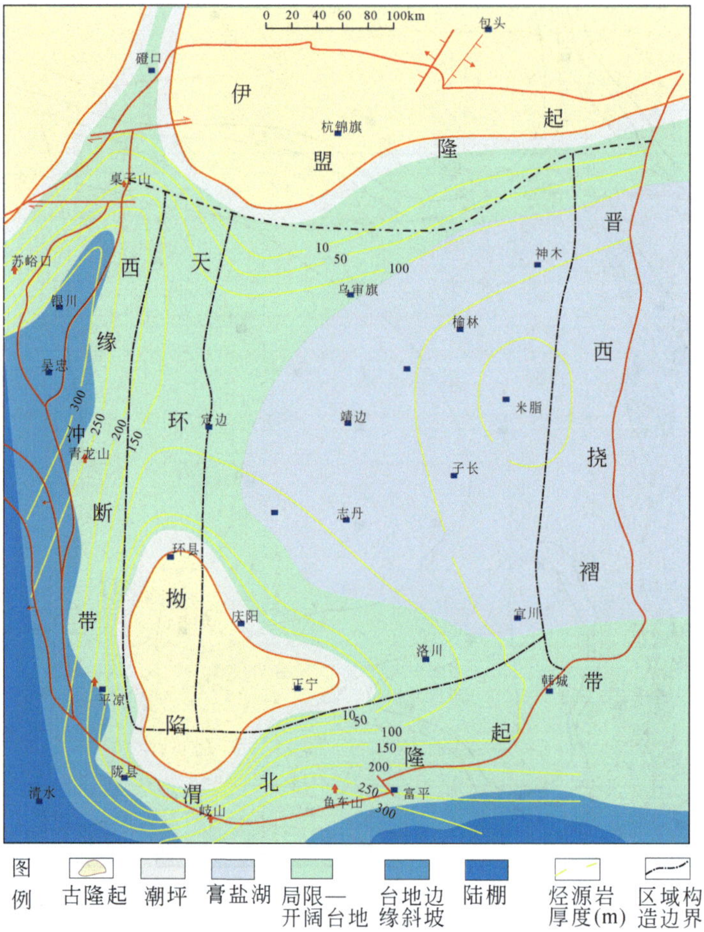

图 7-14 鄂尔多斯盆地中央古隆起及周缘马家沟组碳酸盐岩烃源岩厚度分布图

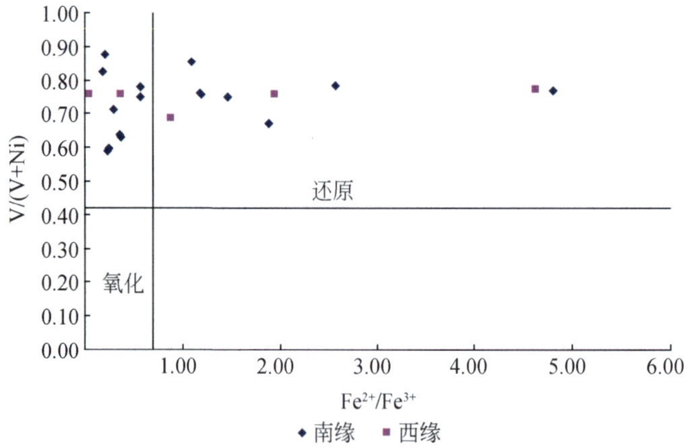

图 7-15 鄂尔多斯盆地西南缘平凉组样品微量元素相关图

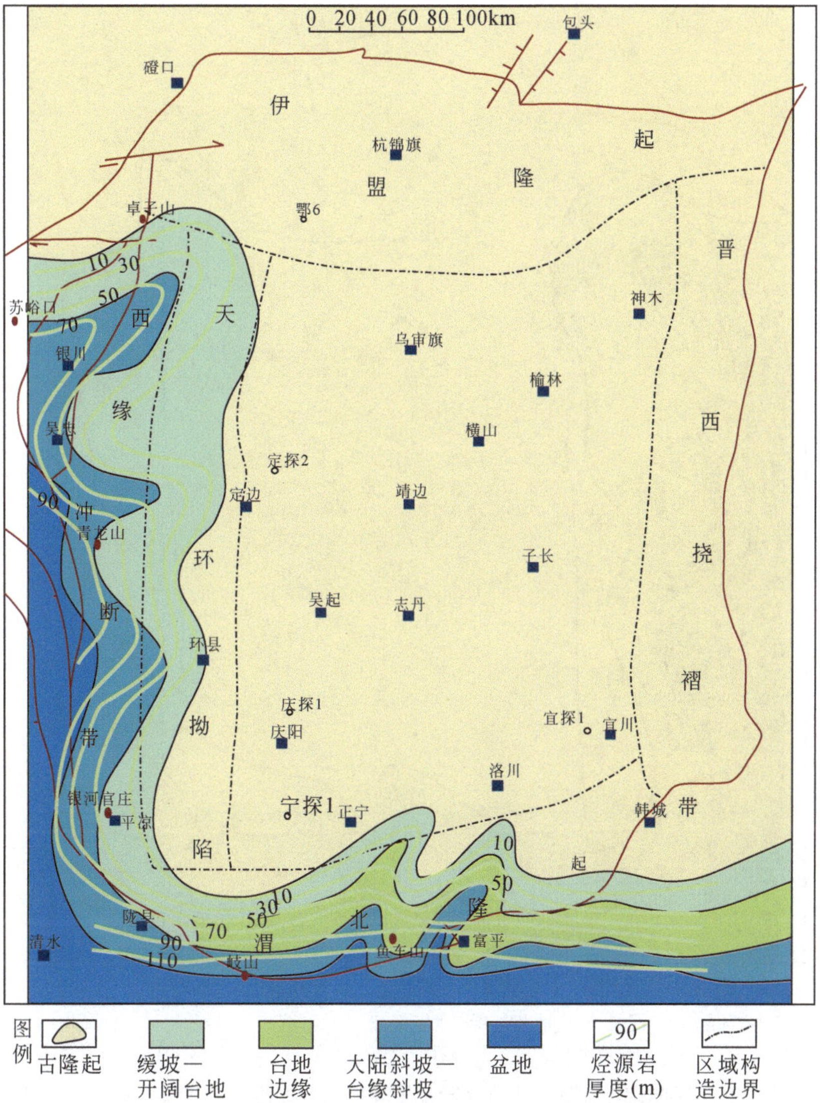

图 7-16　鄂尔多斯盆地中央古隆起及周缘平凉组泥质烃源岩厚度分布图

度和类型也表现出远离古隆起逐级变好的规律。

总体上，鄂尔多斯盆地中央古隆起及周围地区下古生界烃源岩分布于奥陶系平凉组、马家沟组和寒武系，有机质类型主要为Ⅰ～$Ⅱ_1$型，含有少量$Ⅱ_2$型，原始有机质丰度主要为低—中等，烃源岩厚度在平面上变化大。下古生界烃源层的发育和分布除了受全球海平面变化、古气候等因素控制外，中央古隆起的形成演化在不同程度上也影响着下古生界主力烃源层的发育和分布。

平凉组在中央古隆起的东部大部分地区缺失，主要分布在盆地西缘和南缘。马家沟组和寒武系烃源岩虽然分布较广，但是烃源岩厚度向中央古隆起分布地区逐渐减薄直至尖灭。

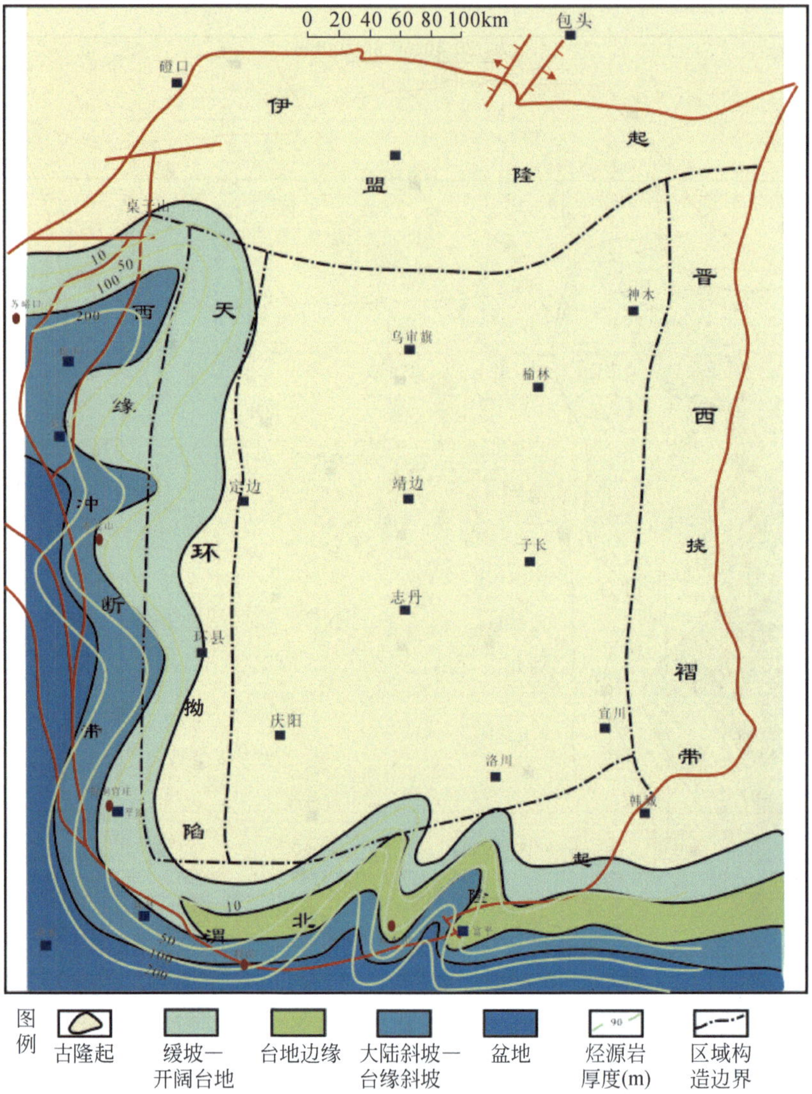

图 7-17　鄂尔多斯盆地中央古隆起及周缘平凉组碳酸盐岩烃源岩厚度分布图

在中央古隆起东部的伊陕斜坡，马家沟组和寒武系主要为局限—开阔台地及膏盐湖沉积，烃源岩厚度较薄，虽然生烃强度多数在 10×10^{8} ~ $15\times10^{8}m^{3}/km^{2}$，但是由于储层相对发育，属于横向充注成藏系统，因此，烃源岩总体上具有中等烃源能力。

在中央古隆起西缘和南缘的陆棚、台地边缘斜坡相区，下古生界烃源岩厚度较大，原始有机质丰度多数达到中等级别，总生烃强度达到 30×10^{8} ~ $50\times10^{8}m^{3}/km^{2}$，但是由于储层不太发育，油气充注通道主要依靠台地斜坡储层与生油层之间的侧向接触面，属于纵向充注成藏系统，综合以上分析，中央古隆起西缘和南缘下古生界烃源岩尽管厚度大、生烃强度高，但是考虑到油气充注成藏的特点，烃源岩的生烃能力仍然较低，总体上具有低—中等的烃源能力。

2. 上古生界烃源岩

石炭系—二叠系烃源岩在全盆地均有分布，盆地东部和盆地西部厚度最大，盆地中部较薄，总体上分布比较稳定。气源岩主要属海陆交互相含煤岩系，层位上主要分布于石炭系本溪组、二叠系太原组和山西组，平面上大面积分布。煤岩、暗色泥岩和灰岩是烃源岩的基本岩类，其中最重要的是煤岩和暗色泥岩。

煤层主要位于本溪组、太原组和山西组。其中太原组煤层形成于滨海沼泽或潟湖环境，煤岩平均总有机碳含量 63.13%，氯仿沥青含量 0.8519%，总烃 3219.63 μg/g，煤层单层厚度大、夹层少、生烃能力较强。山西组煤层主要形成于浅水三角洲沉积环境，由于有陆源碎屑冲刷物的间或性加入，煤层中夹层较多，煤岩平均总有机碳含量 53.48%，氯仿沥青含量 0.6469%，总烃 2406.6 μg/g，生烃能力较太原组煤层要稍差一些。

暗色泥岩在二叠系太原组和山西组均有大规模分布，总有机碳含量多介于 2.0% ~ 3.0%，西缘灵陶地区、马家滩地区略有偏低，总体显示了煤系地层泥岩有机质高丰度的特点，其作为生气源岩可与国内外典型煤成气盆地暗色泥岩相比。氯仿沥青及总烃等液态烃含量受盆地不同地区演化程度差异所影响，高热演化区含量较低，低热演化区含量较高。

有机母质以陆生植物为主，干酪根镜检结果显示富含生气的镜质组和惰质组占 73.4% 以上，煤岩和泥岩干酪根 $\delta^{13}C$ 分别分布于 –23‰ ~ –26‰、–22.4‰ ~ –26.4‰，区别于腐泥型干酪根的 $\delta^{13}C$–25‰ ~ –30‰，与腐殖型干酪根 $\delta^{13}C$ 多高于 –25‰ 相一致；从沥青质特征来看，盆地二叠系煤系烃源岩具有较高的沥青质含量和较低的烃转化率，该特征与腐殖型源岩的特征相一致，而区别于腐泥型泥岩低沥青质含量和高的烃转化率。从沥青质碳同位素组成来看，除饱和烃 $\delta^{13}C$ 分布于 –25‰ ~ –30‰，其余各组分的 $\delta^{13}C$ 多分布于 –23‰ ~ –27‰，充分显示了腐殖型烃源岩的特征。烃源岩有机质成熟度在盆地北部多处于高成熟阶段，R_o 为 1.2% ~ 2.0%；盆地南部广大地区，处于过成熟干气带，R_o 普遍大于 2.0%（图 7-18）。生烃强度为 24×10^8 ~ 40×10^8 m^3/km^2（图 7-19），累计排烃强度为 24×10^8 ~ 30×10^8 m^3/km^2。

盆内煤层分布广泛，总厚度 10 ~ 25m，局部可达 40 m 以上，主力煤层单层厚 5 ~ 10 m。煤层厚度的分布受中央古隆起控制，在古隆起周缘煤层较薄，远离古隆起位置煤层较厚，表现为盆地西部和东北部煤层厚度大，最薄也在 5 m 以上，最厚为乌达、胡鲁斯太凹陷，煤层累计厚度达到 40 m 以上；南部煤层较薄，在延安—庆阳—宁县一带，煤层厚度多小于 6 m（图 7-20）。泥岩的分布与煤层分布基本相近，在二叠系太原组、山西组广泛分布。厚度变化受到水下中央古隆起的控制，总的趋势是盆地西部乌达、韦洲地区厚度达 200 m 以上，向盆地内部厚度快速减小；东部厚度一般为 100 ~ 130 m，向盆地内部厚度递减梯度小；盆地中部厚度稳定，一般为 60 ~ 100 m，盆地南北两侧厚度较小（图 7-21）。

中央古隆起及周缘地区石炭系—二叠系暗色泥岩、碳质泥岩分布广泛，烃源岩厚度较稳定，总有机碳含量主要分布在 1.5% ~ 2.5%，干酪根类型主要为 II_2 和 Ⅲ 型。烃源岩

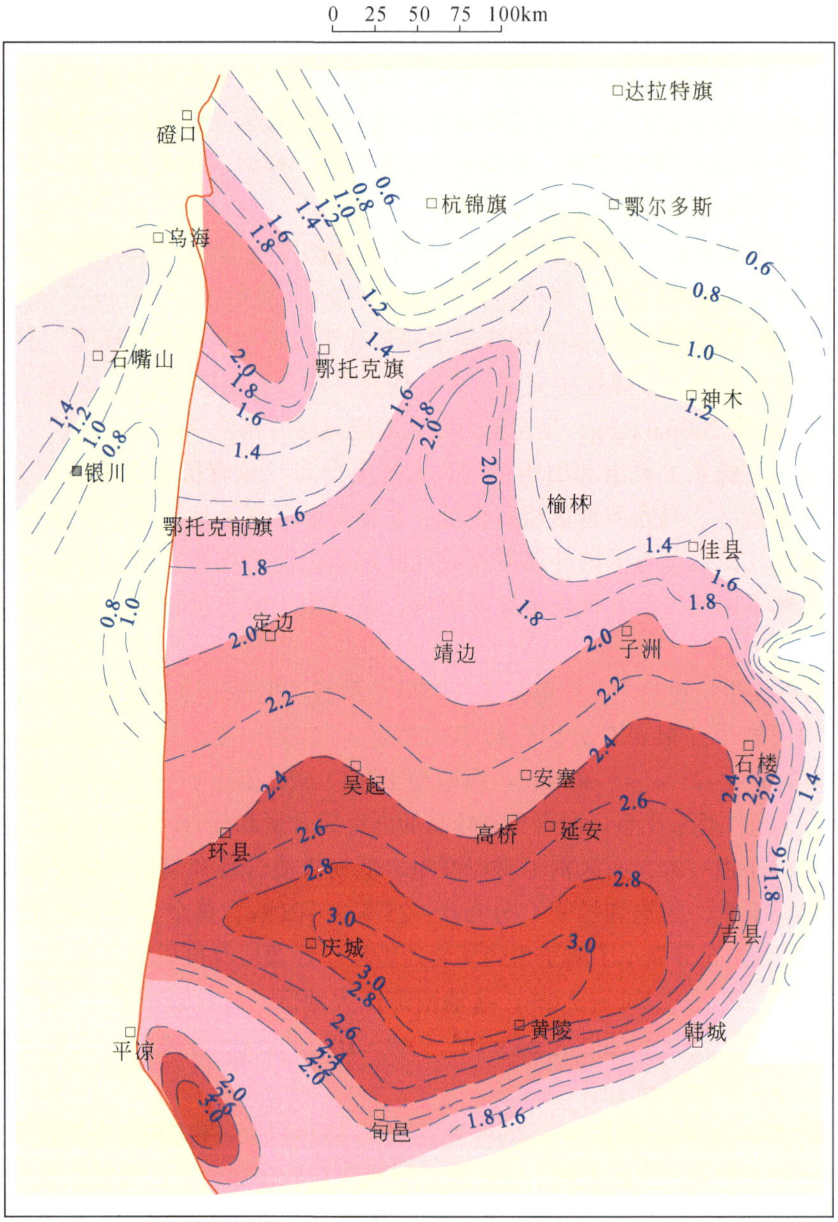

图 7-18 盆地上古生界烃源岩 R_o 分布图（%）

生烃强度多数在石炭系—二叠系烃源岩的煤层和暗色泥岩较高，除伊陕斜坡南部和渭北隆起的生烃强度较低（5×10^8 ～ 10×10^8 m^3/km^2）外，在盆地内大部分地区，总生烃强度为 20×10^8 ～ 30×10^8 m^3/km^2，在天环拗陷中北部和伊陕斜坡东部的榆林—米脂—神木一带，总生烃强度达到 40×10^8 ～ 45×10^8 m^3/km^2。由于石炭系—二叠系烃源岩和储层在平面上分布广泛，垂向上呈互层状组合，从而构成“广覆式”近源充注。排烃史模拟计算表明，

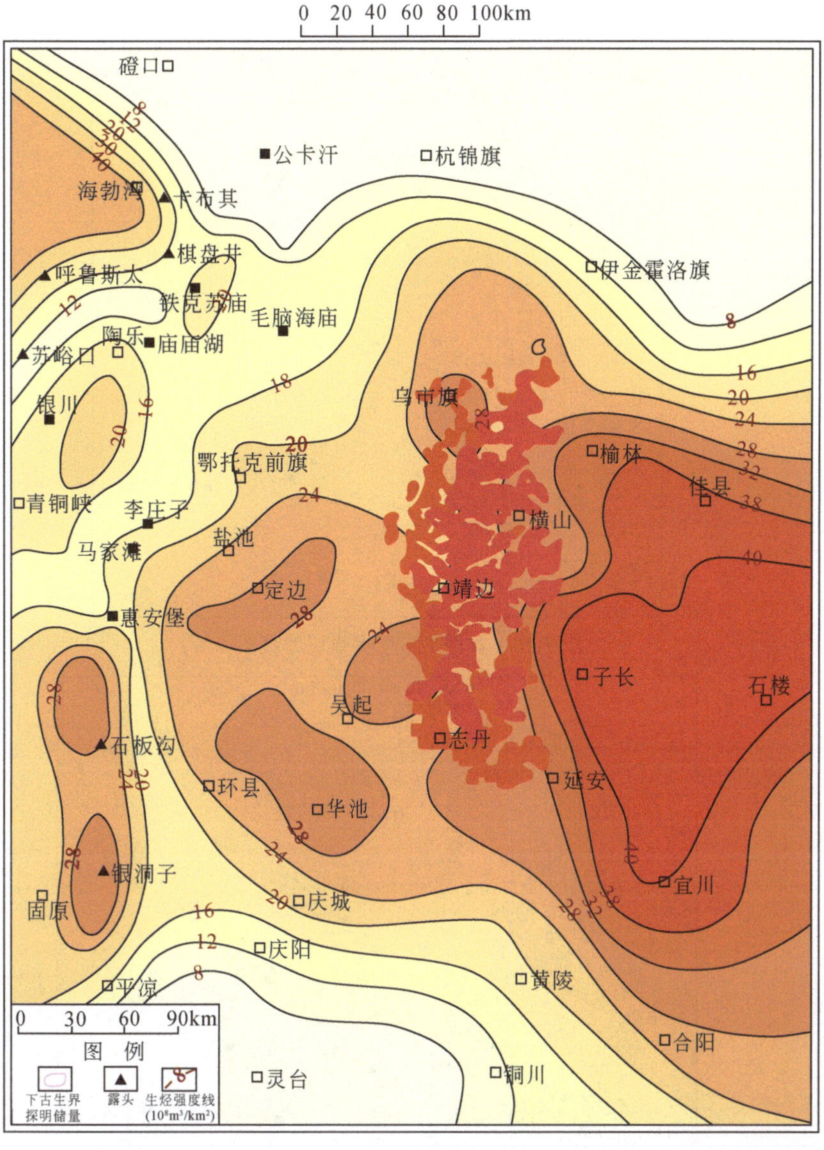

图 7-19　鄂尔多斯盆地上古生界烃源岩生烃强度图

烃源岩以压实、微裂缝排烃为主，扩散排烃比例较低，烃源岩的天然气有效排烃率较高。根据有机质类型和丰度，按照横向充注成藏系统，总体上，中央古隆起石炭系—二叠系烃源岩生烃能力强，上古生界煤系烃源岩是奥陶系顶部成藏的主要气源，但在伊陕斜坡南部和渭北隆起等局部地区烃源能力属于低—中等级别。

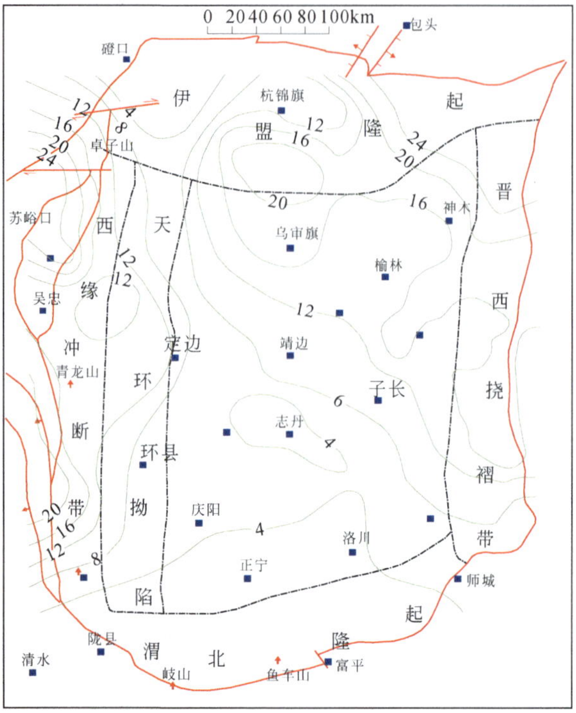

图 7-20　盆地上古生界煤层厚度图（m）

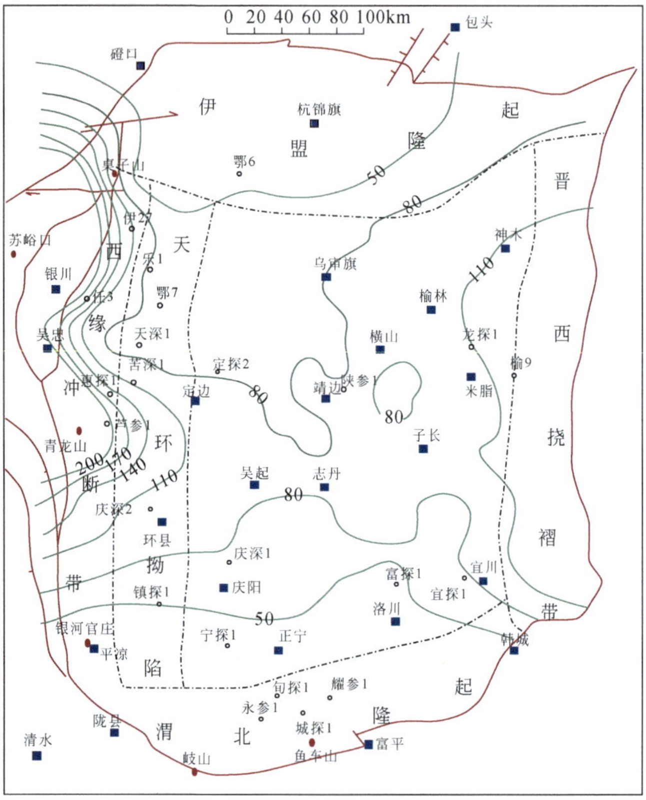

图 7-21　盆地上古生界暗色泥岩厚度图（m）

7.4.2　储集条件

盆地南缘的渭北地区下古生界地层齐全，寒武系、奥陶系各统均有沉积，尤其中上统有平凉组、背锅山组，总厚度可达 4000 m。台地边缘高能环境形成的生物礁、滩成为天然气储集的重要场所，局限海台地的潟湖及蒸发台地的潮上泥坪、膏盐沉积成为有利的生油层或盖层，纵向上构成多套生储盖组合。尤其是加里东运动末期古风化壳的长期存在，造就了古岩溶储集体也十分发育。另外奥陶系的礁滩型储层、晶粒白云岩储层及裂缝型碳酸盐岩储层，也是应当受到重视的储集体类型。岩石物性分析已经表明，这些储层的非均质性较强。

1. 白云岩储集体

鄂尔多斯盆地下古生界碳酸盐岩中所有较好的储集空间和油气储层及产层几乎都与白云岩有关，即岩溶—白云岩型储层。鄂尔多斯盆地南部白云岩型储层仍然是以晶间孔和晶间溶孔为主的储集体，在西南部地区占有重要地位。研究区白云岩型储层主要发育于古隆起区的奥陶系靠台地的一侧，以马六段最为发育，几乎全由白云岩组成。马六段白云岩分布在永寿—旬邑一带（图 7-22），厚度 0 ~ 300 m，岩性为具有残余结构的中—细晶白云岩，形成于古隆起边缘颗粒滩相沉积。这些白云岩由埋藏成岩作用等白云岩化而形成，按白云岩晶体结构可分为粉晶白云岩、细晶白云岩、细—中晶白云岩。

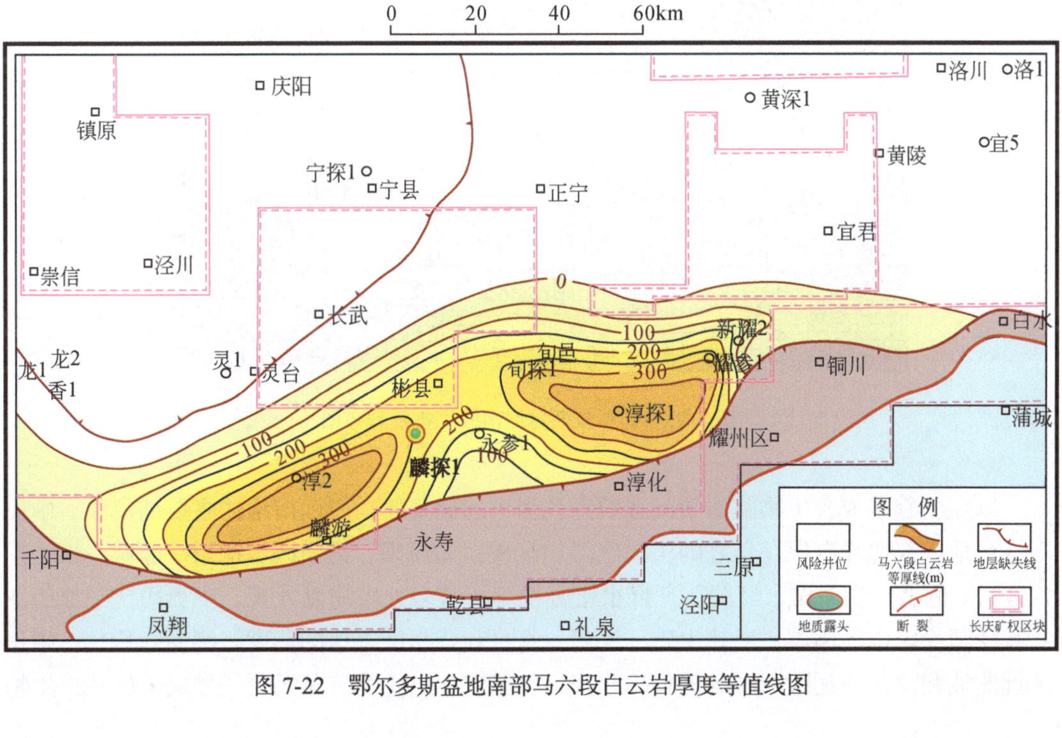

图 7-22　鄂尔多斯盆地南部马六段白云岩厚度等值线图

鄂尔多斯盆地南部寒武系鲕粒（云）灰岩分布较好，出露的地层厚薄不均，鲕粒滩在南部张夏组最为发育，在徐庄组和毛庄组也有发育，在耀参1井达到126 m，在旬探1井达到82.31 m，其他各井均有不同程度的发育，一般在4 ~ 59 m。剖面资料显示鲕粒灰岩在韩城华子山、陇县周家渠、淳化铁瓦殿、岐山二郎沟的厚度有10 ~ 30 m，最厚的在韩城华子山，达91 m。据现有资料，研究区内最南端的鲕粒云（灰）岩厚度最大，西侧较低；自南而北，鲕粒云（灰）岩厚度呈较为缓慢的递减；自西而东，鲕粒云（灰）岩逐步变薄。

2. 礁滩储集体

生物礁相主要发育在盆地西南缘的中—上奥陶统。西缘中—上奥陶统的生物礁一般为丘状、透镜状或不规则状，因受成礁环境限制，礁体规模很小，多为点礁，其次是生物丘，有的呈层状分布。南缘生物礁规模较大，为典型的台地边缘礁（图7-23）。造礁生物主要有珊瑚、层孔虫、苔藓虫、骨骼钙藻、叠层藻等，附礁生物有腕足类、腹足类、三叶虫、海百合、海绵骨针、介形虫等。主要岩石类型有骨架岩、黏结岩、障积岩、生物碎屑灰岩、藻屑灰岩、颗粒灰岩等。

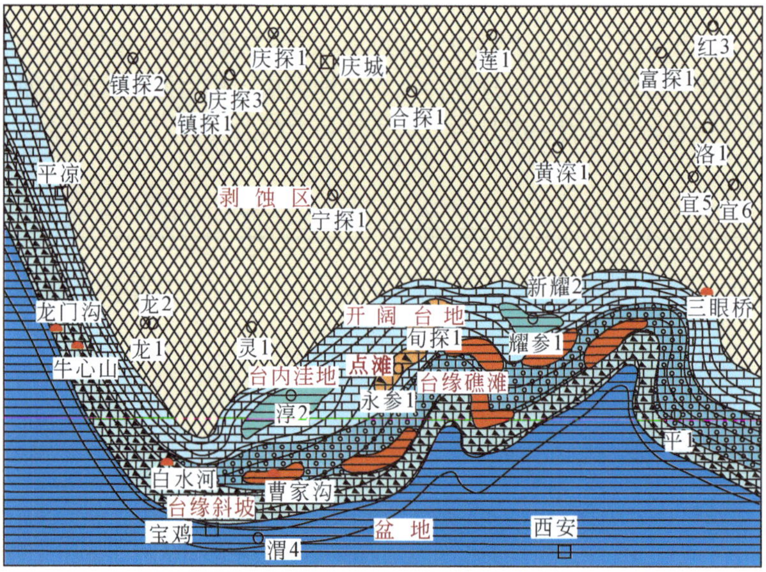

图7-23　鄂尔多斯盆地南缘生物礁分布图

以生物礁核或含生物礁屑架间或粒间孔为主的储集体，属西南缘的主要储集体。中奥陶统台地南部边缘有保存良好的生物礁滩相沉积，如泾阳、耀州区、铜川、蒲城一带（图7-23）。造礁生物珊瑚、红藻、苔藓虫十分发育，有多处生物礁发现。中奥陶统平凉组主要有泾阳徐家山的珊瑚—层孔虫礁；铜川、富平和耀州区等地的珊瑚—钙藻障积丘；耀州区桃曲坡和淳化铁瓦殿一带的钙藻障积丘、钙藻层孔虫生物礁及钙藻—珊瑚—层孔虫生物礁。上奥陶统主要有石节子沟的泥晶生屑海绵礁灰岩、礼泉东庄的障积丘和珊瑚—层孔虫骨架礁等。由于本次取样部分取自礁翼或礁滩环境，以生物角砾岩为主，大多数角砾间被生物屑和灰泥充填，部分生物礁骨架间被亮晶方解石呈世代胶结，导致原生孔隙被堵塞，同时由于多数生物礁未经白云岩化，因而现有的生物礁灰岩中没有发育较好的孔隙存在，这也是至今礁滩型储集体中尚未发现工业性油气藏的原因，但作为高能量相带的典型岩类，它们的储集性能要比非颗粒岩好。相比之下，白云岩化的礁滩型储集体物性明显变好，已经发现一些晶间孔、晶间溶孔、生物体腔孔、缝合线，微裂缝中充填有暗色有机质，而藻类或其他生物残体热演化形成的 CO_2 和羧酸可能会形成埋藏成岩环境中的次生孔隙带，礁滩型储集体是盆地较有潜力的天然气储层。

7.4.3　圈闭条件

盆地南缘地区，圈闭类型比较复杂，主要有地层圈闭、构造圈闭、地貌圈闭、岩性圈闭、构造—地层—岩性复合圈闭等。构造圈闭在盆地边缘显得十分重要，当然也是以地层、岩性及复合圈闭为基础。

盆地南部地区下古生界碳酸盐岩成藏烃源岩主要为平凉组的笔石页岩、泥晶灰岩，储层类型主要为礁滩型储层和白云岩型储层，盖层主要为上古生界煤系地层，圈闭条件主要为岩性圈闭，渭北隆起中西段燕山期构造活动较弱，未经历大规模抬升剥蚀，有利于岩性圈闭形成和油气保存。成藏模式主要为礁滩—白云岩型岩性圈闭成藏模式。

7.5　奥陶系碳酸盐岩成藏模式

7.5.1　盆地中东部碳酸盐岩“古地貌”成藏模式

1.“生烃增压”——上古生界煤系烃源岩向下供烃的主要驱动力

1）上古生界煤系烃源岩生烃增压的形成

前已述及，上古生界煤系烃源岩在盆地本部地区呈大面积广覆式分布，其中发育的煤岩、碳质泥岩及暗色泥岩等有机质丰度高、厚度大，具有极好的生烃物质基础。其累计生烃强度在盆地中东部广大地区都达到 20×10^8 ~ 30×10^8 m^3/km^2，东部绥德—宜川地区甚至高达 40×10^8 m^3/km^2，因而具有十分强劲的生烃动力。

在晚侏罗世—早白垩世生烃高峰期，由于烃类物质的大量生成，当其不能及时被排出时，即可在烃源层内因“生烃增压”而产生较高的异常压力。据盆地模拟分析资料（刘新社等，2000），晚侏罗世—早白垩世生烃高峰期的生烃增压达 15 ~ 20 MPa（图 7-24），是上古生界煤系烃源岩生成的天然气向下运移，进入奥陶系风化壳储层的主要成藏动力。

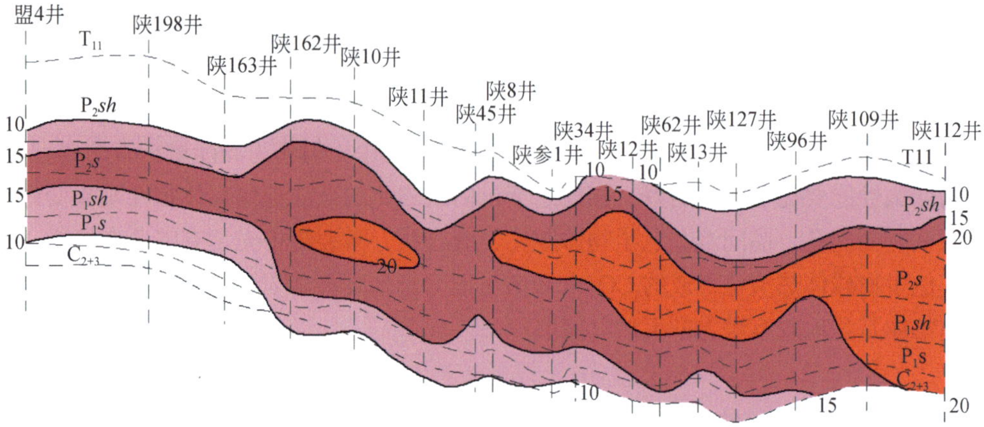

图 7-24 鄂尔多斯盆地上古生界煤系烃源岩生烃增压模式图

2）不整合型源储配置为增压驱动的运移提供了基本条件

由于盆地构造环境稳定，地层产状平缓，倾角小于 1°，天然气缺乏远距离运移的条件，因而天然气的运移直接受生烃中心的制约，侧向运移距离较短，靠近主力生烃区聚集成藏更为有利。盆地中东部地区正好位于高生烃强度范围内，天然气成藏的烃源及运移动力条件均十分有利。

加里东末期开始的整体构造抬升，使鄂尔多斯地区下古生界遭受了长达 1.4 亿多年的风化剥蚀，靖边气田以西至古隆起地区抬升剥蚀尤为强烈，属区域性抬升剥蚀区，由东向西到古隆起区奥陶系顶部剥露地层层位依次由新变老，依次出露奥陶系风化壳上组合（马五 1 亚段—马五 4 亚段）、中组合（马五 5 亚段—马五 10 亚段）、下组合（马四段）地层。

晚石炭世盆地整体沉降后，鄂尔多斯地区又开始整体沉降接受石炭系—二叠系海陆交互相及陆相沉积，使上古生界的煤系地层在该区与奥陶系地层直接接触（可谓零距离或近距离的亲密接触）。到印支末期—燕山期，随着上古生界煤系烃源岩热演化成熟进入烃类气体的大量生成阶段后，在“生烃增压”的驱动下，即可对下古生界的奥陶系马家沟组储层强力供气，构成良好的近距离成藏充注条件（图 7-25）。中东部地区的马五 1 和 2 亚段风化壳储层与上古生界煤系烃源岩直接接触，处在源储配置的有利位置，有利于天然气的运聚成藏。

2.“双向运移”——煤系烃源岩生气向下古生界运移的主要途径

1）垂向倒灌式

指上古生界煤系烃源岩生成的天然气在生烃增压作用下，沿不整合面垂向向下或沿古侵蚀沟槽向旁侧运移，就近进入下古生界风化壳储层中的二次运移过程（图 7-26）。

其运移机理及过程较为简单，不整合面是沟通上古生界煤系烃源岩和下古生界风化壳储层的关键要素，由于风化壳顶部多发育一定的风化裂隙，天然气沿不整合面就近进入风

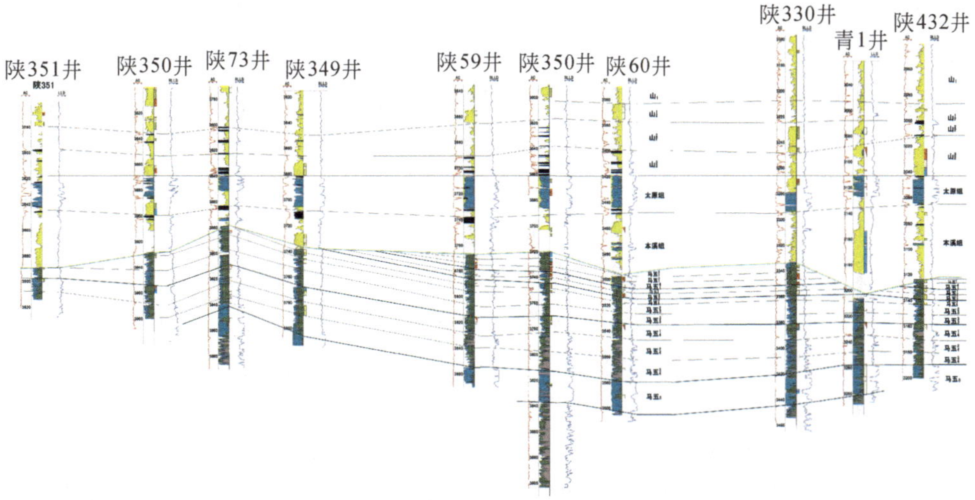

图 7-25　盆地中部陕 351 井—陕 60 井山西组—马家沟组地层对比图（太原组顶拉平）

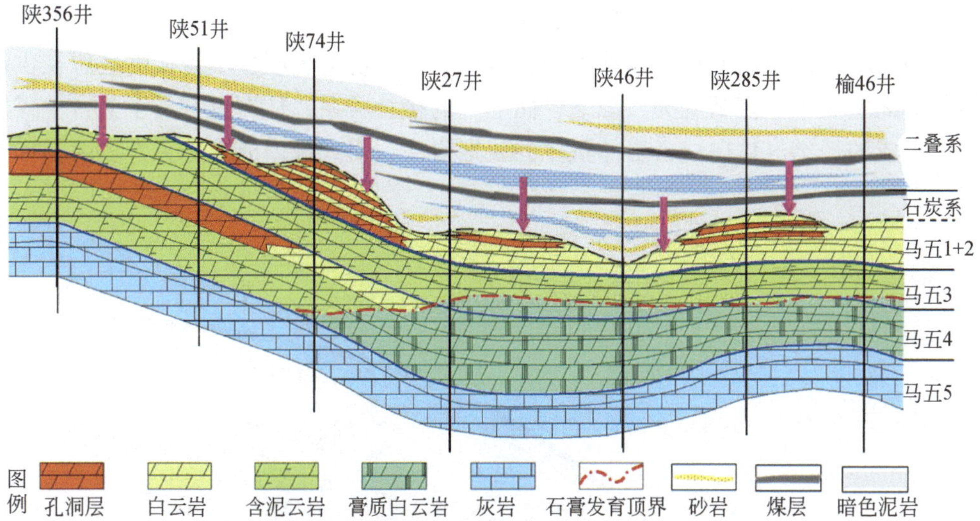

图 7-26　上古生界煤系烃源岩生成天然气向下古生界垂向倒灌运移模式图

化壳溶孔型储集层段应该是较为畅通的。此外，天然气在生排烃高峰期，生烃增压不断积累，可导致增压型次生微裂缝的产生，使得煤系烃源层内生成的烃类气体向外排泄，并在上、下古生界源储压差的作用下，更易进入下古生界风化壳储层。

2）侧向运移式

指上古生界煤系烃源岩生成的天然气由西侧下倾方向的下古生界供烃窗口区进入下古生界地层中，并沿风化壳储层向上倾方向继续运移，进入离风化壳顶面较远的白云岩孔隙层段中聚集成藏。这一运移机理的关键要素是供烃窗口的有效性和与其沟通的孔隙层段的连贯性。

对奥陶系顶面地层风化剥露规律的分析表明，由于前石炭纪抬升剥蚀的非均衡性，由东向西抬升剥蚀强度依次增强，在靖边气田以西马五 1+2 亚段主力储集层段剥失的区域，马五 3 亚段、马五 4 亚段乃至马五 5 亚段—马五 10 亚段及马四段逐次剥露，导致在中央古隆起东侧不同时代地层的剥露区沿古隆起呈南北向半环状展布，宽度一般在几公里至数十公里，南北延伸则达数百公里以上。进入晚古生代石炭纪—二叠纪，这段剥露地层则为上古生界煤系地层所覆盖，形成下古生界白云岩地层与上古生界煤系烃源岩的直接接触关系，形成具一定区域分布规模的“窗口”式接触区。印支末期—燕山早期，当上古生界煤系烃源岩进入生排烃高峰时，煤系成因天然气大量生成并排出烃源岩，与煤系烃源岩直接接触的马五 3 亚段—马五 10 亚段乃至马四段的剥露区此时成为源—储对接的供烃窗口，也是马五 6 亚段膏盐岩下的白云岩层段天然气成藏能接受上古生界煤系气源的唯一的主力入口。由于加里东风化壳期区域地层剥露的规律较为一致，供烃窗口能在大范围内连续稳定分布（图 7-27），而且在整个生排烃过程中均长期稳定地存在，因而完全具备大范围、长时间稳定供烃的基本条件。此外，继海西期—印支期连续沉积埋藏之后，进入燕山期盆地东部开始整体抬升，同时伴随西部的差异沉降及天环拗陷的形成，使盆地本部的下古生界构造层成为整体向西倾斜的单斜构造，即由早期西高东低的构造格局转变为东高西低的构造格局，这在一定程度上也改变了膏盐下地层在供烃窗口的源储配置关系，使其变为“源下、储上”的接触关系，从而更有利于上古生界煤系烃源岩生成的烃类气体向白云岩储集体的长期灌注，对大规模成藏更为有利（杨华等，2014）。

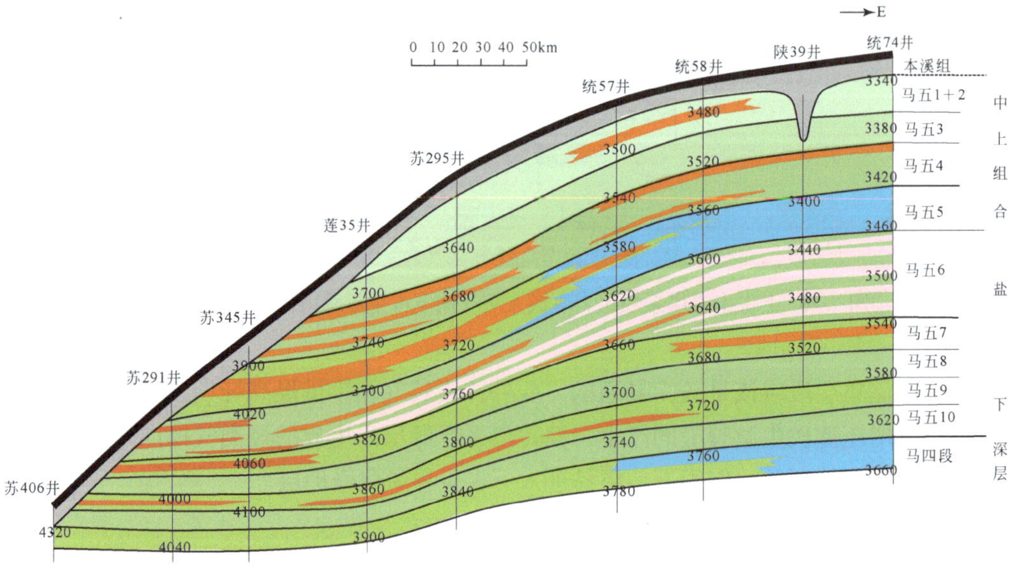

图 7-27　上古生界煤系烃源岩生成天然气向下古生界侧向运移模式图

另外，从运移通道的角度，盆地中东部地区奥陶系由于受沉积旋回的控制较为显著，地层的层状特性极为突出，导致白云岩储层的横向连贯性通常都较好，邻近供烃窗口区的马五4亚段、马五5亚段及马五6亚段—马五10亚段等多具有较好的储层物性，即使是相对致密的“白云岩基质”也具有一定的孔渗性能，而使运移其中的天然气能够或快或慢地通过，即使不能作为有效储层，至少也可成为有效的运移通道。

3.“古地貌成藏”——风化壳成藏的主控因素

1）古地貌型地层圈闭的形成

前已述及，盆地中东部地区的奥陶系顶部风化壳之上，普遍发育有石炭系本溪组的铝土质泥岩和太原组泥质岩类等广覆式披盖层，其分布范围广，封盖能力强，构成下古生界古风化壳气藏的直接封盖层，是大面积连续分布的良好区域盖层。这套地层在印支期—燕山早中期的连续埋藏作用过程中，最迟至侏罗纪末即已完全成岩，在其顶部封盖、侧向沟槽遮挡的综合作用下，形成了以风化壳储层发育并相对独立的古潜台地貌为主体，上部及四周为石炭系—二叠系泥岩所封堵的岩溶古地貌型地层圈闭体系（图7-28）。

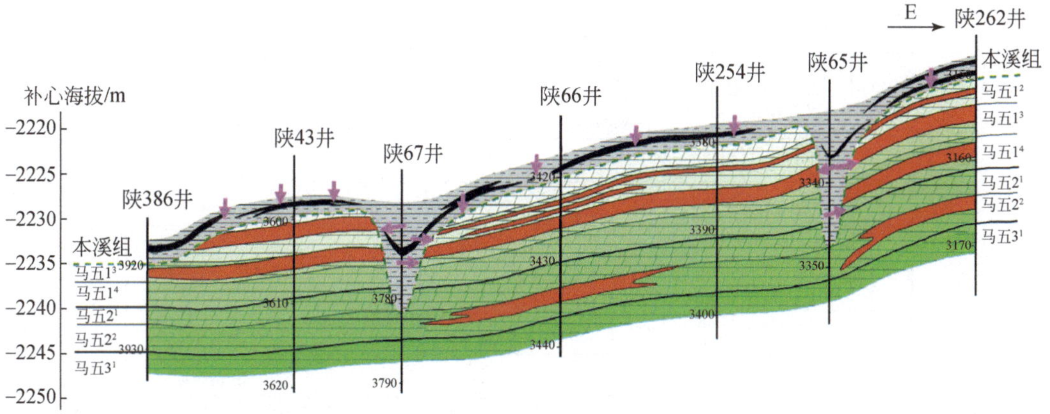

图7-28 盆地中东部奥陶系顶部风化壳古地貌圈闭形成模式图

2）区域构造—沉积演化与风化壳天然气运聚成藏

有关盆地整体构造—沉积演化的分析表明，中东部地区的奥陶系碳酸盐岩层系在奥陶纪就已奠定了储层形成的物质基础，尤其是沉积相带控制了其后有效储层发育的层系及区位的选择性，如风化壳溶孔多发育在含膏云坪相带及马五1^3小层、马五4^1小层等有利层段中。

加里东末期—海西早期的盆地整体抬升，为碳酸盐岩层系中与风化淋滤有关的储层形成创造了有利的岩溶作用条件。

晚石炭世盆地又开始整体下沉，接受上古生界煤系地层的沉积，为碳酸盐岩层系顶部储集体的成藏奠定了烃源供给基础，同时也为后续盖层及地层圈闭的形成提供了基本条件。

印支期盆地连续沉降，下古生界海相烃源岩及上古生界煤系烃源岩埋深不断加大，有机质受热演化而渐趋成熟，到燕山中期达到生排烃高峰期。

燕山期盆地西部沉降幅度加大，东部开始抬升，碳酸盐岩层系形成东高西低的构造格局，局部的构造圈闭也开始形成，油气的运聚充注也在此时基本完成。

喜马拉雅期盆地东部及渭北隆起等地区仍继续隆升，早期充注的油气藏可能在此时经历了一定的破坏和局部调整。

总体看来，盆地构造格局于燕山中期末基本定型，而烃源岩大量排烃的时期在燕山中期，构造圈闭在形成时间上与大量排气时间是匹配的。各种地层及岩性圈闭的封盖层在成岩演化过程中，成为有效封盖能力的时间早于烃源岩的大量排烃时间，后期构造的破坏作用较弱，下古生界碳酸盐岩层系中的圈闭基本上是有效的。

印支晚期—燕山早中期是下古生界风化壳聚气成藏最为重要的关键时期。此时上古生界煤系烃源岩中的有机质逐渐进入热演化成熟—高成熟阶段，所生成的甲烷等烃类气体在“生烃增压”的驱动下，以垂向或侧向运移方式就近进入邻近的奥陶系风化壳储层中，于上述的古地貌圈闭中聚集，即形成了所谓的古地貌型地层圈闭气藏（图 7-29）。

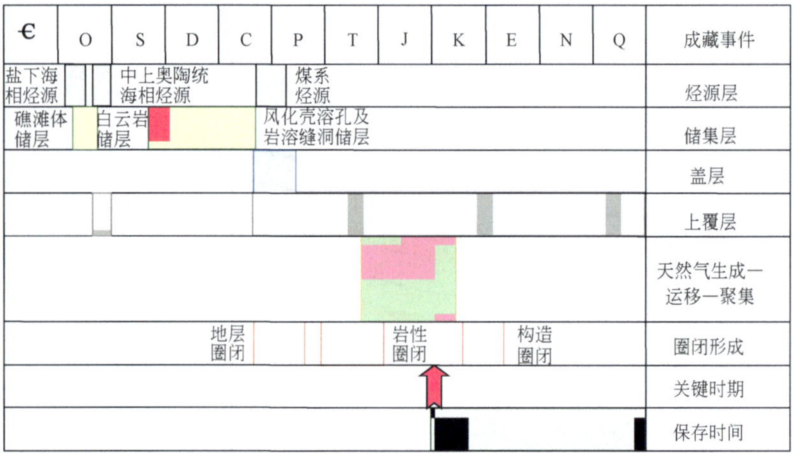

图 7-29　鄂尔多斯盆地下古生界碳酸盐岩层系含气系统成藏事件图

盆地下古生界碳酸盐岩层系虽然在沉积特征、储层类型、烃源供给及圈闭类型等方面存在较大差异，但由于其同处在一个大的盆地构造演化背景下，其地质体大体经历了相似的埋藏演化历史，因此其成藏过程也大体相似。从各方面条件综合分析，控制盆地中东部地区风化壳气藏分布横向差异的关键是风化壳储层的发育条件。风化壳储层主要分布在奥陶系顶部的加里东期古风化壳附近，主力储集层为奥陶系马家沟组马五段上部马五 1 亚段—马五 2 亚段，储层厚度一般为 3 ~ 8m，孔隙度为 3% ~ 8%，渗透率为 0.1×10^{-3} ~ $2.0\times10^{-3}\mu m^2$。孔隙类型主要为次生溶孔，其发育程度受沉积相带、风化壳期岩溶古地貌及晚期埋藏充填等多方面的因素控制。

7.5.2　盆地西部、南部碳酸盐岩“岩性圈闭”成藏模式

盆地西部成藏体系烃源岩与东部略有差异，西部除了上古生界煤系地层供烃外，中—上奥陶统海相地层也是烃源岩，故存在双源供烃特征，烃源岩沿沉积—侵蚀窗向白云岩体和岩溶洞穴供烃，受地层岩性变化形成圈闭，最终成藏，形成白云岩型和岩溶洞穴型油气藏体系（图 7-30）。

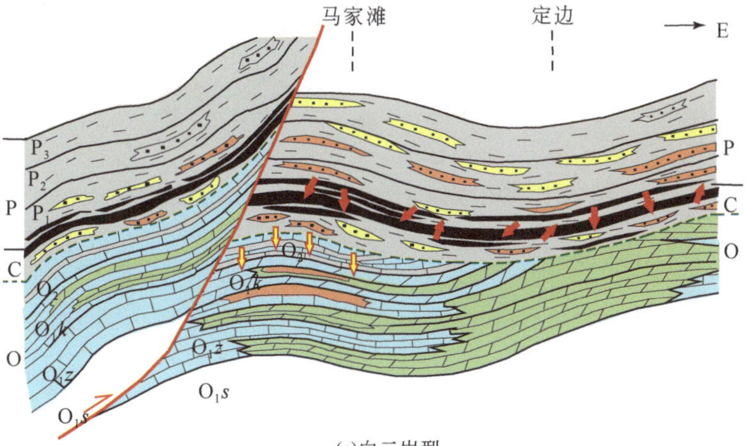

(a)白云岩型

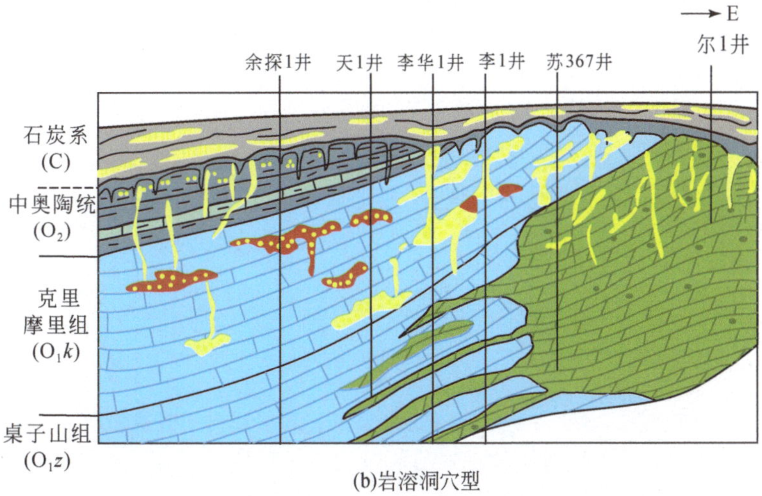

(b)岩溶洞穴型

图 7-30　鄂尔多斯盆地西部碳酸盐岩成藏模式图

盆地南缘碳酸盐岩储集体主要为礁滩体和白云岩体，烃源岩以中—上奥陶统海相烃源为主，烃源沿断裂运移至相应地层内，由地层岩性变化构成圈闭，形成自生自储型油气藏（图 7-31）。

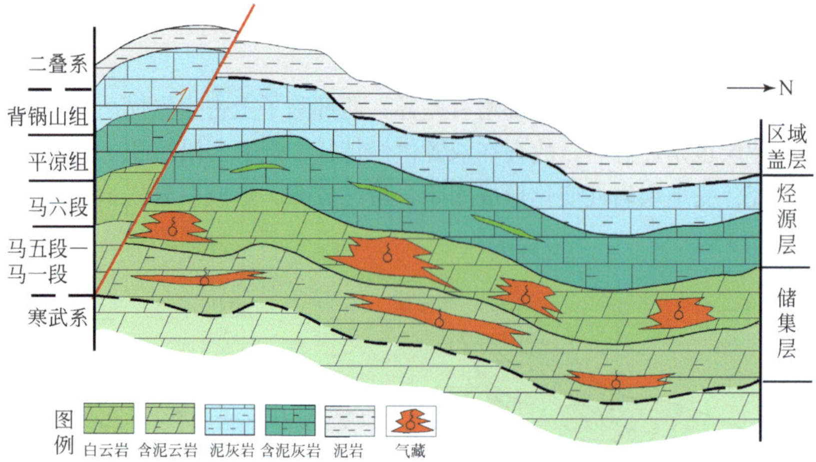

图 7-31　鄂尔多斯盆地南缘碳酸盐岩成藏模式图

第8章　盆地碳酸盐岩油气勘探新领域

盆地上、下古生界源储配置良好，以上古生界气源为主。盆地下古生界发育多种储集体类型，尤其是加里东运动末期古风化壳的长期存在，造就了古岩溶储集体也十分发育，另外在奥陶系发育的礁滩型储层、晶粒白云岩储层及裂缝型碳酸盐岩储层也是重要的储集体类型，但这些储层的非均质性较强。圈闭类型比较复杂，主要有地层圈闭、构造圈闭、地貌圈闭、岩性圈闭、构造–地层–岩性复合圈闭等，多年来的勘探实践证明，鄂尔多斯盆地已经发现的最重要圈闭类型与不整合面有关，是当前和今后奥陶系勘探的主要方向之一。总体上看，盆地海相碳酸盐岩存在两种成藏系统，即内幕型生储盖组合（内幕成藏系统）和顶部生储盖组合（顶部成藏系统）。

8.1　盆地整体有利勘探区带

从整个下古生界储层方面来看，寒武系、奥陶系储层都比较发育。寒武系储层发育有利层位主要为朱砂洞组、张夏组、毛庄组、三山子组，颗粒白云岩及砂岩储层都比较发育，但储层长期受到强烈的成岩作用，使得储层的储集性能均较差。那么，寒武系勘探需要从构造方面多考虑，在有深断裂存在的附近，储层可能会受到由裂缝改造及其所带来流体的溶蚀改造作用进而使得储集性能有所改善。从现有资料来看，只有耀参1井在寒武系的毛庄组、徐庄组和张夏组有含气层，对于寒武系的勘探应该首选深大断裂带附近的储层。

下古生界奥陶系仍然是目前应该关心的主要勘探层位。其中平凉组及背锅山组都有良好的储层发育，但地层分布局限，仅限于盆地的西南缘，勘探范围有限。这两个层位发育了生物礁滩型储层，由于受后期构造抬升及缺乏白云岩化，目前勘探仍未有突破，但仍然是盆地西南缘下古生界天然气勘探潜在目的层。

古岩溶储层已经成为一种非常重要的碳酸盐岩油气藏，古岩溶地貌对气藏的控制模式主要有两种类型：其一为在已形成的古地貌背景上，经差异压实而形成披覆型压实构造圈闭及上倾尖灭圈闭等，从而控制油气聚集，属古地貌作用的外延性；其二为由于古侵蚀面之上发育不渗透层，形成区域性地层遮挡圈闭，油气沿不整合面直接聚集在下伏古风化壳有利部位，受台、丘、坡、谷的控制。鄂尔多斯盆地古地貌在中央古隆起上岩溶台地占大部分面积，其上二级地貌单元异常发育，岩溶盆地分布于研究区东北部，二者之间为两种地貌逐渐过渡的岩溶阶地狭长地带，该带也是下古生界油气勘探特别关注的区域，靖边气田就是在该岩溶地貌单元中发现的。岩溶坡地（包括岩溶鞍地）主要围绕“L”形的岩溶高地两侧环带状展布。该类型区为围绕“L”形古隆起的蒸发潮坪相的主要分布区，风化壳表面出露层位以马五段为主，分布稳定，连片分布，岩性、地层条件极利于溶蚀孔洞的形成。由于处于岩溶台地与岩溶盆地的中间地带，地下水以径流状态为主，加之强烈的膏溶作用，形成了良好的溶蚀孔洞储集体，为气藏的形成提供了有利储集空间。近几年勘探实践证明，岩溶坡地区储层厚度大，物性好，气层钻遇率高，也是长庆气田主力产气区。

白云岩型储层主要发育于古隆起东侧，特别是靠近台地的内侧，以马五段最为发育，几乎全由白云岩组成。由于古隆起东侧的浅水地区为广泛的环陆潮坪环境，发育了大面积的微—粉晶准同生白云岩，同时伴有石膏沉积，在后期的埋藏白云岩化过程中形成细—中晶白云岩，发育大量晶间孔，成为油气储集的良好空间。综合相带展布特征、白云岩的物性特征和白云岩的厚度等因素认为马家沟组是白云岩储层最有利的发育层位。

生物礁是重要的油气储集层，这在世界油气勘探及我国塔里木盆地和四川盆地中已经得到充分证实。在鄂尔多斯盆地南缘的渭北地区奥陶系有多处生物礁的发现。在渭北地区，生物礁主要出现在奥陶系的平凉组顶部或者背锅山组底部，也是该地区的主要造礁时期。通过对鄂尔多斯盆地南缘多个生物礁的剖析发现，该地区具有发育大规模台缘礁的环境，如桃曲坡生物礁、铁瓦殿生物礁和好畤河生物礁。成岩作用研究发现局部地区的礁灰岩经历了一定的白云岩化作用，形成粒间孔、粒内孔和晶间孔，但总体上物性不是特别好。在滩相方面，虽然寒武系发育有大量的鲕粒滩等，但由于其经历了长期的成岩作用，这些颗粒滩相储层胶结作用强烈，加上又没有强烈的暴露接受淡水溶蚀作用改造，因此储层物性差。要寻找寒武系好的储层更应该考虑两方面因素：一是具有颗粒发育的储层，二是在构造裂缝发育的地带，这两者同时发育的地区才可能是潜在的勘探目的层。考虑到上述各种因素，寻找礁滩相储层应该首选奥陶系的生物礁及颗粒滩发育地区，因此在鄂尔多斯盆地奥陶系平凉组及背锅山组的盆地南缘坡折带是首选地带。就目前情况看，寻找深埋藏的白云岩化礁滩相带或者裂缝改造的礁滩储层是最有利的地区。

综合以上几个方面，根据成藏地质条件、资源基础、相带展布、储层特征及勘探程度的差异，重点考虑古岩溶储层、白云岩储层和礁滩相储层，在区带评价的基础上，在盆地下古生界优选出盐下、靖边西侧—南侧、西缘冲断带下盘白云岩体、天环北段、黄龙—宜川、旬邑—永寿及平凉北等七个有利勘探目标区（图 8-1）。

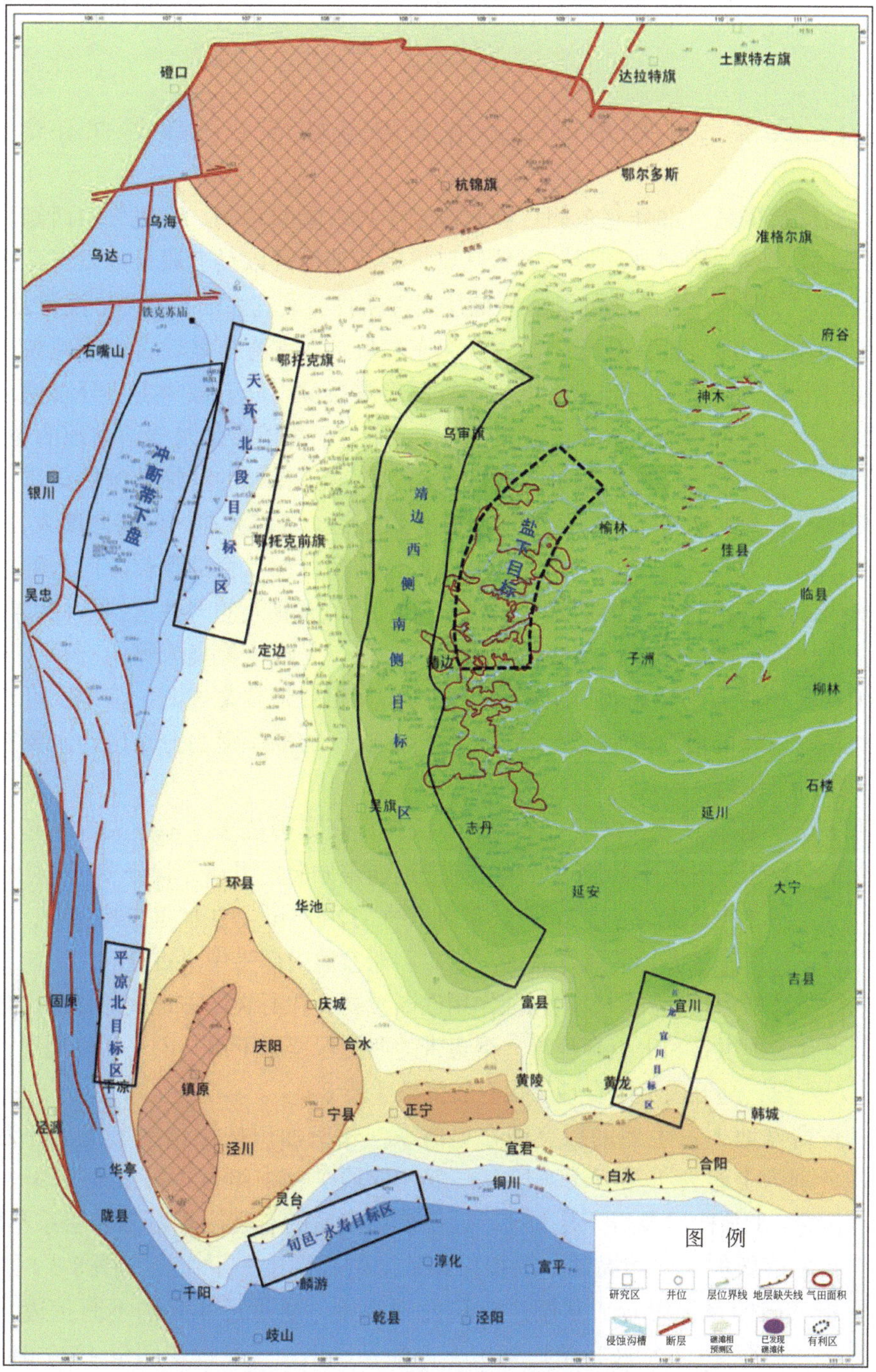

图 8-1　鄂尔多斯盆地有利勘探领域分布图

8.2　盆地海相碳酸盐岩现实勘探新领域

8.2.1　古隆起东侧中组合最有利勘探领域（已取得部分突破）

作为勘探新层系，古隆起东侧目标区位于中央古隆起东侧、靖边气田西侧及南侧，为沿中央古隆起东侧的“半环形”天然气聚集带。该地区以马五段最为发育，几乎全由白云岩组成，特别是白云岩化的潮缘滩储层岩性条件有利，大面积潮坪、潮滩分布广泛，沉积相带有利；同时该地区位于中央古隆起东斜坡上，发育缓坡性古岩溶地貌，有利于长期顺层岩溶作用对储层的改造。风化壳表面出露层位以马五段为主，分布稳定，连片分布，岩性、地层条件极利于溶蚀孔洞的形成。由于处于岩溶台地与岩溶盆地的中间地带，地下水以径流状态为主，加之强烈的膏溶作用，形成了良好的溶蚀孔洞储集体，为气藏的形成提供了有利的储集空间。近几年勘探实践证明，岩溶坡地区储层厚度大，物性好，气层钻遇率高，为长庆气田主力产气区。靖西台坪区局部发育的颗粒滩向东侧相变为灰质或云灰质洼地沉积，在燕山期盆地东部抬升后可形成有效的岩性遮挡条件。燕山期东部抬升，东侧构造高部位岩性相变带形成侧向封堵，是规模聚集成藏的有利区带。上古生界烃源岩生成的天然气侧向长距离运移，易于在相变带聚集成藏。该地区可以说是靖边气田外扩、下探的潜在勘探区，为下古生界最有利的勘探潜力分布区，主要勘探层位为马家沟组中下组合。

鄂尔多斯盆地东部马家沟组“半环形”天然气聚集带位于盆地中央古隆起东侧，府谷—乌审旗—吴起—华池—黄陵一带由北向南近朝东方向呈半环带状分布，东西向宽度为30 ~ 50 km，南北向长度为475 km，分布面积约33200 km^2。在加里东构造期，华北克拉通盆地经历了长达一亿多年的风化剥蚀。鄂尔多斯盆地内部受中央古隆起的影响，古隆起东侧从东往西马家沟组受到的风化剥蚀作用逐渐减弱，在石炭纪古地貌上依次出露了马家沟组的下组合、中组合和上组合地层。聚集带的西侧保留了下组合的马四段地层，聚集带东侧缺失马六段，马五段上组合地层保存较完整（图8-2）。

鄂尔多斯盆地下古生界勘探突破在奥陶系，长庆油田按层位把奥陶系分为三套含气组合，分别为上组合（马五1亚段—马五4亚段）、中组合（马五5亚段—马五10亚段）、下组合（马四段及以下层位）。近年来奥陶系的有利勘探范围和层系不断扩大，勘探范围从岩溶斜坡到岩溶高地，勘探层系从上组合到中—下组合（图8-3）。下古生界最早取得突破的是上组合，从靖边气田发现开始，通过近年来的不断扩边，探明储量持续增长，截至2011年底，靖边气田下古生界风化壳气藏探明储量4337.01亿 m^3。近年来在鄂尔多斯盆地中央古隆起东侧的中组合勘探取得了重大的突破，探明储量约1600亿 m^3。

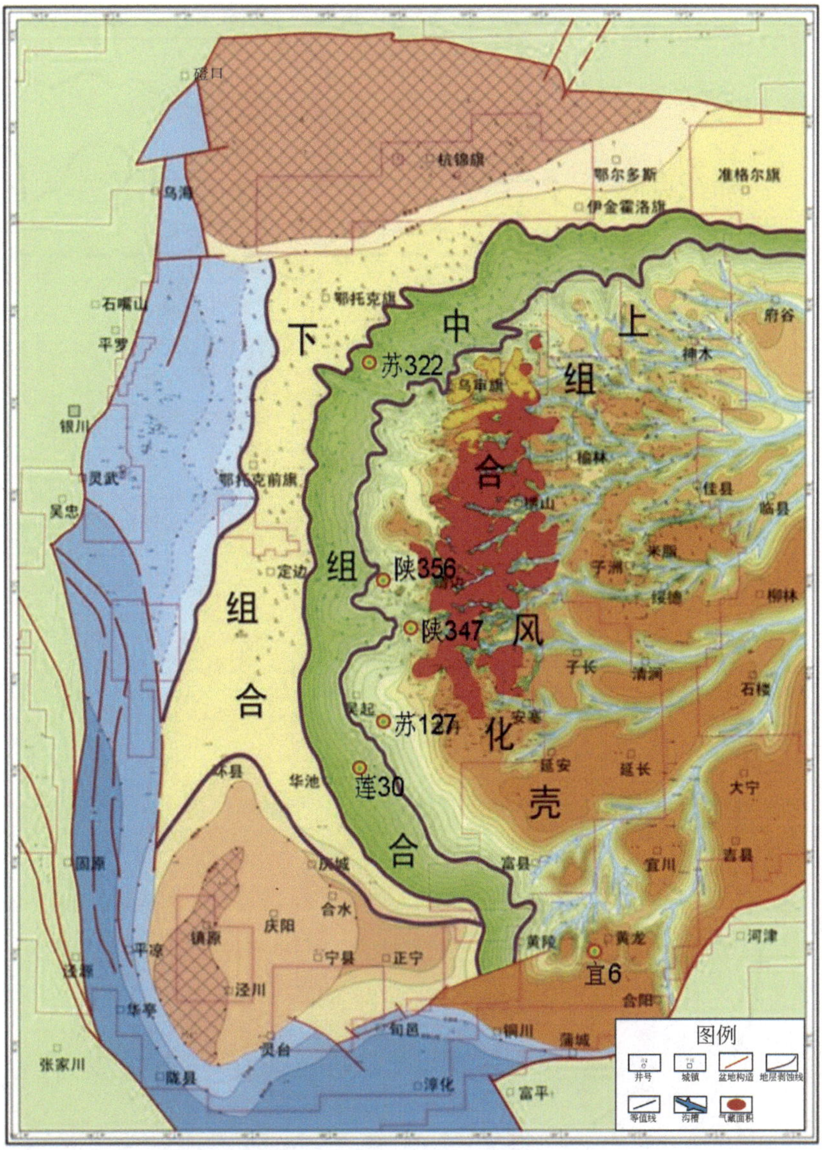

图 8-2　鄂尔多斯盆地马家沟组成藏组合分布图

前人已对下古生界奥陶系气源（上组合、中组合）做了大量研究，尽管存在争议，有的认为以奥陶系来源气为主（陈安定，1994；黄第藩和杨俊杰，1996），有的认为以石炭系来源气为主（张文正和昝川莉，1997；夏新宇等，1998），但较为一致的看法都认为是“二元混合气”，以上古生界气源为主。

鄂尔多斯盆地东部马家沟组“半环形”天然气聚集带位于上古生界烃源岩生烃强度中心，通过不整合面及剥蚀沟槽、裂缝等沟通上古生界的气源，气源条件好（图 8-4）。

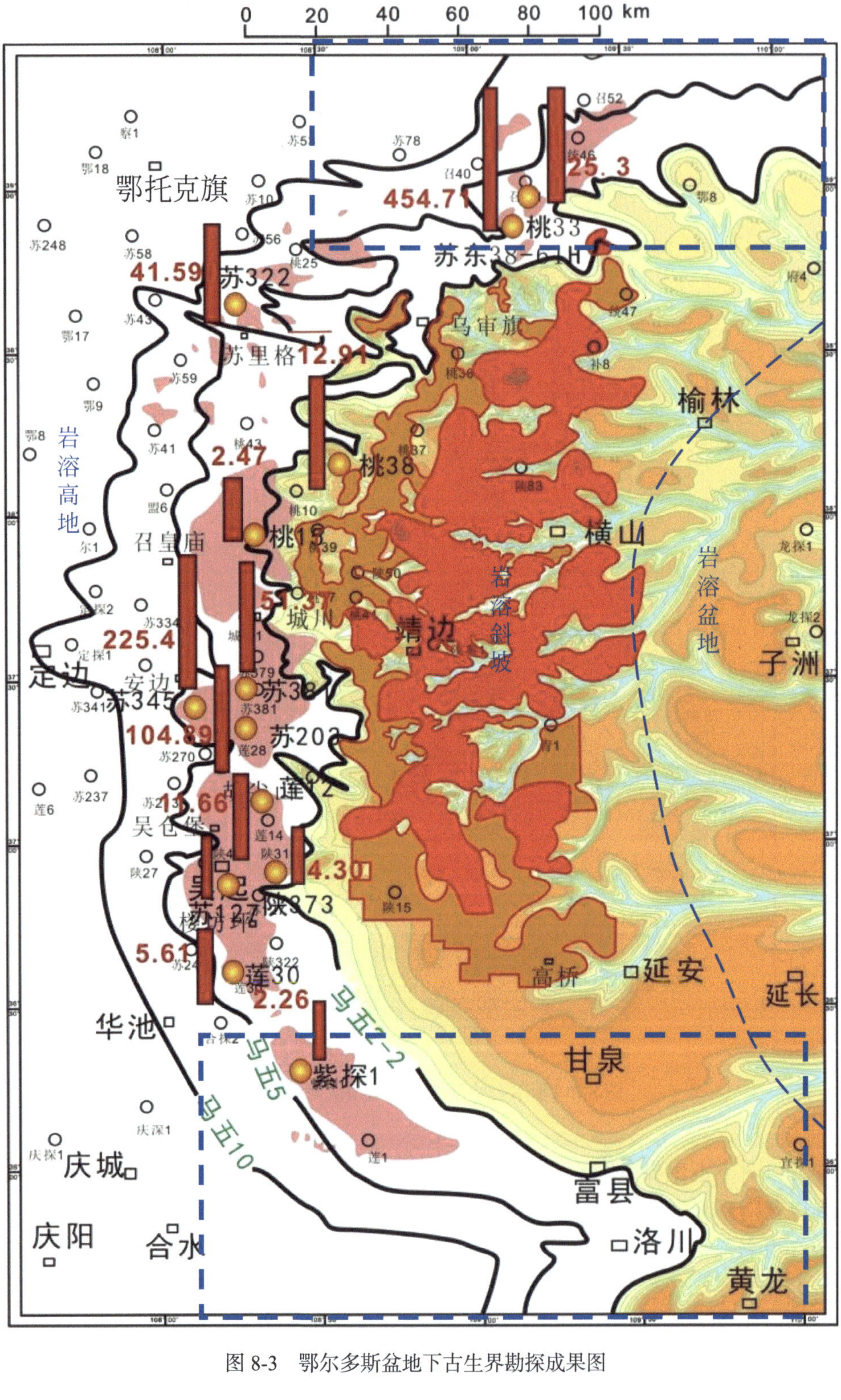

图 8-3　鄂尔多斯盆地下古生界勘探成果图

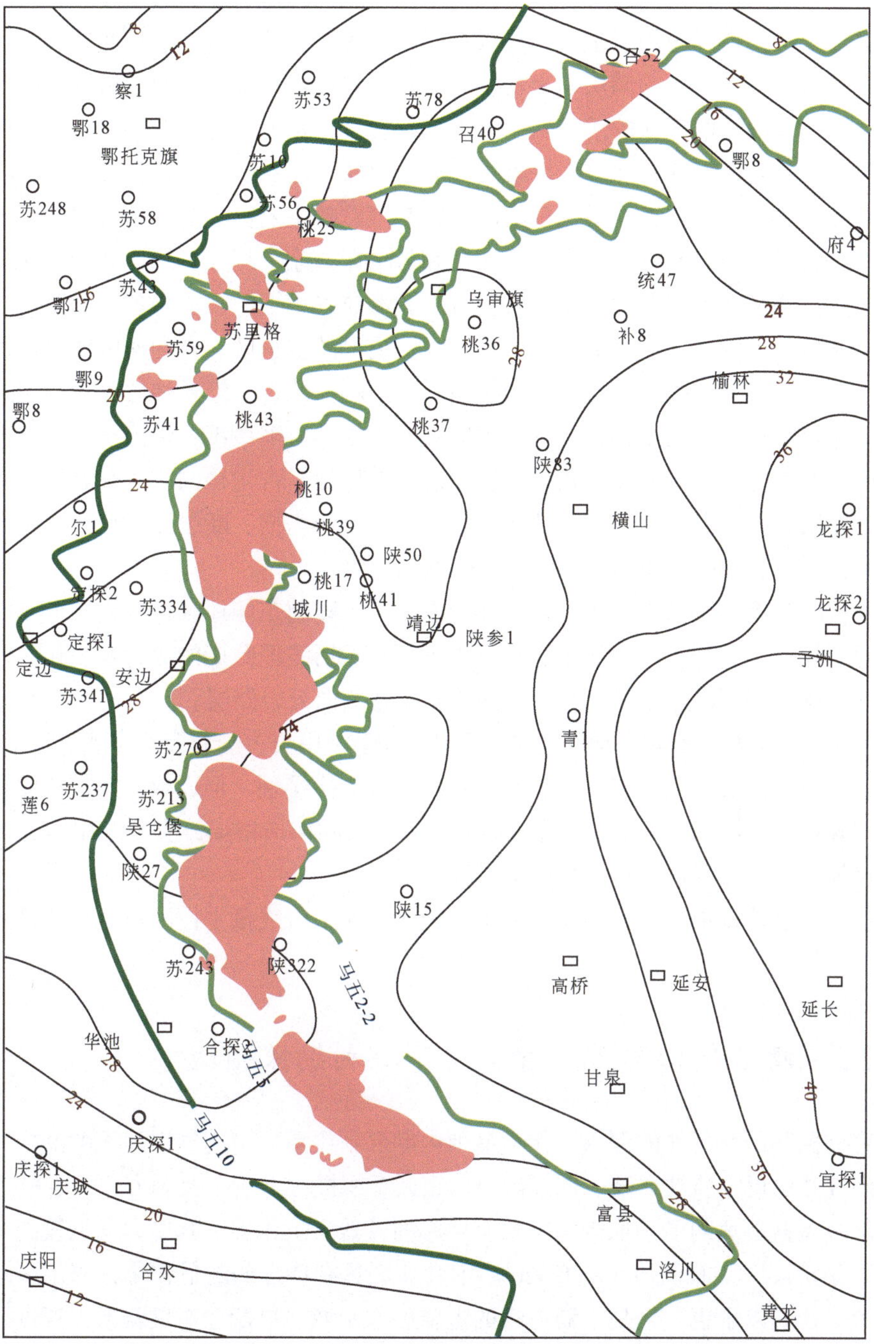

图 8-4　鄂尔多斯盆地中组合勘探成果与上古生界生烃强度叠合图

勘探新层系中组合储层主要发育在马五 5 亚段、马五 7 亚段、马五 9 亚段的潮坪藻屑滩白云岩中，主要孔隙类型与上组合不同，中组合以晶间孔和溶缝为主，其次为溶孔及膏溶孔。

上组合、中组合气源均以上古生界煤系烃源岩为主，位于古构造控制的“半环形”成藏区带内，因此下古生界的储层与上古生界的烃源岩之间的源储输导是成藏的主要控制因素之一。上组合古沟槽之间的溶丘带储层溶蚀孔发育，是上组合气藏的主要富集区；中组合靠近中央古隆起带发育的潮上云坪滩相，水动力强，是中组合有利储层发育区。

经勘探证明，上组合古沟槽之间的溶丘带是气藏的主要富集区，靖边岩溶台地内，古沟槽东西向展布，南北向分支与溶洼、溶坑和古构造低洼带相互关联，共同组成分割台地的复杂网络，使得在平缓东倾的古地貌背景上，形成大小不一、形态各异的溶丘块体。这些溶丘块体具备了捕集天然气的优越条件，成为主要的富集区。古沟槽网络决定了气藏的分布特征。古沟槽的切割和其他负向地貌单元的影响，使各个溶丘块体在风化壳岩溶发育过程中，随着水文环境的变化，逐渐发育成相互独立的岩溶系统，进而演化成不同的含气单元，使压力系统、气水分布及边界特征表现出多样性，古沟槽网络对气藏的分布具有重要的控制作用。因此上组合奥陶系顶部不整合面、侵蚀沟槽、断裂（裂缝）是重要的源储输导体系，不整合面的地质结构控制了天然气的运聚。

中央古隆起控制了马五段潮缘藻屑滩的发育。古隆起东侧地区近南北向分布的台坪相带，水动力较强，有利于发育浅水颗粒滩相沉积；经历浅埋藏期的混合水云化作用及风化壳期的岩溶作用，可以形成晶间孔、晶间溶孔发育的白云岩储层。

加里东风化壳期，奥陶系地层自东向西依次剥露，中央古隆起及其东侧邻近地区暴露，使得中、下组合白云岩储层与上古生界煤系烃源岩直接接触，形成南北向带状展布的供烃窗口（图 8-4）。燕山期，构造反转，形成东高西低的构造格局，有利于中组合供烃窗口沟通煤系气源通过顺层运移至膏盐层下成藏聚集。

鄂尔多斯盆地东部马家沟组“半环形”天然气聚集带成藏主控因素为源储输导和储层控制。

8.2.2　靖边气田奥陶系膏盐岩下有利勘探领域

随着勘探和研究工作的深入，作为盆地内勘探新层系，靖边气田盐下的勘探潜力逐渐呈现，部分井取得实质性突破。该领域目前正处于积极探索研究及努力攻关阶段。

鄂尔多斯盆地奥陶系马家沟组发育有巨厚的膏盐岩沉积层，其中以马五段的马五 6 亚段膏盐岩分布最广，面积约 $5\times10^4\,km^2$。因膏盐层具有特殊的封盖作用，鄂尔多斯盆地的奥陶系盐下长期以来也一直是不断探索的重要后备领域。早期在对奥陶系顶部古风化壳气藏的勘探中，认为风化壳气藏的气源主要来自上古生界煤系烃源岩，受风化壳影响深度及马五 6 亚段以下膏盐层的阻隔，上古生界煤系生气很难穿过膏盐层向下运移。

近期在中组合勘探研究的启示下，提出膏盐岩下上古生界煤系烃源岩侧向供烃成藏新认识，即西侧存在供烃窗口，利于规模运聚。加里东风化壳期，奥陶系地层自东向西依次剥露，中央古隆起及其东侧邻近地区，膏盐岩下白云岩储层与上古生界煤系烃源岩直接接触，形成南北向带状展布的供烃窗口，供烃面积大、范围广，形成利于规模运聚的源储配置关系。

奥陶系膏盐岩下侧向供烃成藏模式的提出，为勘探向奥陶系深层探索提供了依据，为实现“靖边下面找靖边”的夙愿指明了方向。近期针对这一目标已经部署了风险探井——靳探 1 井，若勘探取得发现，将有望在靖边气田之下形成新的碳酸盐岩接替领域。桃 38 井首次在膏盐岩下马五 7 亚段、马五 9 亚段获得 $12.91\times10^4\,m^3/d$ 的高产工业气流，上部马五 6 亚段膏盐岩层厚 42 m，封盖条件良好。统 74 井在距奥陶系顶部风化壳约 240 m 的马五 7 亚段试气获 $127.98\times10^4\,m^3/d$ 高产。

8.2.3　黄龙—宜川较有利勘探领域

黄龙—宜川目标区位于中央古隆起南部东侧，目前作为盆地碳酸盐勘探新区带。该地区在马五段、马六段都有所发育。马六段为灰岩，岩性致密，不利于成藏。但下伏马五段储层岩性条件有利，沉积相带有利；同时该地区位于中央古隆起南侧东部斜坡上，附近又有沟槽分布，利于长期溶蚀作用对储层的改造。总体上岩性、地层条件均有利于溶蚀孔洞的形成，为气藏的形成提供了有利储集空间。盆地东南部加里东风化壳期构造相对活跃，顺层岩溶作用强烈，马五段具备发育溶孔型储层的地质条件。2010 年宜 6 井在马五 1 和 2 亚段试气获工业气流，已证实盆地东南部是奥陶系风化壳气藏的有利勘探区带，主要勘探层位为马五段上组合。

该地区由于沉积环境的差异，区内主要发育两套气源岩，即下古生界的暗色碳酸盐岩、上古生界的海陆交互相煤系地层。上、下古生界源储配置良好，以上古生界气源为主。石炭系—二叠系煤层生烃能力高于暗色泥岩的生烃能力。煤层生烃强度一般在 $10\times10^8\sim20\times10^8\,m^3/km^2$，但是在伊陕斜坡南部及渭北隆起生烃强度较低，为 $5\times10^8\sim10\times10^8\,m^3/km^2$。石炭系—二叠系暗色泥岩生烃强度大部分地区为 $8\times10^8\sim12\times10^8\,m^3/km^2$。石炭系—二叠系碳酸盐岩烃源岩厚度较薄，一般为 10 ~ 30 m，以 $Ⅱ_1$ 型为主，累计产气率 400 m^3/t TOC，总有机碳含量平均为 1.42%，生烃强度为 $3\times10^8\sim5\times10^8\,m^3/km^2$。总体而言，石炭系—二叠系烃源岩的煤层和暗色泥岩生烃强度较高，除伊陕斜坡南部和渭北隆起生烃强度在 $10\times10^8\sim50\times10^8\,m^3/km^2$ 外，该区北部、东北部生烃能力强（图 8-5）。

奥陶系顶部与上古生界区域性煤系地层接触，其既可成为烃源岩，也可成为区域盖层，而盆地内部不同构造单元均有小区域盖层，泥质灰岩既可排烃也可作为局域盖层；盆地南缘东部旋回性发育于潟湖内的蒸发岩成为良好的局域盖层，特别是马五 6 亚段几乎涵盖大部分东部地区，是仅次于煤系地层的区域性盖层。奥陶系盖层条件好，无论是区域盖层还是局域盖层在不同的区域均有发育，成为形成油气藏的保障。从该区气藏剖面对比来看，该区奥陶系主要为上生下储的风化壳气藏。因此，风化壳储层的发育以及风化壳与上古生界气源的源储输导体系最为关键。上组合奥陶系顶部不整合面、侵蚀沟槽、断裂（裂缝）是重要的源储输导体系，不整合面的地质结构控制了天然气的运聚。越靠近中央古隆起，地层逐层剥蚀，依次出露中组合和下组合，使得中组合和下组合直接与上古生界煤系烃源岩接触，形成了中—下组合的上古生界供烃窗口。只要中—下组合发育储层，就可以形成天然气藏。加里东风化壳期，奥陶系地层自东向西依次剥露，中央古隆起及其东侧邻近地区暴露，使得中—下组合白云岩储层与上古生界煤系烃源岩直接接触，形成南北向带状展布的供烃窗口。燕山期，构造反转，形成东高西低的构造格局，有利于中—下组合供烃窗口沟通煤系气源，形成向东侧遮挡的岩性气藏。

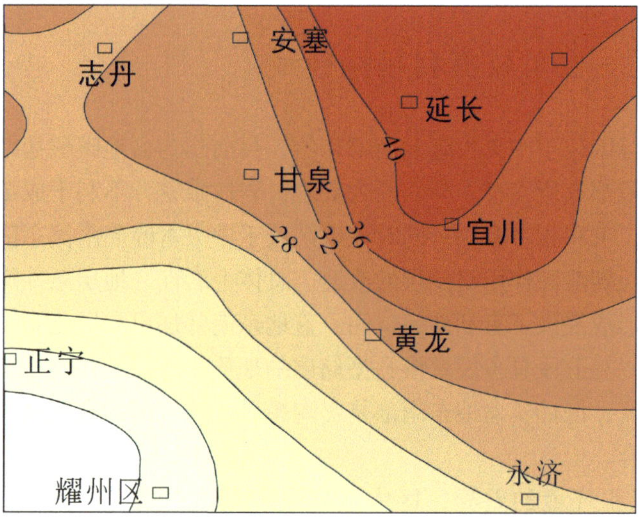

图 8-5　鄂尔多斯盆地东南部上古生界烃源岩生烃强度分布图（10^8 m^3/km^2）

从东南部的勘探情况来看，在马五段有天然气显示。在研究区西部马五 5 亚段发现了局部的高能藻屑滩，在富县地区也发育低能的藻屑滩，在马四段发育一定厚度的白云岩，都是下一步勘探的目标。宜川—黄龙地区马家沟组马五 1 亚段、马五 2 亚段、马五 4 亚段储层发育分布受多因素共同控制。

宜川地区虽总体处于岩溶斜坡地貌单元，但古沟槽相对发育，储层被分割，连续性不好，但在宜参 1 井—宜 10 井—宜 19 井一带发育岩溶残丘，古地貌位置相对有利，次生灰化作用较弱，膏模孔多未被完全充填，且以白云石充填占优，发育膏模孔半充填型储层，局部可能发育晶间孔型储层，宜川县以西一带储层发育更优（图 8-6）。黄龙地区总体来看也处于岩溶斜坡，但二级地貌细分发现，该地区在宜 7 井—宜 9 井—宜 13 井一带存在一低洼地貌，整体上因地势偏低造成宜 5 井—宜 6 井—宜 8 井—宜 14 井一带存在一残存溶梁，这一区域次生灰化作用较弱，膏模孔未被完全充填，且多为白云石充填，为马五段有利勘探目标区（图 8-6）。

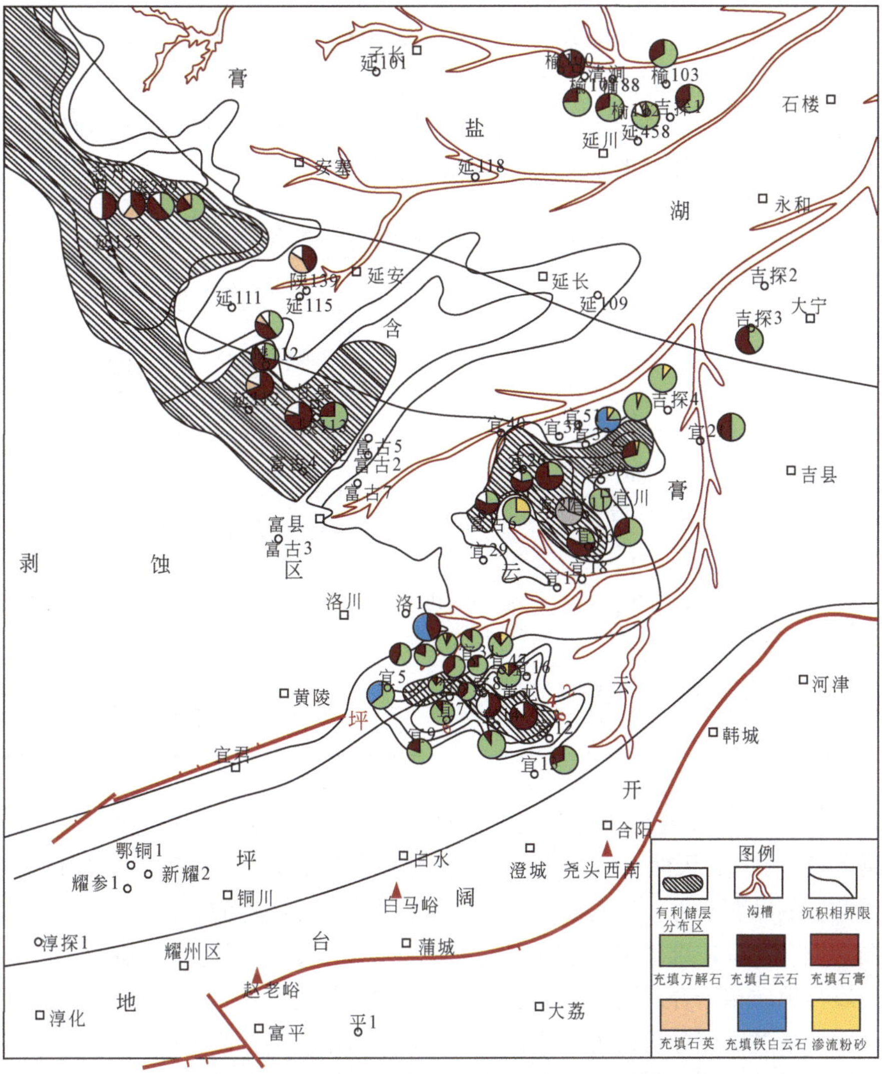

图 8-6　宜川—黄龙地区马五 1 亚段储层分布预测图

8.3　盆地海相碳酸盐岩值得探索的勘探新领域——秦祁海域

通过项目组多年的研究，认为鄂尔多斯盆地西南缘碳酸盐岩储层有以下几类：礁滩型、岩溶型和白云岩型，其中白云岩型储层和礁滩型储层在西南缘均有分布，岩溶型储层主要分布在盆地西缘天环拗陷地区，各类储层的具体特征见表 8-1。

盆地西南缘秦祁海域存在三种不同碳酸盐岩储层，其分布如图 8-7 所示。其中盆地南缘白云岩储层是储集条件最好的储层类型，若能形成有效的成藏条件，则是最有希望取得突破的区带；西缘岩溶型储层虽有气体显示，但预测难度大，是风险性较大的储层类型，对其预测应该在明确地质控制因素后，加大地球物理探测的手段，以降低风险，取得规模型突破；盆地西缘和南缘的礁滩型储层，是三类储层里储集条件最差的储层类型，若能通过地质研究寻找到经白云岩化或规模岩溶改造的区域，则很有勘探前景，建议作为盆地碳酸盐岩勘探战略区带。各种类型储层特征具体阐述如下。

表 8-1 鄂尔多斯盆地西南缘碳酸盐岩储层类型及特征一览表

类型		储集岩类	储集空间	发育层位	分布范围	控制因素
岩溶型		灰岩	溶洞、溶缝	克里摩里组	盆地西缘天环拗陷	沉积相、岩溶古地貌、古地质条件
白云岩型		晶粒白云岩	晶间孔、晶间溶孔	马六段	盆地南缘千阳—淳化一带	沉积相、白云岩化作用
				桌子山组	盆地西缘天环拗陷	白云岩化作用
礁滩型	高能型	生物灰岩、颗粒灰岩	溶孔、溶缝	平凉组、背锅山组	盆地南缘渭北拗陷北	沉积相、岩溶作用、白云岩化
	低能型	颗粒灰岩、生物灰岩	格架孔、溶孔、溶缝	克里摩里组	盆地西缘天环拗陷	沉积相、溶蚀作用

（1）岩溶型。岩溶型储层是加里东运动表生期大气淡水溶蚀克里摩里组灰岩形成的洞穴，通常半充填，含天然气，如早些时候的天 1 井和最近两年的余探 1 井都有工业气流，表明这类储层的勘探潜力。这套储层以灰岩内的洞穴为储集空间，由于岩溶洞穴发育机理复杂，洞穴发育部位较难确定，给这套储层的勘探开发带来了很大的风险，最有效的办法应该是地震与地质相结合，通过地震手段确定可能发育的部位，再通过地质分析，确定其确切的位置。通过研究分析认为，这套岩溶洞穴具有顺层溶蚀的特征，受到沉积相、古岩溶地貌及古地质条件的共同控制。调查现有洞穴发育的钻井发现，克里摩里组发育洞穴层位附近均为颗粒灰岩或者含生物碎屑灰岩，这类岩石从岩溶机理上分析也更加容易溶蚀，也就是说沉积相中呈带状分布的开阔台地内点礁、点滩是岩溶型储层发育的首选岩石。从岩溶高地过渡到岩溶盆地，西缘为岩溶陡坡，这种地貌特征下的水动力条件有利于岩溶作用的发育，即位于岩溶陡坡带内的灰岩更容易发生溶蚀作用。另外，通过对古岩溶地质条件研究发现，岩溶作用发育时克里摩里组若出露往往洞穴充填比较强，而有乌拉力克组覆盖时则洞穴充填率低，含气性好。因此这类储层从发育地质条件分析应该在三者均有利的区带勘探。这类储层主要发育在盆地内天环拗陷南端。

（2）白云岩型。白云岩型储层在盆地西缘主要发育在桌子山组，以各种晶粒白云岩为主，储集空间为晶间孔、晶间溶孔，储层发育受沉积相和白云岩化机理共同控制。桌子山组白云岩根据岩石学特征、地球化学特征分析，为埋藏白云岩化成因，Mg^{2+} 来源于因

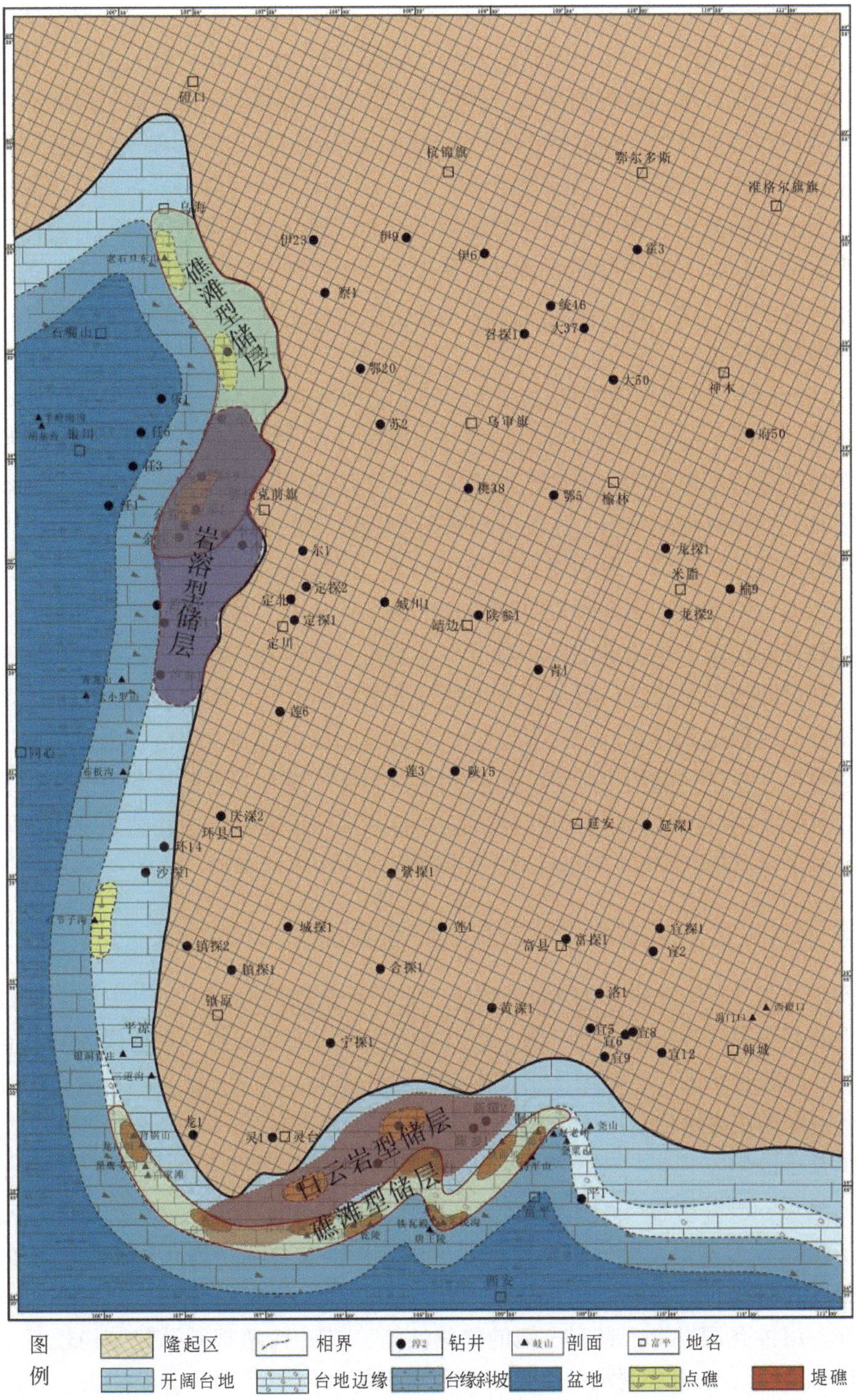

图 8-7　鄂尔多斯盆地西南缘储层类型及有利勘探区预测

禁海水，压实作用使流体移动发生白云岩化。西缘白云岩主要发育在盆地西缘的天环拗陷。盆地南部白云岩型储层主要发育在马六段，分布于陕西千阳—淳化一带，典型代表为旬探1井马六段白云岩，岩石为细—中晶白云岩，储集空间为晶间孔、晶间溶孔，储层发育受沉积相和白云岩化作用共同控制。马六段白云岩往往具有残余结构，原岩应为砂屑灰岩，这类岩石是相对高能环境下形成的沉积物，因此沉积微相对其发育有一定的控制作用。另外，无论是前人研究资料还是本项目组研究分析，均认为这套白云岩系埋藏成因即白云岩化机理对白云岩的分布有控制作用。盆地西南缘白云岩储层是储层质量最好的储层类型，应该成为盆地碳酸盐岩油气勘探战略目标首先关注的区带，若能有良好的成藏条件，一定可以形成可观的油气藏，成为继盆地东部马家沟组中—下组合白云岩储层以外又一白云岩型储层勘探目标区带。

（3）礁滩型。礁滩型储层储集岩为各种生物灰岩和颗粒灰岩，其中颗粒灰岩中最常见砂屑灰岩，主要的储集空间为溶蚀孔、缝，储层发育受沉积相和溶蚀作用共同控制。根据岩石学特征分析鄂尔多斯盆地西南缘礁滩形成于不同的背景，以低能型和高能型区分。低能型礁滩发育在克里摩里组，分布于西缘天环拗陷一带，生物礁主要见海绵礁和珊瑚礁，礁内主要为灰泥基质充填，颗粒滩有生物碎屑滩、砂屑滩，颗粒之间为灰泥充填，非亮晶胶结，用台地—斜坡模式来解释该时期该地区的沉积环境。高能型礁滩发育在中—上奥陶统平凉组和背锅山组，生物礁主要为珊瑚礁、层孔虫礁和海绵礁，颗粒滩以砂屑滩和藻屑滩为主，颗粒间为亮晶胶结，形成于台地边缘高能环境，我们用经典的镶边台地模式来解释该时期该地区的沉积环境。这套储层虽然有良好的储集岩类，但由于未发生白云岩化，加上胶结致密，原生孔隙消失殆尽，所以储集空间并不发育，主要为受溶蚀作用改造的溶蚀孔、缝系统。因此盆地内这种储层勘探应以寻找潜伏礁滩体溶蚀孔隙系统为主要勘探目标。该类储层是盆地西南缘三大类型储层中勘探潜力较差的类型。

1. 盆地南缘奥陶系秦岭海域勘探获得新发现

麟探1井是2015年在盆地西南缘麟游北目标区实施的风险探井，主要勘探目的是在奥陶系礁滩相带寻找高丰度天然气藏。该井在上奥陶统背锅山组、中奥陶统平凉组钻遇有效烃源岩，同时在平凉组、马家沟组钻遇多段含气显示，揭示该区奥陶系发育有效成藏组合，具有一定的成藏潜力。

奥陶系平凉组发现生物礁型气藏：麟探1井在奥陶系平凉组钻遇礁灰岩20 m，并见明显含气显示，测井解释气层1.9 m，含气层两段共6.4 m。岩心观察发现礁灰岩段为块状灰岩，角砾较为发育，可能为礁前垮塌成因，局部发育孤立溶孔。薄片观察在礁灰岩段可见珊瑚和凝块石，局部发育晶间孔、微裂缝、鲕模孔等储集空间。成像测井具有块状，杂乱特征，溶蚀孔洞发育，具有一定的储集性能。核磁 T_2 谱显示孔隙结构较好，电成像孔隙度谱幅度高，分布范围宽，也表明储层有较好的储集性能和渗流能力。平凉组生物礁层段具有较好的储集性能和含气性。平凉组泥质灰岩较为发育，局部总有机碳含量较高，具有一定的生烃能力。平凉组生物礁灰岩储层与本段烃源岩形成自生自储型成藏组合，具有碳酸盐岩内幕气藏成藏潜力。若能取得较好的试气效果，将开辟盆地碳酸盐岩勘探新领域。

马家沟组钻遇含气白云岩：麟探 1 井马六段白云岩厚 153 m，马五段岩性主要为灰质云岩，厚 190 m。岩心及薄片观察表明，局部层段发育溶孔和晶间孔，具有较好的储集性能。测井在马六段、马五段解释气层、含气层六段共 17 m。马六段上部测井解释气层、含气层两段共 6.4 m。成像测井资料显示马六段气层、含气层段呈块状，溶孔发育。核磁 T_2 谱显示气层段孔隙结构较好，电成像孔隙度谱幅度较高，分布范围宽，表明储层有较好的储集性能和渗流能力。

马五段测井解释气层 5.7 m，含气层两段 3.1 m。岩屑显微薄片观察表明，白云石晶间孔较为发育。气层段成像测井资料显示含气层段岩石呈杂乱块状，不显层理，溶孔发育。马五段含气层之下的灰质白云岩层段岩心观察可见白云石晶粒较粗，溶孔不均匀分布；显微薄片显示白云石晶间孔较为发育。根据电性特征判断，该井马五段含气层储层物性更好。

麟探 1 井马六段与马五段储层特征相似，多种资料综合判断马六段具有较好的储集性能。由于新区、新层系气层电性特征不明，马六段含气性还有待于试气进一步证实。

麟探 1 井在盆地西南缘奥陶系礁滩相带发现有效成藏组合与含气显示，表明该相带具有较好的成藏潜力。若该井试气获得成功，可望在盆地南缘开辟下古生界勘探新领域，形成新的勘探接替区带，有利勘探面积约 2300 km^2。

2. 盆地西部奥陶系祁连海域勘探发现新苗头

古探 1 井是 2015 年在盆地西部古峰庄目标区实施的风险探井，主要勘探目的是在奥陶系高能浅滩相带寻找新发现，同时探索中元古界长城系成藏潜力。古探 1 井位于盆地西缘祁连海域克里摩里组潟湖凹地东侧高能浅滩相带，该井在克里摩里组上部高能砂屑、砾屑灰岩层段钻遇缝洞型储层，气测异常明显。该井还在乌拉力克组、克里摩里组钻遇两套烃源岩，揭示该区具有奥陶系碳酸盐岩内幕气藏勘探潜力，并初步明确了台缘相带是下一步勘探的有利目标。

古探 1 井克里摩里组上部钻遇含云砾屑灰岩，在距奥陶系顶部 282 m、距克里摩里组顶部 54 m 处钻遇明显气测异常，测井解释气层 1.9 m，含气层两段共 3.9 m。储层岩石岩心角砾特征明显，未见溶蚀孔洞，可见裂缝；成像测井资料显示，含气显示层段裂缝较为发育，为石灰岩裂缝型储层。气层段视电阻率 622.47 Ω·m，声波时差 164.92 μs/ft，密度 2.70 g/cm^3，视孔隙度 5.53%，气测峰值 95.8600%，基值 0.1135%；含气层视电阻率 532.39 Ω·m，声波时差 164.10 μs/ft，密度 2.72 g/cm^3，视孔隙度 5.14%，气测峰值 0.9554%，基值 0.2079%。

古探 1 井克里摩里组含气显示层段岩性为砾屑灰岩、砂屑灰岩，生物碎屑丰富，亮晶胶结，指示水体较浅的强水动力滩相沉积环境，初步证实潟湖东侧存在高能浅滩相带。勘探表明，盆地西缘奥陶系克里摩里组发育石灰岩缝洞型和白云岩晶间孔型储层，与乌拉力克组、克里摩里组烃源岩形成良好的源储配置关系，具有成藏潜力。盆地西缘奥陶系秦祁海域勘探区带目前已有 12 口探井在克里摩里组石灰岩缝洞型和白云岩晶间孔型储层中获天然气流，证实该区带具有碳酸盐岩内幕气藏勘探潜力。

综合分析，作为盆地西南缘地带的秦祁海域，存在以下有利勘探地区。

（1）西缘冲断带下盘白云岩体较有利勘探领域。对西缘冲断带的探索自盆地勘探初期就已经开始，历经局部构造、前陆冲断带等多个勘探阶段，但勘探一直未取得大的进展；近期研究表明该区奥陶系发育较好的白云岩储层，结合地震发现的冲断层下盘大型隆起构造带，认为冲断带下盘构造—岩性圈闭具有一定的成藏潜力，为西缘勘探提供了新的思路。该勘探领域发育上下古生界两套烃源岩。奥陶系克里摩里组和桌子山组发育白云岩晶间孔型储层，孔隙度 5% ~ 8%，厚 20 ~ 40 m，储集性较好。源储配置关系较好，石炭系—二叠系煤系烃源岩可同时向上、下古生界储层供气。中奥陶统海相烃源岩与克里摩里组直接接触，其生成的烃类可能在克里摩里组储层富集成藏。由于白云岩储集体通常横向上大规模连片分布，因而对圈闭条件要求较高，预计在局部构造发育区成藏富集的可能性较高。近期，长庆油田针对地震勘探发现的断层下盘大型隆起构造带，以局部构造为目标，上、下古生界兼顾部署了风险探井。

（2）天环北段目标区较有利勘探领域。天环北段目标区位于盆地西北部，位于天环拗陷构造单元北段。目前余探 1 井在克里摩里组洞穴型储层见含气显示，克里摩里组测井解释气层 6.0 m，气测峰值 26.6%，钻井过程中漏失泥浆 99.5 m^3，其中在 3934.7 ~ 3935.8 m 深度放空 1.1 m。棋探 1 井及其周围识别出岩溶改造后滩体共 4 个，可靠程度较高的滩体面积为 295 km^2，经酸化改造后日产水 315 m^3，表明礁滩相储层具有较好的储集性能。总体来看，该地区存在浅水沉积及礁滩相带，储层发育条件有利；克里摩里组距离古风化壳近，有利于岩溶作用发生；同时该地段距离西侧生烃拗陷近，有利于气藏运移；上覆乌拉力克组以泥岩为主，盖层条件良好，并且该地区受构造影响相对有限，有利于形成圈闭。因此，该地区是下古生界勘探有利区之一，主要勘探层位为克里摩里组。

（3）旬邑—永寿较有利勘探领域。旬邑—永寿目标区位于盆地南部，属于渭北隆起构造单元西段。该地区奥陶系平凉组、背锅山组均有生物礁发育，是寻找礁滩型储层的有利地区。同时整个下古生界在该地区位于南缘坡折带、颗粒滩等，但由于其经历了长期的成岩作用，导致这些颗粒滩相储层胶结作用强烈，加上又缺乏强烈的暴露接受淡水溶蚀作用改造，因此储层物性差。好的储层应该考虑两方面因素：一是具有颗粒发育的储层，二是在构造裂缝发育的地带，这两者同时发育的地区才可能是潜在的勘探目的层。从现有资料来看，耀参 1 井在寒武系毛庄组、徐庄组、张夏组和奥陶系平凉组均有含气层，永参 1 井在平凉组、马六段也有油气显示。但从平面图来看，耀参 1 井所在的位置正好位于盆地南缘中部断裂带的 F_9 和 F_{10} 断裂附近。总体来看，该地区存在储层沉积相带发育条件有利，同时该地段距离南侧生烃拗陷近，有利于气藏运移；该地区受构造影响强烈，有利于形成构造—岩性复合圈闭。因此，该地区也是下古生界勘探潜在有利区之一。

（4）平凉北较有利勘探领域。平凉北目标区位于盆地西南部，属于天环拗陷构造单元南段。该地区奥陶系生物礁发育，同时地处台地边缘带，沉积相带有利，是寻找礁滩型储层有利地区之一。但同样由于其经历了长期的成岩作用，这些颗粒滩相储层胶结作用强烈，加上又缺乏强烈的暴露接受淡水溶蚀作用改造，因此储层物性差。该地带地处西缘逆冲构造带附近，有可能发现一定的构造—岩性复合圈闭，最好是发生白云岩化强带地带，可能是潜在的勘探目的层。目前在石节子沟地表露头上发现了典型的生物礁储层，但岩性致密，主要岩性为灰岩，成岩作用强烈，储层物性一般。但考虑到深大断裂影响，有可能在该地区礁滩储层基础上叠加后期深部溶蚀作用和后期白云岩化改造，因此也认为该地区有利于形成构造—岩性复合圈闭，是下古生界勘探潜在有利区之一。另外在该地区平凉组中有一定规模的海底扇分布，这也同时增加了储层类型的多样性。

从以上几个方面不难看出，盆地下古生界成藏有利区带均位于中央古隆起周边，这与中央古隆起在形成演化过程中对储层发育控制作用密不可分，同时中央古隆起控制了古岩溶地貌，这也控制了古岩溶储层的有利区分布。当然盆地的后期构造改造、成岩作用改造也进一步影响到了成藏效果。

8.4　盆地海相碳酸盐岩远景勘探新领域

1. 盆地寒武系三山子组古岩溶——白云岩型储层

中—上寒武统储集岩物性总体较差，属低孔低渗储层，局部也存在中孔中—高渗段。尤其是在寒武系三山子组、张夏组内发育泥—细晶白云岩、颗粒白云岩、残余颗粒白云岩、灰质白云岩、白云质灰岩等，其中以颗粒白云岩、残余颗粒白云岩岩性有利（表 8-2），在显微镜下也可发现一些较好的孔洞，在一定程度上展示了储集潜力（图 8-8）。尤其是距离寒武系与奥陶系不整合面附近有利于溶蚀作用的进一步改造，从而更好地改善储集性能。

表 8-2　盆地寒武系地层及岩性特征

系	统	地层	岩石类型
寒武系	上统	三山子组	泥—细晶白云岩、颗粒白云岩、残余颗粒白云岩、灰质白云岩、白云质灰岩等
	中统	张夏组	鲕粒云（灰）岩、竹叶状灰岩、砂屑灰岩夹泥页岩及泥灰岩
		馒头组	砂质泥岩、泥质白云岩、白云质泥岩、含泥白云岩、泥晶白云岩、含泥灰岩、泥岩、鲕粒灰岩等
	下统	朱砂洞组	泥粉晶白云岩、白云质灰岩夹泥晶灰岩、泥质白云岩
		辛集组	钙质长石石英砂岩、含磷砂岩、砂质白云岩、泥质白云岩、磷块岩

(a)粗粉晶云岩,溶蚀孔洞发育，孔洞较大，三山子组，3379.42m，榆9井　(b)残余砂屑细晶白云岩，溶洞，龙探1井3385.8m，三山子组(-)　(c)残余砂屑白云岩，晶间孔、裂缝龙探1井，3387.8m，三山子组(-)

图 8-8　三山子组岩心及显微镜下发现较好的孔隙特征

2. 奥陶系深水滑塌体具有利的成藏组合条件

随着对能源需求的增加，人们开始把勘探目光转向了深海区。深海原地沉积的泥岩、页岩、泥微晶灰岩可以成为良好的烃源岩，而深海重力流和深海牵引流的细粒沉积物直接与深海原地沉积接触，二者组合可以形成良好的岩性油气藏。20 世纪 70 年代末期，国外油气勘探开始涉足深海领域。20 多年的勘探实践证明，深海区是油气蕴藏极为丰富的领域。特别是近十几年，南美、西非大西洋沿岸、墨西哥湾、北海、巴伦支海、喀拉海及东南亚、澳大利亚西北大陆架等海域相继发现了许多大型油气田，其勘探领域已扩展到水深 3000 m。

鄂尔多斯盆地西、南缘于中奥陶统平凉组发育大量深海扇体。这些深海扇体往往被斜坡—盆地相地层包围（图 8-9）。圈闭类型可以是穹隆、背斜及构造—岩性复合、岩性圈闭。

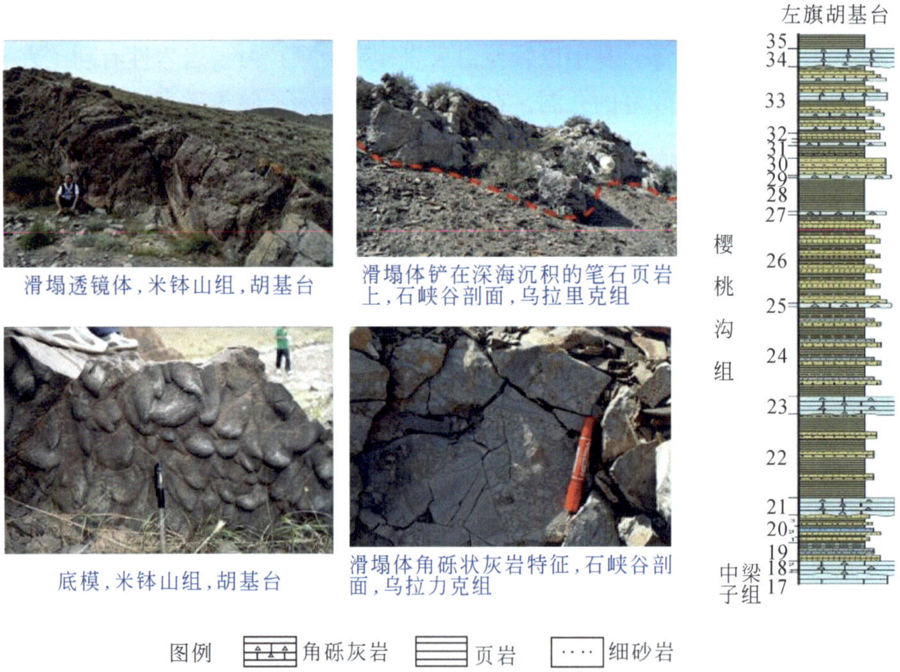

图 8-9　盆地西缘北段胡基台剖面、石峡谷剖面深水重力流沉积

由于扇体主要发育于与Ⅰ型层序界面有关的低水位体系域中，其剖面形态以楔形为主，平面上以扇形—带状为主，在层序格架中由于侧向与垂向的相变而形成较为典型的岩性—成岩圈闭，受后期构造的影响能够形成构造—岩性复合圈闭。斜坡扇储集层的油气勘探思路基本与礁滩储集层类似，应采用岩性—成岩圈闭油气藏的勘探思路并兼顾构造（背斜）圈闭油气藏勘探，首要任务是落实层序格架下与Ⅰ型层序界面相关的斜坡扇体的时空分布。

3. 奥陶系乌拉力克组海相页岩气新领域

盆地奥陶系乌拉力克组深水相具备页岩气基本成藏条件。乌拉力克组是盆地西部地区奥陶系的主力烃源层段，岩性以深灰色、灰黑色泥岩及页岩为主，已有探井（忠 4 井）在奥陶系乌拉力克组试气工业气流，说明该层段不仅是有利的烃源层段，也可能具备非常规页岩气的成藏潜力，也可作为另一新领域加强探索研究。根据页岩气选区标准和方法，结

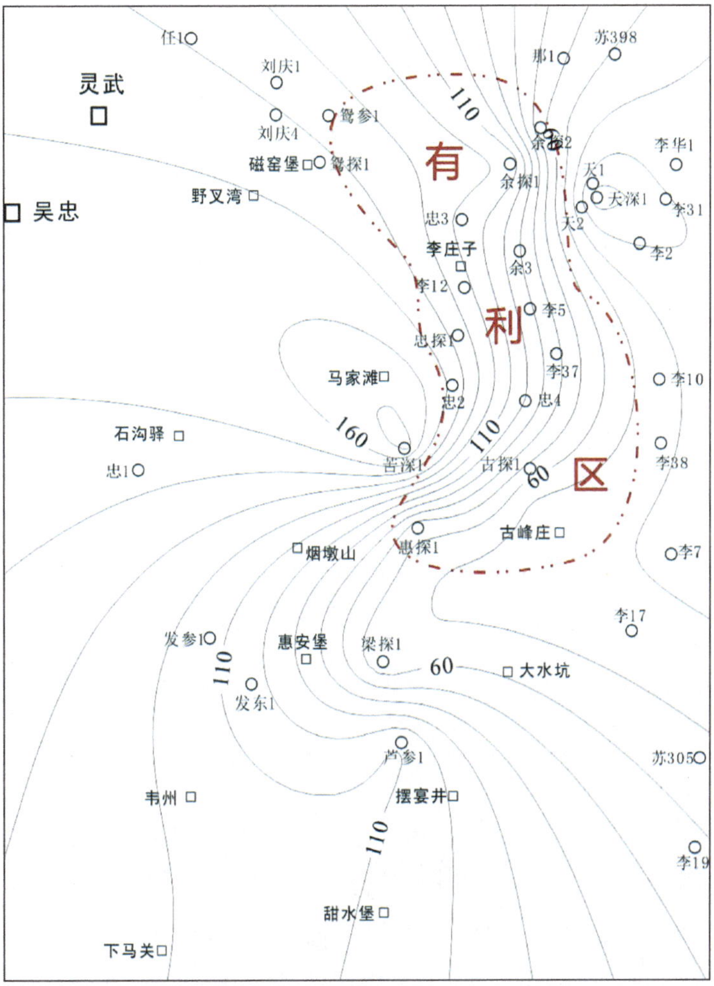

图 8-10　盆地西部下古生界乌拉力克组页岩气有利区预测

合鄂尔多斯盆地下古生界乌拉力克组评价单元信息，参考自然资源部油气资源战略研究中心制定的“页岩气资源潜力评价与有利区优选方法”，优选了乌拉力克组页岩气有利区，在余探2井—古峰庄—惠探1井—忠2井—鸳探1井一带，呈南北向条带状展布，有利区主要位于西缘北段冲断带、天环拗陷内的部分区域（图8-10）。

总体来看，目前鄂尔多斯盆地海相碳酸盐岩领域勘探总体现状是战略机遇与战略挑战并存，具体体现在：勘探领域众多、勘探发现不断、勘探成效显著；勘探难度日趋增大，规模储量接替不足，勘探投入尚显欠缺，地质研究需要深入，成藏因素有待深化，技术水平需要提高。

主要参考文献

安太庠，徐宝政. 1984. 湖北通山、咸宁地区奥陶纪地层和牙形石 [J]. 北京大学学报(自然科学版), 5: 75-89.

安太庠，郑昭昌 .1990. 鄂尔多斯盆地周缘的牙形石 [M]. 北京：科学出版社.

安作相. 1998. 陕北气区的形成与中央古隆起 [J]. 中国海上油气(地质), 12(3): 150-153.

包洪平，杨帆，蔡郑红，等. 2017. 鄂尔多斯盆地奥陶系白云岩成因及白云岩储层发育特征 [J]. 天然气工业, 37(1): 32-45.

鲍志东，李儒峰，冯增昭. 1999. 鄂尔多斯盆地东西部奥陶系对比再研究 [J]. 地质论评, 4 (45): 375-382.

长庆油田石油地质志编写组. 1992. 中国石油地质志. 卷十二，长庆油田 [M]. 北京：石油工业出版社.

陈安定. 1994. 陕甘宁盆地中部气田奥陶系天然气的成因及运移 [J]. 石油学报, 15(2): 1-10.

陈安清. 2010. 鄂尔多斯地块早古生代盆地演化与物质聚集规律 [D]. 成都：成都理工大学.

陈诚，史晓颖，裴云鹏，等. 2012. 鄂尔多斯盆地南缘晚奥陶世钾质斑脱岩—SHRIMP 测年及其成因环境 [J]. 现代地质, 26(2): 205-219.

陈刚. 1994. 鄂尔多斯地块西南部早古生代裂谷陆缘结构及其演化 [D]. 西安：西北大学.

陈洪德，田景春. 2005. 中国南方中新生代构造 - 层序格架与沉积盆地演化 [C]// 中国地质学会，中国矿物岩石地球化学学会. 第三届全国沉积学大会.

陈洪德，侯明才，林良彪，等. 2010. 不同尺度构造 - 层序岩相古地理研究思路与实践 [J]. 沉积学报, 5: 894-905.

陈洪德，侯中健，田景春，等. 2001. 鄂尔多斯地区晚古生代沉积层序地层学与盆地构造演化研究 [J]. 矿物岩石, 3: 16-22.

陈洪德，胡思涵，陈安清，等. 2013. 鄂尔多斯盆地中央古隆起东侧非岩溶白云岩储层成因 [J]. 天然气工业, 10: 18-24.

陈洪德，钟怡江，许效松，等. 2014. 中国西部三大盆地海相碳酸盐岩台地边缘类型及特征 [J]. 岩石学报, 3: 3-15.

陈锦石，闻传芬，钟华，等. 1995. 古生代海洋碳同位素演化 [J]. 地质科学, 4: 338-347.

陈均远，邹西平. 1984. 鄂尔多斯地区奥陶纪头足动物群 [J]. 中国科学院南京地质古生物研究所集刊, 20: 33-111.

陈孟晋，宁宁，胡国艺，等. 2007. 鄂尔多斯盆地西部平凉组烃源岩特征及其影响因素 [J]. 科学通报, 52(增1): 78-85.

陈孟晋，汪泽成，郭彦如，等. 2006. 鄂尔多斯盆地南部晚古生代沉积特征与天然气勘探潜力 [J]. 石油勘探与开发, 33(1): 1-5.

陈能松，游振东，韩郁菁，等 . 1991. 豫西东秦岭造山带核部杂岩变质作用 PTt 轨迹 [J]. 矿物岩石地球化学通报，10(1): 18-19.

陈世悦 . 1998. 论秦岭碰撞造山作用对华北石炭二叠纪海侵过程的控制 [J]. 岩相古地理，18(2): 48-53.

陈万川，郝蜀民，黄家斌 . 1984. 陕西唐王陵组沉积物重力流特征和形成机理 [J]. 石油实验地质，3:46-55.

陈义才，杨知敏，王思航，等 . 2014. 鄂尔多斯盆地马家沟组烃源岩有效排烃有机质丰度下限探讨——以龙探 1 井为例 [J]. 天然气地球科学，25(11): 1718-1726.

陈友智，付金华，杨高印，等 . 2016. 鄂尔多斯地块中元古代长城纪盆地属性研究 [J]. 岩石学报，32(3): 856-864.

程裕淇 . 1994. 中国区域地质概论 [M]. 北京：地质出版社 .

崔智林，孙勇 . 1995. 秦岭丹凤蛇绿岩带放射虫的发现及其地质意义 [J]. 科学通报，4(18): 1686-1688.

代金友，何顺利 . 2005. 鄂尔多斯盆地中部气田奥陶系古地貌研究 [J]. 石油学报，26(3): 37-41.

戴金星，王庭斌，宋岩，等 . 1997. 中国大中型天然气田形成条件与分布规律 [M]. 北京：地质出版社 .

党犇 . 2003. 鄂尔多斯盆地构造沉积演化与下古生界天然气聚集关系研究 [D]. 西安：西北大学 .

邓昆 . 2008. 鄂尔多斯盆地中央古隆起形成演化与天然气聚集关系 [D]. 西安：西北大学 .

地质矿产部成都地质矿产研究所 . 1994. 中国南方岩相古地理图集（震旦纪—三叠纪）[M]. 北京：科学出版社 .

范嘉松，吴亚生 . 2005. 世界二叠纪生物礁的基本特征及其古地理分布 [J]. 古地理学报，7(3): 287-304.

冯娟萍，欧阳征健，周义军，等 . 2018. 鄂尔多斯地区中元古界“拗拉槽”的重新厘定 [J]. 西北大学学报：自然科学版，4: 587-592.

冯增昭 . 2013. 中国沉积学 . 北京：石油工业出版社 .

冯增昭，等 . 1990. 华北地台早古生代岩相古地理 [M]. 北京：地质出版社 .

冯增昭，等 . 1991. 中下扬子地区二叠纪岩相古地理 [M]. 北京：地质出版社 .

付金华，白海峰，孙六一，等 . 2012. 鄂尔多斯盆地奥陶系碳酸盐岩储集体类型及特征 [J]. 石油学报，33(S2): 110-117.

付金华，黄有根，郑小鹏，等 . 2018. 苏里格气田南区下奥陶统马家沟组气藏复杂岩溶储层的精细评价 [J]. 天然气工业，38(4): 46-52.

付金华，孙六一，冯强汉，等 . 2019. 鄂尔多斯盆地下古生界海相碳酸盐岩油气地质与勘探 [M]. 北京：石油工业出版社 .

付金华，吴兴宁，孙六一，等 . 2017. 鄂尔多斯盆地马家沟组中组合岩相古地理新认识及油气勘探意义 [J]. 天然气工业，37(3): 9-16.

付金华，郑聪斌 . 2001. 鄂尔多斯盆地奥陶纪华北海和祁连海演变及岩相古地理特征 [J]. 古地理学报，3(4): 25-34.

傅锁堂，黄建松，闫小雄 . 2002. 鄂尔多斯盆地古生界海相碳酸盐岩勘探新领域 [J]. 天然气工业，22(6): 17-21.

甘克文 . 2000. 特提斯域的演化和油气分布 [J]. 海相油气地质，Z2: 21-29.

高坪仙，刘新秒 . 1999. 试论中国古大陆中 - 新元古代汇聚与裂解的地质记录 [J]. 前寒武纪研究进展，22(1): 47-54.

高振中，罗顺社，何幼斌，等. 1995. 鄂尔多斯地区西缘中奥陶世等深流沉积 [J]. 沉积学报，13(4): 16-26.
顾其昌. 1996. 宁夏回族自治区岩石地层 [M]. 武汉：中国地质大学出版社.
管树巍，吴林，任荣，等. 2017. 中国主要克拉通前寒武纪裂谷分布与油气勘探前景 [J]. 石油学报，38(1): 9-22.
郭绪杰，焦贵浩. 2002. 华北古生界石油地质 [M]. 北京：地质出版社.
郭彦如，赵振宇，张月巧，等. 2016. 鄂尔多斯盆地海相烃源岩系发育特征与勘探新领域 [J]. 石油学报，37(8): 939-951, 1068.
韩行瑞. 2001. 鄂尔多斯盆地南西边缘的古岩溶及地文期划分 [J]. 中国岩溶，20(2): 125-130.
郝蜀民. 2001. 鄂尔多斯盆地油气勘探的回顾与思考 [J]. 天然气工业，21(增刊): 1-4.
郝哲敏，苏中堂，王玉萍. 2012. 鄂尔多斯盆地西南缘奥陶系储层类型及其空间展布 [J]. 中国矿业，21(11): 75-79.
何登发，邵东波，崔永平，等. 2018. 鄂尔多斯盆地西苑马家滩古隆起的厘定、成因及地质意义 [J]. 石油学报，39(6): 609-619.
何登发，谢晓安. 1997. 中国克拉通盆地中央古隆起与油气勘探 [J]. 勘探家，2(2): 11-19.
何国琦. 1994. 中国新疆古生代地壳演化及成矿 [M]. 乌鲁木齐：新疆人民出版社.
何自新，杨华，袁效奇. 2004. 鄂尔多斯盆地地质剖面图集 [M]. 北京：石油工业出版社.
何自新，郑聪斌，陈安宁，等. 2001. 长庆气田奥陶系古沟槽展布及其对气藏的控制 [J]. 石油学报，22(4): 35-38.
洪庆玉. 1985. 唐王陵组岩石学特征及沉积物重力流 [J]. 石油与天然气地质，1: 49-59.
侯方浩，方少仙，董兆雄，等. 2003. 鄂尔多斯盆地中奥陶统马家沟组沉积环境与岩相发育特征 [J]. 沉积学报，21(1): 106-112.
胡骁. 1990. 华北地台北缘早古生代大陆边缘演化 [M]. 北京：北京大学出版社.
黄第藩，杨俊杰. 1996. 鄂尔多斯盆地中部气田气源判识和天然气成因类型 [J]. 天然气工业，17(6): 1-5.
黄汲清，陈炳蔚. 1987. 中国及邻区特提斯海的演化 [M]. 北京：地质出版社.
黄建松，郑聪斌，张军. 2005. 鄂尔多斯盆地中央古隆起成因分析 [J]. 天然气工业，25(4): 23-26.
黄思静，石和，刘洁，等. 2001. 锶同位素地层学研究进展 [J]. 地球科学进展，16(2): 194-200.
霍福臣，等 .1989. 宁夏地质概论 [M]. 北京：科学出版社.
贾承造. 2006. 中国叠合盆地形成演化与中下组合油气勘探潜力 [J]. 中国石油勘探，1: 1-4.
贾承造，赵文智，魏国齐，等. 2003. 盐构造与油气勘探 [J]. 石油勘探与开发，2: 17-19.
贾振远. 1988. 一个碳酸盐沉积古斜坡的基本特征 [J]. 石油与天然气地质，9(2): 171-178.
贾振远，李志明. 1997. 中国古大陆及其边缘早古生代层序地层及海平面 [J]. 地球科学：中国地质大学学报，22(5): 544-551.
翦万筹，叶俭. 1983. 论唐王陵砾岩的层位 [J]. 长安大学学报（地球科学版），2: 5-12.
孔庆芬，张文正，李剑锋. 2007. 鄂尔多斯盆地西缘奥陶系烃源岩生烃能力评价 [J]. 天然气工业，27(12): 62-64.
李春昱，刘仰文，朱宝清，等. 1978. 秦岭及祁连山构造发展史 [J]. 西北地质，4: 3-14.
李晋僧. 1994. 秦岭显生宙古海盆沉积和演化史 [M]. 北京：地质出版社.

李军, 赵靖舟, 王大兴, 等. 2016. 鄂尔多斯盆地中央古隆起东侧奥陶系中组合天然气成因与来源 [J]. 石油学报, 37(7): 821-831.
李钦仲. 1985. 华北地台南缘 (陕西部分) 晚前寒武纪地层研究 [M]. 西安: 西安交通大学出版社.
李钦仲, 杨应章, 贾金昌. 1983. 陕西礼泉“唐王陵砾岩”的时代及其成因 [J]. 陕西地质, 1: 47.
李曙光, 张国伟. 1991. 一个距今 10 亿年侵位的阿尔卑斯型橄榄岩体: 北秦岭晚元古代板块构造体制的证据 [J]. 地质论评, 37(3): 235-242.
李思田, 杨士恭, 林畅松. 1992. 论沉积盆地的等时地层格架和基本建造单元 [J]. 沉积学报, 10(4): 11-22.
李文厚, 梅志超. 1991. 富平地区中—晚奥陶世沉积的古斜坡与古流向 [J]. 地球科学与环境学报, 13(2): 36-41.
李文厚, 梅志超. 1997. 陕西渭北奥陶系放射虫硅质岩与火山凝灰岩的成因环境 [J]. 中国区域地质, 4: 422-427.
李文厚, 陈强, 李智超, 等. 2012. 鄂尔多斯地区早古生代岩相古地理 [J]. 古地理学报, 14(1): 85-100.
李延钧, 陈义才, 杜远聪, 等. 1999. 鄂尔多斯下古生界碳酸盐烃源岩评价与成烃特征 [J]. 石油与天然气地质, 20(4): 349-353.
李振宏, 胡健民. 2011. 鄂尔多斯盆地奥陶系孔洞充填特征分析 [J]. 地质论评, 57(3): 444-456.
李振宏, 杨永恒, 郑聪斌. 2005. 鄂尔多斯盆地天环北段白云岩体成因及储集性能 [J]. 海相油气地质, 3: 25-30.
李振宏, 郑聪斌. 2004. 古岩溶演化过程及对油气储集空间的影响——以鄂尔多斯盆地奥陶系为例 [J]. 天然气地球科学, 15(3): 247-252.
林畅松. 1995. 贺兰拗拉槽盆地充填演化分析 [M]. 北京: 地质出版社.
刘宝珺, 丘东洲. 1995. 中国南方岩相古地理与油气前景 [J]. 南方油气地质, 1: 4-7.
刘宝珺, 周名魁, 王汝植. 1990. 中国南方早古生代古地理轮廓及构造演化 [J]. 地球学报, 1: 97-98.
刘鸿允. 1955. 中国古地理图 [M]. 北京: 科学出版社.
刘全有, 金之钧, 王毅, 等. 2012. 鄂尔多斯盆地海相碳酸盐岩层系天然气成藏研究 [J]. 岩石学报, 3: 847-858.
刘晓光, 陈启林, 白云来, 等. 2012. 鄂尔多斯盆地中寒武统张夏组沉积相特征及岩相古地理分析 [J]. 天然气工业, 32(5): 14-18, 99.
刘新社, 席胜利, 付金华, 等. 2000. 鄂尔多斯盆地上古生界天然气生成 [J]. 天然气工业, 6: 19-23.
卢欣祥. 1998. 秦岭花岗岩揭示的秦岭构造演化过程: 秦岭花岗岩研究进展 [J]. 地球科学进展, 2: 102-103.
卢欣祥. 2000. 秦岭花岗岩及其对秦岭造山带构造演化的揭示与反演: 秦岭花岗岩大地构造图说明书 [M]. 西安: 西安地图出版社.
卢衍豪, 朱兆玲, 钱义元. 1965. 中国寒武纪岩相古地理轮廓初探 [J]. 地质学报, 4: 3-11.
马春生, 许化政, 郑浚茂, 等. 2011. 鄂尔多斯盆地富县地区奥陶系岩溶风化壳储集层类型与形成条件 [J]. 海相油气地质, 16(2): 42-46.
马润华. 1998. 陕西省岩石地层 [M]. 武汉: 中国地质大学出版社.
马文璞. 1992. 区域构造解析: 方法理论和中国板块构造 [M]. 北京: 地质出版社.

马杏垣 . 1985. 构造学研究现状与展望——参加 27 届国际地质大会侧记 [J]. 地质科技情报 , 1: 6-8.
马永生 . 2007. 四川盆地普光超大型气田的形成机制 [J]. 石油学报 , 2: 9-14, 21.
马永生 , 蔡勋育 , 赵培荣 . 2011. 深层、超深层碳酸盐岩油气储层形成机理研究综述 [J]. 地学前缘 , 4: 181-192.
马永生 , 楼章华 , 郭彤楼 , 等 . 2006. 中国南方海相地层油气保存条件综合评价技术体系探讨 [J]. 地质学报 , 3: 406-417.
马振芳 , 周树勋 , 于忠平 , 等 . 1999. 鄂尔多斯盆地中东部奥陶系顶部风化壳特征及其与天然气富集的关系 [J]. 石油勘探与开发 , 26(5): 21-25.
梅冥相 . 1993. 碳酸盐岩米级旋回层序的成因类型及形成机制 [J]. 沉积与特提斯地质 , 6: 34-43.
孟祥化 . 2004. 中朝板块层序 • 事件 • 演化 [M]. 北京 : 科学出版社 .
孟祥化 , 等 . 1993. 沉积盆地与建造层序 [M]. 北京 : 地质出版社 .
牟书令 . 2008. 中国海相油气勘探理论、技术与实践 [J]. 石油与天然气地质 , 5: 543-547.
内蒙古地质矿产局 . 1985. 内蒙古自治区区域地质志 . 北京 : 地质出版社 .
聂凤军 , 张万益 , 江思宏 , 等 . 2007. 论河北丰宁牛圈银 (金) 矿床的成矿时限问题 [J]. 地学前缘 , 14(5): 167-176.
宁夏回族自治区地质矿产局 . 1990. 宁夏回族自治区区域地质志 [M]. 北京 : 地质出版社 .
潘桂棠 , 陈智梁 , 李兴振 , 等 . 1997. 东特提斯地质构造形成演化 [M]. 北京 : 地质出版社 .
彭冰霞 , 范蔚茗 , 王岳军 , 等 . 2006. 贵州乐康 P/T 界线无机碳同位素特征及其意义 [J]. 大地构造与成矿学 , 30(2): 248-255.
强子同 . 2007. 碳酸盐岩储层地质学 . 北京 : 石油工业出版社 .
乔秀夫 , 高林志 . 1990. 北京西山寒武系层序地层 [C]// 中国地质学会 . 中国地质科学院地质研究所文集 (22). 北京 : 地质出版社 .
丘东洲 , 谢渊 , 李晓清 , 等 . 2009a. 亚洲特提斯域岩相古地理与油气聚集地质特征 [J]. 海相油气地质 , 2: 41-51.
丘东洲 , 赵玉华 , 刘传鹏 , 等 . 2009b. 我国海相油气生成物质聚集特征与分布规律 (为庆祝《新疆石油地质》创刊 30 周年而作)[J]. 新疆石油地质 , 30(4): 425-430.
屈先锋 . 2005. 鄂尔多斯盆地统万城地区古生界储层地震地质预测研究 [D]. 北京 : 中国石油大学 (北京).
冉启贵 , 陈发景 , 张光亚 . 1997. 中国克拉通古隆起的形成、演化及与油气的关系 [J]. 现代地质 , 11(4): 478-487.
任纪舜 . 1990. 中国东部及邻区大陆岩石圈的构造演化与成矿 [M]. 北京 : 科学出版社 .
任纪舜 , 姜春发 , 张正坤 , 等 . 1980. 中国大地构造及其演化 [M]. 北京 : 科学出版社 .
任纪舜 , 牛宝贵 , 刘志刚 . 1999. 软碰撞、叠覆造山和多旋回缝合作用 [J]. 地学前缘 , 3: 85.
任纪舜 , 王作勋 , 陈炳蔚 , 等 . 2000. 从全球看中国大地构造——中国及邻区大地构造图简要说明 [M]. 北京 : 地质出版社 .
任军峰 , 包洪平 , 孙六一 , 等 . 2012. 鄂尔多斯盆地奥陶系风化壳岩溶储层孔洞充填特征及机理 [J]. 海相油气地质 , 17(2): 63-69.
任文军 , 张庆龙 , 张进 , 等 . 1999. 鄂尔多斯盆地中央古隆起板块构造成因初步研究 [J]. 大地构造与成矿 ,

23(2): 191-196.
陕西省地质矿产局 . 1989. 陕西省区域地质志 [M]. 北京 : 地质出版社 .
陕西省地质矿产局 . 1998. 陕西省岩石地层 [M]. 武汉 : 中国地质大学出版社 .
邵积东 . 1998. 内蒙古大地构造分区及其特征 [J]. 内蒙古地质 , 2: 1-23.
史晓颖 . 1997. 华北地台东部寒武系层序地层年代格架 [J]. 地学前缘 , 4: 161.
宋奠南 . 2001. 对怀远运动的再认识 [J]. 山东地质 , 17(1): 19-23.
苏中堂, 陈洪德, 林良彪, 等 . 2011a. 靖边气田北部下奥陶统马五 -4 ～ 1 段古岩溶储层特征及其控制因素 [J]. 矿物岩石 , 31(1): 89-96.
苏中堂 , 陈洪德 , 徐粉燕 , 等 . 2011b. 鄂尔多斯盆地马家沟组白云岩地球化学特征及白云岩化机制分析 [J]. 岩石学报 , 27(8): 2230-2238.
苏中堂 , 呼尚才 , 刘宝宪 , 等 . 2016. 鄂尔多斯盆地西缘克里摩里组古喀斯特洞穴特征及发育控制因素 [J]. 成都理工大学学报 (自然科学版), 43(2): 233-240.
苏中堂, 柳娜, 杨文敬, 等 . 2015. 鄂尔多斯盆地奥陶系表生期岩溶类型、发育模式及储层特征 [J]. 中国岩溶, 34(2): 109-114.
孙国凡 , 刘景平 . 1983. 贺兰拗拉槽与前渊盆地及其演化 [J]. 石油与天然气地质 , 3: 236-245.
汤锡元 , 郭忠铭 , 陈荷立 , 等 . 1992. 陕甘宁盆地西缘逆冲推覆构造及油气勘探 [M]. 西安 : 西北大学出版社 .
汤锡元 , 郭忠铭 , 王定一 . 1988. 鄂尔多斯盆地西部逆冲推覆构造带特征及其演化与油气勘探 [J]. 石油与天然气地质 , 1: 4-13.
汤锡元 , 李道燧 . 1990. 内蒙古西部巴彦浩特盆地的构造特征及其演化 [J]. 石油与天然气地质 , 11(2): 127-135.
汤显明 , 惠斌耀 . 1993. 鄂尔多斯盆地中央古隆起与天然气聚集 [J]. 石油与天然气地质 , 14(1): 64-71.
腾格尔 , 刘文汇 , 徐永昌 , 等 . 2004. 鄂尔多斯盆地奥陶系海相沉积有效烃源岩的判识 [J]. 自然科学进展 , 14(11): 1249-1256.
田景春 , 彭军 , 覃建雄 , 等 . 2001. 长庆气田中区 “马家沟组” 高频旋回层序地层学分析 [J]. 油气地质与采收率 , 1: 40-43, 6.
田在艺 , 张庆春 . 1996. 中国含油气沉积盆地论 [M]. 北京 : 石油工业出版社 .
汪泽成 , 赵文智 . 2006. 海相古隆起在油气成藏中的作用 [J]. 中国石油勘探 , 4: 1-8.
汪泽成 , 赵文智 , 胡素云 , 等 . 2017. 克拉通盆地构造分异对大油气田形成的控制作用——以四川盆地震旦系—三叠系为例 [J]. 天然气工业 , 37(1): 9-23.
王宝清 , 徐论勋 , 等 . 1995. 古岩溶与储层研究 : 陕甘宁盆地东缘奥陶系顶部储层特征 [M]. 北京 : 石油工业出版社 .
王传刚 . 2012. 鄂尔多斯盆地海相烃源岩的成藏有效性分析 [J]. 地学前缘 , 19(1): 253-263.
王国茹 . 2011. 鄂尔多斯盆地北部上古生界物源及层序岩相古地理研究 [D]. 成都 : 成都理工大学 .
王鸿祯 . 1985. 中国古地理图集 [M]. 北京 : 地图出版社 .
王鸿祯 . 2006. 地层学的几个基本问题及中国地层学可能的发展趋势 [J]. 地层学杂志 , 30(2): 97-102.
王鸿祯 , 史晓颖 . 1998. 沉积层序及海平面旋回的分类级别 : 旋回周期的成因讨论 [J]. 现代地质 , 1: 1-16.
王鸿祯 , 徐成彦 , 周正国 . 1982. 东秦岭古海域两侧大陆边缘区的构造发展 [J]. 地质学报 , 3: 86-96.

王鸿祯，史晓颖，王训练，等 . 2000. 中国层序地层研究 [M]. 广州：广东科技出版社 .
王楫，李双庆 . 1987. 狼山—白云鄂博裂谷系及其成矿特征 [C]// 中国板块构造文集，2 集 . 北京：地质出版社：59-72.
王楫，李双庆，王保良，等 . 1992. 狼山—白云鄂博裂谷系 [M]. 北京：北京大学出版社 .
王杰，陈践发 . 2004. 海相碳酸盐岩烃源岩的研究进展 [J]. 天然气工业，24(8): 21-23.
王坤，王铜山，汪泽成，等 . 2018. 华北克拉通南缘长城系裂谷特征与油气地质条件 [J]. 石油学报，39(5): 504-517.
王荃，刘雪亚 . 1976. 我国西部祁连山区的古海洋地壳及其大地构造意义 [J]. 地质科学，11(1): 42-55.
王少飞，李振宏，王飞雁 . 2006. 鄂尔多斯盆地奥陶系沉积格局及其储层展布 [J]. 低渗透油气田，11 (1): 18-22.
王瑜 . 1996. 晚古生代末 - 中生代内蒙古—燕山地区造山过程中的岩浆热事件与构造演化 [J]. 现代地质，1: 66-75.
王振藩，郑昭昌 . 1998. 宁夏香山群的时代讨论 [J]. 中国区域地质，17(1): 69-73.
魏国齐，朱秋影，杨威，等 . 2019. 鄂尔多斯盆地寒武纪断裂特征及其对沉积储集层的控制 [J]. 石油勘探与开发，46(5): 836-847.
魏新善，陈洪德，张道锋，等 . 2017. 致密碳酸盐岩储集层特征与天然气勘探潜力——以鄂尔多斯盆地伊陕斜坡东部奥陶系马家沟组为例 [J]. 石油勘探与开发，44(3): 319-329.
吴东旭，吴兴宁，王少依，等 . 2017. 鄂尔多斯盆地奥陶系颗粒滩白云岩储层特征及主控因素 [J]. 海相油气地质，22(2): 40-50.
吴汉宁 . 1990. 依据古地磁资料探讨华北和华南块体运动及其对秦岭造山带构造演化的影响 [J]. 地质科学，3: 201-214
吴浩若 . 1986. 藏南晚白垩世赛诺曼期放射虫的新属种 [J]. 微体古生物学报，4: 17-24, 30, 129-131.
吴宁宁，陈孟晋，孙粉锦，等 . 2007. 鄂尔多斯盆地奥陶系风化壳古油藏的确定及其意义 [J]. 石油与天然气地质，28(2): 280-286.
吴胜和，冯增昭，张吉森，等 . 1994. 鄂尔多斯地区西缘及南缘中奥陶统平凉组重力流沉积 [J]. 石油与天然气地质，15(3): 226-234.
武铁山 . 1997. 山西省岩石地层 [M]. 武汉：中国地质大学出版社 .
席胜利，李振宏，王欣，等 . 2006. 鄂尔多斯盆地奥陶系储层展布及勘探潜力 [J]. 石油与天然气地质，27(3): 405-412.
席胜利，郑聪斌，李振宏 . 2004. 鄂尔多斯盆地西缘奥陶系地球化学特征及其沉积环境意义 [J]. 古地理学报，6(2): 96-206.
夏明军，郑聪斌，毕建霞 . 2008. 鄂尔多斯盆地奥陶系生物礁及其天然气勘探前景 [J]. 天然气地球科学，2: 178-182, 271.
夏日元，唐健生，关碧珠，等 . 1999. 鄂尔多斯盆地奥陶系古岩溶地貌及天然气富集特征 [J]. 石油与天然气地质，20(2): 133-137.
夏新宇，戴金星 . 2000. 碳酸盐岩生烃指标及生烃量评价的新认识 [J]. 石油学报，21(4): 36-41.
夏新宇，洪峰，赵林 . 1998. 烃源岩生烃潜力的恢复探讨——以鄂尔多斯盆地下奥陶统碳酸盐岩为例 [J]. 石油与天然气地质, 19(4): 307-312.
夏新宇, 洪峰, 赵林, 等. 1999. 鄂尔多斯盆地下奥陶统碳酸盐岩有机相类型及生烃潜力 [J]. 沉积学报, 17(4): 638-650.
项礼文. 1981. 中国地层.4: 中国的寒武系 [M]. 北京: 地质出版社.
肖序常. 1988. 喜马拉雅岩石圈构造演化总论 [M]. 北京: 地质出版社.
肖序常, 陈国铭, 朱志直. 1978. 祁连山古蛇绿岩带的地质构造意义 [J]. 地质学报, 4: 31-88.
解国爱. 2003. 鄂尔多斯盆地及其西部构造带特征和盆地模拟 [D]. 南京: 南京大学.
解国爱, 张庆龙, 郭令智. 2003. 鄂尔多斯盆地西缘和南缘古生代前陆盆地及中央古隆起成因与油气分布 [J]. 石油学报, 24(2): 18-29.
徐黎明, 周立发, 张义楷, 等. 2006. 香山群的沉积岩浆记录及其反映的大地构造环境 [J]. 西北大学学报(自然科学版), 36(3): 442-448.
许效松, 刘宝珺, 牟传龙, 等. 2004. 中国西部三大海相克拉通含油气盆地沉积-构造转换与生储岩 [J]. 中国地质, 23(11): 1066-1073.
许效松, 牟传龙, 林明. 1994. 陕北奥陶纪盐盆厚层钾石盐高矿化段的发现及其找钾启示 [J]. 沉积学报, 12(1): 1-7.
杨华, 包洪平. 2011. 鄂尔多斯盆地奥陶系中组合成藏特征及勘探启示 [J]. 天然气工业, 31(12): 11-20, 124.
杨华, 包洪平, 马占荣. 2014. 侧向供烃成藏——鄂尔多斯盆地奥陶系膏盐岩下天然气成藏新认识 [J]. 天然气工业, 34(4): 19-26.
杨华, 付金华, 魏新善, 等. 2011. 鄂尔多斯盆地奥陶系海相碳酸盐岩天然气勘探领域 [J]. 石油学报, 32(5): 733-740.
杨华, 黄道军, 郑聪斌. 2006. 鄂尔多斯盆地奥陶系岩溶古地貌气藏特征及勘探进展 [J]. 中国石油勘探, 11(3): 1-6.
杨华, 刘新社, 黄道军, 等. 2016. 长庆油田天然气勘探开发进展与“十三五”发展方向 [J]. 天然气工业, 36(5): 1-14.
杨华, 刘新社, 张道锋. 2013. 鄂尔多斯盆地奥陶系海相碳酸盐岩天然气成藏主控因素及勘探进展 [J]. 天然气工业, 33(5): 1-12.
杨华, 王宝清, 孙六一, 等. 2013. 鄂尔多斯盆地南部奥陶系碳酸盐储层的胶结作用 [J]. 沉积学报, 31(3): 527-535.
杨华, 张文正, 昝川莉, 等. 2009. 鄂尔多斯盆地东部奥陶系盐下天然气地球化学特征及其对靖边气田气源再认识 [J]. 天然气地球科学, 20(1): 8-14.
杨俊杰. 2002. 鄂尔多斯盆地构造演化与油气分布规律 [M]. 北京: 石油工业出版社.
杨帅, 陈安清, 陈洪德, 等. 2016. 鄂尔多斯盆地东部马家沟组含钾蒸发岩系沉积机制及保存条件 [J]. 中国地质, 43(6): 2192-2201.
杨雨. 1997. 甘肃省岩石地层 [M]. 武汉: 中国地质大学出版社.
姚泾利, 包洪平, 任军峰, 等. 2015. 鄂尔多斯盆地奥陶系盐下天然气勘探 [J]. 中国石油勘探, 20(3): 1-12.
姚志刚, 周立发, 高璞. 2007. 鄂尔多斯盆地西缘晚三叠世沉积物源研究 [C]// 第九届全国固体核径迹学术研讨会, 山西大同.

叶俭，杨友运，许安东，等．1995. 鄂尔多斯盆地西南缘奥陶纪生物礁 [M]. 北京：地质出版社．
叶连俊，等．1983. 华北地台沉积建造 [M]. 北京：科学出版社．
袁卫国．1995. 鄂尔多斯盆地南缘中奥陶统火山凝灰岩的研究与意义 [J]. 石油实验地质，17(2): 167-170.
曾鼎乾．1988. 中国各地质历史时期生物礁 [M]. 北京：地质出版社．
曾令帮，段玉顺，毕明波，等．2011. 鄂尔多斯盆地西北部礁滩相储层地震识别与勘探效果 [J]. 岩性油气藏，23(2): 75-79.
曾允孚，夏文杰．1986. 沉积岩石学 [M]. 北京：地质出版社．
翟光明，何文渊．2005. 从区域构造背景看我国油气勘探方向 [J]. 中国石油勘探，2: 1-8, 63.
张本仁，高山，张宏飞，等．2002. 秦岭造山带地球化学 [M]. 北京：科学出版社．
张成弓．2013. 鄂尔多斯盆地早古生代中央古隆起形成演化与物质聚集分布规律 [D]. 成都：成都理工大学．
张传禄，张永生，康祺发，等．2001. 鄂尔多斯南部奥陶系马家沟群马六段白云岩成因 [J]. 石油学报，22(3): 22-26.
张春林，张福东，朱秋影，等．2017. 鄂尔多斯克拉通盆地寒武纪古构造与岩相古地理再认识 [J]. 石油与天然气地质，38(2): 281-291.
张道锋，刘新社，高星，等．2016. 鄂尔多斯盆地西部奥陶系海相碳酸盐岩地质特征与成藏模式研究 [J]. 天然气地球科学，27(1): 92-101.
张福礼．1994. 鄂尔多斯盆地天然气地质 [M]. 北京：地质出版社．
张国伟．1988. 秦岭造山带的形成及其演化 [M]. 西安：西北大学出版社．
张国伟．2001. 秦岭造山带与大陆动力学 [M]. 北京：科学出版社．
张国伟，董云鹏，姚安平．1997. 秦岭造山带基本组成与结构及其构造演化 [J]. 陕西地质 (2): 1-14.
张国伟，孟庆任．1997. 华北地块南部巨型陆内俯冲带与秦岭造山带岩石圈现今三维结构 [J]. 高校地质学报，3(2): 129-143.
张吉森，费安琦．1981. 陕西礼泉县唐王岭震旦纪晚期冰碛砾岩 [J]. 地层学杂志，5(1): 10-17.
张吉森，费安琦，刘平均．1982. 鄂尔多斯西南部中奥陶世环陆架沉积特征 [J]. 石油与天然气地质，3 (4): 3-8.
张吉森，杨奕华．1995. 鄂尔多斯地区奥陶系沉积及其与天然气的关系 [J]. 天然气工业，15(2): 5-10.
张锦泉，陈洪德，刘文均，等．1993. 鄂尔多斯盆地奥陶系沉积古岩溶及储层特征 [M]. 成都：成都科技大学出版社．
张静，张宝民，单秀琴．2014. 古气候与古海洋对碳酸盐岩储集层发育的控制 [J]. 石油勘探与开发，41(1): 121-128.
张军，徐黎明，包国民．1994. 陕甘宁盆地中央古隆起的形成及其与天然气的关系 [J]. 天然气工业，14(增刊): 19-33.
张军涛，金晓辉，李淑筠，等．2016. 鄂尔多斯盆地奥陶系马五段孔隙充填物类型与成因 [J]. 石油与天然气地质，37(5): 684-690.
张抗．1992. 鄂尔多斯盆地西，南缘奥陶系滑塌堆积 [J]. 沉积学报，10(1): 11-18.
张寿广．1991. 北秦岭宽坪群变质地质 [M]. 北京：北京科学技术出版社．
张文正，昝川莉．1997. 烃源岩残留沥青中正构烷烃分子的碳同位素研究 [J]. 沉积学报，15(2): 212-215, 225.

张银德，周文，邓昆，等 . 2014. 鄂尔多斯盆地高桥构造平缓地区奥陶系碳酸盐岩岩溶古地貌特征与储层分布 [J]. 岩石学报，30(3): 757-767.
张永生，郑绵平，包洪平，等 . 2013. 陕北盐盆马家沟组五段六亚段沉积期构造分异对成钾凹陷的控制 [J]. 地质学报，87(1): 101-109.
张宗清，袁忠信 . 1991. 白云鄂博稀土矿床的形成年代：Sm-Nd 同位素数据 [J]. 岩石矿物学杂志，10(1): 80-83.
赵靖舟，王大兴，孙六一，等 . 2015. 鄂尔多斯盆地西北部奥陶系气源及其成藏规律 [J]. 石油与天然气地质，36(5): 711-720.
赵俊兴，陈洪德，时志强 . 2001. 古地貌恢复技术方法及其研究意义 [J]. 成都理工学院学报，28(3): 260-267.
赵俊兴，陈洪德，张锦泉，等 . 2005. 鄂尔多斯盆地中部马五段白云岩成因机理研究 [J]. 石油学报，26(5): 38-47.
赵俊兴，李凤杰，朱广社，等 . 2014. 鄂尔多斯盆地西缘奥陶纪生物礁基本特征、分布规律及成礁模式 [J]. 岩石学报，30(3): 747-756.
赵重远，刘池洋，等 . 1990. 华北克拉通沉积盆地形成与演化及其油气赋存 [M]. 西安：西北大学出版社 .
郑聪斌，章贵松，王飞雁 . 2001. 鄂尔多斯盆地奥陶系热水岩溶特征 [J]. 沉积学报，19(4): 524-535.
郑和荣，尹伟，胡宗全，等 . 2010. 中国中西部碎屑岩领域油气富集主控因素与勘探方向 [J]. 石油与天然气地质，6: 753-762.
郑荣才，文华国，梁西文 . 2002. 鄂尔多斯盆地上古生界高分辨率层序地层分析 [J]. 矿物岩石，4: 67-75.
郑昭昌，李玉珍 . 1991. 贺兰山奥陶系研究的新进展 [J]. 现代地质，2: 119-137.
中国煤田地质总局 . 1996. 鄂尔多斯盆地聚煤规律及煤炭资源评价 [M]. 北京：煤炭工业出版社 .
周鼎武 . 1994. 鄂尔多斯盆地西南缘地质特征及其与秦岭造山带的关系 [M]. 北京：地质出版社 .
周鼎武，刘良 . 1996. 大陆造山带元古宙构造体制研究的思路和方法探讨——以秦岭造山带为例 [J]. 地球科学进展，2: 185-190.
周鼎武，刘良，张成立，等 . 2002. 华北和扬子古陆块中新元古代聚合、伸展事件的比较研究 [J]. 西北大学学报：自然科学版，32(2): 109-113.
周鼎武，赵重远，李银德，等 . 1994. 鄂尔多斯西南缘地质特征及其与秦岭造山带的关系 [M]. 北京：地质出版社 .
周进高，张帆，郭庆新，等 . 2011. 鄂尔多斯盆地下奥陶统马家沟组障壁潟湖沉积相模式及有利储层分布规律 [J]. 沉积学报，29(1): 64-71.
周俊烈 . 2013. 鄂尔多斯盆地中央古隆起东侧奥陶系中组合沉积微相特征及演化 [D]. 成都：成都理工大学 .
周立发 . 1992. 阿拉善地块南缘早古生代大地构造特征和演化 [J]. 西北大学学报 (自然科学版), 22(1): 107-115.
周立发 . 1995. 巴音浩特盆地基本特征及形成 [C]// 中国石油学会 . 第四届全国沉积学及岩相古地理学术研讨会，北京 .
左国朝，刘寄陈 . 1987. 北祁连早古生代大地构造演化 [J]. 地质科学，1: 14-24.
左景勋，童金南，邱海鸥，等 . 2006. 下扬子地区早三叠世碳酸盐岩碳同位素组成的演化特征 [J]. 中国科学 (D 辑：地球科学), 36(2): 109-122.

Bailey TR, Mcarthur J M, Howarth R J. 2001. Strontium isotope stratigraphy: LOWESS Version 3: best fit to the marine Sr-Isotope curve for 0-509 Ma and accompanying look-up table for deriving numerical age[J]. Journal of Geology, 109(2): 155-170.

Bachman R T. 1983. Elastic anisotropy in marine sedimentary rocks[J]. Journal of Geophysical Research, 88(B1): 539-545.

Brown L F, Solis-Iriarte R F, Johns D A. 1990. Regional depositional systems tracts, paleogeography, and sequence stratigraphy, upper Pennsylvanian and lower Permian strata, North-and-West-Central Texas[R].The University of Texas at Austim Bureau of Economic Geology Report of Investigations, 196: 136.

Chen A, Xu S, Yang S, et al. 2018. Ordovician deep dolomite reservoirs in the intracratonic Ordos Basin, China: depositional model and diagenetic evolution[J]. Energy Exploration & Exploitation, 36(4): 850-871.

Cowie J W, Ziegler W, Boucot A J, et al. 1986. Guidelines and statutes of the International Commission on Stratigraphy (ICS)[J]. Courier Forschungsinstitut Senckenberg, 83: 1-14.

Dickinson W R, Klute M A, Hayes M J, et al. 1988. Paleogeographic and paleotectonic setting of Laramide sedimentary basins in the central Rocky Mountain region[J]. Geological Society of America Bulletin, 100(7): 154-155.

Duggan J P , Mountjoy E W , Stasiuk L D. 2001. Fault-controlled dolomitization at Swan Hills Simonette oil field (Devonian), deep basin west-central Alberta, Canada[J]. Sedimentology, 48(2): 301-323.

Frakes L A, Francis J E, Syktus J I. 1992. Climate Modes of the Phanerozoic[M]. Cambridge: Cambridge University Press.

Fu S, Zhang C, Chen H, et al. 2019. Characteristics, formation and evolution of pre-salt dolomite reservoirs in the fifth member of the Ordovician Majiagou Formation, mid-east Ordos Basin, NW China[J]. Petroleum Exploration and Development, 46(6): 1153-1164.

Gradstein F M. 2005. International stratigraphic chart[J]. 地层学杂志 , 29(2): 97.

Hoffman P F. 1991. Did the breakout of laurentia turn gondwanaland inside-out?[J]. Science, 252(5011): 1409-1412.

Krumbein W C, Sloss L L. 1955. Stratigraphy and sedimentation[J]. Soil Science, 71(5): 401.

Li J, Li J, Li Z, et al. 2018. Characteristics and genetic types of the Lower Paleozoic natural gas, Ordos Basin[J]. Marine and Petroleum Geology, 89: 106-119.

Li Z X, Zhang L, Powell C M. 1995. South China in Rodinia: part of the missing link between Australia–East Antarctica and Laurentia[J]. Geology, 23(5): 407.

Lønøy A. 2006. Making sense of carbonate pore systems [J]. AAPG bulletin, 90(9): 1381-1405.

Mcarthur J M, Howarth R J, Bailey A. 2001. Strontium Isotope Stratigraphy: LOWESS Version 3: best fit to the marine Sr-Isotope curve for 0-509 Ma and accompanying look-up table for deriving numerical age[J]. The Journal of Geology, 109(2): 155-170.

Mcarthur J M, Tyson R V, Thomson J, et al. 1992. Early diagenesis of marine organic matter: alteration of the carbon isotopic composition[J]. Marine Geology, 105(1-4): 51-61.

Metcalfe I. 1996. Gondwanaland dispersion, Asian accretion and evolution of eastern Tethys?[J]. Australian

Journal of Earth Sciences, 43(6): 605-623.

Moores E M. 1991. Southwest U.S.-East Antarctic (SWEAT) connection: a hypothesis[J]. Geology, 19(5): 425-428.

Palmer M R. 1985. Rare earth elements in foraminifera tests[J]. Earth & Planetary Science Letters, 73(2): 285-298.

Pearce J A, Lippard S J, Roberts S. 1984. Characteristics and tectonic significance of super-suduction zone ophilites[J]. Geological Society London Special Publications, 16(1): 77-94.

Pearce J A, Norry M J. 1979. Petrogenetic implications of Ti, Zr, Y, and Nb variations in volcanic rocks[J]. Contributions to Mineralogy & Petrology, 69(1): 33-47.

Powell C M, Pisarevsky S A. 2002. Late Neoproterozoic assembly of East Gondwana[J]. Geology, 30(1): 3-6.

Sengor A M C. 1984. The Cimmeride orogenic system and the tectonics of Eurasia[J]. Geological Society of America Special Paper, 195: 82.

Sengor A M C. 1987. Cross-faults and differential stretching of hanging walls in regions of low-angle normal faulting: examples from western Turkey[J]. Geological Society London Special Publications, 28(1): 575-589.

Sengor A M C. 1990. Lithotectonic terranes and the plate tectonic theory of orogeny-a critique of the principles of terrane analysis[M]//Wiley T J, Howell D G, Wong F L. Terrane analysis of China and the Pacific rim. Houston, Texas: Circum-Pacific Council for Energy and Mineral Resources Earth Science Series, 13: 9-44.

Tucker M E. 1981. Sedimentary Petrology: an Introduction[M]. New York: Blackwell Scientific Publications.

Ulmishek G F, Klemme H D. 1991. Depositional controls, distribution, and effectiveness of world's petroleum source rocks[J]. U.S. Geological Survey Bulletin, 73: 3.

von Huene R, Aubouin J, Azema J, et al. 1980. DSDP Mid-America Trench transect off Guatemala[J]. Geological Society of America Bulletin, 91(7): 421.

Wilson J L. 1975. Carbonate Facies in Geologic History[M]. New York: Springer Verlag.

Winchester J A, Floyd P A. 1977. Geochemical discrimination of different magma series and their differentiation products using immobile elements[J]. Chemical Geology, 20: 325-343.